ERGEBNISSE DER MATHEMATIK UND IHRER GRENZGEBIETE

UNTER MITWIRKUNG DER SCHRIFTLEITUNG DES „ZENTRALBLATT FÜR MATHEMATIK"

HERAUSGEGEBEN VON

L. V. AHLFORS · R. BAER · F. L. BAUER · R. COURANT · A. DOLD
J. L. DOOB · S. EILENBERG · P. R. HALMOS · M. KNESER
T. NAKAYAMA · H. RADEMACHER · F. K. SCHMIDT
B. SEGRE · E. SPERNER

NEUE FOLGE · HEFT 29

NEUERE METHODEN UND ERGEBNISSE DER ERGODENTHEORIE

VON

KONRAD JACOBS

SPRINGER-VERLAG
BERLIN · GÖTTINGEN · HEIDELBERG
1960

ISBN-13: 978-3-540-02517-7   e-ISBN-13: 978-3-642-94777-3
DOI: 10.1007/978-3-642-94777-3

Vorwort

Seit dem Erscheinen des berühmten Ergebnisberichts von E. HOPF [9] (1937) ist eine umfangreiche Literatur über ergodentheoretische Fragen entstanden. Die vorliegende Arbeit ist ein Versuch, in diese Literatur einzuführen und die wesentlichsten Ergebnisse geschlossen darzustellen.

Zusammenfassende Darstellungen einzelner Fragenkreise sind bereits früher in den Arbeiten von DUNFORD-SCHWARTZ [1], HALMOS [9], [10], KAKUTANI [11] und OXTOBY [3], [4] gegeben worden. Ich habe mich stark auf sie gestützt. Als Einführung und Überblick ist das reizvolle Büchlein von HALMOS [10] sehr zu empfehlen.

Bei der Sichtung des Materials schien es mir zweckmäßig, zwei Teilgebiete von vornherein auszuscheiden: 1. Die rein topologischen Untersuchungen; sie sind in dem Buch von GOTTSCHALK-HEDLUND [3] systematisch entwickelt; ich habe lediglich in Kap. 5 § 1 eine kleine Kostprobe eingefügt. 2. Die Untersuchungen über geodätische Strömungen; hierüber gibt es systematische Darstellungen bei HOPF [9], [10] und GOTTSCHALK-HEDLUND [3]. Das Literaturverzeichnis umfaßt gleichwohl auch diese beiden Disziplinen; ich habe versucht, es so vollständig wie möglich zu machen. Es enthält daher auch Arbeiten, die im Text nicht zitiert werden. — Ferner habe ich alle spektral-theoretischen Untersuchungen beiseitegelassen (vgl. HOPF [9], auch HALMOS [10]) und stattdessen Untersuchungen über Fastperiodizität ausführlicher behandelt (Kap. 1, § 6 und 7). — DOOB [9] und KAKUTANI [11] haben Analogien zwischen dem individuellen Ergodensatz und dem bekannten Satz über die Fastüberallkonvergenz von *Martingalen* hervorgehoben. In Kap. 3, § 6, wird deshalb für letzteren Satz ein Beweis angegeben, der mit denselben Methoden arbeitet wie der Beweis des individuellen Ergodensatzes 3.1.3.; es wäre natürlich wünschenswert, wenn man mit diesen Methoden auch die Fastüberalkonvergenz von Halbmartingálen (vgl. DOOB [9], KRICKEBERG [1]) behandeln könnte. — Die Arbeiten von CHACON-ORNSTEIN [1] und DELEEUW-GLICKSBERG [1] konnten leider nicht mehr berücksichtigt werden. Die letztere bringt die Untersuchungen aus Kap. 1, § 6 und 7 zu systematischem Abschluß; doch hätte ihre ausführliche Darstellung größere methodische Vorbereitungen erfordert als sie im Rahmen dieses Bändchens möglich waren.

In der Ergodentheorie gibt es eigentlich keine breit-systematischen Untersuchungen, die ganze Schulen beschäftigten. Es handelt sich vielmehr um Arbeiten, die von Einzelnen, manchmal von kleinen Gruppen durchgeführt wurden. Demgemäß besteht die Theorie aus mehr oder weniger durchschlagenden Einzelergebnissen. Ich habe es nicht für wünschenswert gehalten, diese Einzelergebnisse als Spezialfälle einer allgemeinen und womöglich axiomatisch aufgebauten Theorie darzustellen; vielmehr lag mir daran, die bunte Vielfalt der verschiedenen Arbeitsstile nicht zu verbergen. Zum Zweck einer geordneten Darstellung habe ich versucht, in Form einer Einleitung ein gewisses System in die Fragestellungen zu bringen. Diese Einleitung ist vor allem für den Nichtkenner bestimmt. An den Nichtkenner wenden sich auch Abschnitte wie Kap. 1, § 1, Kap. 2, § 2, Kap. 3, § 1. Die Anhangskapitel 8 und 9 bilden das allgemein-methodische Reservoir. Die Verweisungen auf diese Kapitel bestehen immer aus 3 Zahlen (z. B. 9.3.1 bedeutet Kap. 9, § 3, Nr. 1). Sie sollen dem Leser u. a. eine Abschätzung der Mittel, die zur Gewinnung eines einzelnen Ergebnisses nötig sind, ermöglichen.

Den eigentlichen Stoff habe ich in den Kapiteln 1—7 jeweils um gewisse zentrale Resultate gruppiert; diese wurden in möglichster Vollständigkeit dargestellt, über die weitere Literatur kurz berichtet. Die Einteilung in „zentrale" und „weitere" Resultate ist natürlich bis zu einem gewissen Grade willkürlich. Jedenfalls habe ich nicht immer die allgemeinsten Ergebnisse unter die zentralen gerechnet.

Herrn E. Sperner danke ich für die Freundlichkeit, diese Arbeit in die Reihe der Ergebnisberichte aufzunehmen. Ferner danke ich dem Springer-Verlag für die gewohnt solide Ausführung der Verleger-Arbeit. Herrn cand. math. V. Strassen bin ich für verschiedene kritische Bemerkungen, Frl. stud. phil. U. Zech für ihre Hilfe bei der Fertigstellung des Manuskripts sehr dankbar. Mein Dank gilt auch den zahlreichen Fachkollegen, die mir durch Briefe und Literaturhinweise behilflich waren.

Göttingen, den 4. 10. 1960   Konrad Jacobs

Inhaltsverzeichnis

Einleitung

Gegenstand der Ergodentheorie ist ganz allgemein das Verhalten von Strömungen; man hat dabei meist asymptotische Eigenschaften, etwa Wiederkehr-, Mittelwert- und Mischungseigenschaften, also Eigenschaften „im Großen" vor Augen.

Sei $R = R^1$ die additive Gruppe der reellen Zahlen. Allgemein bezeichnen wir für $G \subseteq R^1$ mit G^+ die Menge $\{t \mid t \in G, t \geq 0\}$. $\varGamma$ sei die Menge der ganzen Zahlen. Sei $\varOmega = \{\omega, \ldots\}$ eine nichtleere Menge. Eine für $t, s \in R^+, t \geq s$ erklärte Schar $x(t, s)$ eindeutiger Abbildungen von $\varOmega$ in sich heißt eine *kontinuierliche Strömung* in $\varOmega$, wenn

$$(1) \qquad \left. \begin{aligned} x(t, s) &= x(t, u)\, x(u, s) \\ x(t, t) &= 1 = \text{Identität} \end{aligned} \right\} \qquad (t \geq u \geq s \geq 0)$$

gilt. Ist nur $\varGamma^+$ als Parameterbereich zugelassen, so spricht man von einer *diskreten Strömung*. In beiden Fällen ist der Parameterbereich eine *Halbgruppe* (8.6.6) $G \subseteq R$.

Oft nimmt man auch eine *Gruppe* $G \subseteq R$ als Parameterbereich. Dann nimmt man an, die Strömung bestehe aus eineindeutigen Abbildungen von $\varOmega$ auf sich, erklärt $x(t, s)$ für beliebige $t, s \in G$ und fordert (1) allgemein für $t, u, s \in G$; dann ist also $x(t, s) = x(s, t)^{-1}$ $(t, s \in G)$. $G = \varGamma$ liefert den diskreten, $G = R$ den kontinuierlichen Fall.

Ist allgemein G der Parameterbereich und gilt

$$x(t, s) = x(t + u, s + u) \qquad\qquad (u \in G),$$

so heißt die Strömung *stationär*. Setzt man dann $x_t = x(t, 0)$, so gilt

$$x_{s+t} = x_s x_t = x_t x_s \qquad\qquad (s, t \in G) ;$$

die x_t bilden also eine *Halbgruppe*; ist G eine Gruppe und macht man die ebenerwähnte Annahme, so bilden die x_t sogar eine *Gruppe*. Im diskreten Falle wird die (Halb-)Gruppe von der Abbildung x_1 (und 1) erzeugt.

Ist $x(t, s)$ eine Strömung mit einem Parameterbereich G, sowie ω ein Punkt aus $\varOmega$, so bezeichnet man die Menge $\{x(t + s, s)\,\omega \mid t \in G\}$ als die (zur Zeit s begonnene) *Bahn* von ω. Nun kann man für jede Menge $E \subseteq \varOmega$ ein *Mittelwertproblem* ganz roh folgendermaßen formulieren: Trifft die Bahn die Menge E mit einer passend zu erklärenden mittleren Häufigkeit? Ein *Mischungsproblem* läßt sich so formulieren: Eine Menge $E \subseteq \varOmega$ heißt (strikt) *invariant* (von der Zeit s an), wenn sie mit ω stets auch die Bahn von ω enthält; kann man $\varOmega$ in mehrere disjunkte invariante Mengen zerlegen? Ist in $\varOmega$ eine Topologie (8.2.1) gegeben, so kann man ein Mischungsproblem auch so formulieren: Für welche ω, s liegt die Bahn in Ω dicht? Ein *Wiederkehrproblem* lautet: Für welche ω, s kehrt die Bahn „immer wieder" in die Nähe von ω zurück? Die Ergodentheorie besteht zum großen Teil in der Präzisierung und Beantwortung derartiger Fragestellungen.

Von nun an wollen wir uns auf stationäre Strömungen beschränken. Für nichtstationäre Probleme vgl. Kap. 7; die dortigen Fragestellungen sind sinnfällige Verallgemeinerungen der im folgenden erläuterten stationären Probleme.

Ursprünglich hatte man es mit einer ganz speziellen, der sog. Hamiltonschen Strömung zu tun. Man beschreibt die Bewegung eines Systems von r Massenpunkten durch einen Ortsvektor $q(t) \in R^{3r}$ und einen Impulsvektor $p(t) \in R^{3r}$ und die Hamiltonschen Bewegungsgleichungen

$$\frac{d}{dt} q = \left(\frac{\partial}{\partial p} H \right) (q, p, t)$$

$$\frac{d}{dt} p = - \left(\frac{\partial}{\partial q} H \right) (q, p, t)$$

Man nimmt $\Omega = R^{6r} = \{(q, p)\}$ und erklärt $x(t, s)\, \omega$ als den zur Zeit t gehörigen Punkt der zur Zeit s in ω beginnenden Lösungskurve. Damit ist eine Strömung gegeben. Hängt $H(q, p, t)$ nicht von t ab, so ist die Strömung stationär.

Hier ist in Ω von vornherein eine Topologie gegeben, so daß das Mischungs- und das Wiederkehrproblem unmittelbar formuliert werden kann. Die Abbildungen x_t der Hamiltonschen Strömungen sind umkehrbar eindeutig und stetig, wenn die Hamilton-Funktion gewisse primitive Forderungen erfüllt. Man kann dann mit rein topologischen Mitteln einige schwache Wiederkehr- und Mischungsaussagen gewinnen (vgl. Kap. 5, § 1).

Tiefergehende Untersuchungen lassen sich anstellen, wenn man sich folgender Ideen bedient:

A. Die Verwendung strömungsinvarianter *Maße* in Ω.

B. Die Linearisierung der Probleme durch Übertragung in einen passenden linearen Funktionenraum auf Ω.

Beide Ideen setzen voraus, daß ein *Borelkörper* $\mathfrak{B}$ aus Teilmengen von Ω (9.1.3) gegeben sei, und daß die x_t $\mathfrak{B}$-meßbar (9.3.2) seien. (Bei kontinuierlichen Strömungen setzt man überdies gewöhnlich „Meßbarkeit im Produktraum" voraus, d. h. man betrachtet, falls R der Parameterbereich ist, in $R^1 \times \Omega = \{(t, \omega) \mid t \in R^1, \omega \in \Omega\}$ den natürlichen Produkt-Borelkörper $\mathfrak{B}'$ (9.9.1) und nimmt an, daß die Abbildung $(t, \omega) \to x_t \omega$ $\mathfrak{B}'$-$\mathfrak{B}$-meßbar (9.3.2) sei; ist der Parameterbereich R^+, so stellt man eine sinngemäß modifizierte Forderung; vgl. Kap. 1, § 3, Kap. 3, § 3). Dies ist z. B. der Fall, wenn Ω eine Topologie (8.2.1) trägt, die x_t stetig sind und $\mathfrak{B}$ von der Topologie erzeugt (9.1.4) ist. Diesen Fall hat man bei der Hamiltonschen Strömung.

Ist m ein Maß auf $\mathfrak{B}$, so kann man unsere Aussagen in verschiedener Weise maßtheoretisch formulieren.

1. Mittelwert-Aussagen:

a) Individuell: Ist $E \in \mathfrak{B}$ und χ_E die charakteristische Funktion von E (9.1.1), so ist für m-fastalle $\omega \in \Omega$

α) im diskreten Falle

$$\lim_{t \to \infty} \frac{1}{t} \sum_{k=0}^{t-1} \chi_E (x_k \omega)$$

vorhanden;

β) im kontinuierlichen Falle

$$\lim_{t \to \infty} \frac{1}{t} \int_0^t \chi_E (x_\tau \omega) d\tau$$

vorhanden (insbesondere müssen also die gebildeten Integrale sinnvoll sein).

Die angeschriebenen Limites stellen eine vernünftige Präzisierung des Begriffs „mittlere Verweilzeit der Bahn von ω in E" dar. Man spricht von „individuellen" Aussagen, weil einzelne Punkte ω betrachtet werden.

b) Statistisch: Sind $E, F \in \mathfrak{B}$, so ist für $t \geqq 0$ $(x_t \chi_E)(\omega) = \chi_E(x_t \omega)$ $= \chi_{x_t^{-1}E}(\omega)$ (9.11.1) und es ist (wir schreiben $(f, g) = \int f\bar{g}\,dm$, wobei im Augenblick auch unendliche Werte zugelassen sind)

α) im diskreten Falle

$$\lim_{t \to \infty} \frac{1}{t} \sum_{k=0}^{t-1} (x_k \chi_E, \chi_F)$$

vorhanden;

β) im kontinuierlichen Falle

$$\lim_{t \to \infty} \frac{1}{t} \int_0^t (x_\tau \chi_E, \chi_F) \, d\tau$$

vorhanden (insbesondere müssen also die gebildeten Integrale sinnvoll sein).

Die angeschriebenen Limites können ebenfalls als eine Präzisierung des Begriffes „mittlere Verweilzeit in F" aufgefaßt werden, wenn man sich vorstellt, der im „individuellen" Falle a) betrachtete Punkt ω sei zu der Menge E „verschmiert" worden; $(\chi_E, \chi_F) = m(E \cap F)$ ist ein Maß für den Anteil, mit welchem sich E „in F aufhält"; $x_t \chi_E$ beschreibt die Entwicklung von E in die Vergangenheit hinein; bilden die x_t eine Gruppe, so kann man t durch $-t$ ersetzen und so auch die Entwicklung in die Zukunft erfassen. Man spricht von „statistischen" Aussagen im

Gegensatz zu individuellen Aussagen, weil nicht einzelne Punkte sondern Punktmengen betrachtet werden und schon die Formulierung der Limites die Betrachtung des Maßes m (Statistik = Maßtheorie) voraussetzt.

2. Mischungs-Aussagen:

a) Ergodizität: Eine Menge $E \in \mathfrak{B}$ heiße (strömungs-) *invariant*, wenn stets $m((x_t^{-1} E) \vartriangle E) = 0$ (9.1.1) gilt. Die Strömung heißt *ergodisch* (metrisch transitiv), wenn für jede invariante Menge $E \in \mathfrak{B}$ entweder $m(E) = 0$ oder $m(\Omega - E) = 0$ gilt. — Offenbar ist Ergodizität als eine Mischungseigenschaft aufzufassen: Eine Zerlegung von Ω in zwei Teile positiven Maßes, die sich nicht miteinander vermischen, ist unmöglich.

b) Von (starker) *Mischung* spricht man, wenn $m(\Omega) < \infty$ und

$$\lim_{t \to \infty} m(x_t E \cap F) = \frac{1}{m(\Omega)} \, m(E) \, m(F) \qquad (E, F \in \mathfrak{B})$$

gilt. Für einen schwachen Mischungsbegriff vgl. Kap. 4, § 4.

3. Wiederkehr-Aussagen:

a) Individuell: Ist $E \in \mathfrak{B}$, so liegt für m-fastalle $\omega \in E$ $x_t \omega$ immer wieder in E.

b) Statistisch: Zu jedem $E \in \mathfrak{B}$ mit $m(E) > 0$ gibt es ein $\varepsilon > 0$, derart, daß immer wieder

$$m(x_t^{-1} E \cap E) > \varepsilon$$

gilt.

Daß die angeführte Art der Präzisierung von Mittelwert-, Mischungs- und Wiederkehreigenschaften vernünftig ist, ergibt sich aus der Tatsache, daß man die ersteren und die letzteren unter einfachen Annahmen über m und die Strömung, die in klassischen Fällen erfüllt sind, beweisen kann.

Gewisse Annahmen muß man schon machen, damit die angeführten Aussagen in sich leidlich vernünftig sind, z. B. sieht man bei der Mittelwertsaussage 1aα, daß die Menge N aller ω, für welche der dort gebildete Limes nicht existiert, strikt invariant ist: $x_t N = N$, und übrigens $= x_t^{-1} N$. Soll die Aussage vernünftig sein, so wird man verlangen, daß aus $m(N) = 0$ stets $m(x_t^{-1} N) = 0$ folgt, denn es ist ja nicht einzusehen, warum man m nicht durch $x_t m$ (9.3.5) ersetzen sollte, wenn man schon eine stationäre Strömung betrachtet.

Alle genannten Aussagen sind vernünftig und Nr. 1, Nr. 3 sind beweisbar, wenn m strömungs-*invariant* (die Strömung *m-treu*) (9.3.8) ist. Für einige Aussagen muß man auch die Endlichkeit von $m(\Omega)$ (bzw. $m(E)$, $m(F)$) voraussetzen. (Sätze 3.1.1, 3.2.1, 3.3.1; 1.1.1, 1.2.1, 1.3.1; 4.1.2, 4.1.1).

Den Anstoß zur Entwicklung der Ergodentheorie als einer Theorie maßtreuer Strömungen gab KOOPMAN [1] durch die Bemerkung, daß der bekannte Satz von LIOUVILLE nichts anderes besagt als die Invarianz des $6r$-dimensionalen Lebesgue-Maßes unter der Hamiltonschen Strömung, und daß man auch auf invarianten Hyperflächen im R^{6r} sofort invariante Maße gewinnt (vgl. auch CHINTSCHIN [7]).

Ein anderer Anstoß in derselben Richtung kam wenig später aus der Theorie der stationären stochastischen Prozesse.

Ein (diskreter) *stochastischer Prozeß* ist eine Folge $f_t(\omega)$ $(t = 0, 1, \ldots)$ von meßbaren Funktionen (9.3.3) über einen auf $m(\Omega) = 1$ normierten Maßraum $(\Omega, \mathfrak{B}, m)$ (d. h. einer Wahrscheinlichkeitsverteilung, 9.2.1). Jedem $\omega \in \Omega$ ist also eine Zahlenfolge $f_0(\omega), f_1(\omega), \ldots$ zugeordnet; nehmen wir an, es handle sich um reelle Funktionen; dann ist die Gesamtheit aller reellen Folgen einfach der unendliche Produktraum

$$\Omega' = \overset{\infty}{\underset{t=0}{\Pi}} {}^{\times} R_t = \{\omega' = (\omega_0, \omega_1, \ldots) \mid \omega_t \in R^1, t \in \Gamma^+\} \; (R_t = R^1, t \in \Gamma^+); \text{ in } \Omega'$$

hat man auf natürliche Weise einen Borelkörper $\mathfrak{B}' = \mathfrak{B}'(0, \infty)$, der von Borelkörpern $\mathfrak{B}'(K)$ $(K \subseteq \Gamma^+, K$ endlich$)$ erzeugt wird (9.9.1). Man sieht ohne weiteres: *Ein stochastischer Prozeß ist nichts als eine $\mathfrak{B}$-$\mathfrak{B}'$-meßbare Abbildung f von Ω in Ω'* (9.3.2). Hierbei geht m in ein Maß $m' = fm$ über (9.3.5); die Einschränkung von m' auf $\mathfrak{B}'(K)$ bezeichnen wir mit m'_K.

In Ω' hat man auf natürliche Weise eine eindeutige $\mathfrak{B}'$-meßbare Selbstabbildung x' vermöge $x'((\omega_0, \omega_1, \ldots)) = (\omega_1, \omega_2, \ldots)$ (shift, Schiebung, 9.9.3). Es ist $x'\mathfrak{B}'(K) = \mathfrak{B}'((K - 1) \cap \Gamma^+)$. Per definitionem heißt der stochastische Prozeß f *stationär*, wenn stets $x'm'_K = m'_{(K-1) \cap \Gamma^+}$ gilt. Dies ist genau dann der Fall, wenn m' x'-invariant ist: *Zu jedem stationären stochastischen Prozeß gehört auf natürliche Weise eine maßtreue Strömung* (DOOB [1]). (Das gilt auch für kontinuierliche Prozesse.) Durch $f'_t(\omega') = \omega_t$ ist ein stochastischer Prozeß f'_t über $(\Omega', \mathfrak{B}', m)$ gegeben. Wegen der Beziehung $f_t(\omega) = f'_t(f(\omega))$ hat er viele wesentliche Eigenschaften mit dem Prozeß f_t gemeinsam. Man nennt f'_t die t-te *Koordinatenvariable* des Produktraums Ω' und den Prozeß $f'_0, f'_1, \ldots$ die *Produktraumdarstellung* des Prozesses $f_0, f_1, \ldots$ Er ist insofern viel einfacher gebaut als der ursprüngliche Prozeß, als vermöge $f'_t(\omega') = f'_0(x'^t\omega') = (x'^t f_0)(\omega')$ alle f'_t durch Schiebung aus einer einzigen Funktion f'_0 hervorgehen. Offenbar hatten wir in Nr. 1 genau diese Situation.

Dort handelte es sich um die Fastüberall-Konvergenz bzw. Mittelkonvergenz gewisser Prozesse, die aus dem ursprünglichen Prozeß durch lineare Bildungen (Zeit-Mittelwerte) hervorgingen. Man weist leicht nach, daß derlei Eigenschaften beim Übergang zu Produktraumdarstellungen erhalten bleiben. Hierauf beruht die Tatsache, daß man Aussagen der Ergodentheorie auf stochastische Prozesse anwenden kann. So ergibt sich das starke bzw. schwache *Gesetz der großen Zahlen für stationäre Prozesse* aus 1a bzw. 1b (vgl. Kap. 3, § 5, Nr. 4).

Ist x eine eineindeutige Abbildung von Ω in sich, so geht jede Funktion $f(\omega)$ durch „Transport mittels x" in eine andere Funktion $(xf)(\omega)$ $= f(x\omega)$ über. Die so gegebene Funktionenabbildung ist *linear*. Jede Strömung in Ω induziert so eine Strömung aus linearen Transformationen im linearen Raum der Funktionen auf Ω. Wir haben in Nr. 1 bereits von der Möglichkeit Gebrauch gemacht, eine Strömung durch ihre Wirkung auf Funktionen (in diesem Falle: charakteristische Funktionen von Mengen) zu beschreiben. Die konsequente Verfolgung dieses *Linearisierungsprinzips* hat sich als eine der fruchtbarsten und wirksamsten Methoden der Ergodentheorie erwiesen. Unter passenden Voraussetzungen über die Strömung in Ω läßt die zugehörige Strömung im Bereich der Funktionen gewisse lineare Teilräume, die auch zur Beschreibung der Strömung in Ω genügen, invariant (z. B. L_m^1, L_m^2 (9.6.1, 9.11.5) oder $\mathfrak{C}(\Omega)$ (8.5.3)) und induziert dort lineare Strömungen, deren Eigenschaften sich nun mit *funktionalanalytischen Methoden* analysieren lassen. Beispielsweise kann man Nr. 1b für m-treue Strömungen bequem beweisen, wenn man statt Funktionen $\chi_E \in L_m^2$ sofort *beliebige* Funktionen $f \in L_m^2$ betrachtet; die Strömung induziert in L_m^2 eine Halbgruppe von Kontraktionen oder sogar eine Gruppe unitärer Transformationen, und man kann sich einfacher Aussagen über die Geometrie des Hilbertraumes L_m^2 bedienen. (Sätze 1.1.1, 1.2.3.) Überdies hat diese Halbgruppe in L_m^2 *Wiederkehreigenschaften*, die sich gar nicht formulieren lassen, wenn man die Betrachtung auf charakteristische Funktionen von Mengen beschränkt (Kap. 1, § 6). — Funktionalanalytische Methoden (9.11.15) liefern heute auch die weitesten Aussagen vom Typ 1a (vgl. Satz 3.2.1). Überdies kann man Ergodizitäts- und Mischungseigenschaften funktionalanalytisch charakterisieren (Kap. 4, §§ 2, 3, 4). Endlich bedient man sich in manchen Fällen funktionalanalytischer Methoden, um das Fundament einer maßtheoretischen Ergodentheorie, die Existenz invarianter Maße, sicherzustellen (Kap. 4, § 8, Kap. 5, § 2).

Über die ursprüngliche Leistung hinaus, eine Lösung vorher gestellter Probleme zu liefern, haben die funktionalanalytischen Methoden den Vorteil beträchtlicher Verallgemeinerungsfähigkeit. So läßt sich ein Teil der Theorie der *Markoffschen Prozesse* mittels der Wiederkehrsätze von Kap. 1, § 6 zwanglos in die Ergodentheorie einbeziehen (Kap. 2); während die ursprüngliche Ergodentheorie erst interessant wird, wenn man Maßtheorie treibt, lassen sich alle hier interessierenden Aussagen über Markoffsche Prozesse bereits mit den Mitteln der gewöhnlichen analytischen Geometrie formulieren; auch die funktionalanalytischen Methoden reduzieren sich auf dies Niveau, und man kann viele Fragestellungen der Ergodentheorie an diesem einfachen Beispiel in typischer Gestalt demonstrieren (Kap. 2, § 2).

Ist die Strömung meßbar bezüglich eines Borelkörpers $\mathfrak{B}$ in Ω, so tritt neben die *Linearisierung in Funktionenräumen* die *Linearisierung im linearen Raum* $\mathfrak{R}(\mathfrak{B})$ *aller endlichen Ladungsverteilungen* auf $\mathfrak{B}$ (9.4.1). Jede meßbare Abbildung x in Ω transportiert die Ladungsverteilungen h linear in neue xh vermöge $(xh)\,(E) = h\,(x^{-1}E)$ $(E \in \mathfrak{B},$ vgl. 9.11.2). Diese beiden Arten der Linearisierung sind in gewisser Weise *dual* zueinander (9.11.3). Die durch das Zusammenwirken beider Gesichtspunkte entstandenen Ergebnisse gehören zum Schönsten, was die Ergodentheorie hervorgebracht hat (Kap. 5, § 2).

Obwohl man für die Mischungseigenschaften von Strömungen einfache funktionalanalytische Kennzeichnungen hat, ist man doch bei konkreten Fällen oft nicht in der Lage, zu entscheiden, ob eine gewisse Eigenschaft vorliegt oder nicht. Einen gewissen Ersatz dafür bilden Aussagen über die Häufigkeit etwa der ergodischen Strömungen im Bereich aller Strömungen, die ein gewisses Maß m fest lassen. Die Aussagen sind von Kategorie-Typus (8.3.5); tatsächlich bilden ergodische Strömungen die Regel (Satz 6.6.3).

Kap. 1. Funktionalanalytische Ergodentheorie
§ 1. Der Ergodensatz für eine einzelne Transformation im Hilbertraum

Satz 1.1.1 (Statistischer Ergodensatz). *Es sei x eine unitäre Transformation im Hilbertraum $\mathfrak{H}$. Es sei $\mathfrak{M} = \{f \mid f \in \mathfrak{H},\ xf = f\}$ und $\mathfrak{N}$ die abgeschlossene Hülle der Menge $(x - e)\,\mathfrak{H} = \{xh - h \mid h \in \mathfrak{H}\}$. Dann sind $\mathfrak{M}$ und $\mathfrak{N}$ x-invariante abgeschlossene lineare Teilräume von $\mathfrak{H}$. $\mathfrak{M}$ ist das orthogonale Komplement von $\mathfrak{N}$. Jeder Vektor $h \in \mathfrak{H}$ besitzt also genau eine Darstellung $h = m + n$ mit $m \in \mathfrak{M},\ n \in \mathfrak{N}$ (8.8.4). Für jedes $h \in \mathfrak{H}$ gilt*

$$\lim_{k \to \infty} \left\| \frac{1}{k} \sum_{\sigma = 0}^{k-1} x^\sigma h - m \right\| = 0 \,.$$

Beweis. Die Abgeschlossenheit, Linearität und x-Invarianz von $\mathfrak{M}$ und $\mathfrak{N}$ ist unmittelbar zu sehen. Aus $x' = x^{-1}$ folgt

$$(xg - g, h) = (g, x^{-1}h - h) \quad (g, h \in \mathfrak{H}) \,,$$

woraus man entnimmt, daß $\mathfrak{M}$ und $\mathfrak{N}$ orthogonal-komplementär zueinander sind. Der Rest des Satzes ergibt sich aus der Beziehung

$$\lim_{k \to \infty} \left\| \frac{1}{k} \sum_{\sigma = 0}^{k-1} x^\sigma h \right\| = 0 \quad (h \in \mathfrak{N}) \,.$$

Diese Relation ist zunächst für jedes $h = xg - g$ richtig, da dann

$$(1) \qquad \left\| \frac{1}{k} \sum_{\sigma = 0}^{k-1} x^\sigma h \right\| = \frac{1}{k} \|x^k g - g\| \leqq \frac{2\,\|g\|}{k}$$

gilt. Durch Approximation folgt sie für jedes $h \in \mathfrak{N}$.

§ 2. Allgemeine funktionalanalytische Ergodensätze
(mean ergodic theorems)

$\mathfrak{G} = \{x, \ldots\}$ sei eine *Halbgruppe* (8.6.6) von stetigen linearen Transformationen im (reellen oder komplexen) Banachraum $\mathfrak{H} = \{h, \ldots\}$, d. h. $\mathfrak{G}$ enthalte die Identität e und mit zwei Transformationen auch deren Produkt. Für jeden Vektor $h \in \mathfrak{H}$ bezeichnen wir die Menge $\mathfrak{G}h = \{xh \mid x \in \mathfrak{G}\}$ als die *Bahn* von h unter $\mathfrak{G}$. Wir suchen *Bahnmittelwerte* für die Vektoren $h \in \mathfrak{H}$, d. h. wir betrachten die auf $\mathfrak{G}$ erklärte Funktion $h(x) = xh$ mit Werten aus $\mathfrak{H}$ und fragen, ob und in welchem Sinne ein Mittelwert über diese Funktion existiert. Die stärkste für allgemeine Halbgruppen formulierbare Mittelwertaussage erhält man so: Eine auf $\mathfrak{G}$ erklärte Funktion $f(x)$ mit Werten in $\mathfrak{H}$ heißt *voll-ergodisch* mit dem Mittelwert $f_0 \in \mathfrak{H}$, wenn es zu jedem $\varepsilon > 0$ endlichviele Elemente $a_1, \ldots, a_n \in \mathfrak{G}$ gibt, derart, daß

$$(1) \qquad \left\| \frac{1}{n} \sum_{k=1}^{n} f(c\,a_k\,d) - f_0 \right\| < \varepsilon$$

für alle $c, d \in \mathfrak{G}$ gilt. Kann man (1) nur für $d = e =$ Identität und beliebige $c \in \mathfrak{G}$ erreichen, so heißt $f(x)$ *linksergodisch* und f_0 ein Links-Mittelwert. Entsprechend sind die Begriffe *rechtsergodisch* und Rechts-Mittelwert erklärt. Ist $f(x)$ sowohl links- als auch rechts-ergodisch, so heißt $f(x)$ schlechtweg *ergodisch*. Man sieht leicht, daß schon im ergodischen Falle nur ein einziger Mittelwert für links und rechts in Frage kommt: Ist f_1 ein Links- und f_2 ein Rechts-Mittelwert und hat man etwa

$$\left\| \frac{1}{n} \sum_{k=1}^{n} f(c\,a_k) - f_1 \right\| < \varepsilon \qquad\qquad (c \in \mathfrak{G})$$

$$\left\| \frac{1}{n} \sum_{j=1}^{m} f(b_j\,d) - f_2 \right\| < \varepsilon \qquad\qquad (d \in \mathfrak{G})$$

so folgt

$$\|f_1 - f_2\| \leq \left\| f_1 - \frac{1}{mn} \sum_{i,k=1}^{m,n} f(b_i\,a_k) \right\| + \left\| \frac{1}{mn} \sum_{i,k=1}^{m,n} f(b_i\,a_k) - f_2 \right\| < 2\,\varepsilon.$$

Der Begriff „ergodisch" ist schwächer als der Begriff „voll-ergodisch". Beschränkt man sich auf kommutative $\mathfrak{G}$ (das ist der physikalisch interessante Fall), so fallen sämtliche genannten Ergodizitätsbegriffe in den einen Begriff ergodisch zusammen. Beschränkt man sich ferner auf Funktionen $h(x) = xh$ und nimmt man an, daß $\mathfrak{G}$ gleichgradig-stetig (beschränkt) sei, d. h., daß eine Konstante $A > 0$ mit $\| x \| \leq A \,(x \in \mathfrak{G})$ (d. h. mit $\| xh \| \leq A \| h \| \,(h \in \mathfrak{H},\, x \in \mathfrak{G}))$ existiert, so verifiziert man leicht: Die Funktion $h(x) = xh$ ist dann und nur dann ergodisch mit dem Mittelwert h_0, wenn die konvexe abgeschlossene Hülle $\mathfrak{K}(h)$ der Bahn $\mathfrak{G}h$ einen Punkt h_0 mit $xh_0 = h_0\,(x \in \mathfrak{G})$, d. h. einen $\mathfrak{G}$-*Fixpunkt* enthält. Insbesondere ist dieser Fixpunkt eindeutig bestimmt. Damit ist das Ergodizitätsproblem, zunächst für beschränkte abelsche Halbgruppen, auf ein Fixpunktproblem zurückgeführt. Bei nichtkommutativen Halbgruppen geht dies nicht in gleicher Weise. Dafür erweist sich dann die Formulierung des Mittelwertproblems als Fixpunktproblem als der Sachlage gerade angemessen (ALAOGLU-BIRKHOFF [1], [2]). Die Existenz eines Fixpunktes ist bei beschränkten Halbgruppen mit der Links-Ergodizität der Funktion $h(x) = xh$ gleichbedeutend. Mehr kann man i. a. nicht beweisen (Beispiel in § 8). Auch macht der Beweis der Eindeutigkeit i. a. Schwierigkeiten.

Satz 1.2.1 (Ergodensatz). *Sei $\mathfrak{G}$ eine beschränkte abelsche Halbgruppe in einem Banachraum $\mathfrak{H}$. Für jedes $h \in \mathfrak{H}$ sei die Bahn $\mathfrak{G}h$ bedingt schwachkompakt. Dann gibt es zu jedem $h \in \mathfrak{H}$ in der konvexen abgeschlossenen Hülle $\mathfrak{K}(h)$ der Bahn $\mathfrak{G}h$ genau einen Fixpunkt $h_0 = mh$. Die Abbildung $m: h \to h_0$ ist linear und stetig (sie besitzt dieselbe Schranke wie $\mathfrak{G}$). Es gilt*

$$m^2 = m = m\,x = x\,m \qquad\qquad (x \in \mathfrak{G})$$

Beweis. 1. Sei $h \in \mathfrak{H}$ beliebig gewählt. Die Menge $\mathfrak{K}(h)$ ist dann nichtleer, konvex, abgeschlossen, normbeschränkt und schwachkompakt (8.5.14). Sei $\mathfrak{K}$ die Menge aller Transformationen der Gestalt $y = \dfrac{1}{m} \sum\limits_{k=1}^{m} x_k$ $(x_1, \ldots, x_m \in \mathfrak{G})$. $\mathfrak{K}$ ist dann eine $\mathfrak{G}$ umfassende kommutative beschränkte Halbgruppe in $\mathfrak{H}$. $\mathfrak{K}(h)$ ist die abgeschlossene Hülle von $\mathfrak{K}h$. Es gilt $y\,\mathfrak{K}(h) \subseteq \mathfrak{K}(h)$ $(y \in \mathfrak{K})$, und da $\mathfrak{K}(h)$ schwach-kompakt und y schwachstetig ist (8.6.4), ist $y\,\mathfrak{K}(h)$ stets nichtleer, konvex und schwachkompakt (8.2.12). Es sei Σ das System aller Mengen der Gestalt $y_1\,\mathfrak{K}(h) \cap \cdots \cap y_n\,\mathfrak{K}(h)$ $(y_1, \ldots, y_n \in \mathfrak{K}, n$ beliebig). Wegen der Kommutativität von $\mathfrak{K}$ bildet Σ eine Filterbasis in $\mathfrak{K}(h)$ (wegen $y_1 \ldots y_n\,\mathfrak{K}(h) \subseteq$ $\subseteq y_2\,\mathfrak{K}(h) \cap \cdots \cap y_n\,\mathfrak{K}(h)$ sind die betrachteten Mengen nichtleer). $\bigcap\limits_{\mathfrak{M} \in \Sigma} \mathfrak{M}$ ist nichtleer (8.2.11): Wir ergänzen Σ zu einem Filter und verfeinern dieses zu einem Ultrafilter in $\mathfrak{K}(h)$. Dieses konvergiert wegen der Schwach-Kompaktheit von $\mathfrak{K}(h)$ gegen einen Punkt h_0, der offensichtlich $h_0 \in \bigcap y\,\mathfrak{K}(h)$ erfüllt. Ist $x \in \mathfrak{G}$ und n eine natürliche Zahl, so gibt es ein $g \in \mathfrak{K}(h)$ mit

$$\frac{1}{n} \sum_{k=1}^{n} x^k g = h_0 \,.$$

Es folgt

$$\|x h_0 - h_0\| = \frac{1}{n} \|x^{n+1} g - x g\| \leqq \frac{2A}{n} \|g\| \,,$$

wobei A eine Schranke von $\mathfrak{G}$ bedeutet. Da $\|g\|$ beschränkt bleibt, folgt für $n \to \infty$: $x h_0 = h_0$.

2. Sind h_1 und h_2 zwei Fixpunkte in $\Re(h)$, so gibt es zu jedem $\varepsilon > 0$ Transformationen $y_1, y_2 \in \Re$ mit

$$\|y_1 h - h_1\| \leqq \frac{\varepsilon}{2A} \,, \quad \|y_2 h - h_2\| \leqq \frac{\varepsilon}{2A} \,.$$

Es folgt

$$\begin{aligned}
\|h_1 - h_2\| &\leqq \|h_1 - y_1 y_2 h\| + \|y_1 y_2 h - h_2\| \\
&= \|y_2(h_1 - y_1 h)\| + \|y_1(y_2 h - h_2)\| \\
&\leqq A\,\frac{\varepsilon}{2A} + A\,\frac{\varepsilon}{2A} = \varepsilon \,,
\end{aligned}$$

d. h. $h_1 = h_2$.

3. Sei $f_i \in \Re(h_i)$ ein Fixpunkt und λ_i eine reelle bzw. komplexe Zahl ($i = 1, 2$). Bestimmt man zu gegebenem $\varepsilon > 0$ die Transformationen $y_1, y_2 \in \Re$ derart, daß

$$\|y_1 h_1 - f_1\| < \frac{\varepsilon}{2A} \quad \|y_2 h_2 - f_2\| < \frac{\varepsilon}{2A}$$

gilt, so folgt

$$\begin{aligned}
&\|y_1 y_2(\lambda_1 h_1 + \lambda_2 h_2) - (\lambda_1 f_1 + \lambda_2 f_2)\| \\
&\leqq |\lambda_1| \cdot \|y_2(y_1 h_1 - f_1)\| + |\lambda_2| \cdot \|y_1(y_2 h_2 - f_2)\| \\
&\leqq \varepsilon(|\lambda_1| + |\lambda_2|) \,.
\end{aligned}$$

Somit ist $\lambda_1 f_1 + \lambda_2 f_2$ ein Fixpunkt in $\Re(\lambda_1 h_1 + \lambda_2 h_2)$. Wegen der Eindeutigkeit der Fixpunkte ergibt sich nun die Linearität von m. Die Stetigkeit von m folgt unmittelbar aus der Beschränktheit von $\mathfrak{G}$. Die restlichen Aussagen des Satzes sind nahezu trivial.

Dieser Satz bzw. Spezialfälle desselben sind sehr oft bewiesen worden (vgl. z. B. ALAOGLU-BIRKHOFF [1], [2], G. BIRKHOFF [1], [2], [4], BOURBAKI [3], DAY [2], [3], DUNFORD [1], [2], EBERLEIN [2], [3], HATTORI [1], HOPF [9], KAKUTANI [2], [3], KROTKOV-HALPERIN [1], LORCH [1], NAKAMURA [1], RIESZ [1], [2] [3], [4], [6], YOSIDA [2], YOSIDA-KAKUTANI [1], [4]). Beachtet man, daß ordnungsbeschränkte Mengen in L-Räumen bedingt schwachkompakt sind (8.7.4—5), so ordnen sich auch die Untersuchungen von BIRKHOFF [1], KAKUTANI [2], RIESZ [2] an dieser Stelle ein: Ist $\mathfrak{H}$ ein L-Raum und die Bahn jedes Vektors $h \in \mathfrak{H}$ ordnungsbeschränkt, so sind die Voraussetzungen von Satz 1.2.1 erfüllt; die Voraussetzung der Ordnungsbeschränktheit kann noch etwas abgeschwächt werden (RIESZ [2]).

Ist $\mathfrak{G}$ zyklisch, d. h. von der Gestalt $\mathfrak{G} = \{x^k \mid k = 0, 1, 2, \ldots\}$, so gewinnt man die Existenz eines Fixpunktes sehr rasch auf folgende Weise: Man setzt $M_n = \frac{1}{n} \sum_{k=1}^{n} x^k$ und beachtet, daß $\Re(h)$ bedingt schwach-folgenkompakt ist. Die Folge $M_n h$ besitzt also eine schwachkonvergente Teilfolge $M_{n_j} h \to h_0$ (schwach). Da die Erzeugende x sicher

schwach-stetig ist, folgt $x M_{n_j} h \to x h_0$. Andrerseits erhält man $\| x M_n h -$
$- M_n h \| = \dfrac{1}{n} \| x^{n+1} h - x h \|$, woraus $x M_{n_j} h \to h_0$ (schwach), d. h. $x h_0 = h_0$
folgt. Hat man die Existenz eines Fixpunktes h_0 in $\Re(h)$ gewonnen, so
kann man die Aussage von Satz 1.2.1 folgendermaßen verschärfen:

$$\lim_{n \to \infty} \| M_n h - h_0 \| = 0 \,.$$

Bestimmt man nämlich zunächst $x_1 = x^{k_1}, \ldots, x_s = x^{k_s} \in \mathfrak{G}$ derart, daß

$$\left\| \frac{1}{s} \sum_{\sigma=1}^{s} x_\sigma h - h_0 \right\| < \varepsilon$$

gilt, so ist sicher

$$(2) \qquad \left\| M_n \left(\frac{1}{s} \sum_{\sigma=1}^{s} x_\sigma h \right) - h_0 \right\| < A\,\varepsilon \qquad (n = 1, 2, \ldots) \,.$$

Andererseits ist für $n > K = \max \{ k_1, \ldots, k_s \}$ sicher

$$\| M_n x^{k_\sigma} h - M_n h \| \leq \frac{1}{n} \sum_{k=1}^{k_\sigma} \| x^k h \| + \frac{1}{n} \sum_{k=n+1}^{n+k_\sigma} \| x^k h \|$$

$$\leq 2 \frac{k_\sigma}{n} A \, \| h \| \leq 2 \frac{K}{n} A \, \| h \| \,.$$

Hieraus folgt durch Mitteln

$$\left\| M_n \left(\frac{1}{s} \sum_{\sigma=1}^{s} x_\sigma h \right) - M_n h \right\| \leq 2 \frac{K}{n} A \, \| h \| \,.$$

Zusammen mit (2) erhält man für große n

$$\| M_n h - h_0 \| < 2 A \,\varepsilon \,.$$

Eine entsprechende Aussage gilt, wenn $\mathfrak{G}$ endlich-erzeugbar ist.

Mit den betrachteten Methoden kann man folgenden allgemeineren
Satz beweisen:

Satz 1.2.2. *Sei $\mathfrak{G}$ eine abelsche Halbgruppe von stetigen linearen Trans-*
formationen in einem lokalkonvexen separierten topologischen Vektorraum
$\mathfrak{H}$. Für jedes $h \in \mathfrak{H}$ enthalte die konvexe abgeschlossene Hülle $\Re(h)$ der Bahn
$\mathfrak{G} h$ eine konvexe kompakte $\mathfrak{G}$-invariante Menge $\mathfrak{M}(h) \neq 0$. Dann gibt es zu
jedem $h \in \mathfrak{H}$ in $\Re(h)$ mindestens einen Punkt h_0 mit $x h_0 = h_0$.

Zum Beweis hat man lediglich in Nr. 1 des Beweises von Satz 1.2.1
$\Re(h)$ durch $\mathfrak{M}(h)$ zu ersetzen. Man erhält dann ein $h_0 \in \bigcap_{x \in k} x \, \mathfrak{M}(h)$. Zu
festem $x \in \mathfrak{G}$ und laufendem $n = 1, 2, \ldots$ bestimmt man $g_n \in \mathfrak{M}(h)$ mit

$$h_0 = \frac{1}{n} \sum_{k=1}^{n} x^k g_n \,.$$

Es folgt wieder

$$x h_0 - h_0 = \frac{1}{n} \left(x^{n+1} g_n - x g_n \right) \,.$$

Ist $\mathfrak{U}$ eine offene Umgebung von $0 \in \mathfrak{H}$, so gibt es ein n_0 mit $\dfrac{1}{n}\,\mathfrak{M}\,(h) \subseteqq \mathfrak{U}$ $(n \geqq n_0)$. Denn $\mathfrak{M}\,(h)$ ist als kompakte Menge sicher beschränkt (8.4.8, BOURBAKI [3], S. 6). Für hinreichend große n ist also $x\,h_0 - h_0 \in 2\,\mathfrak{U}$. Daraus folgt $x\,h_0 = h_0$.

Die Voraussetzungen von Satz 1.2.2 sind u. a. in den folgenden Fällen erfüllt.

1. $\mathfrak{H}$ ist ein Banachraum, $\mathfrak{G}$ normbeschränkt, die Topologie die schwache. Für jedes $h \in \mathfrak{H}$ enthält die schwache Hülle $\mathfrak{G}\,(h)$ von $\mathfrak{G}h$ eine nichtleere invariante bedingt schwachkompakte Menge. Man wählt $\mathfrak{M}\,(h)$ als deren konvexe abgeschlossene Hülle. — In diesem Falle gewinnt man auch wie bei Satz 1.2.1 die Eindeutigkeit und Linearität der Zuordnung $h \to h_0$. — Die Kompaktheitsvoraussetzung ist z. B. erfüllt, wenn die schwache Hülle $\overline{\mathfrak{G}}$ von $\mathfrak{G}$ (vgl. § 5) eine schwach-vollstetige (d. h. normbeschränkte Mengen in bedingt schwachkompakte Mengen überführende) Transformation enthält, oder erst recht, wenn die starke Hülle von $\mathfrak{G}$ (vgl. § 5) eine stark-vollstetige Transformation enthält. Diese Fälle treten z. B. in der Theorie der Markoffschen Prozesse (Kap. 2, § 3) auf.

2. $\mathfrak{H}$ ist der Dualraum eines Banachraumes, $\mathfrak{G}$ normbeschränkt, die Topologie die s-Topologie (8.5.6), und alle $x \in \mathfrak{G}$ sind s-stetig (dies tritt z. B. ein, wenn sie als duale Transformationen (8.6.4) darstellbar sind). Man beachte, daß $\mathfrak{K}\,(h)$ jetzt die s-abgeschlossene konvexe Hülle von $\mathfrak{G}h$ bedeutet. Sie ist i. a. größer als die konvexe abgeschlossene Hülle von $\mathfrak{K}h$.

3. $\mathfrak{G}$ ist zyklisch, $\mathfrak{G}h$ ist stets beschränkt (8.4.8) und $x\,\mathfrak{U}$ bedingt schwach-folgenkompakt für eine passende Umgebung $\mathfrak{U}$ von $0 \in \mathfrak{H}$ (ALTMAN [1]).

Weitere Verallgemeinerungen des Ergodensatzes geben DAY [3], DIXMIER [1]. Man kann die Kommutativität der Halbgruppe fallen lassen, wenn man über sie gewisse rein algebraische Voraussetzungen macht, die die Existenz eines abstrakten invarianten Mittelwertes für die beschränkten Funktionen sicherstellen (diese Voraussetzungen sind, außer im abelschen Falle, z. B. auch für „met-abelsche" Halbgruppen (DAY [3], YOOD [1] erfüllt). Es gibt Halbgruppen, z. B. die freie Gruppe von 2 Erzeugenden, die sie nicht erfüllen (DIXMIER [1]).

Wir gehen nun zur Behandlung allgemeiner Halbgruppen, d. h. Halbgruppen, an die keinerlei algebraische Forderungen gestellt werden, über. Man kann auch hier Fixpunktsätze beweisen, muß aber die Allgemeinheit auf der algebraischen Seite durch zusätzliche Annahmen über die Geometrie des Banachraums bzw. der Halbgruppe erkaufen. § 6, Beispiel 2 zeigt, daß i. a. keine Fixpunkte existieren. Wir beweisen den stark symmetrisch gebauten

Satz 1.2.3. *Es sei $\mathfrak{H}$ ein gleichmäßig-konvex normierter Banachraum (8.5.10). Die Dualnorm im Dualraum $\mathfrak{H}'$ sei ebenfalls gleichmäßig-konvex. $\mathfrak{G}$ sei eine Halbgruppe von linearen Transformationen in $\mathfrak{H}$, mit der Schranke 1 („Kontraktionen"). Dann enthält für jedes $h \in \mathfrak{H}$ die konvexe starkabgeschlossene Hülle $\mathfrak{K}(h)$ der Bahn $\mathfrak{G}h$ genau einen Fixpunkt $h_0 = mh$. Entsprechendes gilt für die duale Halbgruppe $\mathfrak{G}'$ in $\mathfrak{H}'$, man erhält dort die eindeutige Abbildung m'. m und m' sind linear, es gilt $mx = xm = m = m^2$, $m'x' = x'm' = m' = m'^2$ $(x \in \mathfrak{G})$, $\|m\| \leq 1$, $\|m'\| \leq 1$. — Ferner gilt: Ist*

$$\mathfrak{M} = \{h \mid xh = h \; (x \in \mathfrak{G})\} \qquad \mathfrak{M}' = \{h' \mid x'h' = h' \; (x \in \mathfrak{G})\}$$
$$\mathfrak{N} = \{h \mid 0 \in \mathfrak{K}(h)\} \qquad \mathfrak{N}' = \{h' \mid 0' \in \mathfrak{K}'(h')\} \,,$$

so sind $\mathfrak{M}, \mathfrak{N}, \mathfrak{M}', \mathfrak{N}'$ lineare abgeschlossene invariante Teilräume von $\mathfrak{H}$ bzw. $\mathfrak{H}'$. $\mathfrak{M}$ und $\mathfrak{N}'$ sind orthogonal-komplementär zueinander, ebenso $\mathfrak{N}$ und $\mathfrak{M}'$, es gilt

$$\mathfrak{H} = \mathfrak{M} + \mathfrak{N} \qquad \mathfrak{M} \cap \mathfrak{N} = \{0\}$$
$$\mathfrak{H}' = \mathfrak{M}' + \mathfrak{N}' \qquad \mathfrak{M}' \cap \mathfrak{N}' = \{0'\} \,.$$

Beweis. Nach 8.5.10 enthält $\mathfrak{K}(h)$ stets genau einen Punkt h_0 mit minimaler Norm. Ist $x \in \mathfrak{G}$, so ist $xh_0 \in \mathfrak{K}(h)$, und wegen $\|x\| \leq 1$ ist auch xh_0 von minimaler Norm, also $xh_0 = h_0$. Analog verfährt man mit $\mathfrak{G}'$ und $\mathfrak{H}'$. Damit ist die Existenz der Fixpunkte sichergestellt. Man folgert nun sofort:

$$\mathfrak{H} = \mathfrak{M} + \mathfrak{N}, \qquad \mathfrak{H}' = \mathfrak{M}' + \mathfrak{N}',$$

d. h. für beliebige $h \in \mathfrak{H}$, $h' \in \mathfrak{H}'$ existieren Zerlegungen

$$(3) \qquad \begin{aligned} h &= f + g & (f \in \mathfrak{M}, g \in \mathfrak{N}) \\ h' &= f' + g' & (f' \in \mathfrak{M}', g' \in \mathfrak{N}') \,. \end{aligned}$$

Es ist leicht, sich von der Linearität von $\mathfrak{M}$ und $\mathfrak{M}'$ sowie von der Abgeschlossenheit von $\mathfrak{M}, \mathfrak{N}, \mathfrak{M}', \mathfrak{N}'$ zu überzeugen. Ferner sieht man leicht

$$(4) \qquad \begin{aligned} (g, h') &= 0 & (g \in \mathfrak{M}, h' \in \mathfrak{N}') \\ (h, g') &= 0 & (h \in \mathfrak{N}, g' \in \mathfrak{M}') \,. \end{aligned}$$

In der Tat braucht man z. B. nur für

$$\left\| \sum_{k=1}^{n} \lambda_k x_k h \right\| < \varepsilon \qquad \left(\lambda_k \geq 0, \sum_k \lambda_k = 1, x_k \in \mathfrak{G}\right)$$

zu sorgen, um

$$|(h, g')| = |(h, \sum_k \lambda_k x_k' g')| = |(\sum_k \lambda_k x_k h, g')| < \varepsilon \|g'\|$$

zu erreichen. Mittels (4) zeigen wir nun umgekehrt:

$$(5) \qquad \begin{aligned} &\text{Aus } (g, h') = 0 \; (h' \in \mathfrak{N}') \; \text{ folgt } g \in \mathfrak{M} \\ &\text{aus } (h, g') = 0 \; (g' \in \mathfrak{M}') \; \text{ folgt } h \in \mathfrak{N} \\ &\text{aus } (g, h') = 0 \; (g \in \mathfrak{M}) \; \text{ folgt } h' \in \mathfrak{N}' \\ &\text{aus } (h, g') = 0 \; (h \in \mathfrak{N}) \; \text{ folgt } g' \in \mathfrak{M}' \,. \end{aligned}$$

Ist z. B. $(g, h') = 0$ für alle $h' \in \mathfrak{N}'$, und ist $g = f + h$, $f \in \mathfrak{M}$, $h \in \mathfrak{N}$, so folgt

$$(h, g') = 0 \quad (g' \in \mathfrak{M}') \qquad \text{(wegen (4))}$$
$$(h, h') = (g, h') - (f, h') = 0 \qquad \text{(wegen (4) und der Voraussetzung)}.$$

Wegen $\mathfrak{H}' = \mathfrak{M}' + \mathfrak{N}'$ ergibt sich $h = 0$, d. h. $g = f \in \mathfrak{M}$. Aus (5) folgt, daß auch $\mathfrak{N}$ und $\mathfrak{N}'$ lineare Räume sind. Aus der evidenten Beziehung $\mathfrak{M} \cap \mathfrak{N} = 0$ ergibt sich die Eindeutigkeit der Zerlegungen (3) und hieraus die Eindeutigkeit der Fixpunkte. Die Eigenschaften von m und m' sind nunmehr leicht zu beweisen.

Ein typischer Fall liegt z. B. vor, wenn $\mathfrak{H}$ ein Hilbertraum und damit $\mathfrak{H}' = \mathfrak{H}$, oder wenn $\mathfrak{H} = L^p$ und damit $\mathfrak{H}' = L^q$ $(1 < p < \infty, \frac{1}{p} + \frac{1}{q} = 1)$ ist. Dann sind die über $\mathfrak{H}$ und $\mathfrak{H}'$ gemachten Voraussetzungen erfüllt.

Anmerkung. Sind, wie etwa in Kap. 3, §2, die $x \in \mathfrak{G}$ in allen L^p $(1 \leq p \leq \infty)$ mit $\|x\|_p \leq 1$ erklärbar, so ist die Existenz eines Fixpunktes $h_0 = mh \in \mathfrak{R}(h)$ auch in L^1 gesichert, falls ein endliches Maß zugrunde liegt. Es gilt dann nämlich $\| \cdot \|_1 \leq \text{const} \| \cdot \|_2$ (9.6.9). Betrachtet man nun den in L^1 dichten linearen Raum $L^1 \cap L^2$, so erhält man durch Anwendung von Satz 1.2.3 auf den Hilbertraum L^2 eine lineare nichtdehnende Abbildung m von $L^1 \cap L^2$ in sich, mit

$$(6) \qquad\qquad x m h = m h \in \mathfrak{R}(h) \qquad (x \in \mathfrak{G}) ,$$

wobei $\mathfrak{R}(h)$ jetzt bezüglich $\| \cdot \|_1$ gebildet sei. Da die invarianten Vektoren in L^1 einen abgeschlossenen linearen Teilraum bilden, kann man m in L^1 erklären, ohne (6) zu zerstören. Für abelsche $\mathfrak{G}$ kann man die Eindeutigkeit des Fixpunktes auch in L^1 nach dem Schema von Satz 1.2.1 schließen. Daß bei unendlichem zugrunde liegenden Maß der statistische Ergodensatz in L^1 nicht mehr gilt, zeigt das

Beispiel. L^p sei unter Zugrundelegung des Lebesgue-Maßes in R^1 erklärt, $(xf)(\omega) = f(\omega - 1)$ $(\omega \in R^1)$. Dann ist $\|x\|_p = 1$ $(1 \leq p \leq \infty)$. Für $f(\omega) = 1$ $(\omega \in \langle 0, 1 \rangle)$, $f(\omega) = 0$ (sonst) ist

$$f_n(\omega) = \frac{1}{n} \sum_{k=1}^{n} x^k f(\omega) = \begin{cases} \dfrac{1}{n} \text{ für } 1 \leq \omega < n + 1 \\ 0 \text{ sonst} \end{cases} .$$

Es ist $mf = 0$ in L^p $(1 < p < \infty)$. Dagegen ist $0 \notin \mathfrak{R}(f)$ in L^1, da $\int f_n d\omega = 1$ $(n = 1, 2, \ldots)$ gilt und das Integral normstetig ist. Außer 0 kommt aber kein Fixpunkt in Frage. — Die Mittel f_n konvergieren jedoch fast überall (Individueller Ergodensatz, Satz 3.1.1). Für weitere Beispiele, bei denen der individuelle, nicht aber der statistische Ergodensatz gilt, vgl. DOWKER [2].

Man kann einige wesentliche Aussagen von Satz 1.2.3 unter abgeschwächten Voraussetzungen beweisen (ALAOGLU-BIRKHOFF [1], [2],

G. BIRKHOFF [3]). So reicht für die Existenz eines Minimalpunktes in $\Re(h)$ schon die schwache Kompaktheit von $\Re(h)$ hin. Er ist eindeutig bestimmt, wenn die Norm nur starkkonvex (8.5.10) ist. Für nicht dehnende Halbgruppen hat man dann schon die Existenz von Fixpunkten. Man beachte in diesem Zusammenhang, daß man jeden separablen Banachraum und ebenso jeden Raum L_m^1 (9.5.4) stark-konvex normieren kann (8.5.10), wobei freilich die Kontraktionseigenschaft vorgegebener Transformationen nicht ohne weiteres erhalten bleibt. Immerhin kann man, falls $\mathfrak{G}$ eine beschränkte *Gruppe* und $\mathfrak{H}$ ein gleichmäßig-konvexer Banachraum ist, $\mathfrak{H}$ so umnormieren, daß $\mathfrak{G}$ die Schranke 1 erhält, $\mathfrak{H}$ aber gleichmäßig-konvex bleibt (JACOBS [1]). Es gibt reflexive Banachräume, die sich nicht gleichmäßig-konvex normieren lassen (DAY [1]). Es ist auch nicht gesagt, daß man $\mathfrak{H}$ und $\mathfrak{H}'$ gleichzeitig auf eine Norm mit den gewünschten Eigenschaften bringen kann (für diesen Fragenkomplex vgl. DAY [1], [4], NAKANO [3]). Der obige Beweis von Satz 1.2.3 funktioniert aber auch, wenn man $\mathfrak{H}$ und $\mathfrak{H}'$ separat mit passenden Normen versehen kann. — Notwendig für die Existenz mehrerer verschiedener Fixpunkte ist das Vorhandensein „scharfer Kanten" auf der Oberfläche der Einheitskugel in $\mathfrak{H}$. Genau dies wird verhindert, wenn man die Dualnorm als stark-konvex voraussetzt (ALAOGLU-BIRKHOFF [2], NAKANO [3]). — Ist $\mathfrak{H}$ ein Hilbertraum, so gewinnt man Sätze von RIESZ [3] und RIESZ-NAGY [1] als Spezialfälle von Satz 1.2.3. Hier ist $\mathfrak{H}' = \mathfrak{H}$, $\mathfrak{M}' = \mathfrak{M}$, $\mathfrak{N}' = \mathfrak{N}$. Man kann dann leicht direkt zeigen, daß im zyklischen Falle die Folge $M_n h$ gegen den Minimalpunkt h_0 von $\Re(h)$ strebt. Das liefert auch einen neuen Beweis von Satz 1.1.1 (G. BIRKHOFF [2]).

Anmerkung. Die Existenzaussage von Satz 1.2.1 ist ein Spezialfall des Fixpunktsatzes von BROUWER-SCHAUDER-TYCHONOFF (8.4.7). Die Existenzaussage von Satz 1.2.1 ergibt sich einfach so: Endlichviele $x_1, \ldots, x_n \in \Re$ besitzen in $\Re(h)$ stets gemeinsame Fixpunkte. Diese bilden eine konvexe schwachkompakte Menge $\Re(h, x_1, \ldots, x_n)$. Der — nach denselben Überlegungen wie in Nr. 1 des Beweises von Satz 1.2.1 nichtleere — Durchschnitt dieser Mengen besteht aus $\mathfrak{G}$-Fixpunkten.

Endlich sei noch auf den Mittelwertsatz für fastperiodische Funktionen mit Werten in einem Banachraum hingewiesen, der in einem Spezialfall ebenfalls den Ergodensatz liefert (1.7.5).

§ 3. Parametrisierte Halbgruppen

Definition 1.3.1. *Sei* $(R^n)^+ = \{(t_1, \ldots, t_n) \mid t_1, \ldots, t_n \geqq 0\}$ *der positive Kegel des* R^n*, sowie* $\mathfrak{H}$ *ein Banachraum. Ist jedem* $t \in (R^n)^+$ *eine stetige lineare Transformation* $x(t)$ *in* $\mathfrak{H}$ *zugeordnet, derart, daß*

$$x(0) = e$$
$$x(s + t) = x(s)\, x(t) \qquad\qquad (s, t \in (R^n)^+)$$

gilt, so bezeichnet man die abelsche Halbgruppe $\mathfrak{G} = \{x(t) \mid t \in (R^n)^+\}$ *als eine n-parametrige Halbgruppe (parametrisierte Halbgruppe (8.6.8)). Ist für jedes* $h \in \mathfrak{H}$, $g' \in \mathfrak{H}'$ *die Funktion* $\chi(t) = (x(t)h, g')$ *meßbar, so heißt* $\mathfrak{G}$ *schwach-meßbar. Ist* $\chi(t)$ *über jedes beschränkte Gebiet integrabel, so heißt* $\mathfrak{G}$ *schwach-integrabel.*

Hat man eine parametrisierte Halbgruppe, so wird man fragen, ob nicht die allgemeinen Mittelbildungen, die in den Ergodensätzen des § 2 zur Approximation des invarianten Mittelwerts (Fixpunkts) benützt wurden, durch Integralmittelwerte ersetzt werden können. Dies liegt um so näher, als schon bei zyklischen Halbgruppen, die ja das diskrete Analogon der 1-parametrigen Halbgruppen bilden, die allgemeinen Mittelbildungen durch Cesàro-Mittel ersetzt werden konnten (§ 2, vor Satz 1.2.2).

Satz 1.3.1. *Sei* $\mathfrak{G} = \{x(t) \mid t \in (R^n)^+\}$ *eine beschränkte schwach-meßbare n-parametrige Halbgruppe in einem Banachraum* $\mathfrak{H}$. *Für jedes* $h \in \mathfrak{H}$ *sei die Bahn* $\mathfrak{G}h$ *bedingt schwach-kompakt. Dann gibt es zu jedem* $t > 0$, $t \in (R^n)^+$ *(d. h.* $t = (t_1, \ldots, t_n)$ *mit* $t_1, \ldots, t_n > 0$*) genau eine lineare Transformation* $m(t)$ *in* $\mathfrak{H}$ *derart, daß folgendes gilt:*

1. Für jedes $h \in \mathfrak{H}$ *ist* $m(t)h \in \mathfrak{K}(h)$, *wobei* $\mathfrak{K}(h)$ *wie in § 2 die konvexe abgeschlossene Hülle von* $\mathfrak{G}h$ *bedeutet.*

2. Für beliebige $h \in \mathfrak{H}$, $g' \in \mathfrak{H}'$ *ist*

$$(1) \qquad (m(t)h, g') = \frac{1}{t_1 \cdots t_n} \int_0^{t_1} \cdots \int_0^{t_n} (x(s)h, g')\, ds \, .$$

Ist $h_0 = mh$ *der gemäß Satz* 1.2.1 *in* $\mathfrak{K}(h)$ *eindeutig vorhandene Fixpunkt, so gilt*

$$\lim_{t_1, \ldots, t_n \to \infty} \|m(t)h - mh\| = 0 \, .$$

Beweis. A. Sei $t > 0$ und $W(t) = \{s \mid 0 \leqq s \leqq t\}$ ($s \leqq t$ bedeutet $s_1 \leqq t_1, \ldots, s_n \leqq t_n$), ferner $\mathfrak{T}$: $W(t) = J_1 + \cdots + J_m$ eine disjunkte Zerlegung von $W(t)$ in meßbare J_k. Zu jeder derartigen Teilung denken wir uns Zwischenpunkte $s^{(k)} \in J_k$ fest gewählt. Stets erfüllt dann die Transformation

$$m(\mathfrak{T}) = \frac{1}{t_1 \cdots t_n} \sum_{k=1}^{m} |J_k|\, x(s^{(k)})$$

— wobei $|M|$ allgemein das Lebesgue-Maß der Menge M bedeutet — die Relationen

$$m(\mathfrak{T})\, h \in \mathfrak{K}(h)$$

$$(m(\mathfrak{T})\, h, g') = \frac{1}{t_1 \cdots t_n} \sum_{k=1}^{m} |J_k|\, (x(s^{(k)})\, h, g')$$

für alle $h \in \mathfrak{H}$, $g' \in \mathfrak{H}'$. Die rechte Seite ist eine Näherungssumme für das Integral in (1). Sie konvergiert gegen dasselbe, wenn $\mathfrak{T}$ die Filterbasis aller Teilungen durchläuft. Ergänzen wir diese Filterbasis zu einem Filter und verfeinern wir dieses zu einem Ultrafilter F, so liefert für jedes $h \in \mathfrak{H}$ die Abbildung $\mathfrak{T} \to m(\mathfrak{T}) h$ ein Ultrafilter Fh in der schwach-kompakten Menge $\mathfrak{K}(h)$. Fh konvergiert also schwach gegen einen Limes $m(t) h$. Offensichtlich ist jetzt (1) erfüllt. Hierdurch ist aber $m(t)$ eindeutig festgelegt. $m(t)$ besitzt dieselbe Schranke wie $\mathfrak{S}$ ($m(t)$ gehört zur schwachen Hülle (§ 5) der konvexen Hülle $\mathfrak{K}$ von $\mathfrak{S}$).

B. Zu $\varepsilon > 0$ bestimmen wir Zahlen $\lambda_k \geq 0$ mit $\sum\limits_{k=1}^{m} \lambda_k = 1$ und Elemente $x(t^{(k)}) \in \mathfrak{S}$ derart, daß

$$\left\| \sum_k \lambda_k x(t^{(k)}) h - m h \right\| < \frac{\varepsilon}{2A}$$

gilt (A sei eine Schranke von $\mathfrak{S}$). Wir schreiben abkürzend $\dfrac{1}{|t|} \int\limits_s^u (\,\cdot\,) dr$

für $\dfrac{1}{t_1 \cdots t_n} \int\limits_{s_1}^{u_1} \cdots \int\limits_{s_n}^{u_n} (\,.\,) dr_1 \cdots dr_n (s \leq u)$. Dann gilt allgemein für $s < t$

$$|(m(t) h, g') - (m(t) x(s) h, g')| = \frac{1}{|t|} \left| \int\limits_0^t (x(r) h, g') dr - \int\limits_s^{s+t} (x(r) h, g') dr \right|$$

$$\leq \frac{A}{|t|} \|h\| \cdot \|g'\| J(s, t) ,$$

wobei $J(s, t)$ der Inhalt des Gebietes

$$\{u \mid 0 \leq u \leq t\} \cup \{u \mid s \leq u \leq s + t\} - \{u \mid s \leq u \leq t\}$$

ist; eine primitive Abschätzung zeigt, daß

$$\frac{J(s, t)}{|t|} \to 0$$

geht. Hieraus ergibt sich

$$\|m(t) h - m(h)\| \leq \left\| m(t) h - \sum_k \lambda_k m(t) x(t^{(k)}) h \right\|$$

$$+ \left\| \sum_k \lambda_k m(t) x(t^{(k)}) h - m h \right\|$$

$$\leq \sum_k \lambda_k \left\| m(t) h - m(t) x(t^{(k)}) h \right\|$$

$$+ \left\| m(t) \left(\sum_k \lambda_k x(t^{(k)}) h - m h \right) \right\|$$

$$\leq \sum_k \lambda_k \sup_{\|g'\| \leq 1} |(m(t) h, g') - (m(t) x(t^{(k)}) h, g')| + \frac{\varepsilon}{2}$$

$$\leq \frac{A}{|t|} \|h\| \sum_k \lambda_k J(t^{(k)}, t) + \frac{\varepsilon}{2}$$

und das wird schließlich $< \varepsilon$.

Vgl. hierzu Dunford [1], Dunford-Schwartz [1].

Da man in dem topologischen Raum $\mathfrak{H}$ auf natürliche Weise den von den offenen Mengen erzeugten Borelkörper hat, kann man erklären: $\mathfrak{G}$ heißt *stark-meßbar*, wenn für jedes $h \in \mathfrak{H}$ die Abbildung $t \to x(t)h$ von $(R^n)^+$ in $\mathfrak{H}$ meßbar ist. Man sagt, $\mathfrak{G}$ sei *schwach-stetig*, wenn aus $s > 0$ $t \to s$, $h \in \mathfrak{G}$ stets $x(t)h \to x(s)h$ (schwach) folgt. Entsprechend ist der Begriff *stark-stetig* erklärt.

Satz 1.3.2. *Jede der folgenden Bedingungen ist hinreichend für die Stark-Stetigkeit von* $\mathfrak{G}$:

1. $\mathfrak{H}$ ist separabel, $\mathfrak{G}$ ist schwach-meßbar.

2. $\mathfrak{G}$ ist stark-meßbar und $\|x(t)\|$ ist beschränkt für beschränkte t.

3. $\mathfrak{G}$ ist schwach-stetig.

Für Beweise vgl. HILLE-PHILLIPS [1], Kap. 10, wo auch die Originalliteratur angegeben ist. Der Beweis unter den Voraussetzungen 1 bzw. 2 ist eine Fortbildung des bekannten Beweises für die Tatsache, daß jede meßbare Funktion $e(x)$ $(x \in R^1)$ mit $e(x + y) = e(x)\,e(y)$ $(x, y \in R^1)$, $e(1) = e$ mit der Exponentialfunktion e^x zusammenfällt.

Der in Satz 1.3.1 gebildete Operator $m(t)$ hängt schwach-stetig von t ab, wenn $x(t)$ schwach-integrabel ist.

CALDERON [1] hat stetige beschränkte Banachraumdarstellungen lokalkompakter (nicht notwendig abelscher) Gruppen G betrachtet und die im Beweis von Satz 1.3.1 auftretenden Mengen $W(t)$ durch eine passende einparametrige Schar von Umgebungen U_t der Identität $e \in G$ (die Existenz einer solchen Schar wird gefordert und verschiedene Beispiele angegeben) ersetzt. Das Lebesguemaß in $(R^n)^+$ wird durch das linke Haarmaß in G (LOOMIS [2]) ersetzt. Für $G = R^n$ erhält man dann das Gruppen-Analogon zu Satz 1.3.1 mit $U_t = \{s \mid -t \leqq s \leqq t\}$.

§ 4. Weitere Untersuchungen

ALAOGLU-BIRKHOFF [1], [2], EBERLEIN [2] und PECK [1] haben die in der überall wiederkehrenden Abschätzung § 1 (1) steckende Idee folgendermaßen axiomatisiert: Sei $\mathfrak{G}$ eine Halbgruppe von stetigen linearen Transformationen x im lokalkonvexen separierten topologischen Vektorraum $\mathfrak{H}$, $\mathfrak{K}$ die konvexe Hülle von $\mathfrak{G}$ und $\mathfrak{K}(h)$ die abgeschlossene Hülle von $\mathfrak{K}h$. Eine Moore-Smith-Folge $t_\lambda (\lambda \in I = $ gerichtete Indexmenge$)$ von linearen Transformationen in $\mathfrak{H}$ heißt ein *System fastinvarianter Integrale* von $\mathfrak{G}$, wenn stets $t_\lambda h \in \mathfrak{K}(h)$ gilt, die t_λ gleichgradig-stetig sind und wenn für jedes $x \in \mathfrak{G}$, $h \in \mathfrak{H}$

$$(1) \qquad \lim_\lambda (t_\lambda h - t_\lambda x h) = 0 = \lim_\lambda (t_\lambda h - x t_\lambda h)$$

gilt. Unter den Voraussetzungen von Satz 1.2.1 wird man z. B. die starke Topologie im Banachraum $\mathfrak{H}$ nehmen, $I = \mathfrak{K}$, $t_y = y\,(y \in \mathfrak{K})$ wählen und $y \geqq z$ durch $y = sz\,(s \in \mathfrak{K})$ erklären. Beispiele mit $I = \{1, 2, \ldots\}$ finden sich bei ALAOGLU-BIRKHOFF [2], S. 303. PECK [1] arbeitet mit Halbgruppen, die einer abgeschwächten Kommutativitätsforderung genügen. — Gibt es ein System fastinvarianter Integrale, so folgt aus $h_c \in \Re(h)$, $x h_0 = h_0$ $(x \in \mathfrak{S})$ stets $h_0 = \lim_{\lambda} t_\lambda h$ und umgekehrt. Insbesondere hat man dann die Eindeutigkeit der Fixpunkte. Um die Existenz sicherzustellen, genügen Kompaktheitsforderungen.

Bei den statistischen Ergoden-Aussagen handelt es sich um die Konvergenz von Operatoren gegen einen idempotenten Operator m, eine Projektion. Für den hiermit angedeuteten Zusammenhang mit der Spektraltheorie vgl. DUNFORD [2], [3].

COHEN [1], HILLE [1], HILLE-PHILLIPS [1], PHILLIPS [1] und KENDALL-REUTER [1] haben die Cesáro-Mittelbildungen durch andere Limitierungsverfahren ersetzt.

COTLAR [2] gewinnt die Näherungsmittel durch Anwendung einer Integraltransformation.

Mittelwerte von Vektorfolgen (d. i. stochastischen Prozessen) in Hilberträumen sind von FAN [2], [5] betrachtet worden.

DUNFORD-MILLER [1] und RYLL-NARDZEWSKI [1] haben endliche Maßräume $(\Omega, \mathfrak{B}, m)$ und eindeutige meßbare Abbildungen t von Ω in sich betrachtet, die zwar m nicht notwendig invariant lassen, aber $m(t^{-1}E) = 0$ $(m(E) = 0)$ erfüllen. Sei x die von t in L_m^1 induzierte Abbildung. Dann gilt: Gibt es zu jedem $h \in L_m^1$ ein $h_0 \in L_m^1$ mit $x h_0 = h_0$ und

$$\lim_{n \to \infty} \left\| \frac{1}{n} \sum_{k=0}^{n-1} x^k h - h_0 \right\| = 0 \,,$$

so gibt es ein $K > 0$ mit

$$(2) \qquad \frac{1}{n} \sum_{k=0}^{n-1} m(t^{-k}E) \leqq K m(E) \quad (n = 1, 2, \ldots, E \in \mathfrak{B})$$

und umgekehrt. (2) reicht auch für die individuelle Ergodenaussage hin (DUNFORD-MILLER [1]).

§ 5. Halbgruppen und ihre Hüllen

Im folgenden werden Eigenschaften von Halbgruppen linearer Transformationen x in Banachräumen $\mathfrak{H}$ untersucht. Viele Überlegungen werden technisch einfacher, wenn man neben der vorgelegten Halbgruppe $\mathfrak{S}$ noch die Gesamtheit aller Transformationen betrachtet, die sich in gewisser Weise aus $\mathfrak{S}$ approximieren lassen.

Definition 1.5.1. *Es sei $\mathfrak{S} = \{x, \ldots\}$ eine Halbgruppe von stetigen linearen Transformationen im Banachraum $\mathfrak{H} = \{h, \ldots\}$. Es gebe ein $K > 0$ mit $\|x\| \leqq K (x \in \mathfrak{S})$. Es sei $\overline{\mathfrak{S}}$ die Gesamtheit aller eindeutigen Selbstabbildungen $\bar{x}$ von $\mathfrak{H}$, für welche folgendes gilt: Zu je endlichvielen*

Vektoren $h_1, \ldots, h_r \in \mathfrak{H}$ und zu jeder schwachen Umgebung $\mathfrak{U}$ von $0 \in \mathfrak{H}$ gibt es mindestens ein $x \in \mathfrak{G}$ mit

$$x h_\varrho - \bar{x} h_\varrho \in \mathfrak{U} \qquad (\varrho = 1, \ldots, r) \, .$$

$\overline{\mathfrak{G}}$ *wird als die schwache Hülle von* $\mathfrak{G}$ *bezeichnet* (vgl. die in 8.6.3 erklärte schwache Topologie für lineare Abbildungen).

Anmerkung. Nimmt man die Umgebung $\mathfrak{U}$ aus einer anderen Topologie, so erhält man entsprechend andere Hüllenbildungen, z. B. die starke Hülle von $\mathfrak{G}$ usw.

Satz 1.5.1. *Unter den Voraussetzungen der Definition 1.5.1 gilt:*

1. Die schwache Hülle $\overline{\mathfrak{G}}$ von $\mathfrak{G}$ ist eine Halbgruppe von stetigen linearen Transformationen in $\mathfrak{H}$. Es gilt

$$\tag{1} \|\bar{x}\| \leq K \qquad\qquad (\bar{x} \in \overline{\mathfrak{G}}) \, .$$

2. Ist $\mathfrak{G}$ abelsch, so ist auch $\overline{\mathfrak{G}}$ abelsch.

3. Jeder $\mathfrak{G}$-invariante abgeschlossene Teilraum von $\mathfrak{H}$ ist auch $\overline{\mathfrak{G}}$-invariant.

4. Ist für jedes $h \in \mathfrak{H}$ die schwache Hülle $\overline{\mathfrak{G}(h)}$ von $\mathfrak{G}h = \{xh \mid x \in \mathfrak{G}\}$ schwachkompakt, so ist stets

$$\overline{\mathfrak{G}(h)} \doteq \overline{\mathfrak{G}}\, h \, .$$

5. Unter derselben Voraussetzung wie in Nr. 4 ist die in einem abgeschlossenen invarianten linearen Teilraum $\mathfrak{H}_0$ von $\mathfrak{H}$ gebildete schwache Hülle $\overline{\mathfrak{G}}_0$ der von $\mathfrak{G}$ in $\mathfrak{H}_0$ induzierten Halbgruppe $\mathfrak{G}_0$ mit der von $\overline{\mathfrak{G}}$ in $\mathfrak{H}_0$ induzierten Halbgruppe identisch.

Anmerkung. Man kann die $\bar{x} \in \overline{\mathfrak{G}}$ noch etwas anders kennzeichnen. Für jedes Filter F in $\mathfrak{G}$ und jedes $h \in \mathfrak{H}$ sei Fh das mit der Abbildung $x \to xh$ von $\mathfrak{G}$ nach $\mathfrak{G}h$ übertragene Filter (8.1.7).

Dann ist $\overline{\mathfrak{G}}$ die Menge aller $\bar{x}$, zu denen es ein Filter F in $\mathfrak{G}$ mit

$$\tag{2} \lim Fh = \bar{x}h \qquad (\text{schwach}, \, h \in \mathfrak{H})$$

gibt. Aussage 4 unseres Satzes bedeutet dann: Zu jedem Ultrafilter F in $\mathfrak{G}$ gibt es ein $\bar{x}$, welches (2) erfüllt.

Beweis. 1. Die Linearität der $\bar{x} \in \overline{\mathfrak{G}}$ ist nahezu trivial, ebenso (1). Hat man $\bar{x}, \bar{y} \in \overline{\mathfrak{G}}$ und für $h_1, \ldots, h_l \in \mathfrak{H}$ $g_1, \ldots, g_s' \in \mathfrak{H}'$ etwa

$$\left.\begin{aligned} |(x\bar{y}\,h_\lambda - \bar{x}\,\bar{y}h_\lambda, g_\sigma')| &< \frac{\varepsilon}{2} \\ |(yh_\lambda - \bar{y}h_\lambda, x'g_\sigma')| &< \frac{\varepsilon}{2} \end{aligned}\right| \begin{aligned} \lambda &= 1, \ldots, l, \\ \sigma &= 1, \ldots, s \, , \end{aligned}$$

so folgt

$$|(xyh_\lambda - \bar{x}\bar{y}h_\lambda, g_\sigma')|$$
$$\leq |(xyh_\lambda - x\bar{y}h_\lambda, g_\sigma')| + |(x\bar{y}h_\lambda - \bar{x}\bar{y}h_\lambda, g_\sigma')| < \varepsilon \, ,$$

d. h. $\bar{x}\bar{y} \in \overline{\mathfrak{G}}$.

2. Sei $\mathfrak{G}$ abelsch und zunächst $\bar{x} \in \overline{\mathfrak{G}}$, $y \in \mathfrak{G}$. Hat man für $h_1, \ldots, h_l \in$ $\in \mathfrak{H}$, $g'_1, \ldots, g'_s \in \mathfrak{H}$, $\varepsilon > 0$ etwa

$$\left.\begin{aligned} |(x y h_\lambda - \bar{x} y h_\lambda, g'_\sigma)| &< \frac{\varepsilon}{2} \\ |(x h_\lambda - \bar{x} h_\lambda, y' g'_\sigma)| &< \frac{\varepsilon}{2} \end{aligned}\right\} \begin{aligned} (\lambda &= 1, \ldots, l \\ \sigma &= 1, \ldots, s) \end{aligned},$$

so folgt

$$\begin{aligned} &|(\bar{x} y h_\lambda - y \bar{x} h_\lambda, g'_\sigma)| \\ &\leq |(\bar{x} y h_\lambda - x y h_\lambda, g'_\sigma)| + |(y x h_\lambda - y \bar{x} h_\lambda, g'_\sigma)| < \varepsilon, \end{aligned}$$

also $\bar{x} y = y \bar{x}$. Durch Wiederholung desselben Schlusses folgt die Kommutativität von $\overline{\mathfrak{G}}$.

3. ist trivial.

4. $\overline{\mathfrak{G}} h \subseteq \mathfrak{G}(h)$ ist trivial. Sei nun $g \in \mathfrak{G}(h)$ beliebig. Für jede schwache Umgebung $\mathfrak{U}$ von $0 \in \mathfrak{H}$ sei $\mathfrak{F}(\mathfrak{U}) = \{x \mid x h - g \in \mathfrak{U}\}$. Die $\mathfrak{F}(\mathfrak{U})$ bilden ersichtlich eine Filterbasis in $\mathfrak{G}$, die wir zu einem Filter ergänzen können. Diese verfeinern wir zu einem Ultrafilter F. Für jedes $f \in \mathfrak{H}$ ist Ff (vgl. die obige Anmerkung) ein Ultrafilter, also voraussetzungsgemäß konvergent: $\bar{x} f = \lim Ff$, $\bar{x} \in \overline{\mathfrak{G}}$. Ersichtlich ist $\bar{x} h = g$.

5. Ist $\mathfrak{U}$ eine schwache Umgebung von 0 in $\mathfrak{H}$, so ist $\mathfrak{U} \cap \mathfrak{H}_0$ eine schwache Umgebung von 0 in $\mathfrak{H}_0$. Hieraus folgt: $\overline{\mathfrak{G}}_\bullet$ umfaßt die von $\overline{\mathfrak{S}}$ in $\mathfrak{H}_0$ induzierte Halbgruppe. Da jede stetige Linearform auf $\mathfrak{H}_0$ von einer Linearform auf $\mathfrak{H}$ induziert wird (8.5.5 (HAHN-BANACH)), erhält man nach obigem Verfahren alle schwachen Umgebungen von 0 in $\mathfrak{H}_0$. Das in Nr. 4 eingeschlagene Ultrafilter-Verfahren liefert nun die volle Behauptung.

Ist allgemein $\mathfrak{G}$ eine Halbgruppe von linearen stetigen Transformationen in einem topologischen Vektorraum, so kann man zwar $\overline{\mathfrak{G}}$ wie oben erklären, erhält aber z. B. die Stetigkeit der $\bar{x} \in \overline{\mathfrak{G}}$ nur unter besonderen Voraussetzungen. Sind z. B. alle $x \in \mathfrak{G}$ gleichgradig-stetig, so sind auch alle $\bar{x} \in \overline{\mathfrak{G}}$ gleichgradig-stetig. Die Kommutativität von $\overline{\mathfrak{G}}$ kann aus der Kommutativität von $\mathfrak{G}$ gefolgert werden, wenn alle $\bar{x} \in \overline{\mathfrak{G}}$ stetig sind. Befindet man sich z. B. im Dualraum eines Banachraumes und ersetzt man die schwache Topologie durch die s-Topologie, so muß man erst nachprüfen, ob die erhaltenen Transformationen s-stetig sind.

§ 6. Allgemeine funktionalanalytische Wiederkehrsätze (Aufspaltungssätze)

Es sei $\mathfrak{G} = \{x, \ldots\}$ eine die Identität e enthaltende Halbgruppe von stetigen linearen Transformationen des reellen oder komplexen Banachraums $\mathfrak{H} = \{h, \ldots\}$. Wir fragen nach Fastperiodizitätseigenschaften der für beliebiges festes $h \in \mathfrak{H}$ erhaltenen $\mathfrak{H}$-wertigen Funktion $h(x) = x h$ auf $\mathfrak{G}$. Abgesehen von dem generellen Interesse der Ergodentheorie an allen Wiederkehrphänomen gibt es auch einen mathematischen Grund für diese Fragestellung: Da man für fastperiodische Funktionen über eine besonders starke und originelle Mittelwerttheorie verfügt (MAAK [1], vgl. § 7), erscheint es wünschenswert, als Hintergrund für die schon festgestellten Mittelwerteigenschaften von $\mathfrak{G}$ Fastperiodizitätseigenschaften aufzudecken.

Es sei $\mathfrak{G}(h)$ die schwache Hülle der Bahn $\mathfrak{G}h$ des Vektors $h \in \mathfrak{H}$. $\mathfrak{G}(h)$ ist $\mathfrak{G}$-invariant: $\mathfrak{G}\,\mathfrak{G}(h) \subseteq \mathfrak{G}(h)$.

Definition 1.6.1. *Ein Vektor $h \in \mathfrak{H}$ heißt $\mathfrak{G}$-reversibel, wenn $\mathfrak{G}(f) = \mathfrak{G}(h)$ für jedes $f \in \mathfrak{G}(h)$ gilt. $\mathfrak{R}$ sei die Gesamtheit aller $\mathfrak{G}$-reversiblen Vektoren.*

Reversibilität bedeutet offenbar eine Rückkehreigenschaft. Nach dem Zornschen Lemma (8.1.1) enthält jede $\mathfrak{G}$-invariante schwachkompakte Menge aus $\mathfrak{H}$ eine minimale $\mathfrak{G}$-invariante schwach-abgeschlossene Menge, und diese besteht offenbar aus lauter reversiblen Vektoren. $\mathfrak{R}$ ist $\overline{\mathfrak{G}}$-invariant, wobei $\overline{\mathfrak{G}}$ die schwache Hülle von $\mathfrak{G}$ bedeutet.

Anmerkung. Hieraus kann man leicht die Existenzaussage von Satz 1.2.2 gewinnen. Vgl. den dortigen Beweis (JACOBS [3]).

Beispiel 1. $\mathfrak{H}$ sei ein separabler Hilbertraum, $\ldots, h_{-1}, h_0, h_1, \ldots$ eine orthonormierte Basis in $\mathfrak{H}$ (8.8.3), und x diejenige unitäre Transformation in $\mathfrak{H}$, welche $x h_k = h_{k+1}$ (k ganz) leistet. Wir setzen $\mathfrak{G} = \{x^k \mid k \text{ ganz}\}$, dann ist $0 \in \mathfrak{G}(h)$ für jedes $h \in \mathfrak{H}$, d. h. $\mathfrak{R}$ besteht aus dem einzigen Vektor $0 \in \mathfrak{H}$.

Man kann also nicht erwarten, daß alle Vektoren reversibel sind. Wir definieren einen komplementären Begriff:

Definition 1.6.2. *Ein Vektor $h \in \mathfrak{H}$ heißt ein $\mathfrak{G}$-Fluchtvektor, wenn $0 \in \mathfrak{G}(h)$ gilt. Die Gesamtheit aller $\mathfrak{G}$-Fluchtvektoren sei $\mathfrak{F}$.*

Im obigen Beispiel ist $\mathfrak{H} = \mathfrak{F}$.

Satz 1.6.1. *Ist $\mathfrak{G}$ beschränkt und $\mathfrak{G}(h)$ für jedes $h \in \mathfrak{H}$ schwachkompakt, so besitzt jeder Vektor $h \in \mathfrak{H}$ mindestens eine Zerlegung*

$$(1) \qquad\qquad h = r + f \qquad r \in \mathfrak{R}, f \in \mathfrak{F}\,.$$

Beweis. Wir benützen die schwache Hülle $\overline{\mathfrak{G}}$ von $\mathfrak{G}$. Nach Satz 1.5.1 ist $\overline{\mathfrak{G}} h = \mathfrak{G}(h)$ ($h \in \mathfrak{H}$). Da $\mathfrak{G}(h)$ $\mathfrak{G}$-invariant ist, gibt es ein $\bar{x} \in \overline{\mathfrak{G}}$ mit $\bar{x} h \in \mathfrak{R}$. Wir bilden die Halbgruppe $\mathfrak{X} = \{\bar{x}^k \mid k = 0, 1, \ldots\}$ und wieder deren schwache Hülle $\overline{\mathfrak{X}}(\subseteq \overline{\mathfrak{G}}!)$. $\overline{\mathfrak{X}}$ ist kommutativ. Genau wie oben finden wir ein $\bar{a} \in \overline{\mathfrak{X}}$ mit $\mathfrak{X}$-reversiblem $g = \bar{a}\,\bar{x}h$. Wegen $\overline{\mathfrak{X}}\,\bar{a}\,\bar{x}g = \overline{\mathfrak{X}}g$ gibt es ein $\bar{b} \in \overline{\mathfrak{X}}$ mit $\bar{b}\,\bar{a}\,\bar{x}g = g$. Setzt man $\bar{b}g = \bar{b}\,\bar{a}\,\bar{x}h = r, f = h - r$, so ist $r \in \mathfrak{R}$ und

$$\bar{a}\,\bar{x}f = \bar{a}\,\bar{x}h - \bar{a}\,\bar{x}\,\bar{b}\,\bar{a}\,\bar{x}h = g - \bar{b}\,\bar{a}\,\bar{x}g = 0,$$

also $f \in \mathfrak{F}$. Beim Beweis der vorletzten Gleichheit wurde die Kommutativität von $\overline{\mathfrak{X}}$ benützt.

Beispiel 2. Sei $\mathfrak{H} = R^2 = \{(\sigma, \lambda)\}$. $\mathfrak{G}$ bestehe aus

$$e = \begin{pmatrix} 1 & 0 \\ 0 & 1 \end{pmatrix} \qquad x = \begin{pmatrix} 1 & 0 \\ 0 & 0 \end{pmatrix} \qquad y = \begin{pmatrix} 1 & 1 \\ 0 & 0 \end{pmatrix}$$

Dann ist $\mathfrak{R} = \{(\sigma, \lambda) \mid \lambda = 0\}$, $\mathfrak{F} = \{(\sigma, \lambda) \mid \sigma = 0\} \cup \{(\sigma, \lambda) \mid \sigma + \lambda = 0\}$. Ersetzt man $\mathfrak{G}$ durch $\mathfrak{G}'$ (transponierte Matrizen), so erhält man $\mathfrak{R}' = \{(\sigma, \lambda) \mid \lambda = 0\} \cup \{(\sigma, \lambda) \mid \sigma = \lambda\}$, $\mathfrak{F}' = \{(\sigma, \lambda) \mid \sigma = 0\}$. Hier besitzt übrigens der Vektor $(1, 1)$ keinen Fixpunkt im Sinne von Satz 1.2.1.

Man kann also im allgemeinen nicht erwarten, daß $\mathfrak{R}$ und $\mathfrak{F}$ lineare Räume sind. Ebensowenig ist die Zerlegung (1) i. a. eindeutig.

Satz 1.6.2. (Aufspaltungssatz). *Ist $\mathfrak{G}$ beschränkt und kommutativ, ist ferner $\mathfrak{G}(h)$ für jedes $h \in \mathfrak{H}$ schwachkompakt, so sind $\mathfrak{R}$ und $\mathfrak{F}$ lineare abgeschlossene $\mathfrak{G}$-invariante Teilräume von $\mathfrak{H}$. Es gilt*

$$\mathfrak{H} = \mathfrak{R} + \mathfrak{F}, \quad \mathfrak{R} \cap \mathfrak{F} = \{0\},$$

genauer: Jeder Vektor $h \in \mathfrak{H}$ besitzt genau eine Zerlegung

$$h = r + f \qquad r \in \mathfrak{R}, f \in \mathfrak{F}.$$

Die Komponenten r, f hängen linear, normstetig und $\mathfrak{G}$-invariant von h ab.

Beweis. Ähnlich wie beim Beweis von Satz 1.2.3 benützen wir Zerlegungen in $\mathfrak{H}$ und $\mathfrak{H}'$ und Orthogonalitätsrelationen zwischen ihnen. Die schwache Topologie in $\mathfrak{H}$ und die s-Topologie in $\mathfrak{H}'$ arbeiten hier ganz parallel: $\overline{\mathfrak{G}}'$ ist die s-Hülle $\overline{(\mathfrak{G}')}$ von $\mathfrak{G}'$, denn jedes Ultrafilter in $\mathfrak{G}$ liefert genau ein $\bar{x} \in \overline{\mathfrak{G}}$ und ein $\bar{x}' \in \overline{\mathfrak{G}}'$. Insbesondere sind alle $\bar{x}' \in \overline{\mathfrak{G}}'$ s-stetig, da sie als duale Transformationen darstellbar sind. Mit $\overline{\mathfrak{G}}'$ kann also ebenso gearbeitet werden wie mit $\overline{\mathfrak{G}}$. Wir definieren $\mathfrak{R}'$ und $\mathfrak{F}'$ mittels der s-Topologie und erhalten: $\mathfrak{R}' = \{h' \mid \overline{\mathfrak{G}}'g' = \overline{\mathfrak{G}}'h'$ für alle $g' \in \overline{\mathfrak{G}}'h'\}$, $\mathfrak{F}' = \{h' \mid \bar{x}'h' = 0'$ für passendes $\bar{x}' \in \overline{\mathfrak{G}}'\}$. Es gilt

$$\mathfrak{H}' = \mathfrak{R}' + \mathfrak{F}', \quad \mathfrak{R}' \cap \mathfrak{F}' = \{0\},$$

d. h. wir haben Zerlegungen

$$\begin{aligned} h &= r + f & r \in \mathfrak{R}, f \in \mathfrak{F} & \quad (h \in \mathfrak{H}) \\ h' &= r' + f' & r' \in \mathfrak{R}', f' \in \mathfrak{F}' & \quad (h' \in \mathfrak{H}'). \end{aligned}$$

Es gelten nun Orthogonalitätsrelationen, die wir abgekürzt $(\mathfrak{R}, \mathfrak{F}') = 0$, $(\mathfrak{F}, \mathfrak{R}') = 0$ schreiben. Ist z. B. $r \in \mathfrak{R}, f' \in \mathfrak{F}'$ und $\bar{x}'f' = 0'$ mit passendem $\bar{x} \in \overline{\mathfrak{G}}$, so können wir $\bar{y} \in \overline{\mathfrak{G}}$ mit $\bar{y}\bar{x}r = \bar{x}\bar{y}r = r$ bestimmen und erhalten

$$(r, f') = (\bar{x}\bar{y}r, f') = (\bar{y}r, \bar{x}'f') = 0.$$

Genau wie im Beweis von Satz 1.2.3 schließt man nun zu Ende: $\mathfrak{R}$ und $\mathfrak{F}'$ sind orthogonale Komplemente voneinander, ebenso $\mathfrak{F}$ und $\mathfrak{R}'$. Alle diese Räume sind also linear und abgeschlossen, sowie invariant. Aus der evidenten Aussage $\mathfrak{R} \cap \mathfrak{F} = \{0\}$ folgt nun die Behauptung des Satzes. Die Linearität von $\mathfrak{F}$ ist übrigens trivial: Aus $\bar{x}f = 0 = \bar{y}g$ folgt $\bar{x}\bar{y}(\lambda f + \mu g) = \lambda \bar{x}\bar{y}f + \mu \bar{x}\bar{y}g = 0$. Man kann aber auch die Linearität von $\mathfrak{R}$ beweisen, ohne auf den Dualraum zurückzugreifen[1]: Sei $r_1, r_2 \in \mathfrak{R}$. Dann existiert eine Zerlegung

$$r_1 + r_2 = - r_3 + f, \qquad r_3 \in \mathfrak{R}, f \in \mathfrak{F} \,.$$

Wir sorgen für $\bar{x} f = 0$ und bestimmen $\bar{y}_1, \bar{y}_2, \bar{y}_3 \in \overline{\mathfrak{G}}$ so, daß

$$\bar{y}_k \bar{x} r_k = r_k \qquad\qquad (k = 1, 2, 3)$$

gilt. Dann hat man (k ist mod 3 zu betrachten)

$$r_k = - \bar{y}_k \bar{x} (r_{k+1} + r_{k+2}) \,.$$

Wir suchen auf r_k oder $f = r_1 + r_2 + r_3$ zurückzukommen:

$$
\begin{aligned}
r_k &= \bar{y}_k \bar{x} (\bar{y}_{k+1} \bar{x} (r_{k+2} + r_k) + \bar{y}_{k+2} \bar{x} (r_k + r_{k+1})) \\
&= (\bar{y}_{k+1} + \bar{y}_{k+2}) \bar{x} r_k - \bar{y}_k \bar{y}_{k+1} \bar{x}^2 \bar{y}_{k+2} \bar{x} (r_k + r_{k+1}) \\
&\qquad\qquad - \bar{y}_k \bar{y}_{k+2} \bar{x}^2 \bar{y}_{k+1} \bar{x} (r_{k+2} + r_k) \\
&= (\bar{y}_k + \bar{y}_{k+1} + \bar{y}_{k+2}) \bar{x} r_k - \bar{y}_k \bar{x} r_k \\
&\qquad\qquad - \bar{y}_k \bar{y}_{k+1} \bar{y}_{k+2} \bar{x}^3 (r_1 + r_2 + r_3) \\
&\qquad\qquad - \bar{y}_k \bar{y}_{k+1} \bar{y}_{k+2} \bar{x}^3 r_k \\
&= (\bar{y}_1 + \bar{y}_2 + \bar{y}_3) \bar{x} r_k - r_k - \bar{y}_1 \bar{y}_2 \bar{y}_3 \bar{x}^3 r_k \,.
\end{aligned}
$$

Durch Summation über k ergibt sich

$$f = (\bar{y}_1 + \bar{y}_2 + \bar{y}_3) \bar{x} f - f - \bar{y}_1 \bar{y}_2 \bar{y}_3 x^3 f = - f = 0 \,.$$

Auch die Abgeschlossenheit und Linearität von $\mathfrak{R}$ und $\mathfrak{F}$ kann man direkt einsehen.

Anmerkung. Da $\mathfrak{F}'$ sich bei Verkleinerung von $\mathfrak{G}$ höchstens verkleinert, folgt: Ist r $\mathfrak{G}$-reversibel, so ist r auch bezüglich jeder Unter-Halbgruppe von $\mathfrak{G}$ reversibel.

Anmerkung. Wird $\mathfrak{G}$ von einer einzigen unitären Transformation x erzeugt und ist $\mathfrak{H}$ ein Hilbertraum, so entspricht die Zerlegung (1) der Zerlegung des Spektrums von x in Punkt- und Streckenspektrum (HOPF [9]).

Wir benötigen später den

Satz 1.6.3. *Sei $\mathfrak{G}$ eine beschränkte abelsche Halbgruppe im Banachraum $\mathfrak{H}$. Die schwache Hülle $\overline{\mathfrak{G}}$ von $\mathfrak{G}$ enthalte eine schwach-vollstetige (d. h. beschränkte Mengen in bedingt schwachkompakte Mengen überführende) Transformation $\bar{x}$. Dann gelten die Aussagen von Satz 1.6.2. Entsprechendes gilt bei Zugrundelegung der starken Topologie.*

Beweis. 1. Sei $\mathfrak{H}_0 = \{ h \mid \mathfrak{G} h$ bedingt schwachkompakt$\}$. $\mathfrak{H}_0$ ist ein abgeschlossener $\mathfrak{G}$-invarianter linearer Teilraum von $\mathfrak{H}$, wie man leicht beweist.

2. Nach Satz 1.6.2 ist $\mathfrak{H}_0 = \mathfrak{R}_0 + \mathfrak{F}_0$, $\mathfrak{R}_0 \cap \mathfrak{F}_0 = \{0\}$, wobei $\mathfrak{R}_0, \mathfrak{F}_0$ die bezüglich der von $\mathfrak{G}$ in $\mathfrak{H}_0$ induzierten Halbgruppe $\mathfrak{G}_0$ gebildeten Räume sind.

---

[1] Briefliche Mitteilung von Herrn H. RICHTER (München).

3. Offenbar gilt $\bar{x}\mathfrak{H} \subseteq \mathfrak{H}_0$, $\bar{x}\mathfrak{R} \subseteq \mathfrak{R}_0$, $\bar{x}\mathfrak{F} \subseteq \mathfrak{F}_0$.

4. $\mathfrak{R} = \mathfrak{R}_0$. Denn ist $r \in \mathfrak{R}$, so ist $\mathfrak{G}(r) = \mathfrak{G}(\bar{x}r) \subseteq \mathfrak{R}_0$, also $\mathfrak{R} \subseteq \mathfrak{R}_0$. $\mathfrak{R}_0 \subseteq \mathfrak{R}$ ist trivial. Insbesondere ist $\mathfrak{R}$ linear, abgeschlossen und invariant.

5. Ist $\bar{z} \in \bar{\mathfrak{G}}_0$ (in $\mathfrak{H}_0$ gebildet und nur dort erklärt!), so ist $\bar{z}\bar{x} \in \bar{\mathfrak{G}}$, wie man leicht nachweist.

6. $\mathfrak{F} = \bar{x}^{-1}\mathfrak{F}_0 = \{f \mid \bar{x}f \in \mathfrak{F}_0\}$. $\mathfrak{F} \subseteq \bar{x}^{-1}\mathfrak{F}_0$ ist trivial. Ist aber $\bar{x}f \in \mathfrak{F}_0$, so gibt es ein $\bar{z} \in \bar{\mathfrak{G}}_0$ mit $\bar{z}\bar{x}f = 0$, woraus wegen Nr. 5 $f \in \mathfrak{F}$ folgt. Die Linearität, Abgeschlossenheit und Invarianz von $\mathfrak{F}$ ergibt sich nun unmittelbar. $\mathfrak{R} \cap \mathfrak{F} = \{0\}$ ist trivial.

7. Es ist noch $\mathfrak{H} = \mathfrak{R} + \mathfrak{F}$ nachzuweisen. Sei $h \in \mathfrak{H}$ beliebig und $\bar{x}h = r_0 + f_0 (r_0 \in \mathfrak{R}_0, f_0 \in \mathfrak{F}_0)$ gemäß Nr. 2, 3 gebildet. Man bestimme $\bar{z} \in \bar{\mathfrak{G}}_0$ mit $\bar{z}\bar{x}r_0 = \bar{x}\bar{z}r_0 = r_0$. Dann wird mit $r = \bar{z}r_0 \in \mathfrak{R}_0 \subseteq \mathfrak{R}: \bar{x}(h-r) = r_0 + f_0 - r_0 = f_0 \in \mathfrak{F}_0$, woraus nach Nr. 6 $h - r \in \mathfrak{F}$ folgt.

Wir gehen zur Behandlung beliebiger Halbgruppen über und beweisen den zu Satz 1.2.3 analogen

Satz 1.6.4. *Sei $\mathfrak{H}$ ein gleichmäßig-konvex normierter Banachraum. Die Dualnorm im Dualraum $\mathfrak{H}'$ sei ebenfalls gleichmäßig-konvex. $\mathfrak{G}$ sei eine beliebige Halbgruppe von linearen Transformationen der Schranke 1 („Kontraktionen"). Dann sind $\mathfrak{R}$ und $\mathfrak{F}$ abgeschlossene lineare invariante Teilräume von $\mathfrak{H}$. Es gilt*

$$\mathfrak{H} = \mathfrak{R} + \mathfrak{F} \qquad \mathfrak{R} \cap \mathfrak{F} = \{0\},$$

genauer: Jeder Vektor $h \in \mathfrak{H}$ besitzt genau eine Zerlegung

$$(1) \qquad\qquad h = r + f \qquad r \in \mathfrak{R}, f \in \mathfrak{F}.$$

Die Komponenten r, f hängen linear, normstetig und $\mathfrak{G}$-invariant von h ab.

Beweis. Die Existenz von Zerlegungen (1) ist durch Satz 1.6.1 sichergestellt, denn nach 8.5.10 ist $\mathfrak{H}$ reflexiv und damit sind alle $\mathfrak{G}(h)$ schwach-kompakt.

1. Ist $\mathfrak{U}$ eine Unter-Halbgruppe von $\mathfrak{G}$, so ist jeder $\mathfrak{G}$-reversible Vektor auch $\mathfrak{U}$-reversibel. — Ein $\mathfrak{G}$-reversibler Vektor r besitzt jedenfalls eine Zerlegung

$$r = r_0 + f_0 \qquad (r_0 \text{ } \mathfrak{U}\text{-reversibel}, f_0 \text{ } \mathfrak{U}\text{-Flucht-}$$
$$\text{vektor}).$$

Also gibt es ein $\bar{u} \in \bar{\mathfrak{U}}$ mit $\bar{u}f_0 = 0$, d. h.

$$\bar{u}r = \bar{u}r_0 = \bar{u}\left(\frac{r + r_0}{2}\right).$$

Aus der Reversibilität und der Kontraktionseigenschaft folgt nun

$$\|r\| = \|\bar{u}r\| = \|\bar{u}r_0\| = \|r_0\| = \left\|\frac{r + r_0}{2}\right\|.$$

Dies ist wegen der gleichmäßigen Konvexität nur mit $r = r_0$ verträglich. Dieselben Betrachtungen kann man für die duale Halbgruppe $\mathfrak{G}'$ im Dualraum $\mathfrak{H}'$ durchführen. Insbesondere erhält man eine Zerlegung $\mathfrak{H}' = \mathfrak{R}' + \mathfrak{F}'$.

2. Es gelten die Orthogonalitätsrelationen:

$$(\mathfrak{R}, \mathfrak{F}') = 0 \qquad (\mathfrak{F}, \mathfrak{R}') = 0 \,.$$

Ist z. B. $r \in \mathfrak{R}$, $f' \in \mathfrak{F}'$ und $\bar{x}'f' = 0'$, $\bar{x} \in \mathfrak{S}$, so bilde man die schwache Hülle $\bar{\mathfrak{U}}$ der Unter-Halbgruppe $\mathfrak{U} = \{\bar{x}^k \mid k = 0, 1, \ldots\}$ von $\mathfrak{S}$. $\bar{\mathfrak{U}}$ ist abelsch. Nach Nr. 1 können wir $\bar{y} \in \bar{\mathfrak{U}}$ mit $\bar{y}\bar{x}r = \bar{x}\bar{y}r = r$ finden. Dann gilt

$$(r, f') = (\bar{x}\bar{y}r, f') = (\bar{y}r, \bar{x}'f') = 0 \,.$$

Der Beweis des Satzes läßt sich nun analog zu Ende führen wie der Beweis des Satzes 1.6.2. Ebenso wie dort kann man die Linearität von $\mathfrak{R}$ ohne Benützung von Überlegungen im Dualraum beweisen: Man kann ja stets in eine abelsche Unter-Halbgruppe gehen. Für den Beweis der Linearität von $\mathfrak{F}$ ist man im nichtkommutativen Fall anscheinend auf den Dualraum angewiesen; vgl. allerdings DE LEEUW-GLICKSBERG [1].

Offenbar kann man die Voraussetzungen des Satzes 1.6.4 noch etwas abschwächen. Es genügt, bedingt schwachkompakte Bahnen, starkkonvexe Normen und nichtdehnende Transformationen zu haben.

In Wahrheit steckt hinter der Reversibilität eine Gruppeneigenschaft von $\mathfrak{S}$. Es gilt der

Satz 1.6.5. *Es seien entweder die Voraussetzungen von Satz 1.6.2 oder die Voraussetzungen von Satz 1.6.4 erfüllt. Dann ist die von $\mathfrak{S}$ in $\mathfrak{R}$ induzierte Halbgruppe eine Gruppe.*

Beweis. Man überlegt sich unschwer, daß o. B. d. A. $\mathfrak{H} = \mathfrak{R}$ gesetzt werden kann. Dann ist zu zeigen: $\mathfrak{S}$ ist eine Gruppe.

1. Sind $h_1, \ldots, h_s \in \mathfrak{R}$ und ist $\bar{x} \in \mathfrak{S}$ beliebig gegeben, so gibt es ein $\bar{y} \in \mathfrak{S}$ mit $\bar{y}\bar{x}h_\sigma = h_\sigma (\sigma = 1, \ldots, s)$. Zum Beweis bilden wir die direkte Summe $\widehat{\mathfrak{H}} = \mathfrak{H} \oplus \ldots \oplus \mathfrak{H} = \{(g_1, \ldots, g_s) \mid g_\sigma \in \mathfrak{H}\}$ von s Exemplaren von $\mathfrak{H}$ und erklären zu jedem $\bar{x} \in \mathfrak{S}$ eine lineare Transformation $\widehat{\bar{x}}$ durch

$$\widehat{\bar{x}}(g_1, \ldots, g_s) = (\bar{x}g_1, \ldots, \bar{x}g_s) \qquad (g_1, \ldots, g_s \in \mathfrak{H}) \,.$$

So erhalten wir die schwach-abgeschlossene Halbgruppe $\widehat{\mathfrak{S}}$ in $\widehat{\mathfrak{H}}$. Man kann leicht eine Norm in $\widehat{\mathfrak{H}}$ so einführen, daß die Voraussetzungen von Satz 1.6.2 bzw. Satz 1.6.4 für $\widehat{\mathfrak{S}}$ und $\widehat{\mathfrak{H}}$ wieder gelten (man nehme etwa $\|(g_1, \ldots, g_s)\| = (\sum_\sigma \|g_\sigma\|^2)^{\frac{1}{2}})$. Dabei braucht man auf die Dualräume nicht einmal zu achten: $\widehat{\mathfrak{H}}$ ist die lineare Hülle von Teilräumen (direkten Summanden), die aus lauter reversiblen Vektoren bestehen, also kann man — ohne Benützung des Dualraums — zeigen, daß $\widehat{\mathfrak{H}}$ ganz aus $\widehat{\mathfrak{S}}$-reversiblen Vektoren besteht. Hieraus folgt die behauptete Aussage.

2. Wir gewinnen nun zu vorgegebenem $\bar{x} \in \mathfrak{S}$ das Inverse $\bar{y}$ als Element von $\mathfrak{S}$ folgendermaßen: Für beliebige, endlichviele $h_1, \ldots, h_s \in \mathfrak{H}$ sei $\mathfrak{F}(h_1, \ldots, h_s) = \{\bar{z} \mid \bar{z} \in \mathfrak{S}, \bar{z}\bar{x}h_\sigma = h_\sigma, \sigma = 1, \ldots, s\}$. Nach Nr. 1 bilden diese Mengen eine Filterbasis in $\mathfrak{S}$. Wir ergänzen sie zu einem Filter

und verfeinern dieses zu einem Ultrafilter F. Es ist klar, was man bei beliebigem $h \in \mathfrak{H}$ unter dem Ultrafilter Fh zu verstehen hat (8.1.5). Es konvergiert, weil die $\mathfrak{G}h$ schwach-kompakt sind. Nennt man den Limes $\bar{y}h$, so ist $\bar{y} \in \mathfrak{G}$ und es gilt offenbar

$$\bar{y}\,\bar{x}h = h \qquad\qquad (h \in \mathfrak{H}) \,.$$

also $\bar{y}\,\bar{x} = e$.

§ 7. Fastperiodizität

Unser Ziel ist es, zu zeigen, daß die reversiblen Vektoren in Wahrheit sogar fastperiodisch sind.

Definition 1.7.1. *Im Banachraum $\mathfrak{H}$ wirke die beschränkte Halbgruppe $\mathfrak{G}$. Ein Vektor $h \in \mathfrak{H}$ heißt fastperiodisch (fp) (bezüglich $\mathfrak{G}$), wenn es zu jedem $\varepsilon > 0$ Mengen $\mathfrak{A}_1, \ldots \mathfrak{A}_m \subseteq \mathfrak{G}$ mit $\bigcup_\mu \mathfrak{A}_\mu = \mathfrak{G}$ gibt, derart, daß folgendes gilt: Sind $x, y \in \mathfrak{G}$ und gibt es c_0, d_0 mit $c_0 x d_0, c_0 y d_0 \in \mathfrak{A}_\mu$ (μ passend), so ist*

$$(1) \qquad\qquad \|c\,x\,d\,h - c\,y\,d\,h\| < \varepsilon \qquad\qquad (c, d \in \mathfrak{G}) \,.$$

Jedes derartige System $\{\mathfrak{A}_1, \ldots, \mathfrak{A}_m\}$ wird eine ε-Teilung zu h genannt. Die Gesamtheit aller $\mathfrak{G}$-fastperiodischen Vektoren heiße $\mathfrak{P}$.

Anmerkung. Ist $\mathfrak{H}$ der Raum der beschränkten, stetigen Funktionen auf R^1 und $\mathfrak{G}$ die durch die Translationen in R^1 induzierte Gruppe, so ist dieser Fastperiodizitätsbegriff zu dem ursprünglich von BOHR [1] unter Verwendung von „Fastperioden" eingeführten äquivalent (MAAK [1]).

Ziemlich leicht beweist man den

Satz 1.7.1. $\mathfrak{P}$ *ist ein linearer abgeschlossener $\mathfrak{G}$-invarianter Teilraum von $\mathfrak{H}$.*

Wir benötigen ferner den

Satz 1.7.2. $\mathfrak{P} \subseteq \mathfrak{R}$, *genauer: Jeder $\mathfrak{G}$-fp Vektor ist $\mathfrak{G}$-reversibel, sogar, wenn man den Begriff „reversibel" unter Zugrundelegung der starken Topologie in $\mathfrak{H}$ formuliert. Die innerhalb von $\mathfrak{P}$ gebildete starke Hülle $\bar{\mathfrak{G}}$ von $\mathfrak{G}$ ist mit der dort gebildeten schwachen Hülle von $\mathfrak{G}$ identisch und eine Gruppe. Die $h \in \mathfrak{P}$ sind fastperiodisch unter $\bar{\mathfrak{G}}$.*

Für einen Beweis vgl. JACOBS [3].

Satz 1.7.3. *Ist $\mathfrak{G}$ eine Gruppe, so ist ein Vektor $h \in \mathfrak{H}$ genau dann fp, wenn die Bahn $\mathfrak{G}h$ bedingt normkompakt ist.*

Beweis. I. Sei h $\mathfrak{G}$-fp. Aus der Definition entnimmt man unmittelbar die bedingte Normkompaktheit von $\mathfrak{G}h$.

II. Ist $\mathfrak{G}h$ normkompakt und $\|x\| \leq A$ $(x \in \mathfrak{G})$, so bestimme man zunächst $y_1, \ldots, y_s \in \mathfrak{G}$ derart, daß zu jedem y ein σ mit

$$\|y h - y_\sigma h\| < \frac{\varepsilon}{4\,A^2}$$

existiert. Die $\mathfrak{G}y_\sigma h$ sind ebenfalls bedingt kompakt. Man bestimme endlichviele $b_{\mu\sigma} \in \mathfrak{G}$ derart, daß zu jedem $b \in \mathfrak{G}$ und jedem σ ein μ mit

$$(2) \qquad \|b\, y_\sigma h - b_{\mu\sigma}\, y_\sigma h\| < \frac{\varepsilon}{4\,A}$$

existiert. Setzt man nun $\mathfrak{A}_{\mu\sigma} = \{b \mid b \text{ erfüllt } (2)\}$, so ist $\bigcup_\mu \mathfrak{A}_{\mu\sigma} = \mathfrak{G}$. Somit wird $\mathfrak{G}$ auch von den sämtlichen Mengen der Gestalt $\mathfrak{A}_{\mu_1, 1} \cap \ldots$ $\ldots \cap \mathfrak{A}_{\mu_s, s}$ überdeckt. Sei $\mathfrak{A}_1, \ldots, \mathfrak{A}_m$ eine Durchzählung derselben. Ist dann $c_0\, x\, d_0,\ c_0\, y\, d_0 \in \mathfrak{A}_\mu,\ c,\ d \in \mathfrak{G}$, so ist

$$\|c\, x\, d\, h - c\, y\, d\, h\| = \|c\, c_0^{-1} c_0\, x\, d_0\, d_0^{-1} d\, h - c\, c_0^{-1} c_0\, y\, d_0\, d_0^{-1} d\, h\|$$
$$\leqq A\, \|c_0\, x\, d_0\, (d_0^{-1} d\, h) - c_0\, y\, d_0\, (d_0^{-1} d\, h)\|\ .$$

Unter Verwendung eines σ mit $\|d_0^{-1} d\, h - y_\sigma\| < \dfrac{\varepsilon}{4\,A^2}$ ergibt sich weiter

$$< A\, \|c_0\, x\, d_0\, y_\sigma h - c_0\, y\, d_0\, y_\sigma h\| + \frac{\varepsilon}{2}$$

und das zu $\mathfrak{A}_\mu$ gehörige μ_σ liefert nach (2)

$$< A\, 2\, \frac{\varepsilon}{4\,A} + \frac{\varepsilon}{2} = \varepsilon\ .$$

Aus diesem Beweis entnimmt man ferner, daß bei Gruppen die Fastperiodizität mit der Existenz von Teilungen $\mathfrak{A}_1, \ldots, \mathfrak{A}_m$, bei denen aus $x,\ y \in \mathfrak{A}_\mu$ (1) folgt, gleichbedeutend ist.

Die Theorie der fastperiodischen Vektoren beruht wesentlich auf der Existenz eines Mittelwertes.

Hilfssatz (Heiratssatz). *Es seien n Jungen mit Mädchen befreundet. Für jede Auswahl von k Jungen $(1 \leqq k \leqq n)$ gebe es wenigstens k Mädchen, die einen Freund unter diesen k Jungen haben. Dann kann man jeden Jungen mit einem befreundeten Mädchen verheiraten.*

Beweis. Für $n = 1$ ist der Satz trivial. Angenommen, er ist für $n = 1, \ldots, p - 1$ richtig. Es seien jetzt p Jungen gegeben. Gibt es eine nichtleere Menge von $k < p$ Jungen, die genau k Freundinnen haben, so kann man sie nach der Induktionsvoraussetzung verheiraten. Die restlichen Jungen und Mädchen erfüllen dann immer noch die Voraussetzungen des Satzes, so daß man, wieder auf Grund der Induktionsannahme, zum Ziele kommt. Haben aber k Jungen stets mindestens $k + 1$ Freundinnen, so verheirate man einen Jungen mit einer seiner Freundinnen. Die restlichen Jungen und Mädchen erfüllen dann immer noch die Voraussetzungen des Satzes. Nach der Induktionsannahme kann man also auch die restlichen Jungen verheiraten (MAAK [1]).

Satz 1.7.4. *Zu jedem $\mathfrak{G}$-fastperiodischen Vektor h gibt es genau einen Vektor $h_0 = m\, h$, den „Mittelwert" von h, derart, daß folgendes gilt:*

1. Zu jedem $\varepsilon > 0$ gibt es Elemente $x_1, \ldots, x_n \in \mathfrak{G}$ mit

$$\left\| \frac{1}{n} \sum_{k=1}^{n} c\, x_k\, d\, h - h_0 \right\| < \varepsilon \qquad\qquad (c,\ d \in \mathfrak{G})\,,$$

d. h., die auf $\mathfrak{G}$ erklärte Funktion $h(x) = x\, h$ ist voll-ergodisch.

2. $m = x m = m x \quad (x \in \mathfrak{G})$.

3. *m ist linear und normstetig.*

Beweis. A. $\mathfrak{G}$ sei zunächst eine Gruppe, $\varepsilon > 0$ sei gegeben. Wir bestimmen eine ε-Teilung $\{\mathfrak{A}_1, \ldots, \mathfrak{A}_n\}$ mit minimalem n. Wegen der Gruppeneigenschaft ist für $c, d \in \mathfrak{A}_\nu$ auch $\{c \, \mathfrak{A}_1 \, d, \ldots, c \, \mathfrak{A}_n d\}$ eine ε-Teilung, ebenfalls mit minimalem n. Wir nennen die $\mathfrak{A}_\nu$ Jungen und die $c \, \mathfrak{A}_\mu d$ Mädchen und sprechen von Freundschaft, wenn $\mathfrak{A}_\nu \cap c \, \mathfrak{A}_\mu d \neq 0$ ist. Angenommen, für eine Gruppe $\mathfrak{A}_{j_1}, \ldots, \mathfrak{A}_{j_k}$ von Jungen ist die Anzahl s der μ_σ mit $c \, \mathfrak{A}_{\mu_\sigma} d \cap \bigcup\limits_{\lambda=1}^{k} \mathfrak{A}_{j_\lambda} \neq 0$ kleiner als k, so ist $\bigcup\limits_{\lambda=1}^{k} \mathfrak{A}_{j_\lambda} \subseteq \bigcup\limits_{\sigma=1}^{s} c \, \mathfrak{A}_{\mu_\sigma} d$ mit $s < k$, und die $c \, \mathfrak{A}_{\mu_\sigma} d$ bilden offenbar mit den restlichen $\mathfrak{A}_j$ eine ε-Teilung zu h, die aus weniger als n Teilen besteht, im Widerspruch zur Minimalität von n. Nach dem Heiratssatz gibt es also eine Durchzählung $k_j \ (j = 1, \ldots, n)$ der Zahlen von 1 bis n, derart, daß $\mathfrak{A}_j$ und $c \mathfrak{A}_{k_j} d$ mindestens ein z_j gemeinsam haben. Wählt man mithin $x_j \in \mathfrak{A}_j$ beliebig, so gilt

$$\left\| \frac{1}{n} \sum_j c \, x_j d h - \frac{1}{n} \sum_j x_j h \right\| = \left\| \frac{1}{n} \sum_j c \, x_{k_j} d h - \frac{1}{n} \sum_j x_j h \right\|$$

$$< \left\| \frac{1}{n} \sum_j z_j h - \frac{1}{n} \sum_j z_j h \right\| + 2 \varepsilon = 2 \varepsilon .$$

Ist

$$\left.
\begin{aligned}
\left\| \frac{1}{m} \sum_{i=1}^{m} c \, x_i d h - \frac{1}{m} \sum_{i=1}^{m} x_i h \right\| &< \varepsilon \\[2mm]
\left\| \frac{1}{n} \sum_{j=1}^{n} c \, y_j d h - \frac{1}{n} \sum_{j=1}^{n} y_j h \right\| &< \delta
\end{aligned}
\right\} \qquad (c, d \in \mathfrak{G}) ,$$

so ist

$$\left\| \frac{1}{m} \sum_i x_i h - \frac{1}{m n} \sum_{i,j} x_i y_j h \right\| \leqq \frac{1}{n} \sum_j \left\| \frac{1}{m} \sum_i x_i h - \frac{1}{m} \sum_i x_i y_j h \right\| < \varepsilon$$

und ebenso

$$\left\| \frac{1}{n} \sum_j y_j h - \frac{1}{m n} \sum_{i,j} x_i y_j h \right\| < \delta$$

und somit

$$\left\| \frac{1}{m} \sum_i x_i h - \frac{1}{n} \sum_j y_j h \right\| < \varepsilon + \delta .$$

Bestimmt man also — etwa unter Zuhilfenahme von minimalen Teilungen für $\varepsilon = 1, \frac{1}{2}, \frac{1}{3}, \ldots$ —

$$h_\sigma = \frac{1}{n_\sigma} \sum_{j=1}^{n_\sigma} x_j^{(\sigma)} h \qquad (\sigma = 1, 2 \ldots)$$

mit

$$\left\| h_\sigma - \frac{1}{n_\sigma} \sum_j c \, x_j^{(\sigma)} d h \right\| < \frac{1}{\sigma} \qquad (c, d \in \mathfrak{G}) ,$$

so konvergiert die Folge h_σ gegen ein offenbar eindeutig bestimmtes h_0, das den Anforderungen des Satzes genügt.

B. Ist $\mathfrak{G}$ eine Halbgruppe, so schränken wir die Betrachtung auf $\mathfrak{P}$ ein und bilden dort die starke Hülle $\overline{\mathfrak{G}}$ von $\mathfrak{G}$, die nach Satz 1.7.2 eine Gruppe ist. Jedes $h \in \mathfrak{P}$ ist $\overline{\mathfrak{G}}\text{-}fp$, also gibt es genau ein h_0 und zu $\varepsilon > 0$ Elemente $\bar{x}_1, \ldots, \bar{x}_n \in \overline{\mathfrak{G}}$ mit

$$\left\| \frac{1}{n} \sum_j c\,\bar{x}_j\,d\,h - h_0 \right\| < \frac{\varepsilon}{2} \qquad\qquad (c, d \in \mathfrak{G}) \,.$$

Wir wollen eine entsprechende Approximation mit $x_j \in \mathfrak{G}$ erreichen. Hierzu nützen wir die bedingte Kompaktheit von $\mathfrak{G}\,h$ aus, bestimmen $d_1, \ldots, d_s \in \mathfrak{G}$ derart, daß zu jedem $d \in \mathfrak{G}$ ein σ mit $\|d\,h - d_\sigma h\| < \dfrac{\varepsilon}{8\,A}$ existiert, und sodann $x_j \in \mathfrak{G}$ derart, daß

$$\|x_j\,d_\sigma h - \bar{x}_j\,d_\sigma h\| < \frac{\varepsilon}{4\,A} \qquad\qquad (\sigma = 1, \ldots, s)$$

gilt. Dann ist

$$\left\| \frac{1}{n} \sum_j c\,x_j\,d\,h - h_0 \right\|$$
$$< \frac{\varepsilon}{4} + \left\| \frac{1}{n} \sum_j c\,x_j\,d_\sigma h - h_0 \right\| ;$$

falls σ zu d passend gewählt wurde, und dies ist

$$< \left\| \frac{1}{n} \sum_j c\,x_j\,d_\sigma h - h_0 \right\| + \frac{\varepsilon}{4} + \frac{\varepsilon}{4} < \varepsilon \,.$$

Man sieht leicht ein, daß h_0 durch die Bedingung Nr. 1 eindeutig festgelegt ist. Die restlichen Aussagen ergeben sich leicht.

Die Bedeutung des Begriffs „fastperiodisch" beruht auf dem

Satz 1.7.5 (Hauptsatz für fastperiodische Vektoren). *Jeder invariante abgeschlossene lineare Teilraum $\mathfrak{P}_0$ des Raums $\mathfrak{P}$ aller bezüglich einer beschränkten Halbgruppe $\mathfrak{G}$ fp Vektoren in $\mathfrak{H}$ ist die abgeschlossene lineare Hülle der in ihm enthaltenen irreduzibel-invarianten Teilräume von endlicher Dimension.*

Wegen Satz 1.7.2 kann man sich auf den Fall beschränken, daß $\mathfrak{G}$ eine Gruppe ist. Hier behandelt man zunächst einen Spezialfall: $\mathfrak{H}_0$ sei der Raum aller beschränkten Funktionen auf $\mathfrak{G}$. Mit der Norm $\|h\| = \sup_x |h(x)|$ wird er zu einem Banachraum. Vermöge

$$y \to T_y \colon (T_y h)\,(x) = h(x\,y)$$

erhält man in $\mathfrak{H}_0$ eine zu $\mathfrak{G}$ isomorphe Gruppe $\mathfrak{G}'$ mit der Schranke 1 (Rechts-Translationen). $h(x)$ heißt eine fastperiodische Funktion auf $\mathfrak{G}$, wenn der Vektor $h \in \mathfrak{H}_0$ $\mathfrak{G}'\text{-}fp$ ist. Dieser Fall ist besonders angenehm, weil man Funktionen miteinander multiplizieren kann und der Raum $\mathfrak{P}_0$

der fp Funktionen gegen Multiplikation abgeschlossen ist. Für diesen Fall kennt man die wesentliche Aussage von Satz 1.7.5 in der Gestalt:

Zu jeder fp Funktion $h(x)$ und vorgeschriebenem $\varepsilon > 0$ gibt es Funktionen $d_1(x), \ldots, d_n(x)$, die als Koeffizienten endlich-dimensionaler irreduzibler unitärer Darstellungen von $\mathfrak{G}$ (derartige Funktionen sind spezielle fp Funktionen) auftreten, sowie Zahlen $\lambda_1, \ldots, \lambda_n$ mit

$$\left\| h(x) - \sum_j \lambda_j d_j(x) \right\| < \varepsilon \qquad (x \in \mathfrak{G})$$

(vgl. etwa Maak [1]). Man kann stets annehmen, daß es sich bei den d_j um sämtliche Koeffizienten eines gewissen Systems von Darstellungen handelt. Dann ist $T_y d_j$ stets eine Linearkombination der d_k. Ist $\mathfrak{G}$ abelsch, so sind die irreduziblen Darstellungen von $\mathfrak{G}$ eindimensional, die d_j also Charaktere von $\mathfrak{G}$.

Indem man Funktionen mit Werten in einem Banachraum $\mathfrak{H}$ betrachtet, kann man analog den Begriff der $\mathfrak{H}$-wertigen fp Funktion auf $\mathfrak{G}$ erklären und zeigen: Ist $h(x)$ eine solche Funktion und $d(x)$ eine numerische fp Funktion, so ist für jedes $t \in \mathfrak{G}$ die $\mathfrak{H}$-wertige Funktion $d(x)h(tx^{-1}) = g(x)$ fp. Nach Satz 1.7.4 ist jeder $\mathfrak{H}$-wertigen fp Funktion $g(x)$ eindeutig und linear eine konstante Funktion $M_x(g(x))$ als Mittelwert zugeordnet. Es gilt $M_x(g(xa)) = M_x(g(x))$ $(a \in \mathfrak{G})$. So erhalten wir eine neue Funktion $f(t) = M_x(d(x)h(tx^{-1})) = (d \times h)(t)$, die ebenfalls fastperiodisch ist und als die *Faltung* von d und h bezeichnet wird. Unter Verallgemeinerung der für numerische Funktionen eingeführten Bezeichnungen können wir jetzt zeigen: $\mathfrak{G}'f$ ist in $\mathfrak{H}_0$ von endlicher Dimension. Ist nämlich $y \in \mathfrak{G}$, so ist

$$f(ty) = M_x(d(x)h(tyx^{-1})) = M_x(d(xy)h(tyy^{-1}x^{-1}))$$
$$= M_x(d(xy)h(tx^{-1})) \,.$$

Da $d(xy) = \sum_{j=1}^{n} \lambda_j(y)d_j(x)$ $(y \in \mathfrak{G})$ gilt, wobei $d_1, \ldots, d_j$ eine feste Kollektion von Darstellungskoeffizienten von $\mathfrak{G}$ ist und die $\lambda_j(y)$ passende Zahlen sind, hat man

$$f(ty) = \sum_j \lambda_j(y) (d_j \times h)(t) \,.$$

Die Faltung $d \times h$ ist linear in d. Gleichmäßige Konvergenz der d impliziert gleichmäßige Norm-Konvergenz der $d \times h$. Man gewinnt so die Aussage: Ist h fp mit Werten in $\mathfrak{H}$, so kann man jede Faltung $d \times h$ mit fp d durch endliche Linearkombinationen von Faltungen $d_j \times h$, die endlich-dimensionalen invarianten Teilräumen von $\mathfrak{H}$ angehören, approximieren. Es ist nicht schwer, h selbst durch passende Faltungen $d \times h$ zu approximieren (Maak [1], [2]), und so ist Satz 1.7.5 für den Raum $\mathfrak{H}_0$ der $\mathfrak{H}$-wertigen fp Funktionen bewiesen (Weyl [2], Maak [2], Kawada [5]). Der allgemeine Fall von Satz 1.7.5 läßt sich nun folgendermaßen erledigen: Man betrachte die $\mathfrak{H}$-wertige Funktion $h(x) = xh$. Sie ist, wie man leicht sieht, genau dann fp, wenn h ein fp Vektor ist. Faltungen sind wieder in dieser Weise durch Vektoren aus $\mathfrak{H}$ darstellbar. Man kann nämlich zeigen:

$$f(t) = (d \times h)(t) = M_x(d(x)\,t\,x^{-1}h) = t M_x(d(x)\,x^{-1}h) = tf$$

und der Endlichkeit der Dimension von $\mathfrak{G}'f$ in $\mathfrak{H}_0$ entspricht die Endlichkeit der Dimension von $\mathfrak{G}f$ in $\mathfrak{H}$.

Ist die Halbgruppe $\mathfrak{G}$ — damit die von $\mathfrak{G}$ in $\mathfrak{P}$ induzierte Gruppe — abelsch, so sind alle irreduzibel-invarianten Teilräume von $\mathfrak{P}$ eindimensional. Besteht $\mathfrak{G}$ aus den Potenzen einer einzigen Transformation x, so bestehen diese eindimensionalen Räume aus Eigenvektoren von x, die zu Eigenwerten λ von x mit $|\lambda| = 1$ gehören. Ist $\mathfrak{H}$ ein Hilbertraum, und wählt man in jedem dieser eindimensionalen Eigenräume einen Vektor der Norm 1, so erhält man eine orthonormierte Basis von $\mathfrak{P}$.

Es gilt nun der

Satz 1.7.6. *Sowohl unter den Voraussetzungen von Satz* 1.6.2 *wie auch unter den Voraussetzungen von Satz* 1.6.4 *gilt*: $\mathfrak{R} = \mathfrak{P}$.

Beweis. Nach Satz 1.6.5 und Satz 1.7.2 kann man $\mathfrak{G}$ als Gruppe voraussetzen.

1. Unter den Voraussetzungen von Satz 1.6.4 besteht $\overline{\mathfrak{G}}$ aus Isometrien in $\mathfrak{H}$: Die gleichmäßig-konvexe Norm ist konstant auf der schwach-abgeschlossenen Menge $\overline{\mathfrak{G}}r = \mathfrak{G}(r)$ (für jedes feste $r \in \mathfrak{R}$). Die starke Kompaktheit von $\mathfrak{G}(r)$ folgt nunmehr aus 8.5.10.

2. Für den Fall, daß die Voraussetzungen von Satz 1.6.2 gelten, ist bis jetzt kein elementarer Beweis unserer Behauptung bekannt. Man kann sie unter Heranziehung der Eberleinschen Theorie der schwach-fp Funktionen und des Satzes 1.7.5 (für numerische fp Funktionen) beweisen (EBERLEIN [3], JACOBS [3]. Eine vollständige und abschließende Theorie haben DE LEEUW-GLICKSBERG [1]) mit Hilfe der allgemeinen Theorie der topologischen Halbgruppen gegeben.

Unter speziellen Bedingungen kann man sogar die Endlichkeit der Bahnen $\mathfrak{G}r\,(r \in \mathfrak{R})$ zeigen (vgl. Satz 2.3.3 (Markoffsche Prozesse)).

Satz 1.6.2 (bzw. Satz 1.6.3) und Satz 1.6.4 besagen, daß sich die Vektoren $h \in \mathfrak{H}$ unter der Einwirkung einer Halbgruppe $\mathfrak{G}$ in einem sehr schwachen Sinne asymptotisch-fp verhalten. FRÉCHET [1], [2], [3], [4] hat gezeigt: Ist T eine Abbildung des kompakten metrischen Raumes Ω in sich und sind die $T^n\,(n = 0, 1, \ldots)$ gleichgradig stetig, so ist für jedes $\omega \in \Omega$ die Folge $T^n\omega$ asymptotisch-fp, d. h. es gibt ein ω_0 derart, daß der Abstand $|T^n\omega - T^n\omega_0|$ gegen 0 strebt und $T^n\omega_0$ fastperiodisch ist. Der hier verwendete Begriff der Fastperiodizität bezüglich der Halbgruppe $\{T^n \mid n = 0, 1, \ldots\}$ kann mittels Definition 1.7.1 erklärt werden, indem man den Abstand in Ω an die Stelle der Norm in $\mathfrak{H}$ treten läßt.

§ 8. Halbgruppen in Hilberträumen

Sei $\mathfrak{H}$ ein Hilbertraum und $\mathfrak{G}$ eine nichtdehnende Halbgruppe in $\mathfrak{H}$. Wir geben eine Kennzeichnung der fastperiodischen und der Fluchtvektoren. Es ist $\mathfrak{H}' = \mathfrak{H}$. $\mathfrak{G}'$ wirkt also ebenfalls in $\mathfrak{H}$. Man kann leicht zeigen: $\mathfrak{P}' = \mathfrak{P}$ (jeder $\mathfrak{G}$-fastperiodische Vektor ist auch $\mathfrak{G}'$-fastperiodisch), $\mathfrak{F}' = \mathfrak{F}$. $\mathfrak{P}$ und $\mathfrak{F}$ sind zueinander orthogonal-komplementär $\mathfrak{G}$ wirkt in $\mathfrak{P}$ als isometrische, also unitäre (8.8.5) Gruppe $\overline{\mathfrak{G}}_0$ (Jacobs [3]).

Satz 1.8.1. *Für beliebige $g, h \in \mathfrak{H}$ ist die Funktion $\chi(x) = |(xh, g)|^2$ ($x \in \mathfrak{G}$) linksergodisch mit eindeutig bestimmtem Mittelwert. h ist dann und nur dann ein Fluchtvektor, wenn $\chi(x)$ für jede Wahl von $g \in \mathfrak{H}$ den Mittelwert 0 besitzt.*

Beweis. 1. Um die Links-Ergodizität von $\chi(x)$ nachzuweisen, benützt man zweckmäßig das asymmetrische Tensorprodukt $\mathfrak{H} \otimes \mathfrak{H}$ (8.8.8). Das Skalarprodukt ist durch

$$(f \otimes h, g \otimes k) = (f, g)\, \overline{(h, k)} \qquad (g, h, f, k \in \mathfrak{H})$$

eindeutig festgelegt. Durch

$$\tilde{x}(g \otimes h) = xg \otimes xh \qquad (x \in \mathfrak{G})$$

wird eine nichtdehnende Halbgruppe $\tilde{\mathfrak{G}}$ in $\mathfrak{H} \otimes \mathfrak{H}$ erklärt. $\tilde{\mathfrak{G}}$ ist eine Unter-Halbgruppe von $\overline{\tilde{\mathfrak{G}}}$. Es gilt $\overline{\tilde{\mathfrak{G}}} = \overline{\overline{\tilde{\mathfrak{G}}}}$. Auf $\tilde{\mathfrak{G}}$ und $\mathfrak{H} \otimes \mathfrak{H}$ (oder $\tilde{\mathfrak{G}}$ und $\mathfrak{H} \otimes \mathfrak{H}$) kann man Satz 1.2.3 anwenden. Die Funktionen $\tilde{x}(g \otimes h)$ ($\tilde{x} \in \tilde{\mathfrak{G}}$) sind also linksergodisch mit eindeutig bestimmtem Mittelwert. Dasselbe gilt dann für die numerischen Funktionen

$$\sigma(x) = (\tilde{x}(f \otimes h), g \otimes k) = (xf, g)\, \overline{(xh, k)}$$

Für $f = h$, $g = k$ wird $\sigma(x) = \chi(x)$.

2. Sei h ein $\mathfrak{G}$-Fluchtvektor. Zu beliebigem $g \in \mathfrak{H}$ und $\varepsilon > 0$ bestimmen wir $a_1, \ldots, a_n \in \mathfrak{G}$ derart, daß

$$\left| \frac{1}{n} \sum_{j=1}^{n} |(x a_j h, g)|^2 - m \right| < \varepsilon \qquad (x \in \mathfrak{G})$$

gilt, wobei m der Mittelwert von $\chi(x)$ ist. Ist $\mathfrak{G}$ abelsch, so ist $(x a_j h, g) = (xh, a_j' g)$ und man kann x so wählen, daß $|(xh, a_j' g)|^2 < \varepsilon$ ($j = 1, \ldots, n$) wird, woraus $|m| < 2\varepsilon$ folgt. Ist $\mathfrak{G}$ beliebig, so beachte man, daß die $a_j h$ sämtlich Fluchtvektoren sind. In einer direkten Summe $\mathfrak{H} \oplus \cdots \oplus \mathfrak{H} = \widehat{\mathfrak{H}}$ von n Exemplaren von $\mathfrak{H}$ ist der Vektor $a_1 h \oplus \cdots \oplus a_n h$ wieder Fluchtvektor, wenn man $\mathfrak{G}$ vermöge $x(g_1 \oplus \cdots \oplus g_n) = xg_1 \oplus \cdots \oplus xg_n$ nach $\widehat{\mathfrak{H}}$ überträgt (vgl. den Beweis von Satz 1.6.5). Also gibt es ein x mit $|(x a_j h, g)|^2 < \varepsilon$ ($j = 1, \ldots, n$). Hieraus folgt $|m| < 2\varepsilon$.

3. Ist $\chi(x)$ stets linksergodisch mit dem Mittelwert 0, so betrachte man den Fall $g \in \mathfrak{P}$. Dann ist $\chi(x)$ sogar fp auf $\mathfrak{G}$. Es folgt $\chi(x) \equiv 0$ (Maak [1], S. 42), also insbesondere $(h, g) = 0$ ($g \in \mathfrak{P}$). Hieraus folgt $h \in \mathfrak{F}$.

Satz 1.8.2. *Ein Vektor $h \in \mathfrak{H}$ ist dann und nur dann fastperiodisch, wenn für jedes $g \in \mathfrak{H}$ die auf $\mathfrak{G}$ erklärte Funktion*

$$\varphi(x) = (xh, g)$$

fp ist.

Beweis. I. Aus der Fastperiodizität von h folgt mittels der Schwarzschen Ungleichung unmittelbar die Fastperiodizität von $\varphi(x)$.

II. Sei $\varphi(x)$ für beliebiges $g \in \mathfrak{H}$ fastperiodisch. Jedenfalls ist $h = p + f, p \in \mathfrak{P}, f \in \mathfrak{F}$.

$$\varphi(x) = (xf, g)$$

ist als Differenz zweier fp Funktionen wieder fp. Nach Satz 1.8.1 hat $|\varphi(x)|^2$ den Mittelwert 0 und verschwindet damit nach einem bekannten Satz (MAAK [1], S. 42) identisch: $(f, g) = 0$ $(g \in \mathfrak{H})$. Dies ist nur mit $f = 0$ vereinbar. Also gilt $h = p \in \mathfrak{P}$.

Wir fügen noch ein Beispiel an, das den Ergodizitätscharakter unitärer Gruppen in Hilberträumen beleuchtet.

Beispiel. $\mathfrak{H}$ sei ein separabler Hilbertraum und $\ldots, e_{-1}, e_0, e_1, \ldots$ eine ON-Basis. Jeder Permutation π der Menge Γ aller ganzen Zahlen entspricht eindeutig eine unitäre Transformation x von $\mathfrak{H}$ vermöge

$$x\left(\sum \lambda_j e_j\right) = \sum \lambda_j e_{\pi(j)}.$$

Die Gesamtheit aller π, die jeweils nur endlichviele $j \in \Gamma$ wirklich bewegen, induziert auf diese Weise eine unitäre Gruppe $\mathfrak{G}$ in $\mathfrak{H}$. Nach Satz 1.2.3 gibt es zu jedem $h \in \mathfrak{H}$ genau ein $h_0 \in \mathfrak{H}$ mit $x h_0 = h_0 (x \in \mathfrak{G})$ und

$$\left\| \frac{1}{n} \sum_{j=1}^{n} c\, x_j h - h_0 \right\| \qquad (c \in \mathfrak{G})$$

für passende $x_1, \ldots, x_n \in \mathfrak{G}$. Man sieht, daß stets $h_0 = 0$ ist: 0 ist der einzige Fixpunkt unter $\mathfrak{G}$. Wir zeigen, daß man für $h \neq 0$ und $0 < \varepsilon < \|h\|$ keine $y_k \in \mathfrak{G}$ derart finden kann, daß

$$\left\| \frac{1}{m} \sum_{k=1}^{m} y_k d h \right\| < \varepsilon \qquad (d \in \mathfrak{G})$$

gilt. Vielmehr kann man durch passende Wahl von $d \in \mathfrak{G}$ stets

$$\left\| \frac{1}{m} \sum_{k=1}^{m} y_k d h - d h \right\| < \delta$$

mit beliebig vorgeschriebenem $\delta > 0$ erreichen. In der Tat: Sei $h = \sum_j \lambda_j e_j$ und $R > 0$ derart, daß

$$\left\| h - \sum_{j=-R}^{R} \lambda_j e_j \right\| < \frac{\delta}{2}$$

$$y_k e_j = e_j \qquad (|j| > R, k = 1, \ldots, n)$$

gilt. Ist d so gewählt, daß $d e_j = e_i$ mit $|i| > R$ für alle $|j| \leq R$ gilt, so ist $y_k d e_j = d e_j (|j| \leq R)$ und man erhält

$$\left\| \frac{1}{m} \sum_{k=1}^{m} y_k d h - d h \right\| < \frac{\delta}{2} + \left\| \frac{1}{m} \sum_{k=1}^{m} y_k d \left(\sum_{|j| \leq R} \lambda_j e_j \right) - d h \right\|$$

$$= \frac{\delta}{2} + \left\| d \left(\sum_{|j| \leq R} \lambda_j e_j - h \right) \right\| < \delta .$$

Ist $\chi(x)$ eine auf der abstrakten Halbgruppe $\mathfrak{G}$ definierte Funktion, und ist $|\chi(x)|^2$ in irgendeinem Sinne ergodisch mit dem Mittelwert 0, so wird man $\chi(x)$ als „Nullfunktion" bezeichnen. Ist dabei $\chi(x)$ die charakteristische Funktion einer Menge $M \subseteq \mathfrak{G}$, so wird man M als „Nullmenge" bezeichnen. Die vollergodischen Nullfunktionen bilden einen gegen gleichmäßige Konvergenz abgeschlossenen linearen Raum, die entsprechenden Nullmengen ein gegen finite Vereinigungen und Teilmengenbildung abgeschlossenes Mengensystem. Eine beschränkte Funktion $\chi(x)$ ist genau dann eine vollergodische Nullfunktion, wenn für jedes $\varepsilon > 0$ die Menge $\{x| \, |\chi(x)| > \varepsilon\}$ eine („vollergodische") Nullmenge bildet. — Wirkt $\mathfrak{G}$ als abelsche nichtdehnende Halbgruppe im Hilbertraum $\mathfrak{H}$, so zerfällt jede Funktion $\chi(x) = (x h, g)$ in eine fastperiodische und eine Nullfunktion (Satz 1.6.4, Satz 1.8.1, Satz 1.8.2). Sie ist damit sozusagen „außerhalb von Nullmengen fastperiodisch". Die präzise Fassung dieses Begriffs liefert die Maakschen ω-fastperiodischen Funktionen (MAAK [4]). Man kann zeigen, daß jede ω-fastperiodische Funktion in eine fastperiodische und eine Nullfunktion zerfällt (KEINER [1]) (vgl. in diesem Zusammenhang auch HOPF [9], S. 25 f.).

§ 9. Normkonvergenz von Martingalen

Sei $(\Omega, \mathfrak{B}, m)$ ein auf $m(\Omega) = 1$ normierter Maßraum und $\mathfrak{B}_1 \subseteq \mathfrak{B}_2 \subseteq \cdots$ eine Folge von Borelkörpern $\subseteq \mathfrak{B}$. Für jedes $t = 1, 2, \ldots$ bilden die $\mathfrak{B}_t$-meßbaren Funktionen $f \in L_m^1 = \mathfrak{H}$ einen abgeschlossenen linearen Teilraum $\mathfrak{H}_t$ von $\mathfrak{H}$ und es existiert genau eine lineare positive Abbildung E_t von $\mathfrak{H}$ auf $\mathfrak{H}_t$, derart, daß

$$\int_A E_t f d m = \int_A f d m \qquad (A \in \mathfrak{B}_t, f \in \mathfrak{H})$$

gilt (9.8.1). Dies folgt aus dem Satz von RADON-NIKODYM (9.5.22): $f(A) = \int_A f d m$ ist totalstetig bezüglich m auf $\mathfrak{B}_t$, besitzt also eine außerhalb von m-Nullmengen aus $\mathfrak{B}_t$ eindeutig bestimmte $\mathfrak{B}_t$-meßbare m-Dichte $E_t f$. Ist $\mathfrak{B}_\infty$ der von $\bigcup_{t=1}^{\infty} \mathfrak{B}_t$ erzeugte Borelkörper, so kann man ebenso E_∞ bilden. Es gilt

1. $E_s E_t = E_s \quad (1 \leq s \leq t \leq \infty)$.
2. $\|E_t\|_1 = 1 \quad (1 \leq t \leq \infty)$.

E_t kann analog in den (in L_m^1 enthaltenen) Räumen L_m^p $(1 \leqq p \leqq \infty)$ erklärt werden und hat dort dieselben Eigenschaften (9.11.13).

Definition 1.9.1. *Eine Folge $f_t \in L_m^p (t = 1, 2, \ldots)$ heißt ein Martingal bezüglich der Borelkörperfolge $\mathfrak{B}_t$, wenn*

1. f_t $\mathfrak{B}_t$-*meßbar ist.*

2. $E_t f_s = f_t (t \leqq s < \infty)$ *gilt.*

Hat man in Nr. 2 ein $\leqq$- bzw. $\geqq$-Zeichen an Stelle des $=$-Zeichens, so spricht man von einem fallenden bzw. wachsenden Halbmartingal.

Satz 1.9.1. *Ist $1 \leqq p < \infty$ und $f \in L_m^p$, so ist die Folge $f_t = E_t f \in L_m^p$ $(t = 1, 2, \ldots)$ ein Martingal. Dieses ist stets L_m^p-normkonvergent gegen $E_\infty f$. Es gilt $\lim_t \|f_t - f\|_p = 0$ genau dann für jedes $f \in L_m^p$, wenn $\mathfrak{B}_\infty$ bis auf Teilmengen von m-Nullmengen mit $\mathfrak{B}$ übereinstimmt.*

Beweis. Die Martingaleigenschaft von $\{f_t\}$ ist trivial. Offenbar ist $f_t = E_t(E_\infty f)$, so daß wir für den Beweis von $f_t \to E_\infty f$ zunächst $f = E_\infty f$ annehmen können. f ist dann, evtl. nach Abänderung auf einer m-Nullmenge, $\mathfrak{B}_\infty$-meßbar. Ist f sogar $\mathfrak{B}_t$-meßbar für ein $t < \infty$, so ist $f_s = f$ $(s \geqq t)$ und man ist fertig. Andernfalls wähle man zu $\varepsilon > 0$ ein $t < \infty$ und ein $\mathfrak{B}_t$-meßbares g mit $\|f - g\| < \varepsilon$. Nach **9.11.12** geht das. Für $s \geqq t$ ergibt sich dann $\|f_s - g\| = \|E_s f - E_s g\| \leqq \|f - g\| < \varepsilon$, also $\|f_s - f\| < 2\varepsilon$ $(s \geqq t)$, d. h. $f_t \to f$ (stark). Allgemein hat man also $f_t \to E_\infty f$. Der Rest des Satzes folgt hieraus.

Satz 1.9.2. *Ist $1 < p < \infty$, so ist ein Martingal $f_t \in L_m^p$ genau dann normkonvergent, wenn es normbeschränkt ist. Ein Martingal $f_t \in L_m^1$ ist genau dann normkonvergent, wenn die f_t gleichgradig-integrabel sind (d. h. nach 9.5.18: wenn die Menge $\{f_t\}$ bedingt schwach-kompakt ist).*

Beweis. Die Notwendigkeit der jeweiligen Bedingung ist klar. Da L_m^p für $1 < p < \infty$ reflexiv ist, folgt hier die bedingte Schwach-Kompaktheit aus der Beschränktheit. Setzen wir also weiterhin für $p \geqq 1$ $\{f_t\}$ als bedingt schwachkompakt voraus. Ein schwacher Limespunkt f dieser Folge liefert $E_t f = f_t (t = 1, 2, \ldots)$, weil E_t schwachstetig ist (8.6.4) und $E_t f_s = f_t (t \leqq s)$ gilt. f liegt in der abgeschlossenen Hülle von $\bigcup_t \mathfrak{H}_t$ (8.5.11; Satz von MAZUR), also in $\mathfrak{H}_\infty$, d. h. es ist $E_\infty f = f$. Aus Satz 1.9.1 folgt $f_t \to f$ (stark).

Kap. 2. Markoffsche Prozesse

§ 1. Stochastische Kerne und Markoffsche Prozesse

Sei $\mathfrak{B}$ ein Borelkörper in einer nichtleeren Menge Ω. Wir betrachten *stochastische Kerne* $P(E, \omega)$, $Q(E, \omega), \ldots, (E \in \mathfrak{B}, \omega \in \Omega)$ und die zugehörigen linearen Abbildungen $P, Q, \ldots$ von $\mathfrak{R}(\mathfrak{B})$, dem Raum aller reellen endlichen Ladungsverteilungen (kurz: LVen), in sich (9.11.9). Diese linearen Abbildungen $P, Q, \ldots$ bilden eine *Halbgruppe* $\mathfrak{S}_0$: $PQ = R$

gehört zu dem stochastischen Kern $R(E, \omega) = \int F(E, \eta)\, Q(d\eta, \omega)$ (9.11.11). Meßbare Punktabbildungen in Ω sind nach 9.11.9 durch spezielle Kerne darstellbar.

Sei $\mathfrak{V}$ die Menge aller normierten Maße (Wahrscheinlichkeitsverteilungen, kurz: WVen) auf $\mathfrak{B}$. $\mathfrak{V}$ ist eine konvexe abgeschlossene Menge im Banachraum $\mathfrak{R}(\mathfrak{B})$. Es gilt $P\mathfrak{V} \subseteq \mathfrak{V}$ ($P \in \mathfrak{S}_0$). Die Gesamtheit $\mathfrak{S}$ aller linearen Transformationen T in $\mathfrak{R}(\mathfrak{B})$, die $T\mathfrak{V} \subseteq \mathfrak{V}$ erfüllen (diese Transformationen wollen wir als *stochastisch* bezeichnen), ist ebenfalls eine *Halbgruppe*; sie stimmt mit ihrer schwachen Hülle überein. Für alle $T \in \mathfrak{S}$ gilt: Aus $g \leq h$ folgt $Tg \leq Th$, $(Tg)(\Omega) = g(\Omega)$, $\|T\| = 1$, $\|Th\| = \|h\|$ ($h \geq 0$).

Für $P \in \mathfrak{S}_0$ gilt überdies: Aus $g \ll h$ folgt $Pg \ll Ph$. Ist also $m \in \mathfrak{V}$, $Pm = m$ (d. h., ist m ein *P-invariantes* normiertes Maß), so ist $PL_m^1 \subseteq L_m^1$; P induziert aber auch in jedem der Räume L_m^p ($1 \leq p \leq \infty$) eine lineare Transformation: da $L_m^p \subseteq L_m^1$ ($1 \leq p \leq \infty$) gilt, liefert P jedenfalls eine lineare Abbildung P von L_n^p in L_m^1. Man überzeugt sich aber leicht davon, daß L_m^∞ in sich abgebildet wird und $\|P\|_\infty = 1$ gilt. Mit dem Konvexitätssatz von M. RIESZ (9.11.12—13) zeigt man $PL_m^p \subseteq L_m^p$, $\|P\|_p = 1$ ($1 \leq p \leq \infty$). Auf ähnliche Weise zeigt man: Die zunächst nur für Treppenfunktionen f durch $(P'f)(\omega) = \int f(\eta)\, P(d\eta, \omega)$ erklärte Abbildung P' kann für jedes q mit $1 \leq q \leq \infty$ auf genau eine Weise in eine nicht dehnende lineare Transformation P' von L_m^q in sich fortgesetzt werden. P' ist für $1 \leq p \leq \infty$, $\dfrac{1}{p} + \dfrac{1}{q} = 1$ die zu P duale Transformation (9.11.14; vgl. auch NELSON [1]). Auf P wie auf P' ist damit die individuelle Ergodentheorie von Kap. 3, § 2 anwendbar; fixiert man $m \in \mathfrak{V}$ von vornherein, und zieht man nur den Fall $Pm = m$ in Betracht, so genügt es, einen Kern $P(E, \omega)$ nur für m-fastalle ω zu erklären (vgl. HOPF [17]).

Es gibt verschiedene Möglichkeiten, zu Maßen m mit $Pm = m$ zu gelangen. Hat man schon ein solches P-invariantes Maß, so liefert der statistische Ergodensatz in L_m^1 weitere invariante Maße, die bezüglich m totalstetig sind. Eine andere Möglichkeit eröffnet sich, wenn Ω ein kompakter metrischer Raum und $\mathfrak{B}$ der von der Topologie erzeugte Borelkörper ist. Dann kann $\mathfrak{R}(\mathfrak{B})$ als der Dualraum des Banachraumes $\mathfrak{C}(\Omega)$ aller stetigen Funktionen auf Ω aufgefaßt werden (Satz von RIESZ, 9.5.25). Ist $P \in \mathfrak{S}_0$ und hat der zugehörige stochastische Kern $P(E, \omega)$ die Eigenschaft, daß die zugehörige Funktionsabbildung P' (s. oben) $\mathfrak{C}(\Omega)$ in sich abbildet, so ist P als duale Transformation von P' dargestellt und damit s-stetig (8.6.4). Die Voraussetzungen von Satz 1.2.2 sind somit erfüllt: Man erhält zu jedem $h \in \mathfrak{V}$ mindestens einen Fixpunkt $h_0 \in \mathfrak{V}$ ($\mathfrak{V}$ ist s-abgeschlossen!). Man kann ähnlich wie in Kap. 5, § 2 (im Anschluß an Satz 5.2.2) eine gewisse Übersicht über die Gesamtheit aller P-invarianten Maße $m \in \mathfrak{V}$ gewinnen (vgl. auch HARRIS [1]).

Das eigentliche Thema dieses Kapitels ist jedoch die Untersuchung der P unter gewissen Vollstetigkeitsannahmen. Auch hier wird sich die Existenz invarianter m sowie eine Übersicht über die Gesamtheit aller invarianten $m \in \mathfrak{V}$ ergeben. Jene Annahmen werden allerdings den Fall der Punkttransformationen in Ω von der Diskussion ausschließen, die ja nach 9.11.9 durch spezielle stochastische Kerne darstellbar sind.

Definition 2.1.1. *Eine Schar* $P(t, s) \in \mathfrak{S}_0$ $(t \geq s \geq 0)$ *mit*

$$\begin{cases} P(t, s) = P(t, u)\, P(u, s) & (t \geq u \geq s) \\ P(t, t) = \mathit{Identität} \end{cases}$$

bzw. die zugehörige Schar von stochastischen Kernen, wird ein Markoffscher Prozeß genannt. Je nachdem man beliebige reelle oder nur ganzzahlige Parameterwerte $t, s \geq 0$ *zuläßt, spricht man von einem kontinuierlichen oder diskreten Prozeß. Ist* $P(t + u, s + u) = P(t, s)$ $(t \geq s, u \geq 0)$, *so heißt der Prozeß stationär.*

Wir untersuchen das asymptotische Verhalten von $P(t, 0)$ $(t \to \infty)$. In diesem Kapitel wird nur der stationäre Fall behandelt. Die $P(t, 0)$ $(t \geq 0)$ bilden dann eine abelsche Halbgruppe: $P(t + s, 0) = P(t, 0)\, P(s, 0)$. Für nichtstationäre Prozesse vgl. Kap. 7, § 2.

Für die Einbettung des Begriffs „Markoffscher Prozeß" in eine allgemeine Systematik der stochastischen Prozesse vgl. Doob [9], S. 80 ff., S. 170 ff.

§ 2. Markoffsche Prozesse mit endlichem Ω

Praktisch alle wesentlichen Züge der Theorie der Markoffschen Prozesse, und viele Ideen der Ergodentheorie überhaupt, können am Spezialfall eines Markoffschen Prozesses mit endlichem „Zustandsraum" Ω demonstriert werden. Wir führen die Theorie in diesem Falle durch und geben dann die zur Verallgemeinerung nötigen Zusatzüberlegungen in § 3 und § 4 an.

Sei $\Omega = \{1, \ldots, n\}$. Wir können annehmen, daß $\mathfrak{V}$ aus allen Teilmengen von Ω besteht. Dann ist $\mathfrak{R}(\mathfrak{V}) = R^n = \mathfrak{H}$ mit der festen Basis $e_1, \ldots, e_n$ $(e_i = (\delta_{ik}))$, $\mathfrak{V} = \{h = \sum_{i=1}^{n} h^i e_i \mid h^i \geq 0, \sum_{i=1}^{n} h_i = 1\}$, und jedes $P \in \mathfrak{S} = \mathfrak{S}_0$ (!) ist durch eine Matrix $p = (p_{ik})$ mit $p_{ik} \geq 0, \sum_{i=1} p_{ik} = 1$ gegeben und umgekehrt. Die Anordnungsverhältnisse in $\mathfrak{R}(\mathfrak{V})$ sind jetzt sehr einfach:

$g \geq h$ bedeutet $g^i \geq h^i$ $(i = 1, \ldots, n)$

$g \cap h$ hat die Komponenten $\min(g^i, h^i)$ $(i = 1, \ldots, n)$

$\|h\| = \sum_i |h^i|$.

Es gilt die Gleichung $\|g - h\| = \|g + h\| - 2\|g \cap h\|$ $(g, h \geqq 0)$, d. h. insbesondere

(1) $$\|g - h\| = 2(1 - \|g \cap h\|) \qquad (g, h \geqq 0 \; \|g\| = \|h\| = 1).$$

Für $g, h \in \mathfrak{V}$ ist also $\|g - h\| = 2$ mit $g \cap h = 0$ gleichbedeutend, und dies bedeutet Trägerfremdheit von g und h, falls man allgemein als den Träger von g die Menge aller i mit $g^i \neq 0$ bezeichnet (im Unterschied zum Falle beliebiger unendlicher Ω kann man hier den Träger eindeutig fixieren).

Da wir stationäre Prozesse behandeln wollen, betrachten wir zunächst eine beliebige abelsche Unter-Halbgruppe $\mathfrak{G}$ von $\mathfrak{S}$ und wenden Satz 1.6.2 an. Da $\mathfrak{H} = R^n$ reflexiv ist (beschränkte Mengen sind sogar bedingt normkompakt) und alle $P \in \mathfrak{S}$ die Schranke 1 besitzen, sind alle benötigten Voraussetzungen erfüllt (man kann den Beweis des Aufspaltungssatzes hier ganz elementar führen). Wir erhalten eine Zerlegung

$$\mathfrak{H} = \mathfrak{R} + \mathfrak{F}, \; \mathfrak{R} \cap \mathfrak{F} = \{0\},$$

wobei $\mathfrak{R}$ den Raum der $\mathfrak{G}$-reversiblen, $\mathfrak{F}$ den Raum der $\mathfrak{G}$-Fluchtvektoren bezeichnet. Beide Räume sind linear, abgeschlossen und $\mathfrak{G}$-invariant. Genauer: Jedes $h \in \mathfrak{H}$ besitzt genau eine Zerlegung

$$h = r + f \quad r \in \mathfrak{R}, \; f \in \mathfrak{F},$$

deren Komponenten r, f linear, stetig und $\mathfrak{G}$-invariant von h abhängen. Da r stets in der abgeschlossenen Hülle $\overline{\mathfrak{G}}(h)$ der Bahn $\mathfrak{G}h$ liegt, folgt aus $h \in \mathfrak{V}$ stets $r \in \mathfrak{V}$, insbesondere ist die Menge $\mathfrak{V}_0 = \mathfrak{V} \cap \mathfrak{R}$ *nichtleer*. Sie ist überdies *konvex* und *kompakt*, also nach dem Satz von KREIN-MILMAN (8.4.6; hier wird nur der klassische Spezialfall von MINKOWSKI benützt) die konvexe abgeschlossene Hülle der Menge ihrer Extremalpunkte. Dies sind diejenigen $h \in \mathfrak{V}_0$, für die eine Darstellung

(2) $$h = \lambda g + \mu f \qquad g, f \in \mathfrak{V}_0, g \neq f, \lambda, \mu > 0, \lambda + \mu = 1$$

nicht möglich ist. Die $P \in \mathfrak{S}$ bilden $\mathfrak{R}$ isometrisch auf sich ab. Insbesondere wird $\mathfrak{V}_0$ isometrisch auf sich abgebildet, wobei die Extremalpunkte offenbar permutiert werden. Wir zeigen jetzt, daß es *nur endlichviele Extremalpunkte* in $\mathfrak{V}_0$ gibt. Wegen der Endlichkeit von Ω (oder auch wegen der Kompaktheit von $\mathfrak{V}_0$ und der Relation (1)) genügt es, zu zeigen, daß die Extremalpunkte von $\mathfrak{V}_0$ paarweise trägerfremd sind. Hieraus folgt ferner, daß sie linear unabhängig sind und eine Basis von $\mathfrak{R}$ bilden.

Zum Beweis bedienen wir uns der Tatsache, daß die abgeschlossene Hülle $\overline{\mathfrak{G}}$ von $\mathfrak{G}$ in $\mathfrak{R}$ als *Gruppe* wirkt (Satz 1.6.5) und folgern, daß mit r auch r^+ und r^- zu $\mathfrak{R}$ gehören. Die Zerlegung $r = r^+ - r^-$ ist unter allen Darstellungen von r als Differenz zweier nichtnegativer Vektoren eindeutig durch die Relation

(3) $$\|r\| = \|r^+\| + \|r^-\|$$

gekennzeichnet. Die Reversibilität von r^+ und r^- ist bewiesen, falls man zu beliebigem $\overline{P} \in \mathfrak{G}$ ein $\overline{Q} \in \mathfrak{G}$ mit $\overline{Q}\overline{P}r^+ = r^+$ und $\overline{Q}\overline{P}r^- = r^-$ finden kann. Wir wählen $\overline{Q}$ so, daß $\overline{Q}\overline{P}r = r$ gilt. Man hat dann

$$\|r\| = \|\overline{Q}\overline{P}r\| \leqq \|\overline{Q}\overline{P}r^+\| + \|\overline{Q}\overline{P}r^-\| \leqq \|r^+\| + \|r^-\| = \|r\| \, .$$

Der Vergleich mit (3) liefert das Gewünschte. — Da man allgemein $g \cap h = g - (g - h)^+$ hat, gehört mit g und h auch $g \cap h$ zu $\mathfrak{R}$. Nun seien g, h zwei verschiedene Extremalpunkte von $\mathfrak{V}_0$. Dann ist $g \cap h \neq h, g \cap h \neq g$. Wir müssen $g \cap h = 0$ beweisen. Wäre $g \cap h \neq 0$, so hätte man mit $\lambda = \|g \cap h\|$, $\mu = \|g - (g \cap h)\|$ eine Zerlegung

$$g = \lambda \frac{g \cap h}{\|g \cap h\|} + \mu \frac{g - (g \cap h)}{\|g - (g \cap h)\|}$$

mit $\lambda, \mu > 0$, $\lambda + \mu = 1$, wobei $\dfrac{g \cap h}{\|g \cap h\|}$ und $\dfrac{g - (g \cap h)}{\|g - (g \cap h)\|}$ offensichtlich zu $\mathfrak{V}_0$ gehören. Dies läuft der Extremalität von g zuwider.

$\mathfrak{G}$ wirkt also in $\mathfrak{R}$ einfach durch *Permutation der Ecken* von $\mathfrak{V}_0$. Wir spezialisieren jetzt die Halbgruppe $\mathfrak{G}$ hinsichtlich ihrer algebraischen Struktur.

1. *Diskrete Prozesse.* $\mathfrak{G}$ ist zyklisch: $\mathfrak{G} = \{P^t \mid t = 0, 1, \ldots\}$. Der Transformation P entspricht eine Permutation der Extremalpunkte von $\mathfrak{V}_0$. Diese Permutation läßt sich aus elementfremden Zyklen aufbauen. Wir denken uns die Extremalpunkte von $\mathfrak{V}_0$ entsprechend durchnumeriert: e_σ^λ sei das σ-te Element des λ-ten Zyklus und habe den Träger E_σ^λ. Dabei laufe λ von 1 bis l, σ von 1 bis s_λ. Wir haben $P e_\sigma^\lambda = e_{\sigma + 1}^\lambda (\sigma \bmod s_\lambda)$. Wir bilden $\bigcup\limits_{\sigma = 1}^{s_\lambda} E_\sigma^\lambda = E^\lambda$, $E = \bigcup\limits_\lambda E^\lambda$, $N = \Omega - E$. Dann gilt der

Satz 2.2.1. *Zu jedem Vektor $h \in \mathfrak{H}$ gibt es genau einen Vektor $r \in \mathfrak{R}$ mit folgenden Eigenschaften:*

1. r ist Linearkombination der e_σ^λ, der Träger von r ist in E enthalten. Die Folge $P^t r (t = 1, 2, \ldots)$ ist rein periodisch. Die Periode ist ein Teiler des k. g. V. der Zyklenlängen s_λ.

2. Die Folge $\|P^t h - P^t r\|$ konvergiert mit exponentieller Geschwindigkeit gegen 0.

Beweis. Es ist lediglich die Geschwindigkeitsaussage in Nr. 2 zu verifizieren. Hierzu betrachten wir $\mathfrak{E} = \{f \mid f \in \mathfrak{F}, \|f\| \leqq 1\}$. Es gibt endlichviele Vektoren $f_1, \ldots, f_m \in \mathfrak{E}$ derart, daß die $\frac{1}{4}$-Umgebungen der $f_\mu \in \mathfrak{E}$ überdecken. Ist $\|P^{t_\mu} f_\mu\| \leqq \frac{1}{4}$ $(\mu = 1, \ldots, m)$, so ist für $t = \sum\limits_\mu t_\mu$

$\|P^t f_\mu\| \leqq \frac{1}{4}$ $(\mu = 1, \ldots, m)$, also

$$\|P^t f\| \leqq \frac{1}{2} \qquad\qquad (f \in \mathfrak{E})$$

das heißt

$$\|P^t f\| \leq \frac{1}{2}\|f\| \qquad\qquad (f \in \mathfrak{F})$$

Hieraus folgt die Behauptung.

Anschaulich-wahrscheinlichkeitstheoretisch folgert man hieraus: Ist irgendeine Verteilung h der Masse 1 über die n Zellen $i \in \Omega$ gegeben, so entleert sich N im Laufe der Zeit mit exponentieller Geschwindigkeit. Hatte h einen Träger $\subseteq E_\sigma^\lambda$, so hat Ph einen Träger $\subseteq E_{\sigma+1}^\lambda (\sigma \bmod s_\lambda)$. Die Träger der $P^t h$ wandern zyklisch in den $E_\sigma^\lambda (\sigma = 1, \ldots, s_\lambda)$ herum und füllen sie schließlich ganz aus: $P^t h$ schmiegt sich an $P^t \epsilon_\sigma^\lambda = e_{\sigma+t}^\lambda$ an. Ist h eine Ladungsverteilung aus $\mathfrak{F}$, so ist die Gesamtladung notwendig 0, die Ladungen kommen allmählich durch Diffusion zusammen und löschen sich aus.

2. *Kontinuierliche Prozesse.* $\mathfrak{S}$ ist einparametrig: jeder reellen Zahl $t \geq 0$ ist eine Transformation $P_t \in \mathfrak{S}$ zugeordnet und es gilt $P_t P_s = P_{t+s}(t, s \geq 0)$, $P_0 =$ Identität, $\mathfrak{S} = \{P_t \mid t \geq 0\}$. Hieraus folgt: Ist $P \in \mathfrak{S}$ und $n \geq 0$ ganz, so gibt es ein $Q \in \mathfrak{S}$ mit $Q^n = P$. Das entsprechende gilt für die zugeordneten Permutationen der Extremalpunkte von $\mathfrak{V}_0$. Daher kommt nur eine einzige Permutation in Frage: die Identität. Die Punkte $r \in \mathfrak{R}$ sind also gemeinsame Fixpunkte der $P \in \mathfrak{S}$. Seien $e^1, \ldots, e^l$ die Extremalpunkte von $\mathfrak{V}_0$, $E^1, \ldots, E^l$ ihre Träger, $E = \bigcup_{\lambda=1}^{l} E^\lambda$, $N = \Omega - E$. Dann gilt der

Satz 2.2.2. *Zu jedem Vektor $h \in \mathfrak{H}$ gibt es genau einen Vektor $r \in \mathfrak{R}$ mit folgenden Eigenschaften:*

1. r ist Linearkombination der e^λ und es gilt $P_t r = r$ $(t \geq 0)$. Der Träger von r ist in E enthalten.

2. Es gilt

$$\lim_{t \to \infty} \|P_t h - r\| = 0 \qquad\qquad (exponentiell)\,.$$

Der Geschwindigkeitsbeweis geht analog wie bei Satz 2.2.1. Die wahrscheinlichkeitstheoretische Interpretation ist entsprechend.

Anmerkung. Ist $a = (a_{ik})$ eine Matrix mit $\sum_{i=1}^{n} a_{ik} = 0$ und $a_{ik} \geq 0$ $(i \neq k)$, so liefert die Differentialgleichung

$$\frac{d}{dt} P_t = A P_t$$

(A sei die durch a induzierte Transformation) einen kontinuierlichen Markoffschen Prozeß. Jeder kontinuierliche Markoffsche Prozeß, bei dem P_t eine meßbare Funktion von t ist, kann so erhalten werden (vgl. etwa HILLE-PHILLIPS [1]).

Bei diskreten wie bei kontinuierlichen Markoffschen Prozessen gilt:
Ist der Durchmesser von $P(t, 0)\,\mathfrak{V}$ irgendwann einmal < 2, so ist $\mathfrak{V}_0$ ein-
punktig, also $P(t, 0)$ konvergent gegen eine eindimensionale Projektion.
Dies ist sicher der Fall, wenn eine Potenz von $P(1, 0)$ lauter positive
Koeffizienten hat.

Ein von der angegebenen Methode wesentlich verschiedenes, aber zu
denselben Erbegnissen führendes Verfahren beruht auf der Tatsache,
daß die Eigenwerte λ stochastischer Matrizen stets $|\lambda| \leq 1$ erfüllen und
für $|\lambda| = 1$ Einheitswurzeln sind, d. h. $\lambda^m = 1$ mit natürlichem m ge-
statten. Dies kann aus Satz 2.2.1 gefolgert , aber auch elementar bewiesen werden (vgl. FRÉCHET [6]). Ebenfalls aus Satz 2.2.1 entnimmt man
(etwa durch eine finite Mittelbildung), daß der Eigenwert 1 (d. h. ein
Fixpunkt $\neq 0$) stets vorhanden ist. Auch Satz 1.2.1 liefert dies Ergebnis.

Für ein rein wahrscheinlichkeitstheoretisches Verfahren, das ebenfalls die Ergebnisse dieser Paragraphen liefert, vgl. DOOB [9], DOEBLIN
[1], [2], [3].

§ 3. Markoffsche Prozesse mit beliebigem Ω

Wir kehren nun zum allgemeinen Fall zurück. $\mathfrak{V}$ erzeugt $\mathfrak{H} = \mathfrak{R}(\mathfrak{V})$.
Die im endlichen Fall benützte Gleichung § 2 (1) bleibt auch jetzt be-
stehen. Es sei $\mathfrak{G}$ eine abelsche Unter-Halbgruppe von $\mathfrak{S}$. Die Anwendung
des Aufspaltungssatzes 1.6.2 scheitert i. a. an der Nichtkompaktheit der
Bahnen $\mathfrak{G}h$. Um ein Analogon zur Theorie des § 2 zu bekommen, müssen
wir eine die nötige Kompaktheit erzwingende Annahme einführen:

Annahme (K). $\mathfrak{G}$ *enthält eine Transformation* P, *die eine Zerlegung*
$P = V + R$ *mit vollstetigem* V *und* $\|R\| < 1$ *gestattet.*

Wie üblich heißt eine lineare Transformation vollstetig, wenn sie beschränkte Mengen in bedingt-kompakte Mengen (im Sinne der Normtopologie) überführt (8.6.5). Hinreichende Bedingungen für diese Annahme werden in § 4 angegeben.

Satz 2.3.1. *Gilt die Annahme* (K), *so enthält die stark-abgeschlossene
Hülle* $\overline{\mathfrak{G}}$ *von* $\mathfrak{G}$ *(Def. 1.5.1) eine vollstetige Transformation* $\overline{P}$.

Beweis. Wir verwenden die Zerlegung $P = V + R$ und setzen
$\|R\| = \lambda$. Bildet man $P^n = (V + R)^n$, so entstehen $2^n - 1$ vollstetige
Summanden (nämlich Produkte, in denen V vorkommt) und ein Sum-
mand R^n:

$$P^n = V_n + R^n \qquad V_n \text{ vollstetig}, \|R^n\| \leq \lambda^n .$$

Hieraus entnehmen wir für die absteigende Mengenfolge $P^n \mathfrak{V}$ (n
$= 1, 2, \ldots$): Zu jedem n gibt es endlich viele Vektoren $g_{1n}, \ldots, g_{s_n, n} \in \mathfrak{V}$,
deren $2\lambda^n$-Umgebungen $P^n\mathfrak{V}$ überdecken.

Ist $h \in \mathfrak{V}$ und die natürliche Zahl n beliebig gewählt, so gibt es ein
$g_{\sigma n}$, in dessen $2\lambda^n$-Umgebung die Folge $P^t h$ ($t = 1, 2, \ldots$) unendlich oft —

etwa für $t = t_\mu\,(\mu = 1, 2, \ldots)$ — liegt. Es gilt also

$$\| P^{t_\mu} h - P^{t_\nu} h \| < 4\,\lambda^n \qquad\qquad (\mu,\, \nu = 1, 2, \ldots)\,.$$

Auf diesen Gedanken baut man leicht ein Diagonalverfahren auf, welches eine Teilfolge $r_\mu \to \infty$ mit konvergentem $P^{r_\mu} h$ liefert. Ist $\mathfrak{H}$ separabel, so liefert ein weiteres Diagonalverfahren Konvergenz für alle h. Ist $\mathfrak{H}$ nicht separabel, so greift man zur Filtertheorie. Sei F eine Ultra-Verfeinerung des Fréchet-Filters aller natürlichen Zahlen. Es ist klar, was man für irgendein festes $h \in \mathfrak{V}$ unter dem Ultrafilter $P^F h$ zu verstehen hat (8.1.5). Nach 8.1.5 gehört für jedes n mindestens eine der Mengen $\mathfrak{F}_{\sigma n} = \{s |\, \| P^s h - g_{\sigma n} \| < 2\,\lambda^n\}$ zu F, also ist $P^F h$ ein Cauchy-Filter, also konvergent (8.3.4). Da $\mathfrak{V}$ den Raum $\mathfrak{H}$ erzeugt, gilt das für alle $h \in \mathfrak{H}$. Den Limes nennen wir $\bar{P} h$. $\bar{P}$ gehört dann zur starken Hülle $\bar{\mathfrak{G}}$ von $\mathfrak{G}$ und $\bar{P}\mathfrak{V}$ ist bedingt kompakt, woraus die Vollstetigkeit von $\bar{P}$ folgt.

Aus Satz 1.6.3 folgt nun der

Satz 2.3.2. *Genügt eine abelsche Unter-Halbgruppe $\mathfrak{G}$ von $\mathfrak{S}$ der Bedingung (K), so gilt die Aussage des Aufspaltungssatzes (Satz 1.6.2), wobei die Begriffe „$\mathfrak{G}$-Fluchtvektor" und „$\mathfrak{G}$-reversibler Vektor" im Sinne der starken Topologie zu verstehen sind.*

Wörtlich wie in § 2 wird nun $\mathfrak{V}_0$ als der reversible Bestandteil von $\mathfrak{V}$ definiert und die Trägerfremdheit der Extremalpunkte von $\mathfrak{V}_0$ bewiesen. $\mathfrak{V}_0$ ist kompakt. Daß nur endlichviele Extremalpunkte vorkommen, kann man aus der Kompaktheit von $\mathfrak{V}_0$ erschließen: Gibt es eine Folge r_μ von verschiedenen Extremalpunkten in $\mathfrak{V}_0$, so kann man annehmen (Teilfolge!), sie sei starkkonvergent, was zu der Relation $\| r_\mu - r_\nu \| = 2$ $(\mu \neq \nu)$, die aus der Trägerfremdheit folgt, im Widerspruch steht.

Anmerkung. Um den Aufspaltungssatz im Sinne der schwachen Topologie, sowie die Endlichkeit der Eckenzahl von $\mathfrak{V}_0$ zu erhalten, würde es genügen, daß die schwache Hülle von $\mathfrak{G}$ eine schwach-vollstetige Transformation erhält. Das Produkt schwachvollstetiger Transformationen in $\mathfrak{H}$ ist jedoch stark-vollstetig (vgl. 8.7.4, 9.11.16).

Es gelten also analoge Sätze wie Satz 2.2.1 und Satz 2.2.2, nur hat man zu berücksichtigen, daß bei allgemeinen Maßen nicht in eindeutiger Weise von „dem" Träger gesprochen werden kann: $E \in \mathfrak{V}$ ist *ein* Träger von h, wenn $h(M) = h(M \cap E)\,(M \in \mathfrak{V})$ gilt. $g \cap h = 0$ bedeutet für $g,\, h \geq 0$: g und h *besitzen* elementfremde Träger.

1. *Diskrete Prozesse.* Sei $Q \in \mathfrak{S}_0$, $\mathfrak{G} = \{Q^t \mid t = 0, 1, \ldots\}$ und $e_\sigma^\lambda (\lambda = 1, \ldots, l, \sigma = 1, \ldots, s_\lambda)$ die der Zyklendarstellung der von Q induzierten Permutation der Extremalpunkte von $\mathfrak{V}_0$ entsprechende Numerierung dieser Punkte: $Q e_\sigma^\lambda = e_{\sigma+1}^\lambda (\sigma \bmod s_\lambda)$. Ist $A_{\lambda\sigma}$ ein Träger von e_σ^λ, so ist $A'_{\lambda,\sigma-1} = \{\omega \mid Q(A_{\lambda\sigma}, \omega) = 1\}$ ein Träger von $e_{\sigma-1}^\lambda$, da

$$(1) \qquad\qquad 1 = e_\sigma^\lambda(A_{\lambda\sigma}) = \int Q(A_{\lambda\sigma}, \omega)\, e_{\sigma-1}^\lambda(d\omega)$$

gilt. Gäbe es nämlich eine Menge M mit $e^\lambda_{\sigma-1}(M) > 0$ und $Q(A_{\lambda\sigma}, \omega) \leq$ $\leq \delta < 1\,(\omega \in M)$, so wäre die rechte Seite von (1) < 1. Verkleinert man $A_{\lambda\sigma}$, so wird $Q(A_{\lambda\sigma}, \omega)$ für alle ω höchstens kleiner, und damit verkleinert sich auch $A'_{\lambda,\sigma-1}$. Hierauf gründet man ein Absteigeverfahren, das zu vorgegebenen Trägern $A_{\lambda\sigma}$ der e^λ_σ absteigende Folgen $A_{\lambda\sigma}(k)$ $(k = 1, 2, \ldots)$ von Trägern liefert $(A_{\lambda,\sigma-1}(k)$ wird als $A_{\lambda,\sigma-1}(k-1) \cap A_{\lambda\sigma}(k-1)'$ beim k-ten rückläufigen Durchlaufen des Zyklus gewonnen). Setzen wir

$$E^\lambda_\sigma = \bigcap_{k=1}^\infty A_{\lambda\sigma}(k),\; E^\lambda = \bigcap_{\sigma=1}^{s_\lambda} E^\lambda_\sigma,\; E = \bigcap_{\lambda=1}^l E^\lambda,\; N = \Omega - E,\; \text{so erhalten wir}$$

den

Satz 2.3.3. *Zu jedem $h \in \mathfrak{H}$ gibt es genau ein $r \in \mathfrak{H}$ mit folgenden Eigenschaften:*

1. r ist Linearkombination der e^λ_σ, E ist ein Träger von r. Die Folge $Q^t r\,(t = 0, 1, \ldots)$ ist reinperiodisch, die Periode ist ein Teiler des k. g. V. der Zyklenlängen s_λ $(\lambda = 1, \ldots, l)$.

2. Die Folge $\|Q^t h - Q^t r\|$ konvergiert mit exponentieller Geschwindigkeit gegen 0.

3. E^λ_σ ist ein Träger von e^λ_σ und es gilt

$$E^\lambda_{\sigma-1} = \{\omega \mid Q(E^\lambda_\sigma, \omega) = 1\} \qquad (\sigma \bmod s_\lambda)\,.$$

Der Geschwindigkeitsbeweis wird ähnlich wie im endlichdimensionalen Falle — unter Ausnützung der Annahme (K) — geführt (JACOBS [5], S. 397).

2. *Kontinuierliche Prozesse.* — Die Formulierung des Analogons zu Satz 2.2.2 sei dem Leser überlassen.

Gibt es ein $m \in \mathfrak{R}(\mathfrak{B})$ und ein ganzes $t > 0$ mit $m \geq 0$, $m \neq 0$, und $P^t h \geq m\,(h \in \mathfrak{B})$, so ist die für die Bedingung (K) hinreichende Bedingung (D) (§ 4) erfüllt und $\mathfrak{B}_0$ besteht nur aus einem einzigen Punkt. Im diskreten Fall bedeutet dies: $Q^t h$ konvergiert für jedes $h \in \mathfrak{R}(\mathfrak{B})$. Dies ist der klassische Fall (vgl. G. BIRKHOFF [1], [4], S. 263f, DOOB [9], S. 214).

Gilt die Annahme (K) und hat man die Norm-Konvergenz von $Q^t h$ für jedes h, so hat man auch die Konvergenz von Q^t im Sinne der Operatornorm (der Limes Q_0 ist natürlich idempotent: $Q^t_0 = Q_0\,(t = 1, 2, \ldots)$).

Aus Satz 2.2.2 und Satz 2.3.1 (oder auch aus Satz 2.3.3, unter Anwendung einer finiten Mittelbildung) folgert man leicht, daß im diskreten Fall der erzeugende Operator Q stets den Eigenwert 1 besitzt. KAKUTANI [4] und YOSIDA-KAKUTANI [1], [4] haben eine Theorie, die dasselbe wie die oben angegebene leistet, unter Zugrundelegung folgender Tatsachen aufgestellt: Ist $Q \in \mathfrak{S}$, so gilt für jeden Eigenwert λ von Q die Beziehung $|\lambda| \leq 1$. Gilt die Annahme (K), so gibt es nur endlichviele Eigenwerte λ mit $|\lambda| = 1$, und diese sind Einheitswurzeln. Ferner gibt es dann ein δ mit $0 < \delta < 1$ derart, daß $0 \leq |\lambda| \leq \delta$ für alle Eigenwerte

λ mit $|\lambda| \neq 1$ gilt. Der Raum der komplexen Ladungsverteilungen zerfällt in die Eigenräume der Eigenwerte λ von Q. — Es handelt sich um eine Verallgemeinerung der für endliche Ω wohlbekannten Theorie (vgl. FRÉCHET [6]).

Die zum Eigenwert 1 gehörigen Eigenvektoren, d. h. die Eigenvektoren von Q, bilden ein Simplex mit paarweise trägerfremden Ecken. Dies wurde bereits 1936/37 von KRYLOFF-BOGOLIOUBOFF [3], [5], die auch die Bedingung (K) eingeführt haben, bewiesen (vgl. auch DOEBLIN-FORTET [2]).

DOEBLIN [1], [2], [3] und DOOB [9] haben die Ergebnisse dieses Paragraphen mit einer direkt wahrscheinlichkeitstheoretischen Methode gewonnen.

§ 4. Hinreichende Bedingungen für die Annahme (K)

Annahme (D). $\mathfrak{S}$ *enthält eine zu einem Kern $P(E, \omega)$ gehörige Transformation P, derart, daß gilt: Es gibt Zahlen η, ϑ mit $\eta > 0, 0 < \vartheta < 1$, sowie ein $m \in \mathfrak{V}$ derart, daß aus $E \in \mathfrak{V}, m(E) < \eta$ stets $P(E, \omega) \leqq \vartheta$ ($\omega \in \Omega$) folgt.*

DOEBLIN [1], [3] führte die Theorie der Markoffschen Prozesse auf rein wahrscheinlichkeitstheoretischem Wege unter dieser Annahme durch (vgl. DOOB [9]). Die Annahme (D) ist z. B. sicher erfüllt, wenn der Kern $P(E, \omega)$ eine Dichtedarstellung

$$P(d\,\eta, \omega) = f(\eta, \omega)\, m(d\,\eta)$$

bezüglich eines $m \in \mathfrak{V}$ gestattet, wobei die vom Parameter $\omega \in \Omega$ abhängige Schar $f(\eta, \omega)$ gleichmäßig in η m-integrabel ist. Auf diese Weise ordnen sich die meisten praktisch vorkommenden Fälle in unsere Theorie ein (vgl. etwa KRYLOFF-BOGOLIOUBOFF [1], DOOB [9]). YOSIDA-KAKUTANI [4] folgern die Annahme (K) aus der Annahme (D) unter gewissen Einschränkungen.

Satz 2.4.1. *Aus der Annahme (D) folgt die Annahme (K).*

Beweis. Es gelte die Annahme (D). Offenbar genügt es, ein $P \in \mathfrak{S}$ in der Form $P = S + U$ mit $\|U\| < 1$ und $-\Gamma m \leqq Sh \leqq \Gamma m$ ($\|h\| \leqq 1$) mit passendem $\Gamma > 0$ darzustellen. Denn dann ergibt sich durch Potenzieren für P^t eine Darstellung als Summe von S-U-*Produkten*. Diejenigen Produkte, in denen höchstens ein S-Faktor steckt — es sind $t + 1$ Stück —, ergeben zusammen ein R mit $\|R\| \leqq \Gamma(t + 1)\,\vartheta^{t-1}$, und das ist < 1 für hinreichend große t. Die übrigen Produkte enthalten Produkte der Gestalt

$$S U^a S U^b \qquad\qquad (a, b > 0)\,,$$

und diese sind nach 9.11.16 vollstetig, woraus die Vollstetigkeit von $V = P^t - R$ folgt. — Um nun ein $P = S + U$ in der gewünschten Art zu erhalten, beweisen wir:

1. Es sei $\Re = \{h \mid h \geqq 0, \|h\| \leqq 1\}$, $\Re_0 = \left\{h \mid 0 \leqq h \leqq \dfrac{1}{\eta}\, m\right\}$. Ist $h \in \Re$, so besitzt Ph eine Zerlegung

$$(1) \qquad\qquad Ph = s + u \qquad s \in \Re_0\,, \qquad u \in \vartheta\,\Re\,.$$

Es besteht nämlich die Lebesguesche Zerlegung bezüglich m

$$(Ph)\,(E) = \int\limits_E \chi(\omega)\, m(d\omega) + (Ph)\,(E \cap N) \qquad (E \in \mathfrak{B})\,,$$

wobei $\chi \in L_m^1$, $\chi \geqq 0$, $N \in \mathfrak{B}$, $m(N) = 0$ ist (9.4.9). Setzen wir $M = \left\{\omega \mid \chi(\omega) > \dfrac{1}{\eta}\right\}$, $A = M \cup N$, so ist $m(A) \leqq \eta$, also nach der Annahme (D) $P(A, \omega) \leqq \vartheta$ $(\omega \in \Omega)$. Man hat somit

$$\left.\begin{array}{l} (Ph)\,(E \cap A) \leqq \vartheta \\[2mm] (Ph)\,(E \cap (\Omega - A)) = \displaystyle\int\limits_{E \cap (\Omega - A)} \chi\, dm \leqq \dfrac{1}{\eta}\, m(E) \end{array}\right\} \quad (E \in \mathfrak{B}),$$

Mit $\ s(E) = (Ph)\,(E \cap (\Omega - A))$, $u(E) = (Ph)\,(E \cap A)$, $\ \Gamma = \dfrac{1}{\eta}\ $ ist dann unsere Behauptung erfüllt.

2. Eine Zerlegung nach Art von (1) kann auch für alle $h \in \mathfrak{H}$ erklärt und so eingerichtet werden, daß u und s linear von h abhängen.

Hierzu bedienen wir uns der Berechnung des Integrals

$$(Ph)\,(E) = \int P(E, \omega)\, h(d\omega)$$

mittels Teilungen: Zu jeder disjunkten Zerlegung $\mathfrak{T} \colon \Omega = \sum\limits_{k=1}^{n} E_k$, $E_k \in \mathfrak{B}$ wählen wir ein festes System von „Zwischenpunkten" $\omega_k \in E_k$ und setzen

$$(P_{\mathfrak{T}}h)\,(E) = \sum\limits_{k=1}^{n} P(E, \omega_k)\, h(E_k)\,.$$

Offenbar ist $P_{\mathfrak{T}} \in \mathfrak{S}$. Nach Nr. 1 können wir sie zerlegen,

$$P_{\mathfrak{T}} = S_{\mathfrak{T}} + U_{\mathfrak{T}}\,,$$

indem wir die $P(., \omega_k) = (P\delta_{\omega_k})\,(E)$ ($\delta_\omega = $ die in ω aufgepflanzte Masse 1) zerlegen: $P\delta_{\omega_k} = s_k + u_k$

$$(S_{\mathfrak{T}}h)\,(E) = \sum\limits_{k=1}^{n} h(E_k)\, s_k(E)\,.$$

$S_{\mathfrak{T}}$ ist dann linear und es gilt $S_{\mathfrak{T}}\,\Re \subseteq \Re_0$. Verfeinern wir nun das dem Moore-Smith-System aller endlichen Teilungen $\mathfrak{T}$ entsprechende Filter (8.1.2) zu einem Ultrafilter F, so hat man — in naheliegender Bezeichnungsweise —

$$(P_F h)\,(E) \to (Ph)\,(E) \qquad\qquad (E \in \mathfrak{B})$$

$$(2) \qquad\qquad S_F h \to S h \qquad\qquad \text{(schwach)}$$

da $S_{\mathfrak{T}}h$ bei festem h in einer schwachkompakten Menge variiert. Durch (2) ist eine lineare Transformation S in $\mathfrak{H}$ erklärt. Setzt man $U = P - S$, so verifiziert man leicht, daß alle Forderungen erfüllt sind.

§ 5. Verwandte Fragestellungen

Ist Ω abzählbar, etwa $\Omega = \Gamma^+ = \{1, 2, \ldots\}$, und besteht der Borelkörper $\mathfrak{B}$ aus allen Teilmengen von Ω, so ist jeder stochastische Kern $P(E, k)$ $(E \subseteq \Omega, k \in \Omega)$ einfach durch die unendliche Matrix $p_{ik} = P(\{i\}, k)$ beschrieben. Der Faltung der Kerne entspricht die Matrizenmultiplikation. In diesem Falle kann man das asymptotische Verhalten der Potenzen $(p_{ik})^t = (p_{ik}^{(t)})$ $(t = 0, 1, \ldots)$ ohne jede Zusatzvoraussetzung aufklären. Für jedes $k \in \Omega$ erklärt man die Wahrscheinlichkeit $f_k^{(t)}$, daß die erste Rückkehr von k nach k nach t Schritten erfolgt, rekursiv durch

$$f_k^{(t)} = p_{kk}^{(t)} - \sum_{\tau = 1}^{t-1} f_k^{(\tau)} p_{kk}^{(t-\tau)}$$

(diese Größe kann, wie auch die im folgenden auf ähnliche Weise erklärten Größen, in einem passenden Produktraum-Modell als bedingte Wahrscheinlichkeit gedeutet werden). $f_k = \sum_{t=1}^{\infty} f_k^{(t)}$ ist dann als die Wahrscheinlichkeit, daß jemals eine Rückkehr stattfindet, $r_k = \sum_{t=1}^{\infty} t f_k^{(t)}$ als die mittlere Rückkehrzeit zu interpretieren. Ist $f_k < 1$, so heißt k ein Durchgangszustand. Wir setzen $N = \{k \mid k$ Durchgangszustand$\}$. Ist $f_k = 1$, so heißt k ein rekurrenter Zustand. Sei $E = \{k \mid f_k = 1\}$. Ein $k \in E$ heißt Nullzustand, wenn $r_k = \infty$. Sei $E_0 = \{k \mid k \in E, r_k = \infty\}$. Ein $k \in E$ heißt periodisch mit der Periode $t > 1$, wenn $p_{kk}^{(\tau)} = 0$ $(\tau \not\equiv 0 \bmod t)$ gilt und t die größte natürliche Zahl mit dieser Eigenschaft ist. t ist notwendig endlich. Sei E_p die Menge der periodischen Zustände und $E_e = E - (E_0 + E_p)$. Die $k \in E_e$ mögen ergodisch genannt werden. Es ist also

$$\Omega = N + E_0 + E_p + E_e \,.$$

Eine Menge $M \subseteq \Omega$ heiße abgeschlossen, wenn aus $k \in M, i \notin M$ stets $p_{ik}^{(t)} = 0$ $(t = 1, 2, \ldots)$ folgt. Es gilt der

Satz 2.5.1. *E_0, E_p und E_e sind je als disjunkte Vereinigung von höchstens abzählbarvielen abgeschlossenen Mengen M_μ darstellbar, derart, daß für $i, k \in M_\mu$ stets $\sup_t p_{ik}^{(t)} > 0$ gilt (d. h., daß kein M_μ eine abgeschlossene echte Teilmenge hat). — Ist $k \in N \cup E_0$, so ist $\lim_t p_{kk}^{(t)} = 0$. Ist $k \in M_\mu \subseteq E_e$, so ist $\lim_t p_{ik}^{(t)} = q_i$ für alle $i, k \in M_\mu$ vorhanden (und von k unabhängig), und es gilt $q_i = \dfrac{1}{r_i} > 0$, $\sum_{i \in M_\mu} q_i = 1$, $\sum_{k \in M_\mu} p_{ik} q_k = q_i$ $(i \in M_\mu)$. Ist $M_\mu \subseteq E_p$,* *so haben alle $k \in M_\mu$ dieselbe Periode $t > 1$. Es gibt genau eine Zerlegung $M_\mu = M_{\mu 1} + \cdots + M_{\mu t}$ derart, daß $p_{ik}^{(s)} = 0\,(i \in M_{\mu\tau}, k \notin M_{\mu,\tau+s}$, wobei die zweiten Indices mod t zu betrachten sind) gilt. Ersetzt man p_{ik} durch $p_{ik}^{(t)}$, so ist jedes $M_{\mu\tau}$ abgeschlossen, enthält keine echte abgeschlossene Teilmenge und besteht aus lauter ergodischen Zuständen.*

Für einen Beweis vgl. FELLER [2], Kap. 15 und die dort angegebene Originalliteratur. Vgl. ferner DERMAN [1], DOOB [6], SARYMSAKOW [1], YOSIDA-KAKUTANI [2]. KENDALL-REUTER [1] haben Rechenverfahren zur Berechnung der $\lim\limits_{t} p_{ik}^{(t)}$ bzw. $\lim\limits_{t} \dfrac{1}{t} \sum\limits_{t=1}^{t} p_{ik}^{(t)}$ angegeben.

Man kann ferner Prozesse „mit Gedächtnis" behandeln. Bei einem diskreten Markoffschen Prozeß $P(t, s)$ ist die zu einem Anfangsvektor $h = h(0)$ gehörige Zustandsschar $h(t)\,(t \geq 0)$ „ohne Gedächtnis", d. h. $h(t+1)$ ist eindeutig durch $h(t)$ bestimmt: $h(t+1) = P(t+1, t)\,h(t)$ (vgl. DOOB [9], S. 80). Man spricht von beschränktem Gedächtnis, falls $h(t+1)$ von der Gesamtheit der Zustände $h(s)\,(t \geq s \geq t-d, d$ fest) eindeutig abhängt. Durch Übergang zu Produkträumen kann man diesen Fall auf den klassischen Fall $d = 1$ zurückführen (vgl. DOOB [9], S. 89). Eine wesentlich neue Problematik entsteht erst, wenn man unbeschränktes Gedächtnis zuläßt. Hierüber vgl. man DOEBLIN-FORTET [1], CIUCU [1], [2].

BLACKWELL [1] hat idempotente $P \in \mathfrak{S}_0$ untersucht und gezeigt, daß die Mengen $E \in \mathfrak{B}$ mit $P(\Omega - E, \omega) = 0\,(\omega \in E)$ (d. h. die „invarianten" Mengen) einen Borelkörper $\mathfrak{B}_0$ bilden. Unter geeigneten Separabilitätsannahmen gehören die Atome von $\mathfrak{B}_0$ (9.1.2) zu $\mathfrak{B}_0$. Dann kann man Ω in minimale Mengen aus $\mathfrak{B}_0$ zerlegen (vgl. in diesem Zusammenhang Kap. 4, § 6).

Kap. 3 Der individuelle Ergodensatz

In diesem Kapitel wird der individuelle Ergodensatz in verschiedenen Fassungen (vgl. Einleitung, Satz 3.1.1, Satz 3.1.3, Satz 3.2.1, Satz 3.3.1, Satz 3.4.1) nebst einigen weiteren dazugehörigen Aussagen bewiesen. Um die Beweisideen hervortreten zu lassen, führen wir einen Teil der Theorie zunächst für diskrete maßtreue Punktströmungen durch (§ 1). Kernstück ist eine gewisse Ungleichung (Lemma 3.1.2, Lemma 3.1.3, Lemma 3.1.4), die mit Hilfe eines einfachen Zahlenlemmas (Lemma 3.1.1) bewiesen wird. Es folgt in § 2 die Theorie für eine sehr weite Klasse von Operatoren in $L^p(1 \leq p \leq \infty)$. Der Fall Markoffscher Prozesse mit invariantem Maß (Kap. 2, § 1) ist dadurch miteingeschlossen (dieser Fall enthält wiederum den Fall diskreter maßtreuer Punktströmungen in endlichen Maßräumen). In § 4 wird der Fall einer eindeutigen Abbildung der Grundmenge in sich, welche jedoch das Maß nicht invariant zu lassen braucht, sondern nur den Bereich der Nullmengen in sich überführt, behandelt.

In § 3 wird ein Verfahren angegeben, das generell gestattet, den Beweis des individuellen Ergodensatzes für kontinuierliche Strömungen auf den entsprechenden Satz für diskrete Strömungen zurückzuführen.

Varianten und Verallgemeinerungen der in §§ 1—4 bewiesenen Sätze, sowie weitere in diesen Rahmen gehörige Ergebnisse sind in § 5 zusammengestellt.

In § 6 wird anhangweise ein Beweis für die Fastüberallkonvergenz aufsteigender diskreter Martingale angegeben, der auf denselben Prinzipien beruht wie die Beweise von Satz 3.1.3 und 3.2.1. Über die Beziehungen zwischen Martingal- und Ergodentheorie vgl. § 5, Nr. 4, sowie DOOB [9], Kap. 7, § 6.

§ 1. Der individuelle Ergodensatz für diskrete Punktströmungen

Satz 3.1.1. *Sei $(\Omega, \mathfrak{B}, m)$ ein Maßraum und x eine eineindeutige umkehrbar $\mathfrak{B}$-meßbare (d. h. $x\mathfrak{B} \subseteq \mathfrak{B}$, $x^{-1}\mathfrak{B} \subseteq \mathfrak{B}$ erfüllende) Abbildung von Ω auf sich, die m invariant läßt $(m(xE) = m(x^{-1}E) = m(E)\ (E \in \mathfrak{B}))$. Ist $f(\omega) \in L_m^1$, so ist für m-fastalle $\omega \in \Omega$ der Limes*

$$(1) \qquad \lim \frac{1}{n} \sum_{t=0}^{n-1} f(x^t \omega) = F(\omega)$$

vorhanden und endlich. Es gilt $F \in L_m^1$. Ferner ist $F(x\omega) = F(\omega)$ für m-fastalle $\omega \in \Omega$, d. h. F ist x-invariant. Ist $A \in \mathfrak{B}$ x-invariant $(xA = A)$ und $m(A) < \infty$, so gilt

$$(2) \qquad \int_A F\,dm = \int_A f\,dm.$$

Für die ältesten Beweise von Teilaussagen dieses Satzes vgl. BIRKHOFF [2], sowie HOPF [9] und die dort angegebene Literatur.

Wir bemerken vorweg, daß man m stets als σ-endlich voraussetzen kann, solange man sich nur mit den abzählbarvielen Transformierten einer einzelnen integrablen Funktion befaßt: Alle diese Funktionen verschwinden außerhalb einer x-invarianten Menge, die als Vereinigung höchstens abzählbarvieler Mengen endlichen Maßes dargestellt werden kann. Triviale Beispiele zeigen, daß man (2) für $m(A) = \infty$ nicht mehr erwarten kann.

Wir teilen den Beweis in mehrere Schritte:

Lemma 3.1.1. *Ist $\beta_0, \beta_1, \beta_2, \ldots$ eine Folge reeller Zahlen und hat die natürliche Zahl $N > 0$ die Eigenschaft*

$$(3) \qquad \max_{1 \leq n \leq N} \sum_{t=0}^{n-1} \beta_{k+t} \geq 0 \qquad (k = 0, 1, 2, \ldots),$$

so gilt

$$(4) \qquad \sum_{t=0}^{r-1} \beta_t + \sum_{t=r}^{r+N-1} \beta_t^+ \geq 0 \qquad (r = 1, 2, 3, \ldots)$$

(hierbei ist allgemein $\beta^+ = \max(\beta, 0)$).

Beweis. Offenbar gibt es eine Folge $n_\varrho (\varrho = 0, 1, \ldots)$ mit $n_0 = 0$,

$0 < n_\varrho - n_{\varrho-1} \leq N$ $(\varrho \geq 1)$ und $\sum_{t=n_{\varrho-1}}^{n_\varrho-1} \beta_t \geq 0$ $(\varrho \geq 1)$. Man bestimme zu

$r \geq 1$ dasjenige ϱ, welches $n_{\varrho-1} < r \leq n_\varrho$ liefert. Dann ist die linke Seite von (4)

$$\geq \sum_{t=0}^{n_\varrho-1} \beta_t + \sum_{t=n_\varrho}^{r+N-1} \beta_t^+ \geq 0.$$

In dieser Form stammt das Lemma von DOWKER [3]. Die Idee, ein derartiges Lemma beim Beweis des Ergodensatzes zu verwenden, geht auf PITT [1] zurück und wurde danach von RIESZ [5], [6], HOPF [12], DUNFORD-MILLER [1], DOOB [9], DOWKER [3] u. a. verwendet.

Lemma 3.1.2. *Sei allgemein*

$$f_n = \sum_{t=0}^{n-1} x^t f, \quad d. h. \quad f_n(\omega) = \sum_{t=0}^{n-1} f(x^t \omega)$$

und $E_N = \left\{ \omega \mid \max_{1 \leq n \leq N} f_n(\omega) \geq 0 \right\}$. Ist f^+ integrabel, so gilt

$$\int_{E_N} f \, dm \geq 0.$$

Beweis. Sei $g(\omega) = \begin{cases} f(\omega) \text{ für } \omega \in E_N \\ 0 \text{ sonst} \end{cases}$. Dann ist $g \geq f$ und $\int g \, dm$

$= \int_{E_N} f \, dm \cdot g^+$ ist integrabel. Es gilt

$$(5) \qquad \max_{1 \leq n \leq N} g_n(\omega) \geq 0 \qquad (\omega \in \Omega).$$

Denn für $\omega \notin E_N$ ist schon $g_1(\omega) \geq 0$, und es ist ja $g_n \geq f_n$. Ersetzt man in (5) ω durch $x^k \omega$, so folgt

$$\max_{1 \leq n \leq N} \sum_{t=0}^{n-1} g(x^{k+t} \omega) \geq 0,$$

d. h., die Folge $\beta_t = g(x^t \omega)$ erfüllt für jedes ω die Voraussetzungen von Lemma 3.1.1. Somit ist

$$\sum_{t=0}^{r-1} g(x^t \omega) + \sum_{t=r}^{r+N-1} g(x^t \omega)^+ \geq 0 \qquad (r = 1, 2, \ldots)$$

Die linke Seite nennen wir $G_r(\omega)$. Wegen der x-Invarianz von m folgt

$$0 \leq \int G_r \, dm = r \int g \, dm + N \int g^+ dm$$

d. h.

$$\int_{E_N} f\,dm = \int g\,dm \geqq -\frac{N}{r}\int g^+\,dm$$

für $r \to \infty$ folgt die Behauptung.

Durch Grenzübergang $N \to \infty$ ergibt sich

Lemma 3.1.3. *Sei* $E = \{\omega \mid f_n(\omega) \geqq 0$ *für mindestens ein* $n \geqq 1\}$. *Ist* f^+ *integrabel, so gilt*

$$\int_E f\,dm \geqq 0 \;.$$

Lemma 3.1.4. (maximal ergodic theorem). *Ist* $f \in L_m^1$, λ *reell und*

$$E_\lambda = \left\{\omega \mid \frac{1}{n} f_n(\omega) \geqq \lambda \text{ für mindestens ein } n \geqq 1\right\}, \text{ so gilt}$$

$$\int_{E_\lambda} f\,dm \geqq \lambda m(E_\lambda) \;.$$

Beweis. Für $\lambda < 0$, $m(E_\lambda) = \infty$ ist nichts zu beweisen, in allen übrigen Fällen erfüllt $f - \lambda X_{E_\lambda}$ die Bedingungen von Lemma 3.1.3.

Dies Lemma wurde erstmals von YOSIDA-KAKUTANI [3] (1939) aufgestellt und bildet seither einen Schlüsselpunkt vieler Beweise des individuellen Ergodensatzes (Anmerkung. Für Martingale gilt das ganz ähnliche Lemma 3.6.1 (vgl. auch DOOB [9], S. 314). Der ursprüngliche Beweis von YOSIDA-KAKUTANI beruht auf einer Verallgemeinerung einer Methode von KOLMOGOROFF [3].

Beweis von Satz 3.1.1.

1. Wir setzen

$$\overline{F}(\omega) = \limsup_n \frac{1}{n} \sum_{t=0}^{n-1} f(x^t\omega)$$

$$\underline{F}(\omega) = \liminf_n \frac{1}{n} \sum_{t=0}^{n-1} f(x^t\omega).$$

Aus der allgemeinen Relation

$$\frac{1}{n} x f_n = \frac{n+1}{n}\left(\frac{1}{n+1} f_{n+1} - \frac{1}{n+1} f\right)$$

ergibt sich die Invarianz von $\overline{F}$ und $\underline{F}$. Vor allen Dingen ist $\overline{F}(\omega) = \underline{F}(\omega)$ für m-fastalle ω nachzuweisen. Hierzu genügt: Ist $\alpha < \beta$, $M = \{\omega \mid \underline{F}(\omega) < \alpha, \overline{F}(\omega) > \beta\}$, so ist $m(M) = 0$. Denn $\{\omega \mid \underline{F}(\omega) \neq \overline{F}(\omega)\}$ setzt sich aus abzählbarvielen derartigen M zusammen (man wähle α, β rational!). Ferner genügt es, den Fall $\beta > 0$ zu erledigen, da man für $\beta \leqq 0$ auch $\alpha < 0$ hat und dann mit $-f$ und $-\alpha$ statt f und β auf jenen Spezialfall zurückkommt.

2. Da M wegen der Invarianz von $\overline{F}$ und $\underline{F}$ invariant ist, können wir uns für einen Moment auf den Fall $M = \Omega$ beschränken. Wir haben dann

$$\Omega = M = \left\{\omega \mid \sup_{1 \leqq n} \frac{1}{n} f_n(\omega) \geqq \beta\right\} = \left\{\omega \mid \sup_{1 \leqq n}\left(-\frac{1}{n} f_n\right)(\omega) \geqq -\alpha\right\}.$$

Aus Lemma 1.4 folgt daher

$$(6) \qquad\qquad \beta\, m(M) \leq \int f\, dm \leq \alpha\, m(M)\,.$$

Wegen $\beta > 0$ ist $m(M) < \infty$. Dann aber ist (6) nur mit $m(M) = 0$ zu vereinbaren.

3. Die Limesfunktion $F = \underline{F} = \overline{F}$ ist invariant. Es ist $|F(\omega)| \leq$ $\leq \lim\limits_n \frac{1}{n} |f|(\omega)$ (auch dieser Limes existiert nach dem bisher Bewiesenen fastüberall). Da $\int \frac{1}{n} |f|_n\, dm = \|f\|_1$ $(n = 1, 2, 3, \ldots)$ ist, so folgt aus dem Satz von FATOU (9.5.10) die Integrabilität von F.

4. Nun sei $m(\Omega) < \infty$. Wir zeigen $\int F\, dm = \int f\, dm$. Setzen wir etwa $\Omega_n(k) = \left\{\omega \mid \frac{k}{2^n} \leq F(\omega) < \frac{k+1}{2^n}\right\}$, so ist $\Omega_n(k)$ invariant und es gilt $\Omega = \sum\limits_{k=-\infty}^{\infty} \Omega_n(k)$. Innerhalb von $\Omega_n(k)$ gilt nach Lemma 3.1.4 sicherlich

$$\int\limits_{\Omega_n(k)} f\, dm \geq \left(\frac{k}{2^n} - \varepsilon\right) m(\Omega_n(k)) \quad \text{für jedes} \quad \varepsilon > 0, \quad \text{also} \quad \int\limits_{\Omega_n(k)} f\, dm \geq \frac{k}{2^n}$$

$m(\Omega_n(k))$. Analog folgt $\int\limits_{\Omega_n(k)} f\, dm \leq \frac{k+1}{2^n}\, m(\Omega_n(k))$. Dasselbe gilt für F, so daß man

$$-\frac{1}{2^n}\, m(\Omega_n(k)) \leq \int\limits_{\Omega_n(k)} f\, dm - \int\limits_{\Omega_n(k)} F\, dm \leq \frac{1}{2^n}\, m(\Omega_n(k))$$

erhält. Durch Summation über k folgt

$$-\frac{1}{2^n}\, m(\Omega) \leq \int f\, dm - \int F\, dm \leq \frac{1}{2^n}\, m(\Omega)$$

für $n \to \infty$ ergibt sich die Behauptung. q. e. d.

Aus Lemma 3.1.4 folgt

Satz 3.1.2. *Ist* $f \in L_m^1$, $E' = \{\omega \mid \sup\limits_n |\frac{1}{n} f_n(\omega)| = \infty\}$, *so gilt* $m(E') = 0$.

Wir geben für diesen Satz noch einen Beweis, der lediglich Lemma 3.1.3 benützt. Wir können $f \geq 0$ annehmen und haben dann $E' = \{\omega \mid$ $|\sup\limits_n \frac{1}{n} f_n(\omega) = \infty\}$. Da man m als σ-endlich voraussetzen darf, genügt es, $m(A \cap E') = 0$ für alle A mit $m(A) < \infty$ nachzuweisen. Wir setzen $\chi_{A \cap E'} = \chi$ und bilden $f - \alpha\,\chi\,(\in L_m^1!)$ mit beliebigem $\alpha > 0$. Sei ferner

$$B_\alpha = \{\omega \mid \sup\limits_n \frac{1}{n}(f - \alpha\chi) \geq 0\}, \quad E'_\alpha = \{\omega \mid \sup\limits_n \frac{1}{n} f_n(\omega) \geq \alpha\}.$$

Dann ist $B_\alpha \supseteq A \cap E'_\alpha \supseteq A \cap E'$ für jedes $\alpha > 0$. Nach Lemma 3.1.3 ist

$$\int\limits_{B_\alpha} (f - \alpha\,\chi)\, dm \geq 0\,,$$

das heißt

$$\int f\,dm \geqq \int_{B_\alpha} f\,dm \geqq \alpha m\,(B_\alpha \cap A \cap E') = \alpha m\,(A \cap E')\,.$$

Für $\alpha \to \infty$ folgt die Behauptung.

Satz 3.1.2 gestattet nun den Beweis der Fastüberallkonvergenz ($\overline{F} = \underline{F}$ m-fastüberall) nach einem ganz allgemeinen Prinzip. Dabei erweist es sich als zweckmäßig, $\overline{F} = \underline{F}$ gleich allgemein für $f \in L_m^p$ ($1 \leqq p < \infty$) zu beweisen.

Wir merken zunächst an, daß Satz 3.1.2. auch für beliebige Funktionen $f \in L_m^p (1 \leqq p \leqq \infty)$ richtig ist. Setzt man nämlich

$$f_1(\omega) = \begin{cases} f(\omega) \text{ für } |f(\omega)| \geqq 1 \\ 0 \text{ sonst} \end{cases}$$

$$f_2(\omega) = \begin{cases} f(\omega) \text{ für } |f(\omega)| < 1 \\ 0 \text{ sonst}\,, \end{cases}$$

so ist $f = f_1 + f_2, f_1, f_2 \in L_m^p$, und es genügt, die Aussage von Satz 3.1.2 einzeln für f_1 und f_2 zu beweisen. Für f_2 ist er wegen $|f_2| < 1$ trivial. f_1 aber ist wegen $|f_1| \leqq |f_1|^p \in L_m^1$ und $m\,(\{\omega \mid f_1(\omega) \neq 0\}) < \infty$ eine Funktion aus L_m^1, erfüllt also die Voraussetzung von Satz 3.1.2. Damit ist die Aussage von Satz 3.1.2 für beliebige $f \in L_m^p (1 \leqq p \leqq \infty)$ bewiesen.

Die $\dfrac{1}{n} \sum\limits_{k=0}^{n-1} x^k$ sind offenbar stetige Abbildungen von L_m^p in den metrischen Raum $\mathfrak{M}_m$ (vgl. 9.7.5). Nach Satz 3.1.2 sind sämtliche Voraussetzungen des Konvergenzsatzes von BANACH-MAZUR-ORLICZ (9.11.15) erfüllt, und damit $\overline{F} = \underline{F}$ (fastüberall) für alle $f \in L_m^p$ sichergestellt, falls es gelingt, $\overline{F} = \underline{F}$ (fastüberall) für eine in L_m^p norm-dicht liegende Menge von Funktionen nachzuweisen. Diesen Nachweis ermöglicht nun der statistische Ergodensatz, den man ja in den Räumen $L_m^p (1 < p < \infty)$ äußerst bequem beweisen kann (Satz 1.1.1, Satz 1.2.3).

Wir behandeln nun zunächst den Fall $p = 2$. Nach Satz 1.1.1 (statistischer Ergodensatz) zerfällt der Hilbertraum L_m^2 direkt in die Unterräume

$$\mathfrak{F} = \{h \mid xh = h\}$$

$$\mathfrak{N} = \left\{h \mid \lim_n \left\|\frac{1}{n} h_n\right\|_2 = 0\right\},$$

wobei $\mathfrak{N}$ die abgeschlossene Hülle von $(x - I) L_m^2$ ist. Da die beschränkten Funktionen in L_m^2 dichtliegen (9.6.4) und $x - I$ in L_m^2 stetig ist, kann man sagen: In L_m^2 liegen die Funktionen der Gestalt

$$f = h + (x - I)g \qquad (h \in \mathfrak{F},\ g \in L_m^2,\ g \text{ beschränkt})$$

dicht. Für diese Funktionen ist $\overline{F} = \underline{F} = h$, denn

$$\frac{1}{n}f_n = \frac{1}{n}h_n + \frac{1}{n}((x-I)g)_n = h + \frac{1}{n}(x^n g - g)$$

und $(x^n g - g)(\omega)$ bleibt unter einer festen Schranke. Nach BANACH-MAZUR-ORLICZ gilt jetzt $\overline{F} = \underline{F}$ (fastüberall) für alle $f \in L_m^2$.

Da $L_m^2 \cap L_m^p$ in L_m^p dichtliegt $(1 \leq p < \infty.\ 9.6.6)$, sind in allen Räumen L_m^p die Voraussetzungen des Satzes von BANACH-MAZUR-ORLICZ (9.11.15) erfüllt. Wir haben also den

Satz 3.1.3. *Ist* $f \in L_m^p (1 \leq p < \infty)$, *so ist m-fastüberall*

$$\lim_n \frac{1}{n}f_n(\omega) = F(\omega)$$

vorhanden und endlich.

Für die entsprechenden Aussagen über Normkonvergenz vgl. Kap. 1.

Beim Beweis von Satz 3.1.3 kam es offenbar nur darauf an, den statistischen Ergodensatz in L_m^2 und die Aussage von Satz 3.1.2 für L_m^p zur Verfügung zu haben. Darauf beruht die außerordentliche Verallgemeinerungsfähigkeit dieses Beweises. Da der statistische Ergodensatz in allen erdenklichen Verallgemeinerungen vorliegt, kommt es vor allem darauf an, Satz 3.1.2 unter möglichst allgemeinen Bedingungen zu beweisen.

§ 2. Der individuelle Ergodensatz für Operatoren

Wir verallgemeinern jetzt Satz 3.1.3, indem wir die Voraussetzung, die in den Räumen L_m^p erklärte lineare isometrische Transformation x sei durch eine m-treue Abbildung von Ω in sich gegeben, fallen lassen.

Sei $(\Omega, \mathfrak{B}, m)$ ein Maßraum. Ferner sei x eine lineare Abbildung des Raumes T aller Treppenfunktionen aus L_m^1 (9.5.13) in den Raum $\bigcap\limits_{1 \leq p \leq \infty} L_m^p$, und es gelte $\|x\|_p = \sup\limits_{f \in T,\ \|f\|_p \leq 1} \|xf\|_p \leq 1 (1 \leq p \leq \infty)$. Hiefür ist $\|x\|_1 \leq 1, \|x\|_\infty \leq 1$ hinreichend (vgl. 9.11.12—13). Dann können wir annehmen (stetige Fortsetzung!), x stelle für jedes p eine lineare nichtdehnende Abbildung von L_m^p in sich dar. Alle diese Voraussetzungen sind erfüllt, wenn x einem Markoffschen Kern entstammt, der m invariant läßt $(m(\Omega) = 1;$ vgl. Kap. 2, § 1). Ebenso, wenn x aus einer eineindeutigen m-treuen Abbildung von auf sich entspringt. (Zur Frage, welche x in dieser Weise erzeugbar sind, vgl. HOPF [13], V. NEUMANN [3], HALMOS [10], COTLAR-RICABARRA [2].) Man sieht jedoch leicht, daß man diese Voraussetzungen abschwächen kann: Sei x eine eindeutige m-treue Abbildung von Ω in sich; ist $f \in L_m^1$, so ist $\int xf dm = \int f dm$, also $xf \in L_m^1$ und $\|x\|_1 = 1$; ebenso weist man $\|x\|_\infty = 1$ nach. In vielen Fällen, z. B. beim Beweis von Satz 7.1.1 (random ergodic theorem) ist es wichtig, über einen individuellen Ergodensatz unter derart abgeschwächten Bedingungen zu verfügen. Die ersten Beweise des Ergodensatzes für Operatoren bzw. stationäre stochastische Prozesse stammen wohl von KAKUTANI [5], CARATHEODORY [3]. Es gilt:

Satz 3.2.1. *Unter den genannten Voraussetzungen existiert für jedes* $f \in L_m^p (1 \leq p < \infty)$ *m-fastüberall der Limes*

$$\lim_{n \to \infty} \frac{1}{n} \sum_{t=0}^{n-1} (x^t f)(\omega) = F(\omega) .$$

Es ist $F \in L_m^p$ *und* $xF = F$.

(HOPF [17], DUNFORD-SCHWARTZ [1]. Vgl. auch KAKUTANI [5], YOSIDA [5], [6].)

Satz 3.2.2 (Schrankensatz, dominated ergodic theorem). *Es seien die genannten Voraussetzungen erfüllt. Wir setzen für* $f \in L_m^p$ $(1 \leq p \leq \infty)$

$$\bar{f}(\omega) = \sup_{n > 0} \left| \frac{1}{n} \sum_{t=0}^{n-1} (x^t f)(\omega) \right| .$$

1. *Ist* $1 < p \leq \infty$, *so gilt* $\bar{f} \in L_m^p$ *mit*

$$\|\bar{f}\|_p \leq \sqrt[p]{\frac{2^p p}{p-1}} \|f\|_p .$$

2. *Ist* $p = 1, m(\Omega) < \infty$, *und gilt*

(1) $$\int |f| \log^+ |f| \, dm < \infty \qquad (\log^+ x = \max \{\log x, 0\}) ,$$

so ist $\bar{f} \in L_m^1$ *und*

$$\|\bar{f}\|_1 \leq 2(m(\Omega) + \int |f| \log^+ |f| \, dm$$

(WIENER [3], FUKAMIYA [1], IZUMI [3], DUNFORD-SCHWARTZ [1]).

Wir bemerken vorweg, daß man den Maßraum $(\Omega, \mathfrak{B}, m)$ stets o. B. d. A. als σ-endlich voraussetzen darf, solange man nur die abzählbarvielen Transformierten $x^k f (k = 1, 2, \ldots)$ einer Funktion $f \in L_m^p$ $(1 \leq p < \infty)$ betrachtet; denn alle diese Funktionen verschwinden außerhalb einer Menge Ω, die als Vereinigung abzählbarvieler Mengen endlichen Maßes dargestellt werden kann.

Zunächst fassen wir nur die in Satz 3.2.1 behauptete Fastüberall-Konvergenz ins Auge. Geht man den Beweis von Satz 3.1.1 und Satz 3.1.3 durch, so findet man, daß dort nur folgende Aussagen über x wirklich benützt werden:

1. $\|x\|_p \leq 1$ $(1 \leq p \leq \infty)$.
2. Der statistische Ergodensatz für x in L_m^2.
3. $x \geq 0$, d. h. aus $h \geq 0$ folgt $xh \geq 0$.
4. Lemma 3.1.3 bzw. Satz 3.1.2.

Nr. 1 ist in Satz 3.2.1 vorausgesetzt. Nr. 2 folgt daraus (Satz 1.2.3 und anschließende Bemerkungen). Wir wollen jetzt Nr. 3 voraussetzen und zeigen, daß dann auch Nr. 4 gilt. Danach zeigen wir, daß der allgemeine Fall sich auf den Fall $x \geq 0$ zurückführen läßt.

Lemma 3.2.1. *x erfülle die Voraussetzungen von Satz 3.2.1. Es sei $x \geq 0$. Wir setzen allgemein*

$$f_n = \sum_{t=0}^{n-1} x^t f \qquad\qquad (f \text{ in } L_m^p)$$

Nun sei $f \in L_m^1$ und $E(N) = \{\omega \mid \max_{1 \leq n \leq N} f_n(\omega) \geq 0\}$. Dann gilt

$$\int_{E(N)} f \, dm \geq 0 .$$

Beweis. Wir setzen $E_k = \{\omega \mid f_k(\omega) \geq 0, f_1(\omega) < 0, \ldots, f_{k-1}(\omega) < 0\}$ $(1 \leq k \leq N)$ und $E_k = 0$ $(k > N)$. Sei $E^k = \sum_{i=k}^{\infty} E_i$ und e_k bzw. e^k die charakteristische Funktion von E_k bzw. E^k. Dann ist $e^{k+1} e^{j+1} = e^{j+1} (j \geq k)$ und

$$e_k f_k \geq 0, \quad e_k f_i \leq 0 \qquad\qquad (i < k) ,$$

also

$$e_k \sum_{j=i}^{k-1} x^j f \geq 0 \qquad\qquad (i < k) .$$

Summation über $k > i$ bei festem i ergibt

$$\sum_{j \geq i} e^{j+1} x^j f \geq 0 \qquad\qquad (i \geq 0) .$$

Sei $g_k (k \geq -1)$ eine Folge nichtnegativer beschränkter Funktionen mit folgenden Eigenschaften:

   a) $g_{-1} = 0$,
   b) $g_k e^{k+1} = g_k$, d. h. g_k verschwindet außerhalb E^{k+1} ,
   c) $e^{k+2}(g_{k+1} - g_k) \geq 0$ $(k \geq 0)$, d. h. $g_{k+1} \geq g_k$ auf E^{k+2}.

Solche Folgen gibt es offenbar massenhaft. Dann gilt

$$\sum_{j \geq 0} g_j x^j f = \sum_{j \geq 0} g_j e^{j+1} x^j f = \sum_{j \geq 0} \sum_{k=0}^{j} (g_k - g_{k-1}) e^{j+1} x^j f$$

$$= \sum_{k \geq 0} \sum_{j \geq k} (g_k - g_{k-1}) e^{j+1} x^j f = \sum_{k \geq 0} e^{k+1}(g_k - g_{k-1}) \sum_{j \geq k} e^{j+1} x^j f \geq 0 ,$$

also

$$0 \leq \int \sum_{j \geq 0} g_j x^j f \, dm = \int f \cdot \left(\sum_{j \geq 0} x'^j g_j \right) dm$$

(2)

$$\leq \int_{E(N)} f \cdot \left(\sum_{j \geq 0} x'^j g_j \right) dm$$

Hierbei ist x' der zu x duale Operator. Er ist durch

$$\int g \cdot (xf) \, dm = \int (x'g) \cdot f \, dm \qquad \left(f \in L_m^p, g \in L_m^q, \frac{1}{p} + \frac{1}{q} = 1 \right)$$

eindeutig bestimmt und erfüllt ebenfalls die Forderungen $x' \geq 0$,

$\|x'\|_p \leq 1$ $(1 \leq p \leq \infty)$ (vgl. 9.11.14). Die letzte Abschätzung in (2) gilt, weil $f = f_1 < 0$ auf $\Omega - E(N)$ ist, während $\sum_{j \geq 0} x'^j g_j$ stets ≥ 0 bleibt.

Wir sind also fertig, falls wir die g_k so einrichten können, daß

$$\text{d) } e^1 \sum_{j \geq 0} x'^j g_j = e^1, \text{ d. h. } \sum_{j \geq 0} x'^j g_j = 1 \text{ auf } E(N)$$

gilt (e^1 ist die charakteristische Funktion von $E(N) = E^1$). Es gilt aber sogar das

Lemma 3.2.2 (HOPF [17]). *Ist $y \geq 0$ ein Operator mit $\|y\|_\infty \leq 1$ und $E^k \in \mathfrak{B}$ $(k = 1, 2, 3, \ldots)$ eine absteigende Folge von Mengen mit $E^k = 0$ $(k > N)$, ist schließlich e^k die charakteristische Funktion von E^k, so gibt es eine Folge g_k $(k \geq -1)$ von nichtnegativen beschränkten Funktionen, die die Forderungen a) — c) sowie*

$$\text{d)} \qquad e^{k+1} = e^{k+1} \sum_{j=0} y^j g_{k+j} \qquad\qquad (k \geq 0)$$

erfüllen.

Beweis. Setzt man $g_{-1} = g_N = g_{N+1} = \cdots = 0$, so sind die übrigen g_k durch b), d) eindeutig festgelegt:

$$(3) \qquad\qquad g_k = e^{k+1}\left(1 - \sum_{j>0} y^j g_{k+j}\right) \qquad (1 \leq k \leq N-1) .$$

b) und d) sind jetzt generell erfüllt.

1. Es gilt

$$(4) \qquad\qquad \sum_{j \geq 0} y^j g_{k+j} \leq 1 \qquad\qquad\qquad (k \geq 0).$$

Dies ist für $k \geq N$ richtig. Hat man es für $k + 1$, so gewinnt man vermöge b), d. h. $(1 - e^{k+1})g_k = 0$:

$$(1 - e^{k+1})\left(\sum_{j \geq 0} y^j g_{k+j}\right) = (1 - e^{k+1}) \sum_{j \geq 1} y^j g_{k+j}$$

$$= (1 - e^{k+1}) \, y \sum_{j \geq 0} y^j g_{k+1+j} \leq 1 - e^{k+1}$$

wegen $\|y\|_\infty \leq 1$ und $y \geq 0$. Zusammen mit d) ergibt sich (4).

2. $g_k \geq 0$ ergibt sich aus (3) und (4).

3. Es gilt

$$(5) \qquad\qquad \sum_{j \geq 0} y^j g_{k+j} - \sum_{j \geq 0} y^j g_{k+1+j} \geq 0 .$$

Dies ist für $k + 1 \geq N$ sicher richtig. Angenommen, es ist für $k > i$ richtig, dann hat man die Relation

$$(1 - e^{i+1})\left(\sum_{j \geq 0} y^j g_{i+j} - \sum_{j \geq 0} y^j g_{i+1+j}\right)$$

$$= (1 - e^{i+1})\left(\sum_{j \geq 1} y^j g_{i+j} - \sum_{j \geq i} y^j g_{i+j+1}\right) \qquad\qquad \text{(wegen b))}$$

$$\geq (1 - e^{i+1}) \, y\left(\sum_{j \geq 0} y^j g_{i+j+1} - \sum_{j \geq 0} y^j g_{i+j+2}\right) \geq 0$$

und vermöge Nr. 1 und d) die Beziehung

$$e^{i+1}\left(\sum_{j\geq 0} y^j g_{i+j} - \sum_{j\geq 0} y^j g_{i+j+1}\right)$$

$$= e^{i+1} - e^{i+1}\sum_{j\geq 0} y^j g_{i+j+1}$$

$$= e^{i+1}\left(1 - \sum_{j=0} y^j g_{i+j+1}\right) \geq 0 \, .$$

Durch Addition folgt (5).

4. Aus Nr. 3 und d) ergibt sich schließlich

$$e^{k+2}(g_{k+1} - g_k) = e^{k+2}\, y\left(\sum_{j\geq 0} y^j g_{k+1+j} - \sum_{j\geq 0} y^j g_{k+2+j}\right)$$

$$\geq 0, \quad \text{d. h. c)} \qquad\qquad\qquad\qquad\qquad \text{q. e. d.}$$

Für den Fall $x \geq 0$ ist also die in Satz 3.2.1 behauptete Fastüberall-Konvergenz bewiesen. Die restlichen Aussagen folgen wie beim Beweis von Satz 3.1.1 aus dem Fatouschen Lemma bzw., für $p > 1$, aus dem statistischen Ergodensatz.

Die Ausdehnung dieses Ergebnisses auf nichtpositive x ermöglicht das

Lemma 2.3.3 (DUNFORD-SCHWARTZ [1]). *Zu jedem x mit den in Satz 3.2.1 vorausgesetzten Eigenschaften gibt es ein $x_0 \geq 0$ mit $\|x_0\|_1 \leq \|x\|_1$, $\|x_0\|_\infty \leq \|x\|_\infty$, derart, daß für beliebiges $f \in L_m^1$*

$$|(x^n f)(\omega)| \leq (x_0^n |f|)(\omega) \qquad (\textit{m-fastüberall}, n = 1, 2, 3, \ldots)$$

gilt (x und x_0 können ja in jedem L_m^p eindeutig erklärt werden).

Beweis. Es genügt, x_0 auf $L_m^1 \cap L_m^\infty$ zu erklären. Für $f \in L_m^1 \cap L_m^\infty$, $f \geq 0$ setzen wir

$$x_0 f = \sup_{|g|\leq f} \operatorname{Re}(xg) = \sup_{|g|\leq f} |xg| \, .$$

Das Supremum ist gemäß 9.6.2 gebildet ($L_m^p (1 \leq p \leq \infty)$ ist ein bedingt vollständiger Verband: Jede ordnungsbeschränkte Menge besitzt ein Supremum). Das zweite Gleichheitszeichen ergibt sich aus der unschwer einzusehenden Relation

$$(6) \qquad\qquad |h| = \sup_{|\lambda|=1} \operatorname{Re}(\lambda h) \, .$$

Also ist $x_0 f \geq 0$. Trivialerweise gilt $x_0(f + h) \geq x_0 f + x_0 h$ $(f, h \geq 0)$. Um auch $\leq$ zu zeigen, nimmt man ein g mit $|g| \leq f + h$ und setzt

$$g_f = \lambda(|g| \cap f)$$

$$g_h = g - g_f$$

mit $\lambda = \lambda(\omega) = \dfrac{g(\omega)}{|g(\omega)|}$, falls $g(\omega) \neq 0$ ist, $\lambda(\omega) = 0$ sonst. Dann ist jedenfalls $|g_f| \leq f$. Ferner wird

$$g_h(\omega) = \begin{cases} 0, \text{ falls } |g(\omega)| \leq f(\omega) \\ \lambda(\omega)\,(|g(\omega)| - f(\omega)) \text{ sonst,} \end{cases}$$

also $|g_h| \leqq f + h - f = h$. Es ergibt sich

$$|xg| \leqq |xg_f| + |xg_h| \leqq x_0 f + x_0 h,$$

woraus die behauptete $\leqq$-Relation folgt. Somit ist

$$x_0(f + h) = x_0 f + x_0 h \qquad (f, h \geqq 0).$$

Nunmehr ist es leicht, x_0 als positive lineare Transformation in $L_m^1 \cap L_m^\infty$ zu erklären. Reelle f liefern reelle $x_0 f$. Es kommt (man benütze (6))

$$|x_0 f| = \sup_{|\lambda| = 1} \operatorname{Re} x_0(\lambda f) = \sup_{|\lambda| = 1} x_0(\operatorname{Re} \lambda f)$$

$$\leqq x_0 |f| = \sup_{|g| \leqq |f|} |xg| \leqq \|x\|_\infty \|f\|_\infty,$$

woraus $\|x_0\|_\infty \leqq \|x\|_\infty$ folgt.

Zum Nachweis von $\|x_0\|_1 \leqq \|x\|_1$ sind erheblich kompliziertere Überlegungen erforderlich. Man geht in den Dualraum L_m^∞ von L_m^1 und benützt die bisher gewonnenen Resultate. Für die Details sei auf DUNFORD-SCHWARTZ [1], S. 141 f verwiesen. Schließlich hat man durch Induktion:

$$|x^{n+1} f| = |x\, x^n f| \leqq x_0 |x^n f| \leqq x_0 x_0^n |f| = x_0^{n+1} |f|.$$

Dies gilt zunächst für $f \in L_m^1 \cap L_m^\infty$, läßt sich aber sofort auf L_m^1 ausdehnen.

Beweis von Satz 3.2.1.:

Wir bestimmen $x_0 \geqq 0$ gemäß Lemma 3.2.3. Dann gilt für beliebiges $f \in L_m^1$

$$\left| \frac{1}{n} \sum_{t=0}^{n-1} x^t f(\omega) \right| \leqq \frac{1}{n} \sum_{t=0}^{n-1} |x^t f(\omega)|$$

$$\leqq \frac{1}{n} \sum_{t=0}^{n-1} (x_0^t |f|)\,(\omega).$$

Daraus folgt die Aussage von Satz 3.1.2. Man schließt nun genau wie im Beweis von Satz 3.1.3 zu Ende.

Wir wenden uns nun dem Beweis von Satz 3.2.2 zu und beweisen zunächst:

Lemma 3.2.4. *Ist $f \in L_m^p\,(1 \leqq p < \infty)$ und*

$$E_\lambda = \left\{ \omega \mid \sup_{n \geqq 1} \left| \frac{1}{n} f_n(\omega) \right| > \lambda \right\} \qquad (\lambda \text{ reell})$$

$$F_\lambda = \{\omega \mid |f(\omega)| > \lambda\},$$

so gilt

$$\lambda\, m(E_{2\lambda}) \leqq \int_{F_\lambda} |f|\, dm.$$

Beweis. Nur der Fall $\lambda < 0$ ist interessant. Ferner können wir uns auf den Fall $x \geq 0, f \geq 0$ beschränken. Ist nämlich $x_0 \geq 0$ zu x gemäß Lemma 3.2.3 bestimmt, so ist

$$E_\lambda \subseteq \left\{ \omega \mid \sup_{n \to} \frac{1}{n} \sum_{t=0}^{n-1} (x_0^t \, |f|) \, (\omega) > \lambda \right\}.$$

1. Sei zunächst $m(\Omega) < \infty$. Ist $\chi = \chi_{F_\lambda}$ und $g = \chi f$, so gilt $f - 2\lambda \leq$ $\leq g - \lambda$ und es ist $f - 2\lambda, g - \lambda \in L_m^p$. Aus $x \geq 0$, $\|x\|_\infty \leq 1$ folgt

$$\frac{1}{n} f_n - 2\lambda \leq \frac{1}{n} (f - 2\lambda)_n \leq \frac{1}{n} (g - \lambda)_n.$$

Setzt man

$$E_\lambda^k = \left\{ \omega \mid \sup_{1 \geq n \geq k} \frac{1}{n} f_n(\omega) > \lambda \right\}$$

$$C^k = \left\{ \omega \mid \sup_{1 \geq n \geq k} \frac{1}{n} (g - \lambda)_n \geq 0 \right\},$$

so folgt $E_{2\lambda}^k \subseteq C^k$, $F_\lambda \subseteq C^k$ und nach Lemma 3.2.1

$$(7) \qquad\qquad \lambda \, m(E_{2\lambda}^k) \leq \lambda \, m(C^k) \leq \int_{C^k} g \, dm = \int_{F_\lambda} f \, dm.$$

Da $\bigcup_{k=1}^{\infty} E_{2\lambda}^k = E_{2\lambda}$, so folgt für $k \to \infty$ die Behauptung.

2. Ist $m(\Omega) = \infty$, so können wir annehmen, m sei σ-endlich und deshalb eine Folge $\Omega_1 \subseteq \Omega_2 \subseteq \cdots$ in $\mathfrak{B}$ mit $m(\Omega_r) < \infty \, (r = 1, 2, 3, \ldots)$, $\bigcup_r \Omega_r = \Omega$ wählen. Wenden wir das in Nr. 1 gewonnene Ergebnis (7) zunächst auf die durch

$$(x_r f) \, (\omega) = \chi_{\Omega_r}(\omega) \, x \, (\chi_{\Omega_r} f)$$

erklärte lineare Transformation x_r in $L_{m_r}^p$ $(m_r(E) = m(E \cap \Omega_r))$ an, so ergibt sich für

$$E_\lambda^{k,r} = \left\{ \omega \mid \sup_{1 \leq n \leq k} \frac{1}{n} \sum_{t=0}^{n-1} (x_r^t f) \, (\omega) > \lambda \right\}$$

die Beziehung

$$\lambda \, m(E_{2\lambda}^{k,r}) \leq \int_{F_\lambda \cap \Omega_r} f \, dm$$

Da für $r \to \infty$ die Norm-Limesbeziehung $x_r^t f \to x^t f$ gilt, haben wir

$$\lambda \, m(E_{2\lambda}^k) \leq \int_{F_\lambda} f \, dm,$$

woraus für $k \to \infty$ die gewünschte Relation folgt.

Beweis von Satz 3.2.2.:

Wir können uns wieder auf den Fall $x \geq 0, f \geq 0$ beschränken.

1. Sei zunächst $1 < p < \infty$ und $f \in L_m^p$. Wir berechnen die Normen als Stieltjes-Integrale:

$$\|\bar{f}\|_p^p = \int |\bar{f}|^p \, dm = -\int_0^\infty \lambda^p m(E_{d\lambda})$$

$$= p \int_0^\infty \lambda^{p-1} m(E_\lambda) \, d\lambda \qquad \text{(partielle Integration)}$$

$$\leqq 2p \int_0^\infty \lambda^{p-2} \left(\int_{F_{\frac{\lambda}{2}}} f \, dm \right) d\lambda \qquad \text{(Lemma 3.2.4)}$$

$$= 2p \int_0^\infty \lambda^{p-2} \left(\int f \chi_{F_{\frac{\lambda}{2}}} \, dm \right) d\lambda$$

$$= 2p \int f \cdot \left(\int_0^\infty \lambda^{p-2} \chi_{F_{\frac{\lambda}{2}}} \, d\lambda \right) dm$$

$$= 2p \int f(\omega) \left(\int_0^{2f(\omega)} \lambda^{p-2} \, d\lambda \right) dm(\omega)$$

$$= \frac{2^p p}{p-1} \int f^p \, dm \, .$$

2. Sei $f \in L_m^1$ und $\int |f| \log^+ |f| \, dm < \infty$. Dann gewinnen wir analog wie vorhin:

$$\int \bar{f} \, dm = -\int_0^\infty \lambda \, m(E_{d\lambda})$$

$$= \int_0^\infty m(E_\lambda) \, d\lambda \qquad \text{(partielle Integration)}$$

$$\leqq 2m(\Omega) + \int_2^\infty m(E_\lambda) \, d\lambda \, .$$

Das Integral läßt sich wie folgt abschätzen:

$$\int_2^\infty m(E_\lambda) \, d\lambda \leqq 2 \int_2^\infty \frac{1}{\lambda} \left(\int_{F_{\frac{\lambda}{2}}} f \, dm \right) d\lambda$$

$$= 2 \int_1^\infty \frac{1}{\lambda} \left(\int_{F_\lambda} f \, dm \right) d\lambda \qquad \text{(Substitution } \lambda \to 2\lambda\text{)}$$

$$= 2 \int f(\omega) \left(\int_1^{\max\{1, f(\omega)\}} \frac{d\lambda}{\lambda} \right) dm(\omega)$$

$$= 2 \int f \log^+ f \, dm$$

(vgl. WIENER [3], IZUMI [3], DUNFORD-SCHWARTZ [1]).

§ 3. Kontinuierliche Halbgruppen

Hat man eine einparametrige Halbgruppe $\{x(t)\}$ $(t \geq 0 \,.\, x(0) = I,$
$x(s + t) = x(s)\,x(t),\, s,\, t \geq 0)$ von linearen Transformationen, die den
Voraussetzungen von Satz 3.2.1 genügen, so ist die Existenz und die
Fastüberall-Konvergenz der punktweise gebildeten finiten Mittelwerte

$$(1) \qquad (M_t f)\,(\omega) = \frac{1}{t} \int\limits_0^t (x(s)f)\,(\omega)\,ds \qquad (f \in L_m^p,\, \omega \in \Omega)$$

für $t > 0$ und $t \to \infty$ zu untersuchen.

Sei l das Lebesgue-Maß auf dem von der Topologie erzeugten Borel-
körper in $R^+ = \{t \mid t \geq 0\}$. Für jedes $f \in L_m^p\,(1 \leq p \leq \infty)$ kann man
$(x(s)\,f)\,(\omega) = g(s, \omega)$ als Funktion über dem Produktraum $R^+ \times \Omega$ auffassen. Wir nennen die Halbgruppe $\{x(t)\}$ *zulässig*, wenn für jedes
$f \in L_m^p\,(1 \leq p \leq \infty)$ die Funktion $g(s, \omega)$, indem man sie für jedes
$s \geq 0$ auf einer m-Nullmenge abändert, so erklärt werden kann, daß
folgendes gilt:

1. $g(s, \omega)$ ist meßbar bezüglich des Produkt-Borelkörpers in $R^+ \times \Omega$.
2. Es gibt eine (i. a. von f abhängige) m-Nullmenge N, derart, daß
$\int\limits_0^t g(s, \omega)\,l(ds)$, und damit auch $(M_t f)\,(\omega)$, für alle $\omega \in N$ und beliebige t
mit $0 < t < \infty$ existiert.

Eine derartige Festsetzung von g nennen wir ebenfalls *zulässig*.

Satz 3.3.1. *Sei* $\{x(t)\}$ *zulässig. Dann stimmen zwei auf zulässige Festsetzungen von* $g(s, \omega)$ *zurückgehende Festsetzungen von* $(M_t f)\,(\omega)$ *m-fastüberall überein (für jedes t);* $(M_t f)\,(\omega)$ *ist also in diesem Sinne m-fast-
eindeutig bestimmt;* M_t *ist eine nichtdehnende lineare Transformation in*
L_m^p *und mit allen* $x(t)$ *vertauschbar. Stets ist*

$$\lim_{t \to \infty} (M_t f)\,(\omega) = F(\omega)$$

*m-fastüberall vorhanden und, außerhalb von m-Nullmengen, nur von f
abhängig. Es ist* $F \in L_m^p,\, x(t)\,F = F$ $(t \geq 0)$.

Beweis. Nur die Existenz des Limes (1) ist nichttrivial. Wir nützen

Satz 3.2.1 aus und setzen: $x = x(1),\, g(\omega) = (M_1 f)\,(\omega),\, h(\omega) = \int\limits_0^1 |x(s)f|$
$(\omega)\,ds$.

Mit $n = [t]$ (also $t = n + r,\, 0 \leq r < 1,\, n$ ganz) gilt

$$(M_t f)\,(\omega) = \frac{1}{t} \int\limits_0^n (x(s)f)\,(\omega)\,ds + \frac{1}{t} \int\limits_n^t (x(s)f)\,(\omega)\,ds$$

$$= \frac{n}{t} \cdot \frac{1}{n} \sum_{t=0}^{n-1} (x^t g)\,(\omega) + \frac{n}{t} \cdot \frac{1}{n}\, x^n \int\limits_0^r (x(s)f)\,(\omega)\,ds.$$

Da $g \in L_m^p$, so konvergiert der erste Term fastüberall (Satz 3.2.1). Wir zeigen nun, daß der zweite Term fastüberall gegen 0 geht. Ist $x_0 \geq 0$ zu x gemäß Lemma 3.2.3 konstruiert, so folgt

$$\left| \frac{1}{n} x^n \int_0^r (x(s)f)\,(\omega)\,ds \right| \leq \frac{1}{n} x_0^n \int_0^r (x(s)f)\,(\omega)\,ds|$$

$$\leq \frac{1}{n} (x_0^n h)\,(\omega) \,.$$

Die rechte Seite konvergiert nach Satz 3.2.1 m-fastüberall, da

$$\frac{1}{n} x_0^n h = \frac{n+1}{n} \cdot \frac{1}{n+1} \sum_{t=0}^{n} x_0^t h - \frac{1}{n} \sum_{t=0}^{n-1} x_C^t h$$

gilt. Da sie andererseits im Mittel gegen 0 geht, folgt die Existenz von $\lim_t M_t(f)$.

Damit ist die Aufgabe gestellt, nach zulässigen Halbgruppen zu suchen.

Lemma 3.3.1. *Eine Halbgruppe $\{x(t)\}$ von Transformationen, die den Voraussetzungen von Satz 3.2.1 genügen, ist sicher zulässig, wenn sie stetig ist.*

Dabei bedeutet die Stetigkeit: $\lim_{s \to t} \|x(s)h - x(t)h\| = 0\ (h \in L_m^p)$. Für einen Beweis von Lemma 3.3.1 vgl. DUNFORD-SCHWARTZ [1], S. 150. Die Aussage des Lemmas bleibt richtig, wenn man nur voraussetzt, daß die Halbgruppe „starkintegrabel" auf jedem endlichen Intervall sei, d. h., daß das in geeignetem Sinne für Funktionen $f(t)$ mit Werten in L_m^p erklärte Integral $\int_a^b f(t)\,dt$ für $f(t) = x(t)f$ und endliche a, b existiert (vgl. in diesem Zusammenhang auch Kap. 1, § 3). Hieraus folgt nämlich nach einem Satz von v. NEUMANN-HILLE (HILLE-PHILLIPS [1], S. 305) die Stetigkeit (Satz 1.3.2). Im Falle, daß die Halbgruppe $x(t)$ von einer m-treuen Strömung $x(t)$ in Ω induziert wird, kann man ihre Zulässigkeit direkt nachweisen, falls die Abbildung $(t, \omega) \to x(t)\,\omega$ von $R^+ \times \Omega$ in Ω meßbar ist. Man sagt dann, die Strömung sei *meßbar im Produktraum*. Der Beweis ist für charakteristische Funktionen f trivial und folgt allgemein durch Approximation.

Das kontinuierliche Analogon von Satz 3.2.2 ergibt sich für stetige Halbgruppen durch Approximation aus den Unter-Halbgruppen $\{x(r)\,|\,\left(r \text{ ein ganzzahliges Vielfaches von } \frac{1}{n}\right)\}$. Vgl. DUNFORD-SCHWARTZ [1].

§ 4. Strömungen ohne invariantes Maß

Da die Existenz invarianter Maße ein ungelöstes Problem ist (vgl. Kap. 4, § 8), erscheint es wünschenswert, die Aussage des Individuellen Ergodensatzes unabhängig von dieser Voraussetzung zu gewinnen. Dies gelang erstmals HUREWICZ 1944 (HUREWICZ [1], HALMOS [6], OXTOBY [2], DOWKER [1], [3], RYLL-NARDZEWSKI [1] (vgl. hierzu TSURUMI [1])).

Sei $(\Omega, \mathfrak{B}, m)$ ein σ-endlicher Maßraum und x eine eineindeutige $\mathfrak{B}$-meßbare Abbildung von Ω auf sich. Auch x^{-1} sei meßbar. x heißt *positiv* (negativ) *nichtsingulär*, wenn aus $m(E) = 0$ stets $m(xE) = 0$ $(m(x^{-1}E) = 0)$ folgt. Ist x positiv und negativ nichtsingulär, so heißt x schlechtweg nichtsingulär (vgl. Kap. 4, § 8); dann sind die Maße m_t $(m_t(E) = m(x^t E), t = 0, \pm 1, \pm 2, \ldots)$ totalstetig bezüglich m, besitzen also nach dem Satz von RADON-NIKODYM (9.5.22) eine Darstellung

$$m_t(E) = \int_E w_t \, dm \qquad\qquad (E \in \mathfrak{B})$$

mit m-fasteindeutigen, $\mathfrak{B}$-meßbaren $w_t(\omega) \geqq 0$. Man hat für m-integrable f

$$\int_{T^t E} f \, dm = \int_E f(x^t \omega) \, w_t(\omega) \, dm(\omega)$$

$$m_{s+t}(E) = m_s(x^t E) = \int_{x^t E} w_s \, dm = \int_E w_s(x^t \omega) \, w_t(\omega) \, dm(\omega)$$

$$= \int_E w_{s+t} \, dm \, ,$$

d. h. man hat

(1) $$w_{s+t}(\omega) = w_s(x^t \omega) \, w_t(\omega) \qquad\qquad (s, t, \text{ganz})$$

(zunächst nur für fastalle ω, also nach passender Abänderung für alle ω). Für irgendeine Funktion $f(\omega)$ auf Ω setzen wir

(2) $$f_n(\omega) = f(\omega) \, w_0(\omega) + f(x\omega) \, w_1(\omega) + \cdots + f(x^{n-1}\omega) \, w_{n-1}(\omega)$$
$$(n = 1, 2, 3, \ldots)$$

Für jedes x-invariante $E \in \mathfrak{B}$ und $f \in L^1_m$ gilt dann

$$\int_E f_n \, dm = n \int_E f \, dm$$

Ist x nur positiv-nichtsingulär, so gelten die entsprechenden Aussagen unter Beschränkung auf nichtnegative s, t.

Es gilt der

Satz 3.4.1. *Ist x positiv-nichtsingulär und ist $f \in L^1_m$ und $h \geqq 0$ $\mathfrak{B}$-meßbar mit*

(3) $$\lim_{n \to \infty} h_n(\omega) = \infty \qquad\qquad (m\text{-fastüberall}) \, ,$$

so ist x nichtsingulär. Die Folge $\dfrac{f_n(\omega)}{h_n(\omega)}$ hat für m-fastalle ω einen endlichen Grenzwert.

Anmerkung. In § 1 war der Fall $h(\omega) \equiv 1$ behandelt worden. Die durch die Wahl eines beliebigen $h \geq 0$ gelieferte Verallgemeinerung stammt bereits von Hopf [9] (vgl. ferner Tsurumi [2], [3]). Der Gedanke von Hurewicz käme an sich schon im Falle $h \equiv 1$ zum Ausdruck. (3) ist aber auch dann eine nichttriviale Forderung (es könnte w_1 auf einer Menge E positiven m-Maßes verschwinden, so daß $h_n(\omega) = h(\omega)$ $(\omega \in E)$ wird). Wir führen die Theorie deshalb im allgemeinen Falle durch.

Wir benützen das Lemma 3.1.1. und beweisen zunächst das Analogon zu Lemma 3.1.3:

Lemma 3.4.1. *Sei g $\mathfrak{B}$-meßbar und g^+ oder g^- m-integrabel. Ist $E = \{\omega \mid g_n(\omega) \geq 0 \text{ für mindestens ein } n \geq 1\}$, so gilt*

$$\int\limits_E g\,dm \geq 0\,.$$

Beweis. Es genügt, die entsprechende Aussage für

$$E_N = \{\omega \mid \sup_{0 \leq n \leq N} g_n(\omega) \geq 0\}$$

zu beweisen. Wir setzen

$$q(\omega) = \begin{cases} g(\omega) \text{ für } \omega \in E_N \\ 0 \text{ sonst.} \end{cases}$$

Dann ist $q \geq g$, $\int q\,dm = \int\limits_{E_N} g\,dm$. Es folgt

$$(4) \qquad\qquad \sup_{1 \leq n \leq N} q_n(\omega) \geq 0 \qquad\qquad (\omega \in \Omega)\,.$$

Denn es ist ja $q_n(\omega) = q(\omega)\,w_0(\omega) + q(x\omega)\,w_1(\omega) + \cdots + q(x^{n-1}\omega)\,w_{n-1}(\omega)$. Weil $w_i \geq 0$, so folgt $q_n \geq g_n$.

(4) stimmt also für $\omega \in E_N$, für $\omega \notin E_N$ stimmt es wegen $q_0(\omega) = 0$. Ersetzen wir ω durch $x^k \omega$, so ergibt sich unter Beachtung von (1), daß die Folge $\beta_k = q(x^k\omega)\,w_k(\omega)$ die Voraussetzungen von Lemma 3.1.1 erfüllt. Wir erhalten daher für

$$Q_k(\omega) = \sum_{i=0}^{k-1} q(x^i\omega)\,w_i(\omega) + \sum_{i=k}^{k+N-1} q(x^i\omega)^+\,w_i(\omega)$$

die Relation $Q_k(\omega) \geq 0$, also sicher $\int Q_k\,dm \geq 0$ $(k = 1, 2, \ldots)$. Es ist aber

$$\int Q_k\,dm = \sum_{i=0}^{k-1} q(x^i\omega)\,w_i(\omega)\,dm(\omega)$$

$$+ \sum_{i=k}^{N+k-1} \int q(x^i\omega)^+\,w_i(\omega)\,dm(\omega)$$

$$= k \int q\,dm + N \int q^+\,dm \geq 0\,,$$

woraus nach Division durch k für $k \to \infty$ die Behauptung folgt.

Beweis von Satz 3.4.1. Aus (3) folgt $w_1(\omega) > 0$ für fastalle ω (man beachte (1)), was mit der Nichtsingularität von x gleichbedeutend ist. Alles übrige geht jetzt analog wie beim Beweis von Satz 3.1.1. Man betrachtet $\overline{F} = \lim_n \sup \dfrac{f_n}{h_n}$, $\underline{F} = \lim_n \inf \dfrac{f_n}{h_n}$ und zeigt, daß für $\alpha < \beta$ und $M = \{\omega \mid \overline{F}(\omega) > \beta, \underline{F}(\omega) < \alpha\}$ $m(M) = 0$ gilt. Wieder kann man sich auf den Fall $\beta > 0$ beschränken. Aus der Relation

$$f_n(x\omega) = w_1(\omega)\,(f_{n+1}(\omega) - f(\omega)\,w_0(\omega))$$

folgt wegen $w_1(\omega) > 0$ die Relation

$$\frac{f_n(x\omega)}{h_n(x\omega)} = \frac{f_{n+1}(\omega) - f(\omega)\,w_0(\omega)}{h_{n+1}(\omega) - h(\omega)\,w_0(\omega)}$$

und hieraus wegen (3) die Invarianz von $\overline{F}$ und $\underline{F}$, also auch von M. Da M invariant ist, können wir für das folgende $\Omega = M$ annehmen. Es ist dann

$$\Omega = M = \bigcup_{N=1}^{\infty} \{\omega \mid \sup_{1 \le n \le N} (f - \beta h)_n \ge 0\} = \bigcup_{N=1}^{\infty} \{\omega \mid \inf_{1 \le n \le N} (f - \alpha h)_n \le 0\}\,.$$

Aus Lemma 3.4.1 ergibt sich

$$(5) \qquad\qquad \beta \int h\,dm \le \int f\,dm \le \alpha \int h\,dm\,.$$

Wegen $\beta > 0$ folgt $\int h\,dm < \infty$. Wegen $h \ge 0, \alpha < \beta$ ist (5) nur mit $\int h\,dm = 0$ verträglich. Hieraus folgt $0 = \int h_n\,dm$ $(n = 1, 2, \ldots)$ und dies ist wegen $h_n \to \infty$ nur mit $m(M) = 0$ zu vereinbaren.

Daß $\lim \dfrac{f_n(\omega)}{h_n(\omega)}$ m-fastüberall endlich ist, folgt analog, indem man $\beta \to \infty$ und $\alpha \to -\infty$ streben läßt.

Man kann auf die Nichtsingularität von x in gewisser Weise verzichten. Man hat dann nur auf m_t den (auch für σ-endliche Maße sinngemäß richtigen) Zerlegungssatz von LEBESGUE (9.4.9) anzuwenden und für w_t die Dichte des bezüglich m totalstetigen Teils von m_t zu nehmen. Da die m-singulären Teile eine m-Nullmenge als Träger haben, ändert sich nichts an den „Fastüberall"-Aussagen. Entsprechend kann man f durch ein beliebiges endliches Maß x ersetzen: x ist außerhalb einer m-Nullmenge durch eine m-integrable Dichte f darstellbar. Für Einzelheiten vgl. OXTOBY [2].

Für Beziehungen zwischen den Aussagen des individuellen und des statistischen Ergodensatzes im Falle nichtsingulärer x vgl. RYLL-NARDZEWSKI [1], DOWKER [1], [2].

§ 5. Weitere Untersuchungen

1. Allgemeinere Halbgruppen. Ist $\{x(t_1, \ldots, t_r)\}$ eine für ganze bzw. reelle $t_\sigma \ge 0$ definierte Halbgruppe $(x(s_1, \ldots, s_r)\,x(t_1, \ldots, t_r)$ $= x(s_1 + t_1, \ldots, s_r + t_r))$ von Operatoren, die den Anforderungen von

Satz 3.2.1 genügen und (im kontinuierlichen Falle) die den Zulässigkeits-
forderungen aus § 3 entsprechenden Bedingungen erfüllen, so konvergieren für jedes $f \in L_m^p (1 \leq p < \infty)$ die Mittel

$$\frac{1}{t^r} \sum_{t_\sigma < t} x(t_1, \ldots, t_r) \text{ bzw. } \frac{1}{t^r} \int_{t_\sigma \leq t} T(t_1, \ldots, t_r) f$$

m-fastüberall (COTLAR [2] $(1 < p < \infty)$, DUNFORD-SCHWARTZ [1]).

Man kann die im obigen Ansatz eingeschlossene Kommutativität
entbehren: Sind $x_1, \ldots, x_r$ irgendwelche den Anforderungen von Satz
3.2.1 genügende Operatoren, so konvergieren die Mittel

$$\frac{1}{t_1 \ldots t_r} \sum_{s_\sigma < t_\sigma} x_1^{s_1} \ldots x_r^{s_r} f \qquad (f \in L_m^p, 1 < p < \infty)$$

m-fastüberall, falls die $t_1, \ldots, t_r$ unabhängig voneinander gegen ∞ stre-
ben. Das Maximum des Absolutbetrages dieser Mittel liegt in L_m^p. —
Der Beweis erfolgt mittels Induktion nach r (DUNFORD [5], DUNFORD-
SCHWARTZ [1], S. 146).

Hierzu gibt es ein kontinuierliches Analogon: Man arbeitet mit r
meßbaren, nicht notwendig kommutierenden Scharen (ZYGMUND [1],
DUNFORD-SCHWARTZ [1], S. 157).

YOSIDA [5] hat einen individuellen Ergodensatz für Halbgruppen in L_m^p
bewiesen, die eine Folge fastinvarianter Integrale im Sinne von ALAOGLU-
BIRKHOFF [2] besitzen; allerdings wird dabei ein Analogon zur Aussage
von Satz 3.1.2 für gewisse $f \in L_m^p$ sowie die schwache Kompaktheit der
$\Re(f)$ (Satz 1.2.1) als erfüllt vorausgesetzt. CALDERON [1] beweist einen
individuellen Ergodensatz für lokalkompakte Gruppen, bei denen das
Umgebungssystem der Identität gewisse Forderungen erfüllt.

2. Nichtbeschränkte Halbgruppen. Da die Aussage des individuellen
Ergodensatzes für $f \in L_m^p$ aus der Aussage von Lemma 3.1.3 und dem
statistischen Ergodensatz gefolgert werden kann, genügen an Stelle der
Forderung $\|T\|_p \leq 1 (1 \leq p \leq \infty)$ schwächere Voraussetzungen. Um
etwa den statistischen Ergodensatz zu bekommen, genügt für $1 < p < \infty$
die Normbeschränktheit der Mittel $\frac{1}{n} f_n$ (Lemma 3.2.1). Entspringt
x aus einer eineindeutigen Punktabbildung x, so ist diese Forderung mit
der Beschränktheit der Zahlenfolge $\frac{1}{n} \sum_{t=0}^{n-1} m(x^t E)$ für jedes $E \in \mathfrak{B}$ mit
$m(E) < \infty$ gleichbedeutend. Unter eben dieser Voraussetzung kann man
tatsächlich auch den individuellen Ergodensatz beweisen (DUNFORD-
MILLER [1], RIESZ [7], vgl. auch DUNFORD [3]. RECHARD [1] beweist
dies Ergebnis durch Konstruktion eines invarianten Maßes.

3. Spektrum. Im allgemeinen interessiert nicht nur der Mittelwert $\lim \dfrac{1}{n} \sum\limits_{t=1}^{n} f(x^t \omega)$ (d. h. der Koeffizient des Eigenwertes 0), sondern auch der allgemeine Koeffizient

$$F_\lambda(\omega) = \lim \frac{1}{n} \sum_{t=1}^{n-1} e^{-i\lambda t} f(x^t \omega) \, .$$

Geht man zu $y = e^{-i\lambda} x$ über, so ergibt sich die Existenz dieses Limes $F_\lambda(\omega)$ für m-fastalle ω. Offenbar ist

$$x F_\lambda = e^{i\lambda} F_\lambda \, .$$

Entsprechendes gilt im kontinuierlichen Falle. Näheres zur Spektraldarstellung in der individuellen Ergodentheorie findet sich bei HOPF [9]. Ferner WIENER-WINTNER [1], [2].

4. Das starke Gesetz der großen Zahl hat die folgende Aussage zum Gegenstand: Sei $(\Omega, \mathfrak{B}, m)$ ein auf $m(\Omega) = 1$ normierter Maßraum und $f_1, f_2, \ldots$ eine Folge von Funktionen aus L_m^1, sowie $m_k = \int f_k \, dm$. Dann ist

$$\lim_{n \to \infty} \frac{1}{n} \left| \sum_{k=1}^{n} (f_k - m_k) \right| = 0 \qquad (m\text{-fastüberall}).$$

Offenbar kann man dies auch so aussprechen: Zu beliebigen $\varepsilon > 0$, $\delta > 0$ gibt es ein N, derart, daß die Menge M_N aller ω, bei welchen

$$\left| \frac{1}{n} \sum_{k=1}^{n} f_k(\omega) - \frac{1}{n} \sum_{k=1}^{n} m_k \right| > \varepsilon$$

für mindestens ein $n \geqq N$ vorkommt, die Relation

$$m(M_N) < \delta$$

erfüllt.

Diese Aussage ist natürlich nur unter zusätzlichen Voraussetzungen erfüllt. Hinreichend ist z. B. jede der folgenden Bedingungen.

a) $f_k \in L_m^2$, $\sum\limits_{k=1}^{\infty} \dfrac{\int |f_k - m_k|^2 \, dm}{k^2} < \infty$, die f_k sind unabhängig (vgl. d)

(KOLMOGOROFF, vgl. FELLER [2], S. 207.)

Im allgemeinen gibt man dem Gesetz der großen Zahl die Form: Es existiert m-fastüberall

$$(1) \qquad \lim_{n \to \infty} \frac{1}{n} \sum_{k=0}^{n-1} f_k(\omega) = f(\omega) \qquad (f \in L_m^1) \, .$$

Dies ist richtig unter den folgenden Voraussetzungen:

b) $f_k = x^k f$, wobei x aus einer m-treuen Abbildung von Ω auf sich entspringt.

c) Die f_k bilden einen stationären stochastischen Prozeß (DOOB [9]).

d) Die f_k sind unabhängig und besitzen alle dieselbe Verteilungsfunktion $F(\lambda) = m(f_k \leqq \lambda)$ (die Unabhängigkeit besagt hier: Für beliebige reelle $\lambda_1, \ldots, \lambda_s$ und beliebige natürliche $k_1 < \cdots < k_s$ gilt $m(f_{k_1} \leqq \lambda_1, \ldots, f_{k_s} \leqq \lambda_s) = F(\lambda_1) \ldots F(\lambda_s)$ (9.2.2)).

Die Fälle b) und d) sind Spezialfälle von c). Fall b) ist aber, was den individuellen Ergodensatz betrifft, nur scheinbar spezieller als Fall c). Letzterer kann nämlich durch Konstruktion eines unendlichen Produktraumes auf Fall b) zurückgeführt werden. Notwendige und hinreichende Bedingungen für (1) wurden von BRUNK [1] angegeben (s. u.), vgl. auch Nr. 6 dieses Paragraphen. Im Fall d) kann man das Gesetz der großen Zahl mittels Satz 3.6.2 (Fastüberall-Konvergenz von Martingalen) beweisen (DOOB [9], S. 341).

5. Die Geschwindigkeit der Konvergenz. Ist $f_k (k = 1, 2, \ldots)$ ein stochastischer Prozeß mit unabhängigen gleichverteilten f_k (Nr. 4, d) und $\int f_k dm = 0$ und sind die f_k beschränkt, ist ferner $\int f_k^2 dm = a^2 > 0$, so hat man das

Gesetz vom iterierten Logarithmus (CHINTSCHIN 1924).

$$\limsup_t \frac{\frac{1}{t} \sum_{k=0}^{t-1} f_k(\omega)}{\left(a^2 \frac{2 \log \log t}{t}\right)^{\frac{1}{2}}} = 1 \qquad (m\text{-fastüberall}) ,$$

welches besagt, daß die Geschwindigkeit der Konvergenz (1) in diesem Spezialfall durch $\left(a^2 \dfrac{2 \log \log t}{t}\right)^{\frac{1}{2}}$ gegeben wird. Für einen Beweis vgl. FELLER [2], RICHTER [1].

FELLER [1] hat allgemeinere Folgen von unabhängigen beschränkten Funktionen mit $\int f_k dm = 0$ untersucht.

6. Notwendige und hinreichende Bedingungen für die Gültigkeit des individuellen Ergodensatzes haben DOWKER [1], BRUNK [1] und DUNFORD-MILLER [1] angegeben. Nach BRUNK [1] ist bei einer eindeutigen Abbildung x von Ω in sich, und bei gegebenem, nicht notwendig invariantem Maß m mit $m(\Omega) < \infty$ die Existenz von

$$\lim \frac{1}{n} \sum_{k=0}^{n-1} f(\omega) \, dm(x^{-k}\omega)$$

für jedes $E \in \mathfrak{B}$ und jedes $f \in \bigcap_{k=0}^{\infty} L^1_{x^k m}$ notwendig und hinreichend für die Fastüberall-Konvergenz (1).

7. Weitere Sätze über die Fastüberallkonvergenz von Mittelwerten. Der individuelle Ergodensatz ist eine „globale" Aussage über die Strömung. WIENER [3] hat folgendes „lokale" Gegenstück dazu bewiesen:

Ist $x_t (t \geq 0)$ eine stationäre m-treue meßbare Strömung (die Abbildung $(t, \omega) \to x_t \omega$ von $R^+ \times \Omega$ in Ω also meßbar), so gilt m-fastüberall

$$\lim_{t \to 0+0} \frac{1}{t} \int_0^t f(x_t \omega) \, dt = f(\omega) .$$

Koksma [1] gab Klassen von in $[0, 1]$ erklärten Funktionenfolgen $u_n(x)$ und von Funktionen $g(x)$ der Periode 1 an, für welche

$$\lim_{t \to \infty} \frac{1}{t} \sum_{n=1}^{t} g(u_n(x)) = \int_0^1 g(s) \, ds$$

fastüberall in $[0, 1]$ erfüllt ist.

8. Für individuelle Ergodentheorie über Booleschen σ-Algebren vgl. Carathéodory [3]. Individuelle Ergodentheorie in vollständigen Vektorverbänden findet sich bei Nakano [1], [2], Yosida [5], Izumi [2]. Hier ist die Fastüberall-Konvergenz durch die Ordnungskonvergenz im Verband zu ersetzen: Man erklärt $\lim\sup_k h_k = \bigcap_{i=1}^{\infty} \bigcup_{k=i}^{\infty} h_k$, $\lim\inf_k h_k$ $= \bigcup_{i=1}^{\infty} \bigcap_{k=i}^{\infty} h_k$ und nennt die Folge h_k konvergent, falls $\lim\inf_k h_k$ $= \lim\sup_k h_k$ gilt. Dieser Begriff läßt sich auf Moore-Smith-Indexmengen verallgemeinern. Befindet man sich im vollständigen Verband aller meßbaren Funktionen mod Nullfunktionen bezüglich eines Maßes p, so folgt unter geeigneten Separabilitätsannahmen die Fastüberall-Konvergenz aus der Ordnungskonvergenz (vgl. Krickeberg [1]). Bochner [1] erhielt eine individuelle Ergodenaussage für Funktionen mit Werten in einem Vektorverband. Anwendungen des individuellen Ergodensatzes auf die Theorie der Kettenbruchentwicklung reeller Zahlen finden sich bei Ryll-Nardzewski [2].

§ 6. Fastüberall-Konvergenz von Martingalen

Wir verwenden die Bezeichnungen aus Kap. 1, § 9.

Lemma 3.6.1. *Ist $g_t (t = 1, 2, \ldots)$ ein wachsendes Halbmartingal, so gilt für* $E_t(\lambda) = \{\omega | \sup_{1 \leq s \leq t} g_s(\omega) \geq \lambda\} (\lambda$ *reell, $t = 1, 2, \ldots)$ die Ungleichung*

$$\lambda \, m(E_t(\lambda)) \leq \int_{E_t(\lambda)} g_t \, dm .$$

Beweis. Ist $D_s(\lambda) = \{\omega \mid g_s(\omega) \geq \lambda, g_\sigma(\omega) < \lambda, \sigma = 1, \ldots, s-1\}$, so ist $E_t(\lambda) = D_1(\lambda) + \cdots + D_t(\lambda)$ eine disjunkte Zerlegung. Wegen $D_s(\lambda) \in \mathfrak{B}_s$ gilt für $s \leq t$

$$\int_{D_s(\lambda)} g_t \, dm \geq \int_{D_s(\lambda)} g_s \, dm \geq \lambda \, m(D_s(\lambda)) .$$

Durch Summation erfolgt die Behauptung.

Corollar. *Ist f_t ein Martingal mit $\sup_t \|f_t\|_1 = K < \infty$, so gilt m-fastüberall $\sup_t |f_t(\omega)| < \infty$.*

Beweis. Da $|x|$ eine konvexe Funktion von x ist, folgt aus der Jensenschen Ungleichung für bedingte Erwartungen (vgl. etwa DOOB [9], S. 23) $E_s |f_t| \geq |E_s f_t| = |f_s|$ $(s \leq t)$. Setzen wir $g_t = |f_t|$, erklären $E_t(\lambda)$ wie in Lemma 3.6.1 und setzen $E(\lambda) = \{\omega | \, |f_t(\omega)| \geq \lambda$ für passende $t\}$, so ist $E(\lambda)$ die Vereinigung der aufsteigenden Mengenfolge $E_t(\lambda)$ und somit

$$\lambda m(E(\lambda)) = \lim_t \lambda m(E_t(\lambda)) \leq \sup_t \int_{E_t(\lambda)} g_t \, dm \leq K .$$

Hieraus folgt für $\lambda \to \infty$ die Behauptung.

Satz 3.6.1. *Ist $1 \leq p \leq \infty$ und $f \in L_m^p$, so ist $f_t = E_t f$ $(t = 1, 2, \ldots)$ ein Martingal. Es ist m-fastüberall konvergent mit dem Limes $E_\infty f$. Es gilt $\lim_t f_t = f$ (m-fastüberall) genau dann für jedes $f \in L_m^p$, wenn $\mathfrak{B}$ modulo Teilmengen von m-Nullmengen mit $\mathfrak{B}_0$ übereinstimmt.*

Beweis. Da $L_m^p \subseteq L_m^1 (1 \leq p \leq \infty)$ und da die Bildung von E_t unabhängig davon ausfällt, in welchem der Räume man sie vornimmt, kann man sich auf den Fall $p = 1$ beschränken. Da das betrachtete Martingal den Norm-Limes $E_\infty f$ besitzt (Satz 1.9.1) und jede normkonvergente Folge eine fastüberallkonvergente Teilfolge besitzt, kommt als Fastüberall-Limes nur $E_\infty f$ in Frage. Es genügt also

$$(1) \qquad\qquad \lim_t f_t(\omega) = (E_\infty f)(\omega) \qquad (m\text{-fastüberall}, f \in L_m^1)$$

zu beweisen. Dies ist für eine in L_m^1 dichtliegende Menge von Vektoren f richtig. Nach dem Korollar zu obigem Lemma 3.6.1 ist für beliebiges $f \in L_m^1$ die Beziehung $\sup_t |f_t(\omega)| < \infty$ für m-fastalle ω richtig. Aus dem Satz von BANACH-MAZUR-ORLICZ (9.11.15) folgt (1) allgemein.

Satz 3.6.2. *Ist $1 \leq p \leq \infty$ und f_t ein Martingal in L_m^p, sowie $\sup_t \|f_t\|_p < \infty$, so ist $\lim_t f_t(\omega) = f(\omega)$ m-fastüberall vorhanden, endlich und aus L_m^p.*

Bekannte Beispiele (vgl. etwa DOOB [9], S. 345) zeigen, daß für $p = 1$ nicht notwendig Normkonvergenz vorliegen muß. — Die Integrabilität folgt nach dem Fatouschen Lemma, sobald man die Fastüberallkonvergenz hat. Wegen $L_m^p \subseteq L_m^1$, $\|\cdot\|_p \geq$ const. $\|\cdot\|_1$ (9.6.9) kann man sich auf $p = 1$ beschränken. — Wir führen nun den Beweis von Satz 3.6.2 im Falle $p = 1$ auf Satz 3.6.1 zurück. Hierzu sind einige Vorbereitungen erforderlich.

Lemma 3.6.2. *Jedes normbeschränkte Martingal in L_m^p ist als Differenz zweier nichtnegativer normbeschränkter Martingale darstellbar.*

Beweis. Wir setzen allgemein $f^+ = \max(f, 0)$, $f^- = \max(-f, 0)$ und erhalten $f = f^+ - f^-$, $\|f\| = \|f^+\| + \|f^-\|$. Ist f_t ein Martingal, so erhalten wir wegen der Konvexität der Funktion $\max(x, 0)$: $E_s f_t^+ \geq (E_s f_t)^+ = f_s^+$ ($t \geq s$), d. h. f_t^+ ist ein wachsendes Halbmartingal. Das gleiche gilt für f_t^-. Bei festem t ist die Folge $E_t f_{t+s}^+ (s = 1, 2, \ldots)$ monoton wachsend: $E_t f_{t+s+1}^+ = E_t E_{t+s}^+ f_{t+s+1}^+ \leq E_t f_{t+s}^+$. Sie ist normbeschränkt: $\|E_t f_{t+s}^+\| \leq \leq \|f_{t+s}^+\|$. Also ist sie normkonvergent. Der Limes heiße g_t^+. Analog erhält man g_t^-. Wegen $f_t = E_t(f_{t+s}^+ - f_{t+s}^-)$ folgt $f_t = g_t^+ - g_t^-$.

Die g_t^+ bilden ein Martingal: $E_s g_t^+ = E_s(\lim_u E_t f_{t+u}) = \lim_u E_s f_{t+u} = g_s^+$. Dasselbe gilt für g_t^-.

Es wird also genügen, Satz 3.6.2 für nichtnegative Martingale zu beweisen. Eine weitere Reduktion ergibt sich aus der Tatsache, daß jeder stochastische Prozeß, genauer, jede Folge $f_1, f_2, \ldots$ von endlichen $\mathfrak{B}$-meßbaren Funktionen auf Ω als eine meßbare Abbildung $\varphi: \omega \to \to (f_1(\omega), f_2(\omega), \ldots)$ von Ω in den Produktraum $\Omega' = \Pi^\times_{t=1} R_t^1 = \{\omega'$ $= (\omega_1', \omega_2', \ldots) = (\omega_t') \mid \omega_t' \in R^1\}$ $(R_t^1 = R^1, t = 1, 2, \ldots)$ aufgefaßt werden kann. Setzen wir $f_t'(\omega') = \omega_t'$ und bezeichnen wir den kleinsten Borelkörper, bezüglich dessen $f_1', \ldots, f_t'$ meßbar sind, mit $\mathfrak{B}_t'$, ist ferner $\mathfrak{B}'$ der von $\bigcup_t \mathfrak{B}_t'$ erzeugte Borelkörper, so ist $\varphi^{-1} \mathfrak{B}' \subseteq \mathfrak{B}$ und somit jeder Ladungsverteilung (LV) h auf $\mathfrak{B}$ eine LV $\varphi h = h'$ auf $\mathfrak{B}'$ vermöge

$$h'(E') = h(\varphi^{-1} E') \qquad\qquad (E' \in \mathfrak{B}')$$

zugeordnet. Diese Abbildung φ der LVen erhält offensichtlich die Totalstetigkeits-Relation. Es gilt das

Lemma 3.6.3. *Ist f_t ein Martingal bezüglich der Folge $\mathfrak{B}_t$ und des Maßes m, so ist f_t' ein Martingal bezüglich der Folge $\mathfrak{B}_t'$ und des Maßes $m' = \varphi m$. Ist $f_t \geq 0$ (m-fastüberall), so ist $f_t' \geq 0$ (m'-fastüberall). f_t ist genau dann m-fastüberall-konvergent mit endlichem Limes, wenn f_t' m'-fastüberall mit endlichem Limes konvergiert.*

Beweis. Ist f_t $\mathfrak{B}_t$-meßbar $(t = 1, 2, \ldots)$, so ist ersichtlich $\varphi^{-1} \mathfrak{B}_t' \subseteq \mathfrak{B}_t$. Interpretieren wir f_t als m-Dichte einer LV h_t auf $\mathfrak{B}_t$, so besagt die Martingal-Eigenschaft der f_t: h_t ist eine Fortsetzung von h_s auf $\mathfrak{B}_t (s \leq t)$. Es ergibt sich: φh_t ist auf $\mathfrak{B}_t'$ erklärt, totalstetig bezüglich m' auf $\mathfrak{B}_t'$, und φh_t ist eine Fortsetzung von φh_s auf $\mathfrak{B}_t'$ $(s \leq t)$. f_t' kann nun als m'-Dichte von φh_t auf $\mathfrak{B}_t'$ dienen:

$$\int_{E'} f_t' dm' = \int_{\varphi^{-1} E'} f_t dm = h_t(\varphi^{-1} E') = (\varphi h_t)(E') \qquad\qquad (E' \in \mathfrak{B}_t')$$

(vgl. 9.11.3). Also bilden die f_t' ein Martingal bezüglich m'. Da $\varphi h_t \geq 0$ mit $h_t \geq 0$ gleichbedeutend ist, folgt aus $f_t \geq 0$ (m-fastüberall) $f_t' \geq 0$ (m'-fastüberall). Die Menge N' aller ω', für welche die Folge ω_t' nicht gegen einen endlichen Limes konvergiert, liegt in $\mathfrak{B}'$ und es ist $\varphi^{-1}(N')$

$= \{\omega \mid f_t(\omega)$ konvergiert nicht mit endlichem Limes$\}$. Hieraus folgt die letzte Behauptung des Lemmas.

Beweis von Satz 3.6.2. Es genügt nach Lemma 3.6.3 den Fall, daß $\Omega = \prod\limits_{t=1}^{\times} R_t^1 = \{\omega = (\omega_t) \mid \omega_t \in R^1\}$, $f_t(\omega) = \omega_t$ und $\mathfrak{B}_t$ der kleinste Borelkörper, bezüglich dessen $f_1, \ldots, f_t$ meßbar sind, ist, zu behandeln. Fassen wir f_t als m-Dichte (m ist auf dem von $\bigcup\limits_t \mathfrak{B}_t$ erzeugten Borelkörper $\mathfrak{B}$ erklärt) einer auf $\mathfrak{B}_t$ erklärten LV h_t auf, so können wir nach Lemma 3.6.2 $h_t \geqq 0$ annehmen. h_t ist eine Fortsetzung von h_s auf $\mathfrak{B}_t (s \leqq t)$. Nach dem Satz von KOLMOGOROFF (9.9.7) gibt es genau ein $h \geqq 0$ auf $\mathfrak{B}$, das die sämtlichen h_t fortsetzt. Wir setzen $q = m + h$. Dann haben h und m q-Dichten g und k auf $\mathfrak{B}: g, k \in L_q^1$. Wenden wir nun Satz 3.6.1 im Raum L_q^1 an, erklären also *dort* $g_t = E_t g$, $k_t = E_t k$, so folgt: g_t bzw. k_t sind q-fast eindeutig erklärt und konvergieren q-fastüberall gegen g bzw. k. Für $E \in \mathfrak{B}_t$ gilt offenbar

$$\int\limits_E f_t dm = \int\limits_E f_t k_t dq = \int\limits_E g_t dq \,,$$

d. h., man hat $f_t k_t = g_t$ q-fastüberall. f_t konvergiert also sicher überall dort, wo $\lim k_t(\omega) = k(\omega) > 0$ ist, und dies ist offensichtlich außerhalb einer m-Nullmenge der Fall.

Kap. 4 Strömungseigenschaften im Großen

§ 1. Rekurrenz

Ist $(\Omega, \mathfrak{B}, m)$ ein Maßraum und x eine (nicht notwendig eineindeutige) m-treue Abbildung von Ω auf sich, so hat man verschiedene Möglichkeiten, die Vorstellung „ein Punkt $\omega \in \Omega$ kehrt immer wieder in die Nähe seiner Ausgangslage zurück", mathematisch zu präzisieren. Die am nächsten liegende Möglichkeit ist natürlich dann gegeben, wenn man in Ω eine Topologie hat, hierzu vgl. Kap. 5. Ist man auf maßtheoretische Mittel beschränkt, so ist der zu beschreitende Weg nicht so eindeutig vorgezeichnet.

Eine schon durch die dem statistischen Ergodensatz (Einleitung; Satz 1.1.1) zugrunde liegenden Ideen nahegelegte Möglichkeit besteht darin, den Punkt ω zu einer Menge $E \in \mathfrak{B}$ aufzublasen und von „Wiederkehr zur Zeit t" zu sprechen, wenn $m(E \cap x^t E) > 0$ gilt. Man sieht sofort: Ist $0 < m(\Omega) < \infty$, $m(E) > 0$ und $r > \frac{m(\Omega)}{m(E)}$, so können je mindestens r verschiedene unter den Mengen $x^t E$ nicht bis auf Nullmengen disjunkt sein; insbesondere gibt es ganze Zahlen t, s mit $0 \leqq t, s \leqq r$ und $m(x^t E \cap x^s E) > 0$, d. h. $m(E \cap x^{(t-s)} E) > 0$. Spätestens nach der Zeit r findet also eine Wiederkehr statt. Man kann die „Güte der Wiederkehr" durch die Größe von $m(E \cap x^t E)$ messen. Es gilt der

Satz 4.1.1 (CHINTSCHIN [4]). *Ist* $m(\Omega) = 1, E \in \mathfrak{B}$, *so ist für jedes* $\varepsilon > 0$ *die Menge* D *aller ganzen Zahlen* t *mit*

$$m(E \cap x^t E) \geqq m(E)^2 - \varepsilon$$

dicht.

Anmerkung. Eine Menge $D \subseteq \Gamma = \{\ldots, -1, 0, 1, \ldots\}$ heißt *dicht*, wenn es eine Zahl $A > 0$ mit $D \cap \langle s, s + A \rangle \neq 0$ $(s \in \Gamma)$ gibt. Wählt man x als mischende Transformation (Def. 4.3.1; § 5, Beispiel 1), so sieht man, daß die Schranke $m(E)^2$ i. a. nicht vergrößert werden kann.

Beweis. Wir beschreiben die Situation funktionalanalytisch im Hilbertraum $\mathfrak{H} = L_m^2$. Ist $h = \chi_E$ die charakteristische Funktion von E, so ist $h \in \mathfrak{H}$ und $m(E \cap x^t E) = (h, x^{-t}h)$, $m(E) = (h, h) = (h, 1)$, falls wir die durch x in $\mathfrak{H}$ vermöge $(xf)(\omega) = f(x\omega)$ induzierte unitäre(!) Transformation ebenfalls mit x bezeichnen. Nach dem statistischen Ergodensatz (Satz 1.1.1) gibt es genau ein $h_0 \in \mathfrak{H}$ mit $x^t h_0 = h_0 (t \in \Gamma)$, derart, daß zu jedem $\varepsilon > 0$ ein $n > 0$ mit

$$(1) \qquad \left\| \frac{1}{n} \sum_{t=0}^{n-1} x^{t+s} h - h_0 \right\| < \frac{\varepsilon}{\| h \|} \qquad (s \in \Gamma)$$

existiert. Es gilt $(h_0, h_0) = (h_0, h)$. Offenbar kann man zu $\delta > 0$ auch ein $n > 0$ mit

$$\left| \frac{1}{n^2} \sum_{s,t=0}^{n-1} (x^t h, x^s h) - (h_0, h_0) \right| < \delta$$

finden. Da

$$0 \leqq \frac{1}{n^2} \sum_{s,t=0}^{n-1} (x^s h - (h, h)\, 1, \; x^t h - (h, h)\, 1)$$

$$= \frac{1}{n^2} \sum_{s,t=0}^{n-1} (x^s h, x^t h) + (h, h)^2 - \frac{2}{n} (h, h) \sum_{t=0}^{n-1} (x^t h, 1)$$

$$= \frac{1}{n^2} \sum_{s,t=0}^{h-1} (x^s h, x^t h) - (h, h)^2$$

$$\leqq (h_0, h_0) + \delta - (h, h)^2$$

gilt und $\delta > 0$ beliebig war, folgt $(h_0, h) = (h_0, h_0) \geqq (h, h)^2$. Benützt man (1), so ergibt sich

$$\frac{1}{n} \sum_{t=0}^{n-1} m(E \cap x^{t+s} E) = \frac{1}{n} \sum_{t=0}^{n-1} (x^{t+s} h, h)$$

$$\geqq (h_0, h) - \varepsilon \geqq (h, h)^2 - \varepsilon \qquad (s \in \Gamma)$$

d. h. in jedem Intervall $\langle s, s + n - 1 \rangle$ liegt mindestens eine Zahl aus D: Also ist D dicht.

Eine „individuelle" Wiederkehreigenschaft formuliert die

Definition 4.1.1. *Ein Punkt* $\omega \in \Omega$ *heißt rekurrent bezüglich der Menge* $E \in \mathfrak{B}$, *wenn es unendlich viele* $t > 0$ *mit* $x^t \omega \in E$ *gibt.*

Satz 4.1.2. *Ist* $0 < m(\Omega) < \infty$ *und* $m(E) > 0$, *so sind* m-*fastalle Punkte* $\omega \in E$ *rekurrent bezüglich* E.

Beweis. Sei $F_n = \{\omega \mid \omega \in E, x^{t\,n}\,\omega \notin E, t = 1, 2, \ldots\}$. Dann ist

$$F_n = E \cap \bigcap_{t=1}^{\infty} x^{-t\,n}(\Omega - E), \quad x^{t\,n}F_n \cap E = 0\,(t = 1, 2, \ldots).$$ Hieraus folgt:

Die Mengen $x^{-t\,n}F_n$ (t ganz) sind paarweise disjunkt, denn für $t < s$ gilt

$$x^{-t\,n}F_n \cap x^{-s\,n}F_n = x^{-s\,n}\left(F_n \cap x^{-(t-s)\,n}F_n\right)$$

$$\subseteq x^{-s\,n}\left(E \cap x^{(s-t)\,n}F_n\right) = 0\,.$$

Dies ist nur mit $m(F_n) = 0$ vereinbar. Offenbar sind alle Punkte $\omega \in E -$ $- \bigcup_n F_n$ rekurrent bezüglich E.

Die in Satz 4.1.2 gemachte Voraussetzung $m(\Omega) < \infty$ kann abgeschwächt werden. x heiße *dissipativ*, wenn es ein $E \in \mathfrak{B}$ mit $m(E) > 0$ und paarweise disjunkten $x^t E$ (t ganz) gibt; ist x nicht dissipativ, so heiße x *konservativ*. Ist x konservativ, eineindeutig und $x\mathfrak{B} = \mathfrak{B} = x^{-1}\mathfrak{B}$, so sind auch alle x^t konservativ (t ganz) (HALMOS [7], bei SUCHESTON [1] findet sich ein kurzer Beweis). Die Aussage von Satz 4.1.2 gilt, wie der Beweis lehrt, auch in diesem Falle. Unter der angegebenen Voraussetzung über x kann man Ω, falls $m(\Omega)$ σ-endlich ist, stets in einen konservativen und einen dissipativen Teil zerlegen: $\Omega = \Omega_K + \Omega_D$ (Ω_K, $\Omega_D \in \mathfrak{B}$, x-invariant; Ω_D ist leicht zu erklären). In Ω_K gilt dann die Aussage von Satz 4.1.2.

Wir erwähnen ferner den

Satz 4.1.3. *Ist* $m(\Omega) = 1$ *und* x *ergodisch* (Def. 4.2.1), *sowie* $m(E) > 0$, *ist ferner* $t(\omega)$ *die kleinste Zahl* $t > 0$ *mit* $T^t \omega \in E$, *so ist* $t(\omega)$ *meßbar und es gilt*

$$\int_E t(\omega)\,m(d\omega) = 1$$

(KAC [1]).

§ 2. Ergodizität

Eine Durchmischungseigenschaft meßbarer Abbildungen läßt sich folgendermaßen präzisieren.

Definition 4.2.1. *Sei* $(\Omega, \mathfrak{B}, m)$ *ein Maßraum und* $\mathfrak{S} = \{x, \ldots\}$ *ein System* $\mathfrak{B}$-*meßbarer* m-*treuer Abbildungen von* Ω *in sich. Eine Menge* $E \in \mathfrak{B}$ *heiße* $\mathfrak{S}$-*invariant, wenn* $|x^{-1}E, E| = 0\,(x \in \mathfrak{S})$ *gilt.* $\mathfrak{S}$ *heiße* m-*ergodisch (bzw.* m *heiße* $\mathfrak{S}$-*ergodisch), wenn für jedes* $\mathfrak{S}$-*invariante* $E \in \mathfrak{B}$ $m(E)\,m(\Omega - E) = 0$ *gilt. Besteht* $\mathfrak{S}$ *nur aus einer Abbildung* x, *und ist* $\mathfrak{S}$ *ergodisch, so heißt* x *ergodisch.*

Ist x eineindeutig, $x\Omega = \Omega$, und x^{-1} meßbar, so ist mit x auch x^{-1} ergodisch. Für Beispiele vgl. § 5. Wegen der m-Treue braucht man x

nur bis auf m-Nullmengen zu betrachten; da die Invarianz einer Menge durch Abänderung um Nullmengen nicht zerstört wird, kann man den Begriff „ergodisch" auch für m-treue Endomorphismen der Maßalgebra $(\mathfrak{B}, m)$ (9.3.4) formulieren. Die Ergodizität einer m-treuen Punktabbildung x von Ω in sich ist eine Eigenschaft des zugehörigen Endomorphismus $\underline{x}$ der Maßalgebra $(\mathfrak{B}, m)$. Dies wird in Kap. 6 wesentlich ausgenützt. Es gilt der

Satz 4.2.1. *Seien* $(\underline{\mathfrak{B}}, m)$, $(\underline{\mathfrak{B}}', m')$ *Maßalgebren und* $\varphi : \underline{\mathfrak{B}} \to \underline{\mathfrak{B}}'$ *ein Isomorphismus von* $\mathfrak{B}$ *auf* $\mathfrak{B}'$, *der m in m' überführt. Ist $\underline{x}$ ein m-treuer Endomorphismus von* $\underline{\mathfrak{B}}$, *so ist* $\underline{x}' = \varphi \underline{x} \varphi^{-1}$ *ein m-treuer Endomorphismus von* $\underline{\mathfrak{B}}'$. $\underline{x}'$ *ist genau dann ergodisch, wenn* $\underline{x}'$ *ergodisch ist.*

In § 5 werden Beispiele ergodischer Punktabbildungen x in speziellen Maßräumen gegeben; damit hat man auch ergodische Endomorphismen bzw. Automorphismen $\underline{x}$ der zugehörigen Maßalgebren. 9.3.7 und Satz 4.2.1 liefern dann z. B. die Existenz ergodischer Automorphismen in beliebigen maß-endlichen atomfreien separablen Maßalgebren; dies ist z. B. für den Beweis von Satz 6.6.3 von Bedeutung. HALMOS-V. NEUMANN [1] haben die Klasse derjenigen endlichen Maßräume $(\Omega, \mathfrak{B}, m)$ charakterisiert, in denen jeder Automorphismus der zugehörigen Maßalgebra $(\mathfrak{B}, m)$ durch eine m-treue Punktabbildung in Ω induziert werden kann.

Ergodizität bedeutet, daß man die Untersuchung von x nicht durch Zerlegen von Ω in invariante Stücke weiter reduzieren kann. Wir geben nun weitere Umformungen des Begriffs „ergodisch" für m-treue Abbildungen x an.

Ist $x^{-1}\mathfrak{B} \subseteqq \mathfrak{B}$ und f meßbar, so ist die Funktion $(xf)\,(\omega) = f(x\omega)$ ebenfalls meßbar. Ist $(xf)\,(\omega) = f(\omega)$ (m-fastüberall), so heißt f x-invariant. $E \in \mathfrak{B}$ ist genau dann invariant, wenn die charakteristische Funktion von E invariant ist. Dies liefert bereits den „dann"-Teil von

Satz 4.2.2. *x ist dann und nur dann ergodisch, wenn jede x-invariante meßbare Funktion m-fast-konstant ist.*

Beweis. Sei x ergodisch. Ist f meßbar und invariant, so ist $E_\lambda = \{\omega \mid f(\omega) \leqq \lambda\}$ für jedes reelle λ invariant, also — bis auf Nullmengen — $= 0$ oder $= \Omega$.

Ein anderes Kriterium beruht auf der Tatsache, daß die Funktionenabbildung x den komplexen Hilbertraum L_m^2 linear und isometrisch in sich abbildet. (Besitzt die Punktabbildung x eine meßbare Inverse, so erhält man in L_m^2 sogar eine unitäre Abbildung x.)

Satz 4.2.3. *Sei $m(\Omega) < \infty$ und x eine m-treue Abbildung von Ω in sich; x ist genau dann ergodisch, wenn der Eigenwert 1 der zugehörigen isometrischen Abbildung x in L_m^2 einfach ist. Ist x ergodisch, so sind sämtliche Eigenwerte von x einfach; sie bilden eine Untergruppe der multiplikativen Gruppe der komplexen Zahlen z mit $|z| = 1$.*

Beweis. I. Zum Eigenwert 1 gehören die Konstanten als Eigenvektoren; das Fehlen weiterer Eigenvektoren zum Eigenwert 1 ist nach Satz 4.2.2 mit der Ergodizität von x gleichbedeutend (wenn es nichtkonstante invariante meßbare Funktionen gäbe, gäbe es auch beschränkte Funktionen dieser Art; diese lägen dann in L_m^2).

II. Ist x ergodisch, so gehören zum Eigenwert 1 nur die Konstanten als Eigenvektoren. Ist f ein nichttrivialer Eigenvektor zum Eigenwert η von x, so gilt $x|f| = |xf| = |\eta f| = |f|$, d. h. $|f|$ ist konstant, also $f(\omega) \neq 0$ für fastalle $\omega \in \Omega$. Gehört q zum Eigenwert γ, so gehört $\dfrac{g}{f}$ zum Eigenwert $\dfrac{\gamma}{\eta}$, womit die letzte Aussage des Satzes bewiesen ist.

Für $\gamma = \eta$ folgt die Konstanz von $\dfrac{g}{f}$, also die Einfachheit von γ.

Vgl. in diesem Zusammenhang auch Satz 4.4.4.

Satz 4.2.4. *Ist $m(\Omega) < \infty$, und ist x ergodisch, so gilt für jedes $f \in L_m^1$*

$$\lim_{n \to \infty} \frac{1}{n} \sum_{t=0}^{n-1} (x^t f)(\omega) = \frac{1}{m(\Omega)} \int f\, dm - \qquad (m\text{-fastüberall}).$$

Ist $\mathfrak{M}$ ein System von Mengen aus $\mathfrak{B}$, derart, daß die Linearkombinationen der χ_E ($E \in \mathfrak{M}$) in L_m^2 dichtliegen, und ist

$$(1) \qquad \lim_{n \to \infty} \frac{1}{n} \sum_{t=0}^{n-1} (x^t \chi_E)(\omega) = \text{const} \qquad (m\text{-fastüberall}, E \in \mathfrak{M}),$$

so ist x ergodisch.

Da der Ausdruck unter dem Limes in (1) die mittlere Aufenthaltsdauer von $x^t \omega$ in E bedeutet, gewinnt das Kriterium einen anschaulichen Sinn.

Satz 4.2.5. *Unter den Voraussetzungen am Satz 4.2.3 gilt: x ist genau dann ergodisch, wenn*

$$(2) \qquad \lim_{n \to \infty} \frac{1}{n} \sum_{k=0}^{n-1} (x^k f, g) = \frac{(f, 1)\,\overline{(g, 1)}}{m(\Omega)^2} \qquad (f, g \in L_m^2)$$

gilt.

Beweis. Jedenfalls ist die linke Seite von (2) $= (f_0, g)$ mit invariantem f_0 und $\int f_0\, dm = \int f\, dm = (f, 1)$. Ergodizität liegt genau dann vor, wenn $f_0(\omega) = \dfrac{1}{m(\Omega)}(f, 1)$ (m-fastüberall) gilt. Das ist mit $m(\Omega)(f_0, g) = (f, 1)(1, g)$ gleichbedeutend. Von Interesse ist der

Satz 4.2.6. *Ist $m(\Omega) < \infty$ und x ergodisch, so gilt: Ist $f \geq 0$ und meßbar, und ist $\lim\limits_{n \to \infty} \dfrac{1}{n} \sum\limits_{k=0}^{n-1} (xf)(\omega) = g(\omega)$ m-fastüberall vorhanden und endlich, so ist $f \in L_m^1$.*

Beweis. g ist jedenfalls meßbar und invariant, also nach Satz 4.2.2. eine endliche Konstante $c \geq 0$. Für $f_\alpha(\omega)$

$$= \begin{cases} f(\omega) \text{ für } f(\omega) \leq \alpha \\ \alpha \text{ sonst} \end{cases}$$

gilt $f_\alpha \in L_m^1$ und $\lim\limits_{\alpha \to \infty} \int f_\alpha dm = \int f dm$.

Andererseits ist

$$m(\Omega) \int f_\alpha dm = \lim \frac{1}{n} \sum_{k=0}^{n-1} x^k f_\alpha(\omega)$$

$$\leq \lim_{n \to \infty} \frac{1}{n} \sum_{k=0}^{n-1} x^k f(\omega) = c \qquad (m\text{-fastüberall}).$$

Also ist $0 \leq \int f dm \leq c$.

Satz 4.2.6 wird falsch, wenn man die Voraussetzung $f \geq 0$ fallen läßt: Sei Ω, m, x analog wie in § 5, Beispiel 4 mittels einer schwach-monoton gegen 0 gehenden Zahlenfolge $a_k > 0$ mit $\sum\limits_k a_k < \infty$ konstruiert.

Sorgen wir zusätzlich für $a_{2k-1} = a_{2k} (k = 1, 2, \ldots)$, $\sum\limits_k a_{2k} < \infty$,

$\sum\limits_k \sqrt{k}\, a_{2k} = \infty$ und setzen wir

$$f(\omega) = \begin{cases} -\sqrt{k} \text{ für } \omega \in \Omega_{2k} \\ \sqrt{k} \text{ für } \omega \in \Omega_{2k-1} \end{cases} \qquad (k = 1, 2, \ldots),$$

so ist die Existenz und Endlichkeit von $\lim\limits_{n \to \infty} \frac{1}{n} \sum\limits_{k=0}^{n-1} (x^k f)(\omega)$ (m-fast-überall) leicht zu zeigen. f ist aber nicht integrabel.

§ 3. Starke Mischung

Sei $(\Omega, \mathfrak{B}, m)$ ein endlicher Maßraum. Wir können im folgenden o. B. d. A. $m(\Omega) = 1$ annehmen.

Definition 4.3.1. *Eine m-treue Abbildung x von Ω in sich heißt stark-mischend, wenn*

$$\lim_{t \to \infty} m((x^{-t}E) \cap F) = m(E)\, m(F) \qquad (E, F \in \mathfrak{B})$$

gilt.

Nahezu trivial ist der

Satz 4.3.1. *x ist dann und nur dann stark mischend, wenn*

$$\lim_{t \to \infty} (x^t g, h) = (g, 1)\, \overline{(h, 1)} \qquad (g, h \in L_m^2)$$

gilt. Jede stark mischende Abbildung x ist ergodisch.

Für Beispiele vgl. § 5. Starke Mischung ist eine Eigenschaft des von x induzierten Endomorphismus $\underline{x}$ der Maßalgebra $(\mathfrak{B}, m)$. Satz 4.2.1

nebst den darauffolgenden Bemerkungen überträgt sich sinngemäß. Die Übertragung auf einparametrige Halbgruppen liegt auf der Hand.

Ein Kriterium für starke Mischung bei stationären Gaußschen Prozessen h_t stellt nach Itô [1] das asymptotische Verschwinden der Korrelationsfunktion $r(t) = (h_0, h_t)$ dar.

§ 4. Schwache Mischung

Satz 4.2.3 kennzeichnet unter allen meßbaren maßtreuen Abbildungen eines endlichen Maßraumes in sich die ergodischen durch *Spektraleigenschaften* der zugehörigen isometrischen Abbildung im Hilbertraum L^2.

Für die stark mischenden Transformationen ist eine derartige Kennzeichnung nicht bekannt. Wir erklären nun einen schwächeren Mischungsbegriff, für den eine solche Kennzeichnung möglich ist.

Definition 4.4.1. *Sei* $(\Omega, \mathfrak{B}, m)$ *ein endlicher Maßraum mit* $m(\Omega) = 1$ *und* x *eine m-treue meßbare Abbildung von* Ω *in sich.* x *heißt schwachmischend, wenn*

$$\lim_{n \to \infty} \frac{1}{n} \sum_{t=0}^{n-1} |m((x^{-t}E) \cap F) - m(E)\, m(F)| = 0 \qquad (E, F \in \mathfrak{B})$$

gilt.

Durch Übergang zu charakteristischen Funktionen, Treppenfunktionen und Approximation beweist man den

Satz 4.4.1. *x ist genau dann schwach-mischend, wenn für die durch x in L_m^2 induzierte lineare Abbildung x*

$$(1) \qquad \lim_{n \to \infty} \frac{1}{n} \sum_{t=0}^{n-1} |(x^t g, h) - (g, 1)\, \overline{(h, 1)}| = 0 \qquad (g, h \in L_m^2)$$

gilt.

Corollar. *Ist x schwach-mischend, so gilt* $\inf_{n} |(x^n g, h) - (g, 1)\, \overline{(h, 1)}|$
$= 0\ (g, h \in L_m^2)$.

Im folgenden sei $\Gamma^+ = \{0, 1, \ldots\}$; χ_M bezeichne stets die charakteristische Funktion der Menge $M \subseteq \Gamma^+$.

Eine schöne Interpretation der Definition 4.4.1 liefert das

Lemma 4.4.1. *Sei $\varphi(t)$ eine auf Γ^+ erklärte nichtnegative beschränkte reelle Funktion. Es gilt*

$$(2) \qquad \lim_{n \to \infty} \frac{1}{n} \sum_{t=0}^{n-1} \varphi(t) = 0$$

genau dann, wenn es eine Menge $M \subseteq \Gamma^+$ gibt, die Nullmenge ist, d. h.

$$\lim_{n \to \infty} \frac{1}{n} \sum_{t=0}^{n-1} \chi_M(t) = 0$$

erfüllt, und für welche

$$\lim_{t \to \infty,\, t \notin M} \varphi(t) = 0 \tag{3}$$

gilt (KOOPMANN-V. NEUMANN [1]).

Beweis. I. Daß die Bedingung hinreicht, ist leicht zu zeigen.

II. Es gelte (2). Sei $A_m = \left\{ t \mid \varphi(t) > \dfrac{1}{m} \right\}$ $(m = 1, 2, \ldots)$; dann ist $A_1 \subseteq A_2 \subseteq \cdots$, und wegen $\dfrac{1}{m}\, \chi_{A_m} < \varphi$ gilt

$$\lim_{n \to \infty} \frac{1}{n} \sum_{t=0}^{n-1} \chi_{A_m} = 0 \qquad (m = 1, 2, \ldots).$$

Wir können also $T_m \in \Gamma^+$ $(m = 1, 2, \ldots)$ so bestimmen, daß $T_1 < T_2 < \cdots$ $\ldots, T_m \to \infty$ und

$$\frac{1}{n} \sum_{t=0}^{n-1} \chi_{A_m}(t) < \frac{1}{m} \qquad (n \geqq T_{m-1},\, m = 2, 3, \ldots)$$

gilt. Wir setzen jetzt $M = \sum_{m=2}^{\infty} (T_{m-1}, T_m \rangle \cap A_m$. Für $T_{m-1} + 1 < n \leqq$ $\leqq T_m + 1$ gilt dann

$$\frac{1}{n} \sum_{t=0}^{n-1} \chi_M(t) \leqq \frac{1}{T_{m-1}} \sum_{t=0}^{T_{m-1}} \chi_{A_{m-1}}(t) + \frac{1}{n} \sum_{t=0}^{n-1} \chi_{A_m}(t) < \frac{1}{m-1} + \frac{1}{m}.$$

Also ist M Nullmenge. Die Relation (3) ist unmittelbar zu verifizieren.

Corollar 1. (2) *ist mit* $\dfrac{1}{n} \sum_{t=0}^{n-1} \varphi^2(t) \to 0$ *gleichbedeutend.*

Corollar 2. *Ist* $\varphi(t)^2$ *eine auf* Γ^+ *ergodische nichtnegative Funktion (Kap. 1, § 2), so hat sie genau dann den Mittelwert 0, wenn (2) gilt.*

Im folgenden werden wir den Aufspaltungssatz 1.6.2, sowie Satz 1.7.6 und die einleitenden Bemerkungen zu Kap. 1, § 8 benützen: Die nicht-dehnende Transformation x in L_m^2 erzeugt die Halbgruppe $\mathfrak{S} = \{x^t \mid t \in \Gamma^+\}$; der Hilbertraum $\mathfrak{H} = L_m^2$ zerfällt in zwei orthogonalkomplementäre Teilräume $\mathfrak{P}\mathfrak{F}$, die $\mathfrak{S}$-invariant sind; $\mathfrak{F}$ besteht aus allen $\mathfrak{S}$-Fluchtvektoren, d. h. aus allen Vektoren $f \in \mathfrak{H}$ mit

$$\lim_{k \to \infty} (x^{t_k} f, g) = 0 \qquad (g \in \mathfrak{H})$$

für eine passende Teilfolge t_k von Γ^+. $\mathfrak{P}$ besteht aus allen unter $\mathfrak{S}$ fast-periodischen Vektoren; es gibt eine orthonormierte Basis e_ι $(\iota \in I$ $=$ Indexmenge) von $\mathfrak{P}$ und komplexe Zahlen λ_ι mit $|\lambda_\iota| = 1$ und $x e_\iota$ $= \lambda_\iota e_\iota (\iota \in I)$, d. h. eine Basis aus Eigenvektoren von x (die zugehörigen eindimensionalen Räume sind die nach Satz 1.7.5 $\mathfrak{P}$ aufspannenden irreduzibel invarianten Teilräume von $\mathfrak{P}$; diese sind eindimensional, weil $\mathfrak{S}$ abelsch ist).

Satz 4.4.2. *x ist genau dann schwach-mischend, wenn $\mathfrak{P}$ nur die Konstanten enthält.*

Beweis. I. Sei x schwach-mischend. Für beliebige $g, h \in L^2_m$ erfüllt die nichtnegative Funktion $\varphi(t) = |(x^t g, h) - (g, 1)\,\overline{(h, 1)}| = |(x^t g - (g, 1)\,1, h)|$ die Relation $\lim_{n \to \infty} \dfrac{1}{n} \sum_{t=0}^{n-1} \varphi(t) = 0$. Wir können o. B. d. A. $0 \leq \varphi \leq 1$ annehmen. Die Funktion $\varphi(t)^2$ ist nach Satz 1.8.1 ergodisch. Nach Lemma 4.4.1, Cor. 2 hat sie den Mittelwert 0. Somit ist (wieder nach Satz 1.8.1) $g - (g, 1)\,1 \in \mathfrak{F}$, d. h. $(g, 1)\,1$ die fastperiodische Komponente von g; also besteht $\mathfrak{P}$ nur aus Konstanten.

II. Besteht $\mathfrak{P}$ nur aus Konstanten, so ist $g - (g, 1)\,1$ stets aus $\mathfrak{F}$, d. h. $\dfrac{1}{n} \sum_{t=0}^{n-1} \varphi(t)^2 \to 0$ stets. Nach Lemma 4.4.1, Cor. 1 folgt $\dfrac{1}{n} \sum_{t=0}^{n-1} \varphi(t) \to 0$, d. h. x ist schwachmischend.

Corollar. *x ist genau dann schwach-mischend, wenn die zugehörige Transformation x in L^2_m keinen Eigenwert außer 1, und diesen als einfachen Eigenwert, besitzt. Ist also x nicht-mischend, so gibt es einen Eigenwert mit einem nichtkonstanten Eigenvektor.*

Seien $(\Omega, \mathfrak{B}, m)$, $(\Omega', \mathfrak{B}', m')$ zwei endliche (o. B. d. A. auf $m(\Omega) = m'(\Omega') = 1$ normierte) Maßräume. Ist x eine meßbare m-treue Abbildung von Ω in sich und x' eine meßbare m'-treue Abbildung von Ω' in sich, so ist durch $\tilde{x}(\omega, \omega') = (x\omega, x'\omega')$ eine meßbare $m \times m'$-treue Abbildung des Produktraumes $\tilde{\Omega} = \Omega \times \Omega' = \{\tilde{\omega} = (\omega, \omega')|\ \omega \in \Omega, \omega' \in \Omega'\}$ in sich gegeben. Hierzu gehören Transformationen in den Räumen L^2_m, $L^2_{m'}$, $L^2_{m \times m'}$, die wir ebenfalls mit $x, x', \tilde{x}$ bezeichnen wollen. Die Eigenwertstruktur von $\tilde{x}$ ist auf einfache Weise durch die von x und x' bestimmt:

Lemma 4.4.2. *Eine komplexe Zahl $\tilde{\lambda}$ mit $|\tilde{\lambda}| = 1$ ist genau dann Eigenwert von $\tilde{x}$, wenn sie in der Gestalt $\tilde{\lambda} = \lambda \lambda'$ darstellbar ist, wobei $|\lambda| = |\lambda'| = 1$ ist und λ Eigenwert von x, λ' Eigenwert von x' ist.*

Beweis. Bekanntlich kann $L^2_{m \times m'}$ abstrakt als das symmetrische Tensorprodukt $L^2_m \otimes L^2_{m'}$ aufgefaßt werden (9.9.6); benützen wir die orthogonalen Zerlegungen $L^2_m = \mathfrak{P} \oplus \mathfrak{F}$, $L^2_{m'} = \mathfrak{P}' \oplus \mathfrak{F}'$ und sind $a_\alpha, b_\beta, a'_\gamma, b'_\delta$, ($\alpha \in A, \beta \in B, \gamma \in C, \delta \in D$, A, B, C, D passende Indexmengen) orthonormierte Basen von $\mathfrak{P}, \mathfrak{F}, \mathfrak{P}', \mathfrak{F}'$, so bilden die $a_\alpha \otimes b'_\delta$, $b_\beta \otimes a'_\gamma$, $b_\beta \otimes b'_\delta$ einerseits und die $a_\alpha \otimes a'_\gamma$ andererseits orthonormierte Basen in zwei $\tilde{x}$-invarianten Teilräumen $\tilde{\mathfrak{F}}, \tilde{\mathfrak{P}}$ von $L^2_{m \times m'} = \tilde{\mathfrak{P}} \oplus \tilde{\mathfrak{F}}$ (vgl. 8.8.8). Man verifiziert sofort, daß $\tilde{\mathfrak{F}}$ aus Fluchtvektoren und $\tilde{\mathfrak{P}}$ aus fastperiodischen Vektoren bezüglich der von $\tilde{x}$ erzeugten Halbgruppe besteht. Wir können die a_α, a'_γ als Eigenvektoren von x, x' mit Eigenwerten $\lambda_\alpha, \lambda'_\gamma$ wählen. Kap. 1, § 7 (Schluß). Ist nun $\tilde{h} = \sum_{\alpha, \gamma} h_{\alpha\gamma}\, a_\alpha \otimes a'_\gamma$ ein Eigenvektor zu einem Eigenwert $\tilde{\lambda}$ mit $|\tilde{\lambda}| = 1$, so gilt

$$\tilde{x}\tilde{h} = \sum_{\alpha,\gamma} h_{\alpha\gamma}(x a_\alpha) \otimes (x' a'_\gamma) = \sum_{\alpha,\gamma} h_{\alpha\gamma} \lambda_\alpha \lambda'_\gamma \, a_\alpha \otimes a'_\gamma$$

$$= \tilde{\lambda}\tilde{h} = \sum_{\alpha,\gamma} h_{\alpha\gamma} \tilde{\lambda} \, a_\alpha \otimes a'_\gamma \, ,$$

was wegen der Basiseigenschaft der $a_\alpha \otimes a'_\gamma$ nur mit $\tilde{\lambda} = \lambda_\alpha \lambda'_\gamma$ $(h_{\alpha\gamma} \neq 0)$ vereinbar ist. $a_\alpha \otimes a'_\gamma$ ist offenbar Eigenvektor zum Eigenwert $\lambda_\alpha \lambda'_\gamma$. q. e. d.

Hieraus ergibt sich der

Satz 4.4.3. *$\tilde{x}$ ist genau dann ergodisch, wenn x und x' ergodisch sind und für beliebige von 1 verschiedene Eigenwerte λ, λ' von x, x' stets $\lambda\lambda' \neq 1$ gilt.*

Satz 4.4.4. *x ist genau dann schwach-mischend, wenn folgendes gilt: Bildet man $\tilde{x}$ mit $(\Omega', \mathfrak{B}', m') = (\Omega, \mathfrak{B}, m)$, $x' = x$, so ist $\tilde{x}$ ergodisch.*

Beweis. I. Ist x schwach-mischend, so ist $\mathfrak{P}$, und damit auch $\tilde{\mathfrak{P}}$ eindimensional, d. h. $\tilde{x}$ ist ergodisch. II. Ist $\tilde{x}$ ergodisch, so ist nach Satz 4.4.3 auch x ergodisch. Nach Satz 4.2.3 sind die Eigenwerte von x einfach und bilden eine Gruppe. Nach Satz 4.4.3 kann diese Gruppe nur aus der 1 bestehen. Nach dem Corollar zu Satz 4.4.2 ist x schwach-mischend.

Daß aus der Ergodizität von $\tilde{x}$ die schwache Mischungseigenschaft von x folgt, kann man auch so einsehen:

Ist $xf = \lambda f$ und $g(\omega, \omega') = f(\omega)\,\overline{f(\omega')}$, so ist $\tilde{x}g = g$, und damit g, also auch f, konstant; es folgt $\lambda = 1$. Die umgekehrte Aussage kann man ebenfalls elementar beweisen (vgl. HALMOS [10]).

Die ganze Theorie der schwach-mischenden Transformationen ist sinngemäß auf kontinuierliche Strömungen zu übertragen (vgl. etwa HOPF [9]).

§ 5. Beispiele

Hier sollen einige häufig brauchbare Beispiele für die in den vorigen Paragraphen diskutierten Begriffe zusammengestellt werden. Wir beschränken uns dabei auf diskrete Strömungen. In § 7 (Strömung unter einer Funktion) wird ein allgemeines Verfahren zur Gewinnung kontinuierlicher Strömungen mit vorgeschriebenen Eigenschaften angegeben. Damit werden wir die Frage nach der Existenz ergodischer, mischender oder schwach-mischender Strömungen und nach der Unterschiedenheit dieser Begriffe beantworten; über die Frage der Existenz derartiger Strömungen in *vorgegebenen* Maßräumen vgl. die Diskussion zu Beginn von § 2. Vgl. ferner Kap. 6, Einleitung und § 6.

Beispiel 1 (Starke Mischung durch *Schiebung* (shift) im Folgenraum). Wir bilden das zweifachunendliche direkte Produkt $(\Omega, \mathfrak{B}, m)$

$$= \prod_{t=-\infty}^{\infty}{}^\times (\Omega_t, \mathfrak{B}_t, m_t) \text{ aus lauter Exemplaren } (\Omega_t, \mathfrak{B}_t, m_t) \text{ ein und desselben}$$

Maßraumes: $\Omega_t = \{0, 1\}, \mathfrak{B}_t = \{0, \{0\}, \{1\}, \{0, 1\}\}, m_t(\{0\}) = m_t(\{1\}) =$
$= \frac{1}{2}$; $\mathfrak{B}$ wird von der Vereinigung der endlichen Borelkörper $\mathfrak{B}(I)$
(I ein beliebiges endliches Intervall von ganzen Zahlen) erzeugt; für
$I \cap I' = 0, E \in \mathfrak{B}(I), E' \in \mathfrak{B}(I')$ gilt $m(E \cap E') = m(E) \, m(E')$ (vgl. 9.9.8).
Durch $x\omega = x(\omega_t) = \omega'$ mit $\omega'_t = \omega_{t+1}$ wird eine umkehrbare eindeutige
$\mathfrak{B}$-meßbare m-treue Abbildung x von Ω auf sich erklärt. Sie wird als
Schiebung (shift) bezeichnet. Offenbar ist $x^t \mathfrak{B}(I) = \mathfrak{B}(I - t)$. Ist nun
$E, F \in \bigcup_I \mathfrak{B}(I)$, etwa $E, F \in \mathfrak{B}(I)$, so bestimme man $t > 0$ mit $(I + t) \cap I$
$= 0$; dann wird $m(x^{-t} E) \cap F) = m(x^t E) \, m(F) = m(E) \, m(F)$. Da
$\bigcup_I \mathfrak{B}(I)$ in $\mathfrak{B}$ metrisch dichtliegt, ergibt sich die starke Mischungseigenschaft von x durch Approximation.

 Natürlich kann man hier die $(\Omega_t, \mathfrak{B}_t, m_t)$ als Exemplare eines beliebigen normierten Maßraumes wählen — immer wird die Schiebung
wegen der Produkteigenschaft von m stark-mischend. Etwas komplizier-
tere Beispiele liefern die Markoffschen Prozesse. Man wähle die Ω_t als
Exemplare der endlichen Menge $\{1, \ldots, n\}$, $\mathfrak{B}_t$ bestehe aus allen Teilmengen von Ω_t. Sei $p_{ik}(i, k = 1, \ldots, n)$ eine stochastische Matrix und
$p_k(k = 1, \ldots, n)$ nichtnegative Zahlen mit $\sum_k p_k = 1$ und

$$(1) \qquad\qquad p_i = \sum_k p_{ik} p_k \qquad\qquad (i = 1, \ldots, n).$$

In Kap. 2, § 2 ist ein Überblick über die Gesamtheit aller derartigen
Vektoren (p_k) gegeben. Auf $\mathfrak{B}(I) = \mathfrak{B}(s, t)$ $(s \le t)$ setzen wir jetzt m fest,
indem wir für die Atome von $\mathfrak{B}(s, t)$, d. h. die Mengen („Wörter")

$$(\eta_s, \ldots, \eta_t) = \{\omega \mid \omega_s = \eta_s, \ldots, \omega_t = \eta_t\}$$
$$m((\eta_s, \ldots, \eta_t)) = p_{\eta_t \eta_{t-1}} \, p_{\eta_{t-1} \eta_{t-2}} \cdots, p_{\eta_{s+1} \eta_s} \, p_s$$

setzen. Mittels (1) verifiziert man leicht, daß alle Voraussetzungen des
Satzes von KOLMOGOROFF (9.9.7) erfüllt sind, daß also m eindeutig als
Maß auf $\mathfrak{B}$ erklärt werden kann, und daß die Schiebung x überdies
m-treu ist. Wir wissen, daß die (1) erfüllenden Vektoren (p_k) ein Simplex
im R^n bilden. Es gilt: m ist genau dann ergodisch, wenn (p_k) eine Ecke
(= Extremalpunkt) dieses Simplexes ist. Für einen Beweis vgl. DOOB [9],
S. 459f. Man kann zeigen, daß dann auch hier starke Mischung vorliegt.

 Beispiel 2 (Starke Mischung im Einheitsquadrat: „Blätterteigtrans-
formation").

 Sei $Q = \{(x, y) \mid 0 \le x, y < 1\}$ das halboffene reelle Einheitsquadrat
und $\mathfrak{B}$ der von der Topologie erzeugte Borelkörper, m das Lebesgue-Maß.
Wir setzen

$$b(x, y) = \begin{cases} \left(2x, \dfrac{y}{2}\right) \text{ für } 0 \le x < \dfrac{1}{2} \\[2mm] \left(2x - 1, \dfrac{y + 1}{2}\right) \text{ für } \dfrac{1}{2} \le x < 1, \end{cases}$$

dann ist b eine eineindeutige $\mathfrak{B}$-meßbare m-treue Abbildung von Q auf sich: Ihre Inverse ist ebenfalls $\mathfrak{B}$-meßbar. Ordnet man dem Zahlenpaar (x, y) mit den Dualbruchentwicklungen $x = 0, x_0, x_1 \ldots$ und $y = 0, x_{-1} x_{-2} \ldots$ die zweifach-unendliche Zahlenfolge $\ldots, x_{-1}, x_0, x_1, \ldots,$ so geht Q in die Menge Ω aus Beispiel 1 — mit Ausnahme einer Nullmenge, die auf das Konto der Mehrdeutigkeit der Dualbruchentwicklung dyadisch rationaler Zahlen geht — über, das Lebesguemaß in das dort konstruierte Maß und b in die Schiebung x. Also ist b stark-mischend. Dies Verfahren illustriert auch die zu Beginn von § 2 gemachten Bemerkungen. In ähnlicher Weise erhält man stark-mischende Transformationen im Einheitsintervall oder auch in Einheitskuben von höherer Dimension.

Beispiel 3 (Ergodische, aber nicht schwach-mischende Abbildung auf dem Torus).

Stellt man den Torus T durch die Ebene mod 1 dar, so induziert jede Translation $\{a, b\}$ der Ebene eine maßtreue eineindeutige Abbildung x von T auf sich. Ist $a \neq 0 \neq b$ und $\dfrac{a}{b}$ irrational, so zeigt man durch Fourieranalyse sofort, daß zwar nur Konstante als x-invariante Funktionen in Frage kommen, daß aber der ganze Raum L^2 aus fastperiodischen Vektoren besteht. x ist also nach Satz 4.2.2 ergodisch, nach Satz 4.4.2 aber nicht schwach-mischend (vgl. hierzu WEYL [1], MAAK [3]).

T kann auch als kompakte Gruppe aufgefaßt werden; die angegebene Abbildung x ist kein Automorphismus dieser Gruppe. Automorphismen kompakter Gruppen lassen stets das Haarsche Maß der Gruppe (vgl. etwa LOOMIS [2]) invariant; ist ein solcher Automorphismus ergodisch, so ist er automatisch starkmischend (HALMOS [10], S. 53).

Beispiel 4 (Ergodische Abbildung der positiven Halbachse auf sich).

Sei $1 = a_0 > a_1 > \cdots > 0$ und $\sum\limits_{k=0}^{\infty} a_k = \infty,\ \lim\limits_{k \to \infty} a_k = 0$ (etwa $a_k = \dfrac{1}{k+1}$). Sei $\Omega_k = \{(\xi, \eta) \mid 0 \leq \xi < a_k, \eta = k\},\ \Omega = \bigcup\limits_{k=0}^{\infty} \Omega_k.$ Ω ist offenbar zur positiven Halbachse $R^+ = \{t \mid t\, 0\}$ maßtheoretisch punktisomorph, falls man in Ω trivialer Weise das eindimensionale Lebesguemaß einführt. Sei y eine beliebige eineindeutige maßtreue Abbildung des Einheitsintervalls Ω_0 auf sich. Wir setzen

$$x(\xi, \eta) = \begin{cases} (\xi, \eta + 1) \text{ für } 0 \leq \xi < a_{\eta+1} \\ (y\,\xi, 0) \text{ sonst}. \end{cases}$$

Dann ist x eine eineindeutige meßbare maßtreue Abbildung von Ω auf sich. Ist $x^{-1}E = E$ (also auch $E = x^t E$ (t ganz)) und $E_0 = E \cap \Omega_0$, so ist $E = \{(\xi, \eta) \mid (\xi, \eta) \in \Omega, (\xi, 0) \in E_0\}$. Denn ist $(\xi, \eta) \in \Omega_k,\ \xi \in E_0$, so ist $x^{-k}(\xi, \eta) \in E_0 \subseteq E$, also $(\xi, \eta) \in E$; ist $(\xi, \eta) \in E \cap \Omega_k$, so ist $x^{-k}(\xi, \eta) \in,$

$\in E \cap \Omega_0 = E_0$, also $(\xi, 0) \in E_0$. Es ist aber auch $E = \{(\xi, \eta) \mid (\xi, \eta) \in \Omega,$ $\xi \in y^{-1} E_0\}$. Denn ist $(\xi, \eta) \in \Omega$, $y \xi \in E$, so bestimme man das kleinste k mit $\xi > a_k$; es folgt dann $x^{k-\eta}(\xi, \eta) \in E$; ist umgekehrt $(\xi, \eta) \in E$, und k wie oben bestimmt, so folgt $y \xi \in E_0$. Mithin ist $y^{-1} E_\bullet = E_0$. Wählt man also y ergodisch (etwa mittels Beispiel 1 und Beispiel 2), so wird $m(E_0)$ $(1 - m(E_0)) = 0$, d. h. aber: E oder $\Omega - E$ ist Nullmenge, d. h. auch x ist ergodisch. Es liegt auf der Hand, wie man das Verfahren zur Konstruktion ergodischer Transformationen in $R^n (n > 0)$ ausgestalten kann.

Wir merken noch an: Eine lineare Abbildung im R^n, mit der Determinante ± 1, läßt stets das Lebesgue-Maß invariant, ist aber nie ergodisch (HALMOS [10], S. 28).

Daß es (etwa im Einheitsintervall) schwach-mischende Transformationen gibt, die nicht stark mischen, folgt aus Satz 6.6.2 und 6.6.3. Explizite Beispiele scheinen nicht bekannt zu sein.

Eine der berühmtesten kontinuierlichen stark-mischenden Strömungen ist die geodätische Strömung auf einer geschlossenen Fläche mit konstanter negativer Krümmung und endlicher Oberfläche. HEDLUND [4] bringt eine zusammenfassende Darstellung der hierzu bis 1939 erzielten Ergebnisse mit vollständigem Literaturverzeichnis. Die weitesten Ergebnisse (für Mannigfaltigkeiten beliebiger Dimension und variabler [gegen 0 und $-\infty$ beschränkter] negativer Krümmung) finden sich bei HOPF [10]. Vgl. ferner HOPF [11], SEIDEL [2].

§ 6. Zerlegung in ergodische Bestandteile

Ist Ω die Kreisscheibe vom Radius 1, m das Lebesgue-Maß in Ω und x eine Drehung von Ω um ein irrationales Vielfaches von π, so ist x offenbar nicht ergodisch; man kann aber Ω in ergodische Bestandteile, nämlich die Kreislinien vom Radius $r \leqq 1$ zerlegen. Der erste allgemeine Satz über derartige Zerlegungen stammt von v. NEUMANN [3]; er bezieht sich auf kontinuierliche Strömungen in vollständigen separablen metrischen Räumen und setzt, im Gegensatz zu allen späteren Untersuchungen, die Endlichkeit des invarianten Maßes m nicht voraus. Es wird ein passender Zusammenhang zwischen m und der Metrik gefordert, der außer der Eigenschaft (B) (9.8.6) die σ-Endlichkeit von m zur Folge hat. Die Grundmenge Ω wird in zwei disjunkte invariante Teile Ω_1 und Ω_2 zerlegt, von denen der erste sich als (auf Wunsch disjunkte) Vereinigung abzählbarvieler invarianter Mengen endlichen Maßes darstellen läßt, während Ω_2 keine solchen Mengen mehr enthält. Hierbei kommt es im wesentlichen nur auf die σ-Endlichkeit von m am: Ist $\Omega = \bigcup_k E_k$ mit $m(E_k) < \infty$, so bestimme man $\alpha_k = \sup m(F \cap E_k)$ über alle invarianten F mit $m(F) < \infty$ und sodann F_{kj} als invariante Menge mit $m(F_{kj}) < \infty$ derart, daß $G_k = E_k \cap \bigcup_j F_{kj}$ die Relation $m(G_k) = \alpha_k$ erfüllt.

Sodann setze man $\Omega_1 = \bigcup_{k,j} F_{kj}$. Die feinere Zerlegung in ergodische Bestandteile betrifft nur mehr Ω_1, d. h. das Kernstück des Zerlegungssatzes von v. NEUMANN ist die Zerlegung im Falle $m(\Omega) < \infty$, und dies ist der eigentlich interessante Fall.

Bei *endlichen* invarianten Maßen kann man unter gewissen Zusatzvoraussetzungen den kontinuierlichen Fall mittels Satz 4.7.1 und Satz 4.7.2 auf den diskreten Fall zurückführen. Wir sprechen deshalb im weiteren nur mehr von normierten invarianten Maßen m und einer einzelnen Transformation x. Ist Ω metrisch kompakt und x ein topologischer Automorphismus von Ω (dieser Fall interessiert vor allem die Physik), so hat man den auf KRYLOFF-BOGOLIOUBOFF [4] zurückgehenden Zerlegungssatz 5.2.5; vgl. auch S. 112, sowie OXTOBY [3] bzw. [4]. Die weiteren Untersuchungen von HALMOS [1] und AMBROSE-HALMOS-KAKUTANI [1] hatten ursprünglich das Ziel, topologische Annahmen über Ω und x überflüssig zu machen und sie durch Separabilitätsannahmen über den Maßraum zu ersetzen; sie arbeiten im wesentlichen mit *bedingten Verteilungen* (9.8.3); die Annahme, Separabilitätseigenschaften von $\mathfrak{B}$ allein seien hinreichend für die Existenz bedingter Verteilungen (DOOB [4], bis 1948 allgemein akzeptiert) hat sich jedoch als Irrtum erwiesen; die Klasse derjenigen $\Omega, \mathfrak{B}$, für welche die Existenz bedingter Verteilungen [die Eigenschaft (B) (9.8.6)] heute sichergestellt ist, wird durch gewisse mit Topologie zusammenhängende Eigenschaften charakterisiert (vgl. BLACKWELL, Proc. II. Berkeley Symp. II, S. 2, 1956); von Interesse ist hier ferner das auf S. 112 angegebene Darstellungsverfahren). Nachstehend folgen die Hauptergebnisse von HALMOS [1] und AMBROSE-HALMOS-KAKUTANI [1] in modifizierter Gestalt.

Satz 4.6.1. *($\Omega', \mathfrak{B}_0', m'$) sei ein eigentlich-separabler endlicher Maßraum mit der Eigenschaft (B), ($\Omega', \mathfrak{B}', m'$) seine Vervollständigung. x' sei eine m'-treue, samt ihrer Inversen $\mathfrak{B}_0'$-meßbare (und damit $\mathfrak{B}'$-meßbare) ein-eindeutige Abbildung von Ω' auf sich. Dann kann man ($\Omega', \mathfrak{B}', m'$) als modifizierte direkte Summe (9.10.5) invarianter ergodischer Bestandteile darstellen.*

Beweis. Sei $F_k' \in \mathfrak{B}_0'$ eine Folge, die einen zu $\mathfrak{B}_0'$ äquivalenten Borelkörper erzeugt. Sei $\mathfrak{X}'$ der Borelkörper aller strikt-invarianten $E' \in \mathfrak{B}'$. Da ($\Omega', \mathfrak{X}', m'$) separabel ist, gibt es eine Folge $G_k' \in \mathfrak{X}'$, die einen Borelkörper $\mathfrak{X}_1'$ mit $\underline{\mathfrak{X}}_1' = \mathfrak{X}'$ erzeugt (9.2.7). Dabei kann man $G_k' \in \mathfrak{B}_0'$ erreichen, indem man G_k' zunächst durch Abänderung um eine Nullmenge nach $\mathfrak{B}_0'$ verlegt und dann durch Schneiden mit den Transformierten $x'^t G_k'$ wieder strikt-invariant macht (dies bedeutet ebenfalls nur eine Abänderung um Nullmengen und führt aus $\mathfrak{B}_0'$ nicht mehr heraus). Sei $\mathfrak{B}_1'$ der von $\{x'^t F_k', G_j' \mid t \text{ ganz}, k, j = 1, 2, \ldots\} = \{H_1', H_2', \ldots\}$ erzeugte Borelkörper. Man sieht leicht: Es gibt einen abzählbar-erzeugten Borelkörper $\mathfrak{X}_0'$ mit

$$\mathfrak{X}_1' \subseteq \mathfrak{X}_0' \subseteq \mathfrak{X}' \cap \mathfrak{B}_1', \text{ in welchem die durch } h_k'(\omega') = \lim \frac{1}{n} \sum_{t=0}^{n-1} \chi_{H_k'}(x'^t \omega')$$

(wo dieser Limes existiert), $h'_k(\omega') = 0$ (sonst), definierten Funktionen h'_k meßbar sind. Diese Funktionen sind nämlich strikt-invariant und $\mathfrak{B}'_1$-meßbar. Wegen $\mathfrak{B}'_1 \subseteq \mathfrak{B}'_0$ hat $\mathfrak{B}'_1$ die Eigenschaft (B) $(9.8.6)$ und die Vervollständigung $\mathfrak{B}'$; x' ist $\mathfrak{B}'_1$-meßbar. Wir können also $\mathfrak{B}'_0 = \mathfrak{B}'_1$ annehmen. Wie in 9.10.5 kann man nun $(\Omega', \mathfrak{B}', m')$ bezüglich als modifizierte direkte Summe $(\Omega, \mathfrak{B}, m)$ gewisser $(\Omega_\xi, \mathfrak{B}_\xi, m_\xi)$ mittels eines $(X, \mathfrak{X}, p)$ darstellen; die $(\Omega_\xi, \mathfrak{B}_\xi, m)$ sind Vervollständigungen gewisser $(\Omega_\xi, \mathfrak{B}_{0\xi}, m)$, die man so gewinnt: Die Atome von $\mathfrak{X}'_0$ gehören nach 9.1.4 zu $\mathfrak{X}'_0$; wir bilden aus ihnen die Menge X und bezeichnen sie als deren Elemente mit ξ, während sie als (x'-invariante!) Teilmengen von Ω' mit Ω_ξ bezeichnet werden. Sei ferner $\mathfrak{B}_{0\xi} = \{E' \cap \Omega_\xi | E' \in \mathfrak{B}'_0\}$ und $\delta(E', \omega')$ eine Version der bedingten Verteilung von m' auf $\mathfrak{B}'_0$ bezüglich $\mathfrak{X}'_0$; man eliminiert eine Nullmenge aus $\mathfrak{X}'_0$ und erreicht dadurch, daß $\delta(., \omega')$ stets den Träger Ω_ξ ($\omega' \in \Omega_\xi$) hat; dann setzt man $m_\xi(E' \cap \Omega_\xi) = \delta(E', \omega') = \delta(E' \cap \Omega_\xi, \omega')$ ($\omega' \in \Omega_\xi$). Auch $\delta(x'E', \omega')$ ist eine Version der bedingten Verteilung. Da $\mathfrak{B}'_0$ abzählbar erzeugt ist, gilt nach Elimination einer passenden invarianten Nullmenge $\delta(E', \omega) = \delta(x'E', \omega')$ ($E' \in \mathfrak{B}'_0$, $\omega' \in \Omega'$), woraus die Invarianz der $\delta(., \omega')$, also auch der m_ξ und ihrer Vervollständigungen unter den von x' in den Ω_ξ induzierten Transformationen folgt (9.3.8). Die Ergodizität der m_ξ folgt, wenn alle $\delta(., \omega')$ ergodisch sind. Hierzu genügt es nach Satz 4.2.4, die $\mathfrak{X}'_0$-Meßbarkeit der h'_k zu erreichen. Das hatten wir aber von vornherein erzwungen.

Anmerkung. Weiß man von vornherein, daß $(\Omega', \mathfrak{B}', m')$ die Eigenschaft (B) hat und abzählbar-erzeugt ist, so kann man mit gewöhnlichen direkten Zerlegungen arbeiten.

Wären die Räume $(\Omega_\xi, \mathfrak{B}_\xi, m_\xi)$ sämtlich punkt-isomorph, so ginge die direkte Summe $(\Omega, \mathfrak{B}, m)$ in ein direktes Produkt über (9.9.1,4). Dies kann tatsächlich für einen Teil der $(\Omega_\xi, \mathfrak{B}_\xi, m_\xi)$ erreicht werden, wenn $(\Omega', \mathfrak{B}', m)$ atomfrei und separabel, also algebren-isomorph zum Intervall $\langle 0,1 \rangle$ (9.3.7) ist. Man eliminiere zunächst die (meßbare) Menge $\bigcup_{k=1}^{\infty} \{\omega' \mid x'^k \omega' = \omega'\}$ aller periodischen Punkte, und dann die Vereinigung aller invarianten Mengen positiven Maßes, in denen x' ergodisch wirkt (es gibt höchstens abzählbarviele, sie sind zu Intervallen isomorph). Diese Bestandteile der Strömung kann man hinsichtlich des in diesem Paragraphen gesteckten Zieles als erledigt betrachten. Die Restströmung findet entweder in einer Nullmenge statt oder erfüllt nach passender Normierung die Voraussetzungen von

Satz 4.6.2 (MAHARAM [2]). *Es sei $(\Omega', \mathfrak{B}', m')$ ein normierter Maßraum, der zu dem Maßraum $(\langle 0, 1 \rangle, \mathfrak{B}_0, m_0)$ (m_0 Lebesguemaß auf dem natürlichen Borelkörper $\mathfrak{B}_0$) algebren-isomorph ist. x' sei eine eineindeutige m-treue Abbildung von Ω' auf sich. Es gebe keine x'-invariante Teilmenge positiven Maßes von Ω' in der x' ergodisch wirkt, und es gebe keine periodischen Punkte in Ω'. Dann kann man $(\Omega', \mathfrak{B}', m')$ punkt-isomorph auf das*

mit dem gewöhnlichen Lebesguemaß versehene Einheitsquadrat $\langle 0, 1 \rangle \times$
$\times \langle 0, 1 \rangle = \{(\xi, \eta) \mid 0 \leq \xi, \eta \leq 1\} = \Omega$ *abbilden, derart, daß die Abbildung*
x' *in eine Abbildung* x *von* Ω *auf sich (mit Ausnahme einer Nullmenge)*
mit folgenden Eigenschaften übergeht:

Jedes Segment $\Omega_\xi = \{(\xi, \eta) \mid 0 \leq \eta \leq 1\}$ *ist invariant und* x *wirkt*
bezüglich des eindimensionalen Lebesgue-Maßes ergodisch in Ω_ξ; *dies Maß*
ist das einzige normierte x-*invariante Maß in* Ω_ξ.

Ein entsprechender Satz ist auch für Maßräume, die zu R^1 (mit dem
Lebesgue-Maß) isomorph sind, bzw. für kontinuierliche Strömungen
richtig (MAHARAM [2], th. 6 und 7). Die Beweise von MAHARAM [2]
erfordern tiefliegende Untersuchungen über σ-endliche Maßalgebren.
Man kann Satz 4.6.3 jedoch mit den Mitteln von Kap. 5 (insbesondere
Satz 5.2.5) beweisen, wenn man noch einige topologische Sätze zu Hilfe
nimmt: Man kann nämlich Ω als metrisches Kompaktum und x als
umkehrbar stetig annehmen (Kap. 5, § 2 (Schluß)).

Für Einzelheiten vgl. OXTOBY [3], Nr. 8, 9.

§ 7. Normalformen

Da man sich meist für Strömungseigenschaften interessiert, die gegen
isomorphe Abbildungen invariant sind (Ergodizität, Mischung, . . .)
erhebt sich die Frage, ob man einer vorgelegten Strömung durch isomorphe Abänderungen zusätzliche Eigenschaften aufzwingen kann, die
als Ansatzpunkte für eingehendere Untersuchungen brauchbar sind.

Für ein solches Verfahren ist folgendes Beispiel typisch: Ist der Maßraum $(\Omega, \mathfrak{B}, m)$ atomfrei, normiert und separabel, so kann man ihn nach
9.3.7 kraft eines Algebren-Isomorphismus mit dem gewöhnlichen
Lebesgue-Maß in $\langle 0, 1 \rangle$ identifizieren. Jede m-treue Abbildung in Ω
induziert einen Automorphismus der Maßalgebra $(\mathfrak{B}, m)$, der nach der
isomorphen Abbildung derselben wieder durch eine maßtreue Abbildung
x in $\langle 0, 1 \rangle$ dargestellt werden kann (HALMOS-V. NEUMANN [1]). $\langle 0, 1 \rangle$
ist ein metrisch kompakter Raum, und man wird versuchen, sich die Er-
gebnisse von Kap. 5 zunutze zu machen. Beschränken wir uns auf eine
maßtreue Transformation x in $\langle 0, 1 \rangle$. Kap. 5 nützt uns nichts, solange x
nicht auch in beiden Richtungen stetig ist. Dies kann man mit einer
zweiten Isomorphie erzwingen: Wir bilden den gleichfalls metrisch kompakten Produktraum Π aus abzählbarvielen Exemplaren . . ., Π_{-1}, Π_0,
$\Pi_1, \ldots$ von $\langle 0, 1 \rangle$ (8.3.7) und erklären y auf Π als Schiebung (shift):
$y(\ldots, \pi_{-1}, \pi_0, \pi_1, \ldots) = (\ldots, \pi_0, \pi_1, \pi_2, \ldots)$. y ist eineindeutig und
umkehrbar stetig in Π. Bettet man Ω durch $\omega \to (\ldots, x^{-1}\omega, \omega, x\omega, \ldots)$
als Teilmenge $\Pi^{(0)}$ in Π ein, so geht x in y über, $\Pi^{(0)}$ ist y-invariant:
Eine diskrete maßtreue Strömung in einem atomfreien separablen Maß-
raum kann als Teilströmung einer diskreten topologischen Strömung in
einem metrischen Kompaktum aufgefaßt werden. In der Tat konnten
OXTOBY und KAKUTANI die Zerlegungssätze aus § 6 für atomfreie diskrete

Strömungen mittels des Zerlegungssatzes 5.2.5 für topologische Strömungen beweisen (Oxtoby [3], Nr. 8, 9). Auch die Behandlung nicht-kompakter Strömungen durch Einbettung in kompakte (Oxtoby [3]; liefert Verallgemeinerungen der Ergebnisse von Fomin [1]) ist ein typisches Verfahren.

Wir betrachten jetzt ein auf v. Neumann [3] zurückgehendes Verfahren zur Konstruktion kontinuierlicher meßbarer maßtreuer Strömungen in endlichen Maßräumen und zeigen, daß es alle praktisch in Frage kommenden Strömungen (bis auf Isomorphie) liefert (Satz 4.6.1).

Strömung unter einer Funktion: Sei $(\Omega_0, \mathfrak{B}_0, m_0)$ ein Maßraum und $f(\omega_0) > 0$ eine m_0-integrable Funktion auf Ω_0. Über der „Ordinatenmenge" $\Omega = \{\omega = (\omega_0, \eta) \mid 0 \leq \eta < f(\omega_0)\} \subseteq \Omega_0 \times R^-$ von f kann man einen endlichen Maßraum $(\Omega, \mathfrak{B}, m)$ konstruieren, indem man den Produktraum von $(\Omega_0, \mathfrak{B}_0, m_0)$ mit dem Lebesgue-Maß im R^+ bildet und ihn auf Ω einschränkt. Ferner sei in Ω_0 eine m_0-treue eineindeutige Abbildung y gegeben und es gelte

$$\sum_{k=0}^{\infty} f(y^k \omega_0) = \sum_{k=0}^{\infty} f(y^{-k} \omega_0) = \infty \qquad (\omega_0 \in \Omega_0) .$$

Wir setzen, zunächst für $t \geq 0$,

$$x_t(\omega_0, \eta) = \begin{cases} (\omega_0, \eta + t) \text{ falls } 0 \leq \eta + t < f(\omega_0) \\ (y\omega_0, \eta + t - f(\omega_0)) \text{ falls } 0 \leq \eta + t - f(\omega_0) < f(y\omega_0) \\ (y^n \omega_0, \eta + t - \sum_{k=0}^{n-1} f(y^k \omega_0)) \text{ falls} \\ \qquad\qquad 0 \leq \eta + t - \sum_{k=0}^{n-1} f(y^k \omega_0) < f(y^n \omega_0) , \end{cases}$$

d. h. (ω_0, η) steigt mit konstanter Geschwindigkeit empor bis zum „Plafond" $f(\omega_0)$, dann beginnt die Bewegung bei $(y\omega_0, 0)$ von neuem. Jedes $x_t (t \geq 0)$ ist eine eineindeutige meßbare Abbildung von Ω auf sich. Die Meßbarkeit der Inversen $x_{-t} = x_t^{-1} (t \geq 0)$ ist leicht einzusehen. Die $x_t (t \in R^1)$ bilden eine Strömung: $x_{s+t} = x_s x_t (s, t \in R^1)$. Die Eineindeutigkeit ist klar. Um die m-Treue von $x_t (t \geq 0)$ zu beweisen, zerlege man eine beliebige Menge $B \in \mathfrak{B}$ in die paarweise elementfremden meßbaren Mengen

$$B_n = \{(\omega_0, \eta) \mid (\omega_0, \eta) \in B, 0 \leq \eta + t - \sum_{k=0}^{n-1} f(y^k \omega_0) < f(y^n \omega_0)\}$$

$$(n = 0, \pm 1, \pm 2, \ldots) ,$$

dann ist

$$x_t B_n = \{(y^{n-1} \omega_0, \eta + t - \sum_{k=0}^{n-1} f(y^k \omega_0)) \mid (\omega_0, \eta) \in B_n\} \text{ in } \Omega_0 \times R^+ .$$

Eine Abbildung $(\omega_0, \eta) \to (y\omega_0, \eta + g(\omega_0))$ mit m_0-treuem y und integrablem $g(\omega_0)$ ändert aber nichts am Produktmaß, wie man z. B. mittels des Satzes von Fubini (9.9.5) sofort nachrechnet. Aus $m(x_t B_n) = m(B_n)$

folgt durch Zusammensetzen $m(x_t B) = m(B)$. Damit ist auch die m-Treue *aller* $x_t (t \in R^1)$ gezeigt (9.3.8).

Ferner ist x_t eine meßbare Strömung. Die Abbildung $(t, \omega) \to x_t \omega$ von $R^1 \times \Omega$ in Ω ist meßbar. Sei nämlich $B \in \mathfrak{B}$ beliebig gewählt und B' die Menge aller $(t, \omega_0, \eta) \in R^1 \times \Omega_0 \times R^+$ mit $x_t(\omega_0, \eta) \in B$. Sie enthält mit (t, ω_0, η) auch (t', ω_0, η') falls $t' + \eta' = t + \eta$. Es genügt daher, die Meßbarkeit des Durchschnitts von B mit $\Omega_0 \times R^1$ zu beweisen. Das ist aber B selbst.

Endlich hat x_t folgende Eigenschaft:

(P) Ist $M \in \mathfrak{B}$ mit $m(M) > 0$, so gibt es ein $N \in \mathfrak{B}$ mit $N \subsetneqq M$ und $\sup_t m((\Omega - N) \cap x_t N)) > 0$. Dies kann man grob so ausdrücken: In jeder Menge positiven Maßes findet eine maßtheoretisch faßbare echte Bewegung statt. (Dies wäre z. B. nicht der Fall, wenn $\mathfrak{B}$ nur aus invarianten Mengen bestünde.) In der Tat gibt es $\sigma, \varrho > 0$ und $A \in \mathfrak{B}_0$ derart, daß $C = A \times \langle \sigma, \sigma + \varrho) \subsetneqq \Omega$ mit $m(M \cap C) > 0$ gilt, und man kann zusätzlich $A \times \langle \sigma, \sigma + 2\varrho) \subsetneqq \Omega$ erreichen. Mit $N = M \cap C$ und $t = \varrho$ folgt dann $m((\Omega - N) \cap (x_t N)) = m(N) > 0$.

Bemerkung. Ist etwa $m_0(\Omega_0) < \infty$ und $f(\omega_0) \equiv 1$, so übertragen sich die Eigenschaften der Ergodizität, der schwachen bzw. starken Mischung von y auf die kontinuierliche Strömung x_t (vgl. HOPF [9], S. 41 f.). Weitere Beispiele für mischende kontinuierliche Strömungen bei v. NEUMANN [3].

Satz 4.7.1 (AMBROSE-KAKUTANI [1]). *Sie $(\Omega, \mathfrak{B}, m)$ ein endlicher vollständiger Maßraum und X_t $(-\infty < t < \infty)$ eine meßbare stationäre m-treue Strömung darin. Hat sie die Eigenschaft (P), so ist sie punktisomorph zu einer geeigneten Strömung unter einer Funktion.*

Anmerkung. Die Forderung (P) ist wenig einschneidend. Man kann ganz allgemein Ω in zwei invariante Mengen Ω_1, Ω_2 zerlegen, derart, daß für $B \subsetneqq \Omega_2$, $B \in \mathfrak{B}$ und beliebige t

$$m(\Omega_2 - B) \cap x_t B) = 0$$

gilt, und die Strömung in Ω_1 die Eigenschaft (P) hat. Wenn es eine Folge $A_n \in \mathfrak{B}$, $A_n \subseteq \Omega_2$ gibt, derart, daß zu $\omega \neq \eta$ (in Ω_2) stets ein A_n mit $\omega \in A_n$, $\eta \notin A_n$ existiert, so wirkt x_t in Ω_2 nach Elimination einer Nullmenge als Identität. Nichttrivial ist die Strömung also nur in Ω_1; dort beherrscht man sie mittels Satz 4.7.1 (vgl. AMBROSE-KAKUTANI [1]).

Beweis-Andeutung. Wir skizzieren die Gewinnung von $\Omega_0, f(\omega_0)$ und y. Zunächst sei $\mathfrak{A} = \{L = (\Omega - M) \cap x_t M \mid M \in \mathfrak{B}\}$ und $\delta_1 = \sup_{L \in \mathfrak{A}} m(L) > 0$. Wir setzen $\delta = \frac{1}{2} \delta_1$ und wählen $L = (\Omega - M) \cap x_t M \in \mathfrak{A}$ derart, daß $m(L) > \delta_1$ gilt. Die charakteristische Funktion φ von M verschmieren wir längs der Stromlinien zu

$$\Phi_c(\omega) = \frac{1}{c} \int\limits_0^c \varphi(x_t\omega)\, dt\,.$$

Dabei muß man, um die Existenz des Integrals zu sichern, notfalls eine invariante m-Nullmenge eliminieren (Lemma 3.3.1 und die anschließende Diskussion). Nach Kap. 3, § 5, Nr. 7 (WIENER [3]) konvergiert $\Phi_c(\omega)$ für $c \to 0 + 0$ fastüberall gegen $\varphi(\omega)$, sieht also für hinreichend kleines $c > 0$ nahezu ebenso aus wie $\varphi(\omega)$. Insbesondere schöpfen die Mengen

$$N_1 = \left\{\omega \mid \Phi_c(\omega) < \frac{1}{4}\right\},\ N_2 = \left\{\omega \mid \Phi_c(\omega) > \frac{3}{4}\right\}$$

für hinreichend kleines $c > 0$ die Mengen $\Omega - M$ bzw. M beliebig vollständig aus (ohne notwendig in ihnen enthalten zu sein). Man kann also für passendes c, t

$$m(N_1 \cap x_t N_2) > \delta$$

erreichen. Ω' sei nun die Menge aller $\omega \in \Omega$, für welche $x_s\omega$ die Menge $N_1 \cap x_t N_2$ für $s \to +\infty$ wie für $s \to -\infty$ immer wieder trifft. Aus Satz 4.1.2 folgt, daß $\Omega' \supseteqq N_1 \cap x_t N_2$ bis auf eine Nullmenge gilt: $m(\Omega') > \delta$. Ω' ist invariant und $\Phi_c(x_s\omega)$ nimmt für festes $\omega \in \Omega'$ immer wieder Werte $< \frac{1}{4}$ bzw. $> \frac{3}{4}$ an, da $x_s\omega$ immer wieder sowohl N_1 als auch N_2 trifft. Da $\Phi_c(x_s\omega)$ wegen

$$(1) \qquad |\Phi_c(x_u\omega) - \Phi_c(x_s\omega)| \leqq \frac{2}{c}\,|u - s|$$

stetig von s abhängt, wird immer wieder $\Phi_c(x_s\omega) = \frac{1}{2}$, ja die Menge

$$\Omega_0 = \left\{\omega \mid \omega \in \Omega',\ \Phi_c(\omega) = \frac{1}{2},\ \Phi_c(x_s\omega) > \frac{1}{2},\ 0 \leqq s < \frac{c}{8}\right\}$$

ist nichtleer und gehört zu $\mathfrak{B}$. Sie wird von jeder Stromlinie aus Ω immer wieder getroffen, in Abständen $\geqq \frac{c}{8}$. Bezeichnet man für $\omega_0 \in \Omega_0$ mit $f(\omega_0)$ den kleinsten Wert $s > 0$, für den $x_s\omega_0 \in \Omega_0$ gilt, und setzt man $y\omega_0 = x_{f(\omega_0)}\omega_0$, so ist die Strömung x_t auf Ω' isomorph zu der mit y und Ω_0 konstruierten Strömung unter f_0 (für den vollständigen Beweis vgl. AMBROSE [2], AMBROSE-KAKUTANI [1]). Mit derartigen Mengen Ω' kann man Ω ausschöpfen (ist x_t ergodisch, so ist schon $m(\Omega - \Omega') = 0$). Unter gewissen — praktisch immer erfüllten — Voraussetzungen kann man durch isomorphe Abänderung erreichen, daß x_t bezüglich einer gewissen Topologie stetig von t abhängt. Wir wollen die Strömung x_t dann *stetig* nennen. Dies kann man trivialerweise erreichen, indem man die Menge der Stromlinien diskret und jede einzelne Stromlinie durch Übertragung von der t-Achse her topologisiert. Nichttrivial wird das Problem, wenn man verlangt, daß die Topologie maßtheoretisch vernünftig sein soll.

Ein Maßraum $(\Omega, \mathfrak{B}, m)$ heiße ein M-Raum, wenn folgendes gilt: Er ist separabel; in Ω ist eine Topologie gegeben; jede offene Menge gehört zu $\mathfrak{B}$ und hat ein von 0 verschiedenes m-Maß; zu jeder Menge $B \in \mathfrak{B}$ und jedem $\varepsilon > 0$ gibt es eine offene Menge $A \supseteq B$ mit $m(A - B) < \varepsilon$.

Satz 4.7.2 (AMBROSE-KAKUTANI [1]). *Sei $x_t (t \in R^1)$ eine meßbare stationäre m-treue Strömung in einem endlichen eigentlich-separablen vollständigen Maßraum $(\Omega, \mathfrak{B}, m)$. Es gebe eine Folge $A_n \in \mathfrak{B}$, derart, daß zu jedem Paar $\omega \neq \eta$ aus Ω ein n mit $\omega \in A_n, \eta \notin A_n$ existiert. Dann ist die Strömung zu einer stetigen Strömung in einem M-Raum isomorph.*

Beweis. Der Beweis fußt auf der Tatsache, daß eine Funktion der Gestalt $\Phi_c(x_s \omega) = \dfrac{1}{c} \displaystyle\int_0^c \chi_B(x_{t+s}\omega)\, dt$ wegen (1) stetig von s, und nach Kap. 3, § 5, Nr. 7 (WIENER [3]) zugleich in einem maßtheoretischen Sinn stetig von c abhängt. Konstruiert man also mittels solcher Funktionen eine Metrik in Ω, so ist sowohl die Stetigkeit der Strömung als auch der gewünschte Zusammenhang zwischen Maß und Metrik zu erwarten. Gemäß der Anmerkung zu Satz 4.7.1 können wir annehmen, daß die Strömung die Eigenschaft (P) habe und als Strömung unter einer Funktion $f(\omega_0) > 0$ (auf einen Maßraum $(\Omega_0, \mathfrak{B}_0, m_0)$ unter Zuhilfenahme einer eineindeutigen m-treuen Abbildung y von Ω_0 auf sich) dargestellt sei. Man findet nach Elimination einer passenden invarianten Nullmenge ziemlich leicht eine Folge $B_n \in \mathfrak{B}$, die dasselbe leistet wie die Folge A_n, obendrein einen zu $\mathfrak{B}$ äquivalenten Borelkörper erzeugt und noch folgende Eigenschaften hat: Für alle $\omega \in \Omega$ und $c > 0$ existiert

$$\Phi_c^{(n)}(\omega) = \frac{1}{c} \int_0^c \chi_{B_n}(T_t \omega)\, dt$$

und es gilt für alle $\omega \in \Omega$ ohne Ausnahme

$$\lim_{c \to 0+0} \Phi_c^{(n)}(\omega) = \chi_{B_n}(\omega) \,.$$

Wir definieren jetzt eine Metrik $d(\omega, \eta)$ in Ω durch

$$d(\omega, \eta) = \sum_{n,m,k=1}^{\infty} \frac{1}{2^{n+m+k}} \sup_{|s| \le k} \Phi_{\frac{1}{m}}^{(n)}(x_s \omega) \,.$$

Der Beweis des Satzes ist nun nicht mehr schwierig. Die Stetigkeit von x_t folgt z. B. mittels (1). Die Topologie ist separabel, weil sie von einem separablen Banachraum (der aus Folgen stetiger Funktionen besteht) her induziert wird. Die Menge aller Punkte, um die man eine Kugel mit positivem Radius, aber vom Maß 0 schlagen kann, ist daher als Vereinigung abzählbarvieler solcher Kugeln darstellbar, mithin selbst eine (invariante!) Nullmenge; eliminiert man sie, so hat jede offene Menge $\neq 0$ positives m-Maß.

§ 8. Die Existenz invarianter Maße

Den meisten Untersuchungen in der Ergodentheorie liegt folgende Situation zugrunde: $(\Omega, \mathfrak{B}, m)$ ist ein endlicher oder σ-endlicher Maßraum, x eine meßbare Abbildung von in sich und m ist x-invariant: $m(x^{-1}E) = m(E)$ $(E \in \mathfrak{B})$. — Es ist daher von größter Bedeutung, zu ermitteln, wann diese Situation erreicht werden kann. Genauer: $\mathfrak{B}$ sei ein Borelkörper in der Menge Ω, x eine $\mathfrak{B}$-meßbare Abbildung von Ω in sich. Gibt es x-invariante Maße? Wenn ja, wie kann man die Gesamtheit aller x-invarianten Maße beschreiben? Wir beschränken uns im folgenden auf den Fall, daß x eineindeutig ist und eine meßbare Inverse besitzt, daß ferner bereits ein nichttriviales σ-endliches Maß m_0 auf $\mathfrak{B}$ gegeben sei; ferner beschränken wir uns auf die Suche nach x-invarianten Maßen m mit $m_0 \ll m$ (d. h.: aus $m(E) = 0$ folgt stets $m_0(E) = 0$). Die letztere Bedingung schließt die Resultate von Kap. 5 (speziell Satz 5.2.4) i. a. von der jetzigen Diskussion aus (δ_ω ist i. a. nicht $\ll m_\omega$).

Ziel der Untersuchung ist, hinreichende (und evtl. auch notwendige) Bedingungen für folgende Aussagen zu geben:

Aussage *$I E'$. Es existiert ein endliches x-invariantes Maß m auf $\mathfrak{B}$ mit $m_0 \ll m$.*

Aussage *$I U'$. Es existiert ein σ-endliches x-invariantes Maß m auf $\mathfrak{B}$ mit $m_0 \ll m$.*

Wir reduzieren jetzt das damit gestellte Problem.

1. Man kann o. B. d. A. $m_0(\Omega) < \infty$ annehmen. — Denn sonst sei

$$\Omega = \bigcup_{k=1}^{\infty} \Omega_k \ (\Omega_i \cap \Omega_k = 0, i \neq k) \quad \text{und} \quad c_k > 0 \quad \text{derart bestimmt, daß}$$

$\sum_k c_k m_0(\Omega_k) < \infty$ ist. Setzt man dann

$$m_0'(E) = \sum_k c_k m_0(E \cap \Omega_k) \,,$$

so ist $m_0' \ll m_0 \ll m_0'$ und $0 < m_0'(\Omega) < \infty$.

2. Sei $m_0(\Omega) < \infty$. m_0 heiße nichtsingulär, wenn aus $m_0(E) = 0$ stets $m_0(x^t E) = 0$ (t ganz) folgt. Hat man für nichtsinguläre m_0 die Existenz eines Maßes m, das die Aussage $I E'$ bzw. $I U'$ erfüllt, sichergestellt, so auch für beliebige m. Wählt man nämlich Zahlen $e_t > 0$ mit $\sum_{t \text{ ganz}} e_t = 1$

und setzt man

$$m_0''(E) = \sum_{t \text{ ganz}} e_t m_0(x^t E) \,,$$

so ist m_0'' ersichtlich nichtsingulär. Überdies ist $m_0 \ll m_0''$. Hat man also ein x-invariantes m mit $m_0'' \ll m$ gefunden, so gilt auch $m_0 \ll m$.

3. Die Aufgabe wird um nichts schwieriger, wenn man gleich solche m sucht, für welche $m \ll m_0 \ll m$ gilt. — Ist nämlich m x-invariant und $m_0 \ll m$, so sei f die m-Dichte von m_0. Ist $N_0 = \{\omega \mid f(\omega) = 0\}$ und $N = \bigcup_{t \text{ ganz}} x^t N_0$, so ist N invariant und $m_0(N) = 0$. Sei $m'(E) = m(E - E \cap N)$, dann ist

m' x-invariant und aus $m'(E) = 0$ folgt $m(E) = 0$, also $m_0(E) = 0$. Aus $m_0(E) = 0$ folgt $0 = m(E - E \cap N) = m'(E)$. Mithin ist $m' \ll m_0 \ll m'$. — Will man zeigen, daß eine der Aussagen IE', IU' *nicht* gilt, so genügt es zu zeigen, daß kein invariantes m mit $m \ll m_0 \ll m$ existiert.

Wir werden im folgenden stets $m_0(\Omega) = 1$, m_0 nichtsingulär voraussetzen und uns darauf beschränken, hinreichende und evtl. notwendige Bedingungen für folgende Aussagen zu suchen:

Aussage IE. *Es existiert ein endliches x-invariantes m auf mit $m \ll m_0 \ll m$.*

Aussage IU. *Es existiert ein σ-endliches x-invariantes m auf mit $m \ll m_0 \ll m$.*

Dies Problem ist bis heute nicht befriedigend gelöst. Man kennt im wesentlichen nur Umformungen in andere Probleme, die ebenso schwer zugänglich sind. Wir referieren einige dieser Umformungen.

Definition 4.8.1. *$E \in \mathfrak{B}$ heißt $(x\text{-})kompressibel$, wenn $xE \subsetneq E$ und $m(E - xE) > 0$ gilt. Gibt es ein kompressibles E, so heißt x kompressibel, andernfalls inkompressibel.*

Der Begriff „inkompressibel" ist gleichbedeutend mit dem in § 1 erklärten Begriff „konservativ", der für beliebige nichtsinguläre x sinnvoll ist: Gibt es ein $F \in \mathfrak{B}$ mit $m(F) > 0$ und paarweise disjunkten $x^t F$ (t ganz), so ist z. B. $E = \bigcup_{t=0}^{\infty} x^t F$ kompressibel; ist umgekehrt $E \in \mathfrak{B}$ kompressibel, so hat $F = E - xE$ paarweise disjunkte Transformierte und es ist $m(F) > 0$.

Definition 4.8.2. *Zwei Mengen $E, F \in \mathfrak{B}$ heißen σ-äquivalent, wenn es disjunkte meßbare Zerlegungen $E = \sum_{k=1}^{\infty} E_k$, $F = \sum_{k=1}^{\infty} F_k$ und ganze Zahlen t_k mit $x^{t_k} E_k = F_k$ gibt. $E \in \mathfrak{B}$ heißt beschränkt, wenn jede zu E σ-äquivalente Menge $F \subseteq E$ die Relation $m(E - F) = 0$ erfüllt. x heißt beschränkt, wenn Ω beschränkt ist, und σ-beschränkt, wenn Ω als Vereinigung höchstens abzählbarvieler beschränkter Mengen darstellbar ist.*

Man sieht leicht: x ist genau dann beschränkt, wenn jedes $E \in \mathfrak{B}$ beschränkt ist; ist nämlich $E \in \mathfrak{B}$ nicht beschränkt, sondern σ-äquivalent zu einem $F \subseteq E$ mit $m(E - F) > 0$, so ist Ω σ-äquivalent zu $F \cup (\Omega - E)$, und es ist $m(\Omega - (F \cup (\Omega - E))) = m(E - F) > 0$.

Die Begriffe „inkompressibel" und „beschränkt" sind invariant gegen den Übergang von m_0 zu einem m mit $m \ll m_0 \ll m$. Ist m_0 x-invariant, so ist x inkompressibel und beschränkt. Somit sind die in den folgenden Sätzen angegebenen Bedingungen trivialerweise notwendig.

Satz 4.8.1. (HOPF [6]). *Die Aussage IE ist dann und nur dann richtig, wenn x beschränkt ist.*

Für eine Verallgemeinerung auf allgemeine Transformationsgruppen vgl. COTLAR-RICABARRA [1]. Für eine Verallgemeinerung auf Maßalgebren vgl. KAWADA [9].

Satz 4.8.2 (HALMOS [7]). *Die Aussage I U ist dann und nur dann richtig, wenn x σ-beschränkt ist.*

Für die z. T. sehr komplizierten Beweise sei auf die Originalabhandlungen verwiesen. Daß die Aussage IE nur unter speziellen Bedingungen erfüllt ist, zeigt das folgende Beispiel einer konservativen Transformation x.

Beispiel. x sei eine bezüglich des Lebesguemaßes m_0 ergodische Transformation im R^1 (vgl. § 5, Beispiel 4). In Umkehrung der Reduktion Nr. 1 können wir natürlich von m_0 an Stelle eines endlichen Maßes ausgehen. Gäbe es ein $F \in \mathfrak{B}$ mit paarweise disjunkten $x^t F$ $(t$ ganz$)$ und $m(F) > 0$, so könnte man ein $E \subseteq F$ mit $0 < m(E) < m(F)$ finden und zwei disjunkte invariante Mengen $\underset{t}{\bigcup} x^t E = A$ und $\underset{t}{\bigcup} x^t(F - E) = B$ mit $m(A) > 0$, $m(B) > 0$ erhalten; dies läuft der Ergodizität von x zuwider. Also ist x konservativ. Gäbe es ein invariantes endliches m mit $m_0 \ll m \ll m_0$ so wäre die m_0-Dichte f von m jedenfalls m_0-integrabel und invariant, da sie nach Satz 4.2.2 nur konstant sein kann, verschwindet sie identisch, was mit $m_0 \ll m$ nicht in Einklang steht. Also läßt x kein endliches m mit $m \ll m_0 \ll m$ invariant.

Damit hat man zugleich ein Beispiel einer konservativen nichtbeschränkten Transformation. Daß jede beschränkte Transformation inkompressibel und folglich konservativ ist, ist trivial.

Daß auch die Aussage $I U$ nur unter speziellen Bedingungen erfüllt ist, zeigt das folgende

Beispiel (ORNSTEIN[1]) einer eineindeutigen meßbaren Abbildung x des offenen Intervalls $(0, 1)$ auf sich, die bezüglich des Lebesgue-Maßes m_0 nichtsingulär ist und kein σ-endliches x-invariantes Maß m mit $m_0 \ll m$ gestattet. Wir konstruieren x derart, daß es die

Eigenschaft E: Ist $M \subseteq (0, 1)$ meßbar und $m_0(M) > \dfrac{9}{10}$, so gibt es zu jedem $n > 1$ ein System von $n + 1$ paarweise disjunkten und σ-äquivalenten Mengen $M_1, \ldots, M_{n+1} \subseteq M$ mit $m_0(M_1) > \dfrac{1}{8}$

besitzt; wäre m dann ein x-invariantes σ-endliches Maß in $(0, 1)$, mit $m_0 \ll m$, so könnte man auf Grund der σ-Endlichkeit von m ein M mit $m(M) < \infty$, $m_0(M) > \dfrac{9}{10}$ finden; nach 9.4.7 kann man n derart bestimmen, daß aus $N \subseteq M$ $m(N) < \dfrac{1}{n} m(M)$ stets $m_0(N) < \dfrac{1}{8}$ folgt; sind $M_1, \ldots, M_{n+1} \subseteq M$ gemäß der Eigenschaft E konstruiert, so ist $m(M_1) = \cdots = m(M_{n+1})$,

---

[1] Briefliche Mitteilung an den Verf.

also $m(M_\nu) < \dfrac{1}{n} m(M)$, was mit $m_0(M_1) > \dfrac{1}{8}$ nicht verträglich ist. —
x wird in abzählbarvielen Schritten induktiv konstruiert. *Schritt 1*:
Man zerlege $J = \langle 0, 1) = \left\langle 0, \dfrac{1}{3}\right) + \left\langle \dfrac{1}{3}, \dfrac{2}{3}\right) + \left\langle \dfrac{2}{3}, 1\right) = J_1 + J_2 + J_3$ und
setze $x\omega = \omega + \dfrac{1}{3} (\omega \in J_1 + J_2)$. *Schritt n*: Als Ergebnis des voran-
gehenden Schrittes hat man eine disjunkte Zerlegung $J = J_1 + \cdots + J_r$
von $J = \langle 0, 1)$ in halboffene Intervalle J_ϱ, von welchen J_1 ganz links
und J_r ganz rechts in J liegt; im übrigen ist x auf $J_1 + \cdots + J_{r-1}$
erklärt und die Durchzählung der J_ϱ so gewählt, daß $xJ_\varrho = J_{\varrho+1} (1 \leq \varrho < r)$
gilt und die Abbildung $x : J_\varrho \to J_{\varrho+1}$ *linear und anordnungstreu*, also gewiß
„ähnlich" ist:

$$(1) \qquad \frac{m_0(xN)}{m_0(J_{\varrho+1})} = \frac{m_0(N)}{m_0(J_\varrho)} \qquad (N \subseteq J_\varrho \text{ meßbar}) .$$

Nun zerlegen wir J_1 in zwei gleich lange disjunkte halboffene Intervalle
K_1^1 (links) und L_1 (rechts), und L_1 wiederum in $r^l - 1$ gleich lange disjunkte
halboffene Intervalle $K_1^2, \ldots, K_1^u (u = r^l)$, wobei die Zahl l noch fest-
zulegen ist. Mittels $x, \ldots, x^{r-1}$ drücken wir diese Zerlegung $J_1 = \displaystyle\sum_{\nu=1}^{u} K_1^\nu$

in entsprechende Intervallzerlegungen $J_\varrho = \displaystyle\sum_{\nu=1}^{u} K_\varrho^\nu$ mit $K_\varrho^\nu = x^{\varrho-1}K_1^\nu$
durch; die entsprechenden Zerlegungen $m_0(J_\varrho) = \displaystyle\sum_\nu m_0(K_\varrho^\nu)$ erfolgen
wegen (1) alle in denselben Zahlenverhältnissen; insbesondere ist $m_0(K_\varrho^1)$
$= \dfrac{1}{2} m_0(J_\varrho) (1 \leq \varrho \leq r)$. Wir denken uns nun l so groß gewählt, daß

$$(2) \qquad m_0(K_\varrho^\nu) < \frac{1}{100\,rn} \qquad (\nu > 1, 1 \leq \varrho \leq r)$$

gilt. x liefert, soweit es bisher schon definiert war, folgende Ketten von
linearen Intervallabbildungen:

$$K_1^1 \to K_2^1 \to \cdots \to K_r^1,$$
$$K_1^2 \to K_2^2 \to \cdots \to K_r^2,$$
$$\cdots\cdots\cdots\cdots\cdots\cdots\cdots$$
$$K_1^u \to K_2^u \to \cdots \to K_r^u .$$

Wir verheften jetzt diese Ketten zu einer einzigen Kette, indem wir die
linearen anordnungstreuen Intervallabbildungen $K_r^1 \to K_1^2, K_r^2 \to K_1^3, \ldots$
$\ldots, K_r^{u-1} \to K_1^u$ hinzufügen. Der Definitionsbereich von x ist damit auf
$J - K_r^u$, der von x^{-1} auf $J - K_1^1$ ausgedehnt, ohne daß die vorherige
Festsetzung von x berührt wurde. Es ist wieder dieselbe Situation erreicht wie vor Schritt n, jedoch kann man jetzt präziser sagen: Man hat
(nach passender Durchzählung der K_ϱ^ν) eine Zerlegung $J = K_1 + \cdots$
$\cdots + K_r + K_{r+1} + \cdots + K_{ru}$ mit $u = r^l$ und

$$(3) \qquad m_0(K_1 + \cdots + K_r) = \frac{1}{2}, m_0(K_\varrho) < \frac{1}{100\,rn} \qquad (r < \varrho \leq ru).$$

K_1 liegt ganz links, K_{ru} ganz rechts in J, x ist auf $K_1 + \cdots + K_{ru-1}$ erklärt und bildet K_ϱ linear, also gewiß ähnlich, auf $K_{\varrho+1}$ ab. Fährt man so fort, so erhält man x schließlich auf $(0, 1)$ als bezüglich m_0 nichtsinguläre Transformation. Um nachzuweisen, daß x die Eigenschaft E besitzt, benötigen wir bei gegebenem n nur die nach Schritt n erreichte Kenntnis über x, wie sie soeben präzisiert wurde. Sei $m_0(M) > \dfrac{9}{10}$. In jedem K_ϱ hat man die Zerlegung $K_\varrho = (K_\varrho \cap M) + (K_\varrho \cap (J - M))$ $= P_\varrho + Q_\varrho$. Mittels x kann man sie in alle anderen K_σ durchdrücken: $K_\sigma = x^{\sigma-\varrho} P_\varrho + x^{\sigma-\varrho} Q_\varrho$. In jedem K_σ erhält man als gemeinsame Verfeinerung all dieser ru Zerlegungen eine Zerlegung $K_\sigma = P_\sigma^1 + \cdots + P_\sigma^t$ mit $t = 2^{ru}$, und es gilt dann

$$(4) \qquad\qquad x P_\sigma^\tau = P_{\sigma+1}^\tau \qquad\qquad (1 \leqq \sigma < ru),$$

sowie $P_\sigma^\tau \subseteq M$ oder $P_\sigma^\tau \subseteq J - M$. M besteht also einfach aus gewissen P_σ^τ, die wir jetzt *M-Bausteine* nennen wollen. In dem Schema

$$P_1^1 \to P_2^1 \to \cdots \to P_r^1 \to P_{r+1}^1 \to P_{r+2}^1 \to \cdots \to P_{ru}^1$$

$$\cdots\cdots\cdots\cdots\cdots\cdots\cdots\cdots\cdots\cdots\cdots\cdots$$

$$P_1^\tau \to P_2^\tau \to \cdots \to P^\tau \to P_{+1}^\tau \to P_{+2}^\tau \to \cdots \to P_u^\tau$$

$$\cdots\cdots\cdots\cdots\cdots\cdots\cdots\cdots\cdots\cdots\cdots\cdots$$

$$P_1^t \to P_2^t \to \cdots \to P_r^t \to P_{r+1}^t \to P_{r+2}^t \to \cdots \to P_{ru}^t$$

sind die Proportionen der $m_0(P_\sigma^\tau)$ sowohl in allen Zeilen dieselben als auch in allen Spalten dieselben. Den „*linken Teil*" des Schemas oder einer Zeile desselben wollen wir bis zur Spalte r einschließlich rechnen und den Rest als den „*rechten Teil*" bezeichnen. Der linke Teil des Schemas hat nach (3) das m_0-Gesamtmaß $\dfrac{1}{2}$, ebenso der rechte, also haben der linke und der rechte Teil einer Zeile τ je genau die Hälfte des Gesamtmaßes $u_\tau = \sum\limits_\sigma m_0(P_\sigma^\tau)$ der Zeile. Die Zeile τ heiße *gut*, wenn ihr rechter Teil mindestens rn M-Bausteine enthält, andernfalls *schlecht*. In der rechten Hälfte einer schlechten Zeile haben die M-Bausteine höchstens das m_0-Gesamtmaß $\dfrac{1}{100} u_\tau$ (wegen (3)), die Nicht-M-Bausteine im rechten Zeilenteil machen also zusammen ein m_0-Maß $v_\tau \geqq u_\tau\left(\dfrac{1}{2} - \dfrac{1}{100}\right)$ aus. Da $\sum\limits_{\tau \text{ schlecht}} v_\tau < \dfrac{1}{10}$ ist, folgt $\sum\limits_{\tau \text{ schlecht}} u_\tau < \dfrac{1}{2}$, also $\sum\limits_{\tau \text{ gut}} u_\tau > \dfrac{1}{2}$, so daß die Vereinigung G der linken Teile der guten Zeilen $m_0(G) > \dfrac{1}{4}$ und damit $M_1 = G \cap M$ die Relation $m_0(M_1) > \dfrac{1}{4} - \dfrac{1}{10} > \dfrac{1}{8}$ erfüllt. M_1 besteht aus höchstens r M-Bausteinen in jeder guten Zeile; da es im rechten Teil jeder guten Zeile noch mindestens nr M-Bausteine gibt, die von links

her mittels x-Potenzen zu erreichen sind, konstruiert man leicht $M_2, \ldots$
$\ldots, M_{n+1}$ wie in der Eigenschaft E verlangt. — Nach Satz 4.8.2 ist x
nicht σ-beschränkt.

In diesen Zusammenhang gehören einige weitere interessante Sätze.

Satz 4.8.3 (ORNSTEIN-HALMOS, HALMOS [10]). *Ist x inkompressibel
und $m_0(xE) \leqq m_0(E)$ $(E \in \mathfrak{B})$, so ist x m_0-treu.*

Beweis. Ist x nicht m_0-treu, so gibt es ein $E \in \mathfrak{B}$ mit $0 < m_0(xE) <$
$< m_0(E)$. Ist $E_k = \{\omega \mid \omega \in E,\ x^k \omega \in E,\ x^t \omega \notin E,\ t = 1, \ldots, k-1\}$, so
ist $E = \sum\limits_{k=1}^{\infty} E_k$ (disjunkt) bis auf evtl. eine Nullmenge (Satz 4.1.2). Aus

$$\sum_{k=1}^{\infty} m_0(x^k E_k) \leqq \sum_{k=1}^{\infty} m_0(x E_k) = m_0(xE) < m_0(E) \text{ und } \sum_{k=1}^{\infty} m_0(E_k) = m_0(E)$$

sowie $m_0(x^k E_k) \leqq m_0(E_k)$ $(k = 1, 2, \ldots)$ folgt: Es gibt ein k mit
$m_0(x^k E_k) < m_0(E_k)$. Für die Menge $F = \bigcup\limits_{k=1}^{\infty} \bigcup\limits_{t=0}^{k-1} x^t E_k$ ergibt sich $xF = \bigcup\limits_{k=1}^{\infty}$
$\bigcup\limits_{t=1}^{k-1} x^t E_k \cup \bigcup\limits_{j=1}^{\infty} x^j E_j \subseteq F \cup E = F$ und $F - xF = E - \bigcup\limits_{k=1}^{\infty} x^k E_k$, also
$m(F - xF) > 0$, d. h. x ist kompressibel.

Satz 4.8.4 (HALMOS [7], [10]). *Ist $\Omega = \langle 0, 1 \rangle$ und m_0 das Lebesgue-
Maß, so kann man x in der Gestalt $x = ys$ darstellen, wobei*

1. *y m_0-treu ist und*

2. *ein $E \in \mathfrak{B}$ mit $m_0(E) > 0$ und paarweise disjunkten $s^t E$ $(t\ ganz)$
existiert, derart, daß $s\omega = \omega\ (\omega \in \Omega - \bigcup\limits_{t} s^t E)$ gilt.*

Beweis. Sei $s(\omega) = m_0(x\langle 0, \omega\rangle)$, dann ist $s(\omega)$ stark-monoton wach-
send und stetig; es gilt $s(0) = 0$, $s(1) = 1$: s ist ein topologischer Automorphismus des metrischen Kompaktums $\langle 0, 1 \rangle$. Es gilt $m_0(s\langle 0, \omega\rangle)$
$= m_0(\langle 0, s(\omega)\rangle) = m_0(\langle 0, m_0(x\langle 0, \omega\rangle)\rangle) = m_0(x\langle 0, \omega\rangle) = s(\omega)$, also
$m_0(sI) = m(xI)$ für jedes Intervall I, mithin auch für jede Borelmenge I.
$y = xs^{-1}$ ist also m_0-treu. Die Menge $\{\omega \mid s\omega \neq \omega\}$ zerfällt in die Mengen $A = \{\omega \mid s\omega < \omega\}$ und $B = \{\omega \mid s\omega > \omega\}$, die ihrerseits als disjunkte
höchstensabzählbare Summe $A = \sum A_k$, $B = \sum B_k$ von offenen Inter-
vallen A_k, B_k, deren Endpunkte s-fix sind, darstellbar sind. Wählt man
$\omega_k \in A_k$, $\eta_k \in B_k$, so sind die s-Transformierten des Intervalls $(s\omega_k, \omega_k)$
$= A_k'$ bzw. $(\eta_k, s\eta_k \rangle = B_k$ paarweise disjunkt und schöpfen A_k bzw. B_k
aus. Setzt man $E = \sum\limits_{k} (A_k + B_k)$, so ist Nr. 2 des Satzes erfüllt.

DOWKER [1], [4] hat Beziehungen zwischen den Aussagen IE, IU
und den Ergodensätzen gefunden.

Satz 4.8.5 (DOWKER [1]). *Jede der folgenden Aussagen ist notwendig
und hinreichend für die Aussage IE:*

1. Für jede absteigende Folge $E_1, E_2, \ldots \in \mathfrak{B}$ mit $\bigcap_k E_k = 0$ erfüllt die Mengenfunktion

$$\overline{m}_0(E) = \limsup_n \frac{1}{n} \sum_{t=0}^{n-1} m_0(x^t E) \qquad (E \in \mathfrak{B})$$

die Relation

$$\lim_{k \to \infty} \overline{m}_0(E_k) = 0 \, .$$

2. Für jedes $f \in L^1_{m_0}$ mit $f \geq 0$ existiert m_0-fastüberall

$$(5) \qquad \lim_{n \to \infty} \frac{1}{n} \sum_{k=0}^{n-1} f(x^t \omega) = \bar{f}(\omega) \, .$$

3. Für jedes $f \in L^1_{m_0}$ mit $f \geq 0$ ist der Limes (5) im Sinne der m_0-stochastischen Konvergenz vorhanden.

Gilt $I\,E$, so ist $\overline{m}_0(E) = \lim \frac{1}{n} \sum_{t=0}^{n-1} m_0(x^t E) \; (E \in \mathfrak{B})$ invariant und $m_0 \ll \overline{m}_0$.

Daß z. B. die Bedingung 2 notwendig ist, ist nahezu trivial. Ist sie erfüllt, so gewinnt man in der Form $\overline{m}(E) = \int \bar{\chi}_E \, dm_0$ ein invariantes Maß $\overline{m}$ mit $m_0 \ll \overline{m}$.

Satz 4.8.6 (Dowker [4]). *Die Aussage $I\,U$ ist genau dann richtig, wenn eine meßbare Funktion $g(\omega) > 0$ existiert, derart, daß für jede meßbare Funktion $f(\omega)$ mit $0 \leq f(\omega) \leq g(\omega)$ m_0-fastüberall*

$$\lim_{n \to \infty} \frac{\sum_{t=0}^{n-1} f(x^t \omega)}{\sum_{t=0}^{n-1} g(x^t \omega)}$$

existiert.

Nach Satz 3.4.1 ist diese Bedingung notwendig. Ist sie erfüllt, so kann man leicht zeigen, daß m_0-fastüberall

$$\lim_{n \to \infty} \frac{\sum_{t=0}^{n-1} \chi_E(x^t \omega)}{\sum_{t=0}^{n-1} g(x^t \omega)} = \bar{\chi}_E(\omega) \qquad (E \in \mathfrak{B})$$

existiert. $\overline{m}(E) = \int \bar{\chi}_E \, dm_0$ liefert nach gewissen Umformungen das gesuchte invariante Maß m.

Eine gewisse Verwandtschaft mit der Bedingung 1 von Satz 4.8.5 zeigt

Satz 4.8.7 (Markov [1], [2]). *Notwendig und hinreichend für die Richtigkeit der Aussage $I\,E$ ist folgende Bedingung: Zu jedem $\varepsilon > 0$ gibt es ein $\delta > 0$, derart, daß aus $m_0(E) < \delta$ stets $m_0(x^t E) < \varepsilon$ (t ganz) folgt (kurz: die $x^t m_0$ sind gleichgradig totalstetig bezüglich m_0).*

Markov hat diesen Satz für eine beliebige abelsche Familie von Abbildungen x bewiesen.

Beweis. Die Notwendigkeit der Bedingung liegt auf der Hand (9.4.7). Ist sie erfüllt, so ist $\{x^t m_0 \mid t \text{ ganz}\}$ nach 9.4.10 eine bedingt schwach-kompakte invariante Menge im Banachraum $\mathfrak{R}(\mathfrak{B})$. Man kann nun die im Anschluß an Satz 1.2.1 angegebenen Überlegungen über zyklische Halbgruppen anwenden und erhält

$$\lim_{n \to \infty} \left| \frac{1}{n} \sum_{t=0}^{n-1} m_0(x^t E) - m(E) \right| = 0$$

gleichmäßig für alle $E \in \mathfrak{B}$. Die Relation $m_0 \ll m \ll m_0$ kann leicht gefolgert werden.

RECHARD [1] hat ein ähnliches Theorem für eindeutige meßbare Abbildungen x von Ω in sich, die nicht notwendig eine meßbare Inverse zu besitzen brauchen, die aber $m_0(x^{-1}E) = 0 \, (m_0(E) = 0)$ erfüllen, bewiesen.

Für die Existenz invarianter Maße unter speziellen Strömungen vgl. KOOPMAN [1], MARKUS [1], [2], HARRIS [1]; von allgemeiner Bedeutung ist OXTOBY-ULAM [1] (vgl. Satz 5.3.1).

Zu erwähnen ist ferner die Existenz und Eindeutigkeit des invarianten Haarschen Maßes auf lokalkompakten Gruppen (vgl. WEIL [1], LOOMIS [2]). Für die Verallgemeinerungen auf Transformationsgruppen vgl. LOOMIS [1], SEGAL [1].

Kap. 5 Topologische Strömungen

In diesem Kapitel werden Strömungen, die aus stetigen Abbildungen eines topologischen Raumes Ω in sich bestehen, betrachtet. In der Regel wird Ω als metrisch-kompakt und die Strömung als diskret, von einem Automorphismus (d. h. einer eineindeutigen, umkehrbar stetigen Abbildung x von Ω auf sich) erzeugt, vorausgesetzt. Über die mit rein topologischen Mitteln erreichbaren Resultate wird in § 1 stichprobenartig berichtet; man vergleiche hierzu die Monographien von GOTTSCHALK-HEDLUND [3], NEMYTZKI-STEPANOFF [1] und G. D. BIRKHOFF [1]. — Erheblich weiterreichende Aussagen gewinnt man, wenn man Maßtheorie auf dem von der Topologie erzeugten Borelkörper oder — was nach dem Satz von RIESZ (9.5.25) für metrisch-kompakte Ω dasselbe ist — Funktionalanalysis im Dualraum des Banachraums $\mathfrak{C}(\Omega)$ aller stetigen Funktionen auf Ω treibt. Die wesentlichsten Resultate in dieser Richtung finden sich in § 2; ferner vgl. man den Bericht von OXTOBY [3].

§ 1. Rein topologische Untersuchungen

Es sei $\mathfrak{S}$ eine Halbgruppe stetiger Abbildungen x des topologischen Raumes Ω in sich. Wir setzen $\mathfrak{S}\omega = \{x\omega \mid x \in \mathfrak{S}\}$ und bezeichnen die abgeschlossene Hülle von $\mathfrak{S}\omega$ mit $\mathfrak{S}(\omega)$. Eine nichtleere Menge $M \subseteq \Omega$ heiße $(\mathfrak{S}\text{-})$ *minimal*, wenn sie abgeschlossen und $\mathfrak{S}$-invariant ist, und wenn es keine echte nichtleere Teilmenge von M mit derselben Eigenschaft gibt.

Satz 5.1.1. *Ist Ω kompakt, so enthält jede nichtleere abgeschlossene $\mathfrak{G}$-invariante Menge E mindestens eine minimale Menge. Ist M minimal, so gilt*

$$(1) \qquad\qquad M = \mathfrak{G}(\omega) \qquad\qquad (\omega \in M).$$

Beweis. Das System aller nichtleeren abgeschlossenen $\mathfrak{G}$-invarianten Teilmengen von E erfüllt die Voraussetzungen des Zornschen Lemmas (8.1.1) mit $< = \supseteq$, da der Durchschnitt eines totalgeordneten Teilsystems wieder zum System gehört (8.2.11). Damit ist die Existenz eines minimalen $M \subseteq E$ bewiesen. (1) ist trivial: $\mathfrak{G}(\omega) \neq 0$ ist $\subseteq M$, abgeschlossen und invariant.

Satz 5.1.2. *Ist Ω kompakt und $\mathfrak{G}$ eine von der Halbgruppe $\mathfrak{G}_0 \subseteq \mathfrak{G}$ erzeugte abelsche Gruppe von Automorphismen von Ω, so ist jede $\mathfrak{G}$-minimale Menge auch $\mathfrak{G}_0$-minimal und umgekehrt.*

Beweis. Es sei M $\mathfrak{G}$-minimal. Nach Satz 5.1.1 gibt es eine $\mathfrak{G}_0$-minimale Menge $M_0 \subseteq M$. Es genügt, $x^{-1}M_0 \subseteq M_0$ aus $x \in \mathfrak{G}_0$ zu folgern. Da $\mathfrak{G}_0$ abelsch ist, ist $x M_0$ $\mathfrak{G}_0$-invariant und $\subseteq M_0$, sowie abgeschlossen, also $= M_0$, d. h. zu jedem $\omega \in M_0$ existiert ein $\omega' \in M_0$ mit $x\omega' = \omega$, d h. $\omega' = x^{-1}\omega \in M_0$.

Ist x ein Automorphismus von Ω, so kann man bei der Ausnützung von Satz 5.1.1 entweder die Gruppe $\mathfrak{G} = \{x^t \mid t \text{ ganz}\}$ oder die $\mathfrak{G}$ erzeugende Halbgruppe $\mathfrak{G}_0 = \{x^t \mid t = 0, 1, \ldots\}$ zugrunde legen. Nach Satz 5.1.2 kommt man beidemal auf dieselben minimalen Mengen und wir bezeichnen diese dann als x-minimal. Wir wollen uns nun auf diese Situation beschränken und Ω im weiteren als metrisch-kompakt voraussetzen. $|\omega, \eta|$ bezeichne den Abstand von $\omega, \eta \in \Omega$.

Nützt man die umkehrbare Stetigkeit von x voll aus, so ergibt sich eine gewisse Fastperiodizität der Strömung in minimalen Mengen. Eine Menge Z von ganzen Zahlen heiße *dicht* in der Menge Γ aller ganzen Zahlen, wenn es ein $L > 0$ gibt, derart, daß jedes Intervall $\langle a, a + L \rangle$ mindestens ein $n \in Z$ enthält. Analog erklärt man den Begriff „dicht" in der Menge Γ^+ aller nichtnegativen ganzen Zahlen (vgl. Kap. 4, § 1 Anm.).

Satz 5.1.3 (GOTTSCHALK [1]). *Ist $\omega \in \Omega$, so ist $\mathfrak{G}(\omega)$ genau dann minimal, wenn es zu jedem $\varepsilon > 0$ eine in Γ dichte Menge Γ_ε mit*

$$|\omega, x^t\omega| < \varepsilon \qquad\qquad (t \in \Gamma_\varepsilon)$$

gibt.

Beweis. I. Sei $\mathfrak{G}(\omega) = M$ minimal, $\varepsilon > 0$ beliebig gewählt, und $\mathfrak{U}_\varepsilon = \{\eta \mid |\omega, \eta| < \varepsilon\}$. Ist $\varrho \in M$ beliebig, so gibt es ein ganzes t mit $x^{-t}\varrho \in \mathfrak{U}_\varepsilon$, d. h. $\varrho \in x^t\mathfrak{U}_\varepsilon$. Die $x^t\mathfrak{U}_\varepsilon (t = 0, \pm 1, \ldots)$ überdecken also M.

Sie sind offen. Also gibt es $t_1, \ldots, t_s$ mit

$$\bigcup_{\sigma=1}^{s} x^{t_\sigma} \mathfrak{U}_\varepsilon \supseteq M \supseteq \mathfrak{G}\omega \,.$$

Sei $\Gamma_\varepsilon = \{t \mid x^t \omega \in \mathfrak{U}_\varepsilon\}$. Ist $x^t \omega \in x^{t_\sigma} \mathfrak{U}_\varepsilon$, so folgt $x^{t-t_\sigma} \omega \in \mathfrak{U}_\varepsilon$, d. h. $t-t_\sigma \in \Gamma_\varepsilon$. Mit $L = 2 \max_\sigma |t_\sigma|$ folgt die Dichtigkeit von Γ_ε.

II. ω habe die angegebene Eigenschaft. Sei $\eta \in \mathfrak{G}(\omega)$. Es genügt, $\omega \in \mathfrak{G}(\eta)$ nachzuweisen. Zu vorgegebenem $\varepsilon > 0$ bestimme man Γ_ε und $L > 0$ derart, daß jedes Intervall $\langle a, a+L \rangle$ mindestens ein $t \in \Gamma_\varepsilon$ enthält. Die $x^0, x^1, \ldots, x^L$ sind gleichgradig und gleichmäßig stetig, also gibt es ein $\delta(\varepsilon) = \delta > 0$ mit

$$|x^t \varrho, x^t \eta| < \varepsilon \qquad (|\varrho, \eta| < \delta, 0 \leqq t \leqq L) \,.$$

Nun bestimme man ein $a \in \Gamma$ mit $|x^a \omega, \eta| < \delta(\varepsilon)$ und ein t mit $0 \leqq t \leqq L$ und $|x^{a+t} \omega, \omega| < \varepsilon$. Dann ist $|x^t \eta, \omega| \leqq |x^t \eta, x^{t+a} \omega| + |x^{t+a} \omega, \omega| < 2\varepsilon$. Es folgt $\omega \in \mathfrak{G}(\eta)$. q. e. d.

Dieser Satz besagt nur eine Regelmäßigkeit der *Wiederkehr*. Die Zahlen $t \in \Gamma_\varepsilon$ sind noch nicht als ε-Fastperioden anzusprechen. t heißt eine *ε-Fastperiode* von ω, wenn

$$|x^s \omega, x^{t+s} \omega| < \varepsilon \qquad (s \in \Gamma)$$

gilt. Hat ω zu jedem $\varepsilon > 0$ eine dichte Menge von ε-Fastperioden, so heißt ω *fastperiodisch*.

Satz 5.1.4 (FRÉCHET). *Ist $\mathfrak{G}$ gleichgradig-stetig, so ist ein Punkt $\omega \in \Omega$ genau dann fastperiodisch, wenn $\mathfrak{G}(\omega)$ minimal ist.*

Beweis. Die gleichgradige Stetigkeit von $\mathfrak{G}$ besagt: Zu jedem $\varepsilon > 0$ gibt es ein $\delta(\varepsilon) > 0$ mit

$$|x^t \omega, x^t \eta| < \varepsilon \qquad (|\omega, \eta| < \delta(\varepsilon), t \text{ ganz}) \,.$$

Nach Satz 5.1.3 folgt die Behauptung unmittelbar.

Anmerkung. Ist x nur eine eindeutige stetige Abbildung von Ω in sich, so wird man die Fastperiodizität eines $\omega \in \Omega$ analog, unter Einschränkung auf $\mathfrak{G}_0$ bzw. Γ^+, erklären. Ist $\mathfrak{G}_0$ dann gleichgradig-stetig, so sieht man: Genau die $\mathfrak{G}_0$-minimalen Punkte sind fastperiodisch. Jeder Punkt $\omega \in \Omega$ ist asymptotisch-fastperiodisch, d. h. es gibt genau einen fastperiodischen Punkt $\omega_0 \in \Omega$ mit

$$\lim_{t \to \infty} |x^t \omega, x^t \omega_0| = 0 \,.$$

Die Beweise sind leicht zu führen. Das Ganze läßt sich auch mittels des im Raum $\mathfrak{C}(\Omega)$ aller stetigen Funktionen auf Ω anzuwendenden Aufspaltungssatzes (Satz 1.6.2) durchführen. Man vgl. in diesem Zusammenhange FAN [1], FRÉCHET [1], [2], [3], [4], [5], auch FOMIN [5], HARTMAN-WINTNER [3].

Für weitere rein topologische Untersuchungen vgl. man die Monographien von GOTTSCHALK-HEDLUND [3], NIEMYTZKI-STEPANOFF [1], G. D. BIRKHOFF [1] und die dort aufgeschlüsselte Literatur. Das bei GOTTSCHALK-HEDLUND [3] aufgestellte Literaturverzeichnis kann noch durch folgende Arbeiten ergänzt werden: BARBASIN [1], [2], [3], [4], [5], [6], BAUM [1], BEBUTOFF [1], [2], BEBUTOFF-STEPANOFF [1], [2], BERNARD [1], BUDAK [1], [2], CHERRY [1], DENJOY [1], DOWKER [5], [6], FORT [2], FRIEDLANDER [1], GORMAN [1], GOTTSCHALK [6], GRABARJ [1], [4], HILMY [1], [2], [3], [4], [5], KONDŌ [1], [2], KRASNOSEL'SKI-KREIN [1], MAAK [3], MAYER [1], [2], [3], MINKEVIC [1], [2], [3], MYSCHKIS [1], NIEMYTZKI [1], [2], [3], [4], [5], NIEMYTZKI-STEPANOFF [1], PUTNAM [1], REEB [1], SALENIUS [1], [2], SEIFERT [1], SIEGEL [1], [2].

§ 2. Topologisch-maßtheoretische Untersuchungen

Es sei x ein Automorphismus des metrisch kompakten Raumes Ω. Für die maßtheoretische Untersuchung der damit gegebenen Strömung benützt man naturgemäß den von den offenen Mengen $M \subseteq \Omega$, d. h. den von der Topologie erzeugten Borelkörper $\mathfrak{B}$. Er wird durch x mengenisomorph (9.3.4) auf sich abgebildet. Um die Sätze aus Kap. 1 und Kap. 3 anwenden zu können, muß man in den Besitz *x-invarianter Maße* gelangen. Es gibt deren, wie schon etwa das Beispiel der rotierenden Kreisscheibe zeigt, i. a. unendlichviele; also muß man sich einen Überblick über sie verschaffen. Den Schlüssel zu diesen Problemen liefert der *Satz von* RIESZ: Der Raum $\mathfrak{R}(\mathfrak{B})$ aller endlichen reellen Maße auf Ω kann als der Dualraum des Banachraums $\mathfrak{C}(\Omega)$ aller stetigen Funktionen $f(\omega)$ auf Ω — mit der Norm $\|f\| = \sup_{\omega} |f(\omega)|$ — aufgefaßt werden; insbesondere ist jede normbeschränkte Menge in $\mathfrak{R}(\mathfrak{B})$ bedingt s-kompakt (8.5.6). — Wir weichen in diesem Paragraphen von den ursprünglich eingeführten Bezeichnungen etwas ab, indem wir bei der Bezeichnung von Elementen des Dualraumes $\mathfrak{R}(\mathfrak{B})$ von $\mathfrak{C}(\Omega)$ den Strich weglassen, also h statt h' schreiben; es entstünde sonst ein Urwald von Strichen. — x induziert eine lineare Isometrie in dem Banachraum $\mathfrak{C}(\Omega)$ gemäß

$$(xf)(\omega) = f(x\omega)$$

und in $\mathfrak{R}(\mathfrak{B})$ die dazu gehörige duale Transformation x' gemäß

$$(f, x'h) = (xf, h) \qquad (f \in \mathfrak{C}(\Omega),\, h \in \mathfrak{R}(\mathfrak{B})).$$

Die Wirkung von x' auf die Diracmaße δ_{ω} ist durch $x'\delta_{\omega} = \delta_{x\omega}$ gegeben.

Die bei der Ausnützung der bedingten s-Kompaktheit beschränkter Mengen in $\mathfrak{R}(\mathfrak{B})$ durchzuführenden Limesbetrachtungen können wegen der Separabilität von $\mathfrak{C}(\Omega)$ (8.5.3) mittels Folgen (an Stelle von Filtern) durchgeführt werden; insbesondere besitzt jede Folge in der Menge

$\mathfrak{V}(\mathfrak{B}) = \mathfrak{V}$ aller positiven normierten Maße auf $\mathfrak{B}$ eine s-konvergente Teilfolge, deren Limes in $\mathfrak{V}$ liegt.

1. Wir beginnen mit der Darstellung einiger Ergebnisse, die durch Übersetzung funktionalanalytisch-geometrischer Aussagen gemäß dem Satz von Riesz gewonnen werden können.

Satz 5.2.1. *Es gibt positive normierte x-invariante Maße auf $\mathfrak{B}$. Die Gesamtheit aller x-invarianten Ladungsverteilungen aus $\mathfrak{R}(\mathfrak{B})$ bildet einen s-abgeschlossenen linearen Raum $\mathfrak{M}$, der mit g, h auch $g \cap h$ und $g \cup h$ enthält.*

Beweis. Sei $\mathfrak{G} = \{x'^t \mid t \text{ ganz}\}$. Die Menge $\mathfrak{V}$ ist konvex, s-kompakt und $\mathfrak{G}$-invariant. Nach Satz 1.2.2 (vgl. die darauffolgende Nr. 2) enthält $\mathfrak{V}$ $\mathfrak{G}$-Fixpunkte, d. h. invariante normierte Maße (Wahrscheinlichkeitsverteilungen). Die Linearität und s-Abgeschlossenheit von $\mathfrak{M}$ ist trivial. Für den Rest des Satzes genügt der Nachweis, daß $\mathfrak{M}$ mit h auch h^+ und h^- enthält. Da für $g \geqq 0$ offenbar $\|g\| = g(\Omega) = (x'g)(\Omega) = \|x'g\|$ gilt, folgt aus $h = h^+ - h^-$ und $x'h = h$ zunächst $h = x'h^+ - x'h^-$ und sodann

$$\|h\| \leqq \|x'h^+\| + \|x'h^-\| = \|h^+\| + \|h^-\| = \|h\| \,.$$

Da die Zerlegung $h = h^+ - h^-$ durch $h^+, h^- \geqq 0$ und $\|h\| = \|h^+\| + \|h^-\|$ eindeutig gekennzeichnet ist, ergibt sich $x'h^+ = h^+$, $x'h^- = h^-$, d. h. $h^+, h^- \in \mathfrak{M}$.

Wir bezeichnen die Gesamtheit aller x'-invarianten $h \in \mathfrak{V}$ mit $\mathfrak{J}(\mathfrak{B}) = \mathfrak{J}$. $\mathfrak{J}$ ist eine s-kompakte konvexe Menge, ist also nach dem Satz von Krein-Milman (8.4.6) mit der konvexen s-abgeschlossenen Hülle der Menge aller ihrer Extremalpunkte identisch. Ein Extremalpunkt in $\mathfrak{J}$ ist ein invariantes Maß $h \in \mathfrak{V}$, das sich nicht in der Gestalt

$$(1) \qquad\qquad h = \alpha g + \beta k \qquad\qquad (\alpha, \beta > 0, \alpha + \beta = 1)$$

durch zwei verschiedene Maße $g, k \in \mathfrak{J}$ darstellen läßt; da man durch Einschränkung eines invarianten Maßes auf eine invariante (d. h. $xM = M = x^{-1}M$ erfüllende) Menge $M \in \mathfrak{B}$ stets wieder ein invariantes Maß erhält, hat dies zur Folge: Ist $\Omega = \Omega_1 \cup \Omega_2$, $\Omega_1 \cap \Omega_2 = 0$, $x\Omega_1 = \Omega_1$, $x\Omega_2 = \Omega_2$, so gilt $h(\Omega_1) h(\Omega_2) = 0$, d. h. *jeder Extremalpunkt von $\mathfrak{J}$ ist ein x-ergodisches Maß* oder: x ist ergodisch bezüglich jedes Extremalpunktes von $\mathfrak{J}$ (vgl. Kap. 4, § 2). Ferner ist jedes x-ergodische invariante normierte Maß h ein Extremalpunkt von $\mathfrak{J}$. Gilt nämlich (1) mit verschiedenen $g, k \in (\mathfrak{J})$, so ist $(g-k)^+ \cap (g-k)^- = 0$, $(g-k)^+ \neq 0 \neq (g-k)^-$, was nach 9.4.6 die Zerlegung von Ω in zwei elementfremde Mengen positiven h-Maßes zur Folge hat. Diese Mengen können genau dann invariant gewählt werden, wenn $(g-k)^+$ und $(g-k)^-$ invariant sind. Dies ist nach Satz 5.2.1 der Fall. Ist also h ergodisch, so ergibt sich ein Widerspruch. Somit können wir die Extremalpunkte von $\mathfrak{J}$ auch als *ergodische Maße* bezeichnen. Wir haben also den

Satz 5.2.2. *Jedes normierte positive invariante Maß (über $\mathfrak{B}$) läßt sich im Sinne der s-Topologie beliebig genau durch endliche Kombinationen*

$$\sum_{i=1}^{n} \alpha_i h_i \quad \alpha_i \geqq 0, \ \sum_{i=1}^{n} \alpha_i = 1$$

ergodischer normierter Maße h_i approximieren. Die ergodischen Maße sind paarweise trägerfremd.

Dieser Satz wird später durch Satz 5.2.5 verschärft. Vgl. in diesem Zusammenhange MILMAN [2], [3], [4].

Bei den vorstehenden Überlegungen wird lediglich benützt, daß x' s-stetig ist und $\mathfrak{B}$ invariant läßt. Diese Voraussetzungen sind bereits erfüllt, wenn x' nicht aus einer Punktabbildung, sondern wie in Kap. 2 (vgl. 9.11.8,9,10) aus einem stochastischen Kern $P(\omega, E)$ entspringt, der die Eigenschaft hat, vermöge $f \to g$:

$$g(\omega) = \int P(\omega, d\eta) f(\eta)$$

stetige Funktionen in stetige Funktionen überzuführen. Es gelten also die vorstehenden Sätze auch in diesem Falle (vgl. BEBUTOFF [3], [4], YOSIDA [4], [7]).

2. Von nun an tritt die klassisch-maßtheoretische Betrachtungsweise gegenüber der funktionalanalytischen in den Vordergrund. Wir wollen den individuellen Ergodensatz bezüglich sämtlicher invarianten Maße anwenden. Demgemäß nennen wir eine Menge $E \in \mathfrak{B}$ eine *Einsmenge*, wenn $h(E) = 1 \ (h \in \mathfrak{I})$, und eine *Nullmenge*, wenn $h(E) = 0 \ (h \in \mathfrak{I})$ gilt. Entsprechend verwenden wir die Bezeichnungen „fastüberall" usw.

Satz 5.2.3. *Sei $h \in \mathfrak{I}$. x bezeichne zugleich die von x in $L_h^p(1 \leqq p \leqq \infty)$ induzierte lineare Transformation: $(xf)(\omega) = f(x\omega) \ (f \in L_h^p)$. Dann ist $\|x\|_p = 1 \ (1 \leqq p \leqq \infty)$.*

E 1. *Es existiert für jedes $f \in L_h^p$*

$$\lim_{n \to \infty} \frac{1}{n} \sum_{k=0}^{n-1} x^k f(\omega) = \bar{f}(\omega) \qquad (h\text{-}fast\ddot{u}berall)$$

mit x-invariantem $\bar{f} \in L_h^p$.

E 2. *Es gilt*

$$\lim_{n \to \infty} \left\| \frac{1}{n} \sum_{k=0}^{n-1} x^k f - \bar{f} \right\|_p = 0 \qquad (f \in L_h^p).$$

E 3. *Ist $f \in L_h^2$, so ist mit $f_n = \dfrac{1}{n} \sum_{k=0}^{n-1} x^k f$*

$$(2) \qquad \lim_{r \to \infty} \frac{1}{r} \sum_{\varrho=1}^{r} (x^\varrho f_n(\omega) - \bar{f}(\omega))^2 = F_n(\omega) \qquad (h\text{-}fast\ddot{u}berall)$$

vorhanden und es gilt

$$\lim_{n \to \infty} \int_{\Omega} F_n(\omega)\, dh = 0.$$

E 4. *Ist $f \in L_h^1$ und $f \geq 0$, so gilt h-fastüberall entweder $\bar{f} > 0$ oder $f = 0$.*

Beweis. E 1 und E 2 sind die Aussagen des individuellen bzw. statistischen Ergodensatzes (vgl. Satz 1.1.1 bzw. 1.2.1, Satz 3.2.1). E 3 folgt so: $(f_n - \bar{f})^2 \in L_h^1$, $(x^\varrho f_n - \bar{f})^2 = x^\varrho (f_n - \bar{f})^2$ (hierbei wird ausgenützt, daß x von einer Punktabbildung herrührt (vgl. in diesem Zusammenhang v. NEUMANN [3], HOPF [13], HALMOS [10])). Aus E 1 folgt (2) mit

$$\int_\Omega F_n \, dh = \int_\Omega (f_n - \bar{f})^2 \, dh = \|f_n - \bar{f}\|_2^2 \to 0 \,.$$

E 4 folgt so: Sei M die Menge aller ω, für welche $\bar{f}(\omega)$ entweder $= 0$ oder nicht definiert ist. M ist invariant, also ist auch die charakteristische Funktion $\chi_M = \chi$ von M invariant, und man hat

$$\int_M f \, dh = \int \chi f \, dh = \int_\Omega \bar{\chi} \bar{f} \, dh = \int \chi \bar{f} \, dh$$
$$= \int_M \bar{f} \, dh = 0,$$

also $f(\omega) = 0$ für fastalle $\omega \in M$.

Geht man von einer „fastüberall" definierten Funktion f, die für jedes $h \in \mathfrak{I}$ in $L_h^p (1 \leq p \leq \infty)$ liegt — etwa von einer stetigen Funktion — aus, so gelten alle Aussagen von Satz 5.2.3 „fastüberall".

Definition 5.2.1. *Ein Punkt $\omega \in \Omega$ heißt quasiregulär (bezüglich x), wenn für alle $f \in \mathfrak{C}(\omega)$*

$$(3) \qquad \lim_{n \to \infty} f_n(\omega) = \lim_{n \to \infty} \frac{1}{n} \sum_{k=0}^{n-1} x^k f(\omega)$$

$$= \lim_{n \to \infty} \left(f, \frac{1}{n} \sum_{k=0}^{n-1} x'^k \delta_\omega \right) = (f, m_\omega)$$

existiert (hierbei bezeichnet δ_ω die in ω aufgesetzte Masse 1). Ein quasiregulärer Punkt ω heißt ergodisch, wenn das vermöge (3) erhaltene $m_\omega \in \mathfrak{I}$ ergodisch ist. Ein quasiregulärer Punkt ω heißt dicht, wenn $m_\omega(U) > 0$ für jede Umgebung U von ω gilt. Q bzw. E bzw. D sei die Menge der quasiregulären bzw. ergodischen bzw. dichten Punkte $\in \Omega$. Ein Punkt aus $R = Q \cap E \cap D$ heiße regulär.

Satz 5.2.4. *R (und damit auch Q, E, D) ist eine Einsmenge.*

Beweis. Es genügt, nachzuweisen, daß Q, E und D Einsmengen sind. Jedenfalls ist $Q, E, D \in \mathfrak{B}$.

1. *Q ist Einsmenge;* denn $\mathfrak{C}(\Omega) \subseteq L_h^1$ für jedes $h \in \mathfrak{I}$, und es genügt, (3) für eine in $\mathfrak{C}(\Omega)$ dichte Menge von Funktionen zu bekommen; da $\mathfrak{C}(\Omega)$ separabel ist, kann diese Menge als Folge $f_1, f_2, \ldots$ gewählt werden. Für jedes k ist (3) für $f = f_k$ außerhalb einer „Nullmenge" N_k richtig.

Außerhalb der Nullmenge $N(h) = \bigcup_k N_k$ ist (3) dann für alle f_k, also für alle $f \in \mathfrak{C}(\Omega)$ richtig. $\Omega - Q \subseteq N(h)$, also $h(Q) = 1$. Dies gilt für jedes $h \in \mathfrak{J}$.

2. *Mittels E 4 folgt, daß fastalle Punkte dicht sind.* Hierzu benützen wir eine Folge von Teilungen der Eins über Ω, deren Feinheiten gegen 0 gehen (8.3.8—10). Mittels Durchzählung erhalten wir eine Folge $g_1, g_2, \ldots \in \mathfrak{C}(\Omega)$, derart, daß $\omega \in D$ sicher gilt, falls $(g_j, m_\omega) > 0$ für alle $j = 1, 2, \ldots$ mit $g_j(\omega) > 0$ erfüllt ist. Nach E 4 ist

$$M_j = \{\omega|\ \omega \in Q,\ (g_j, m_\omega) > 0 \text{ falls } g_j(\omega) > 0\}$$
$$= \{\omega|\ \omega \in Q,\ (g_j, m_\omega) > 0 \text{ oder } g_j(\omega) = 0\}$$

eine Einsmenge, $M = \bigcap_{j=1} M_j$ also auch. Wegen $D \supseteq M$ folgt die Behauptung.

3. *Mittels E 3 folgt, daß fastalle Punkte ergodisch sind.* — Die Ergodizität von ω bedeutet: Ist $f \in \mathfrak{C}(\Omega)$, so gilt

$$\bar{f}(\eta) = \lim_n \frac{1}{n} \sum_{k=0}^{n-1} f(x^k \eta) = (f, m_\omega)$$

für m_ω-fastalle $\eta \in \Omega$. Es genügt wiederum, diese Relation für eine in $\mathfrak{C}(\Omega)$ dichte Folge zu beweisen, und dies läuft darauf hinaus, für eine einzelne Funktion f die Menge der Ausnahmepunkte als m_ω-Nullmenge zu entlarven. Hierzu ist

$$\int (\bar{f}(\eta) - \bar{f}(\omega))^2 m_\omega(d\eta) = 0$$

hinreichend. Es ist aber

$$\int (\bar{f}(\eta) - \bar{f}(\omega))^2 m_\omega(d\eta) = \lim_{n \to \infty} \int \left(\frac{1}{n} \sum_{k=0}^{n-1} x^k f(\eta) - \bar{f}(\omega)\right)^2 m_\omega(d\eta)$$
$$= \lim_{n \to \infty} \int (f_n(\eta) - \bar{f}(\omega))^2 m_\omega(d\eta)$$
$$= \lim_{n \to \infty} \left[\left(\lim_{r \to \infty} \frac{1}{r} \sum_{\varrho=1}^{r-1} (x^\varrho f_n(\omega) - \bar{f}(\omega))^2\right)\right]$$

und dies ist $= 0$ nach E 3.

DOWKER [5] hat bewiesen, daß E (und damit auch Q) unendlich ist, falls Ω unendlich ist, und Aussagen über die Mächtigkeit und Kategorie dieser Mengen gewonnen.

Nun können wir Satz 5.2.2 dahingehend verschärfen, daß zum Aufbau beliebiger invarianter normierter Maße nicht alle ergodischen Maße, sondern nur die zu regulären Punkten gehörigen m_ω benötigt werden.

Satz 5.2.5. *Für jede Funktion $f \in \mathfrak{C}(\Omega)$ ist die für $\omega \in Q$ — also fast-überall — erklärte Funktion*

$$\varphi(\omega) = (f, m_\omega)$$

meßbar und beschränkt, und es gilt für jedes $h \in \mathfrak{I}$

$$(4) \qquad (f, h) = \int_R \varphi(\omega)\, h(d\omega) = \int_R (f, m_\omega)\, h(d\omega) \;.$$

Anmerkung. Statt (4) kann man auch

$$h = \int_R m_\omega h(d\omega)$$

schreiben: Man sieht sofort, daß (4) für beliebige beschränkte meßbare f gilt; denn die Menge der meßbaren f, für die (4) gilt, ist gegen Punktkonvergenz, bei fester Schranke, abgeschlossen. Berechnet man die Integrale in (4) als Teilungsintegrale (9.5.16), so ergibt sich Satz 5.2.2 von neuem.

Beweis. Für $\omega \in Q$ hat man

$$(f, m_\omega) = \lim_{n \to \infty} \frac{1}{n} \sum_{k=0}^{n-1} (f, x^k \delta_\omega) \;.$$

Unter dem Summenzeichen stehen stetige Funktionen; daraus folgt die Meßbarkeit von (f, m_ω). Die linke Gleichung (4) folgt so: Wegen der Invarianz von h gilt

$$(f, h) = (x^k f, h) = (f_n, h) = \int \frac{1}{n} \sum_{k=0}^{n-1} x^k f(\omega)\, h(d\omega)\;.$$

Der Integrand ist beschränkt und konvergiert für h-fastalle $\omega \in \Omega$ gegen (f, m_ω), so daß nach LEBESGUE das Behauptete folgt. Die rechte Gleichung (4) ist trivial.

Nach diesem Überblick über die Gesamtheit $\mathfrak{I}(\mathfrak{B})$ der invarianten normierten Maße können wir die Strömung selbst etwas genauer analysieren.

Ist $h \in \mathfrak{I}$ ergodisch, so gilt

$$(f, m_\omega) = \lim_{n \to \infty} \frac{1}{n} \sum_{k=0}^{n-1} x^k f(\omega) = (f, h) \;,$$

d. h. $m_\omega = h$ für h-fastalle $\omega \in Q$. Insbesondere kann jedes ergodische $h \in \mathfrak{I}$ in der Gestalt $h = m_\omega$ mit regulärem $\omega \in \Omega$ gewonnen werden.

Definition 5.2.2. *Ist $h \in \mathfrak{I}$ ergodisch, so heiße*
$Q_h = \{\omega|\; \omega \in Q,\, m_\omega = h\}$ die zu h gehörige quasiergodische
$R_h = \{\omega|\; \omega \in R,\, m_\omega = h\}$ die zu h gehörige ergodische
Menge. Zwei Punkte $\omega, \eta \in Q$ liegen also genau dann in demselben Q_h, wenn $m_\omega = m_\eta$ gilt. Ein Punkt ω von Q_h liegt genau dann in R_h, wenn $h(U) > 0$ für jede Umgebung U von ω gilt.

Q_h und R_h sind invariante h-Einsmengen. Insbesondere folgt: Ist $h \geq 0$ ergodisch, so ist für h-fastalle $\omega \in Q$ $h(U) > 0$ für jede Umgebung U von ω.

R_h ist stets Träger von h. Die R_h sind paarweise elementfremd und liefern vereinigt R. Sie sind — genau wie die Q_h — den ergodischen h eineindeutig zugeordnet. Weder die Q_h noch die R_h sind i. a. abgeschlossen. Wir untersuchen nun den Zusammenhang zwischen den R_h, den Q_h und den rein topologisch definierten minimalen Mengen (§ 1) etwas genauer (mit den Bezeichnungen von § 1 [$\mathfrak{G} = \{x^t|\, t \text{ ganz}\}$, $\mathfrak{G}_0 = \{x^t|\, t = 0, 1, \ldots\}$]). Jedem R_h bzw. Q_h sind gewisse minimale Mengen zugeordnet, nämlich die in der kleinsten R_h bzw. Q_h umfassenden abgeschlossenen invarianten Menge enthaltenen. Umgekehrt kann man in jeder minimalen Menge M die ganze Theorie abrollen lassen, ohne von weiteren Punkten in Ω Notiz zu nehmen, insbesondere kann man M die in M enthaltenen R_h bzw. Q_h zuordnen. Von diesen Zuordnungen sind nun die wenigsten i. a. eindeutig.

Beispiel. $\Omega = \langle 0, 1 \rangle$, $x\omega = \omega^2$. Es gibt nur zwei ergodische Maße, nämlich m_0 und m_1, und es ist $Q_0 = \langle 0, 1)$ (da bei der Berechnung von m_ω nur die positiven Potenzen von x benützt werden), $Q_1 = \{1\}$, $R_0 = \{0\}$, $R_1 = \{1\}$. — Hier ist Ω die kleinste Q_0 umfassende abgeschlossene invariante Menge. Ω enthält zwei verschiedene minimale Mengen: $\{0\}$ und $\{1\}$.

Um zu zeigen, daß eine minimale Menge mehrere quasi-ergodische Mengen enthalten kann, beweisen wir zunächst einen Satz von allgemeinerem Interesse.

Satz 5.2.6. *Gibt es nur ein invariantes normiertes Maß $h \geqq 0$, so ist h ergodisch und es gibt nur eine quasiergodische Menge $Q = Q_h$ und nur eine ergodische Menge $R = R_h$. Es ist $R \subseteqq Q = \Omega$. R ist die einzige minimale Menge in Ω. Für jedes $f \in \mathfrak{C}(\Omega)$ gilt $\lim\limits_{n \to \infty} f_n(\omega) = (f, h)$ gleichmäßig in $\omega \in \Omega$.*

Beweis. Wäre die letzte Aussage falsch, so gäbe es ein $g \in \mathfrak{C}(\Omega)$, eine Zahl $\alpha \neq (g, h)$, Punkte $\omega_1, \omega_2, \ldots$ und Zahlen $n_1, n_2, \ldots \to \infty$ mit

$$\lim_{i \to \infty} g_{n_i}(\omega_i) = \alpha .$$

Durch Übergang zu Teilerfolgen kann man zusätzlich die Existenz von $\lim f_{n_i}(\omega_i) = L(f)$ für alle $f \in \mathfrak{C}(\Omega)$ sicherstellen. L ist linear, und es ist $L(f) = (f, h_0)$ mit passendem $h_0 \in \mathfrak{V}$. Man sieht leicht, daß $h_0 \in \mathfrak{J}$ ist. Die aus der Konstruktion folgende Aussage $(g, h_0) \neq (g, h)$ steht im Widerspruch zu der aus der Voraussetzung folgenden Aussage $h_0 = h$. — Damit ist zugleich $Q = \Omega$ bewiesen. Da $\Omega - R$ als die Vereinigung aller offenen Mengen $M \subseteqq \Omega$ mit $h(M) = 0$ aufgefaßt werden kann, ist R abgeschlossen. Die Invarianz von R ist bekannt. Um die Minimalität von R zu beweisen, ist $\mathfrak{G}(\omega) \subseteqq \mathfrak{G}(\eta)$ $(\eta, \omega \in R)$ zu zeigen. Da $m_\eta(U) = h(U) = m_\omega(U) > 0$ für jede Umgebung U von ω gilt, ist $\omega \in \mathfrak{G}(\eta)$, also $\mathfrak{G}(\omega) \subseteqq \mathfrak{G}(\omega)$. Gäbe es mehrere minimale Mengen, so wären sie disjunkt, und jede von ihnen müßte mindestens eine ergodische Menge enthalten. Es gäbe also mehrere ergodische Maße. q.e.d.

Hinreichende Bedingungen für die Voraussetzung dieses Satzes haben LOOMIS [1], GOETZ-HARTMAN-STEINHAUS [1] und SEGAL [1] angegeben.

Nach Satz 5.2.6 genügt es, einen nicht-quasiregulären Punkt anzugeben, der die in Satz 5.1.3 formulierte Rückkehreigenschaft besitzt; dann hat man eine minimale Menge, die mehrere quasiergodische Mengen umfaßt, gefunden.

Beispiel. Sei $\Omega_0 = \{0, 1\}$ und $\Omega = \overset{+\infty}{\underset{t=-\infty}{\Pi}}{}^{\times} \Omega_0 = \{\omega = (\ldots, \omega_{-1}, \omega_0, \omega_1, \ldots) = (\omega_t) \mid \omega_t = 0 \text{ oder } 1\}$. Mit der Metrik $|\eta, \omega| = \max_{\eta_t \neq \omega_t} \dfrac{1}{1+t}$ ist Ω kompakt. $(x\omega)_t = \omega_{t+1}$ definiert eine umkehrbar stetige Abbildung von Ω auf sich. Man sieht unmittelbar : ω hat genau dann die in Satz 5.1.3 formulierte Wiederkehreigenschaft, wenn es zu jeder Ziffernfolge $\omega_s, \ldots, \omega_t$ aus ω eine dichte Menge $\Gamma_0 \subseteq \Gamma$ mit $\omega_{s+u} = \omega_s, \ldots, \omega_{t+u} = \omega_t$ ($u \in \Gamma_0$) gibt. — In $\mathfrak{C}(\Omega)$ liegen offenbar diejenigen Funktionen dicht, die nur von je endlichvielen der Variablen ω_t abhängen (8.2.17). Diese sind Treppenfunktionen, und zwar Linearkombinationen von charakteristischen Funktionen von Mengen der Gestalt $\{\omega \mid \omega_{t_1} = \alpha_1, \ldots, \omega_{t_n} = \alpha_n\}$ mit $\alpha_1, \ldots, \alpha_n = 0$ oder $= 1$. Hieraus entnimmt man: ω ist genau dann quasiregulär, wenn jede Ziffernfolge $\omega_s, \ldots, \omega_t$ aus ω mit konvergenter relativer Häufigkeit in der Gestalt $\omega_{s+u}, \ldots, \omega_{t+u}$ ($u \geq 0$) wiederkehrt. — Sei nun $k_i \in \Gamma, k_i > 0$ ($i = 0, 1, 2, \ldots$) so gewählt, daß

$$k_i \equiv 0 \bmod k_{i-1} \text{ und}$$

$$\sum_{i=1}^{\infty} \frac{k_{i-1}}{k_i} \leq \frac{1}{12},$$

also insbesondere $k_i \to \infty$, gilt. Sei $E_i = \underset{n \in \Gamma}{\mathsf{U}} \{t \mid t \in \Gamma, |t - nk_i| \leq k_{i-1}\}$. Da $\underset{i}{\mathsf{U}} E_i = \Gamma$ (wegen $k_i \to \infty$) ist, kann man zu jedem t genau ein $i(t)$ mit $t \in E_{i(t)}$ und $t \notin E_k$ ($k < i(t)$) angeben. Sei

$$\omega_t = \begin{cases} 0 & \text{falls } i(t) \text{ gerade} \\ 1 & \text{falls } i(t) \text{ ungerade.} \end{cases}$$

1. $\omega = (\omega_t)$ *hat die in Satz 1.3 formulierte Wiederkehreigenschaft.* Denn $x^{k_i} E_j = E_j$ ($j = 1, \ldots, i$), also hängt $i(t)$ für $i(t) \leq i$ nur von t mod k_i ab, d. h. jede endliche Zeichenfolge in ω kehrt sogar periodisch wieder (da die Perioden beliebig groß werden können, ist ω selbst nicht periodisch), wie behauptet.

2. $\omega = (\omega_t)$ *ist nicht quasiregulär.* Hierzu zeigen wir, daß $\lim_{n \to \infty} f_n(\omega)$

für die stetige Funktion $f(\eta) = \eta_1$ nicht existiert. $nf_n(\omega) = \sum\limits_{t=1}^{n} \omega_t =$ die Anzahl der t mit $0 < t \leq n$, für welche $i(t)$ ungerade ist. Sei $n = k_i$. Unter den t mit $0 < t \leq k_i$ gehören genau $\dfrac{k_i}{k_j}(2\,k_{j-1} + 1)$ zu E_j, also höchstens

$$\sum_{j=1}^{i} \frac{3\,k_i\,k_{j-1}}{k_j} < 3\,k_i\,\frac{1}{12} = \frac{k_i}{4} \text{ zu } \bigcup_{j=1}^{i} E_j\,.$$

Da sie aber alle zu E_{i+1} gehören, ist für mindestens $\dfrac{3}{4}\,k_i$ von ihnen $i(t) = i + 1$:

$$|f_{k_{i+1}}(\omega) - f_{k_i}(\omega)| \geq \frac{1}{2} \text{ q.e.d.}$$

Für ein weiteres Beispiel (Differentialgleichungen auf dem dreidimensionalen Torus) vgl. GRABARJ [2]. Es gibt auch Beispiele regulärer Punkte ω mit nicht-minimalem $\mathfrak{S}(\omega)$, vgl. OXTOBY [5] th. 2, case B.

Für den Zusammenhang der hier entwickelten Begriffe mit verschiedenen Stabilitätsbegriffen vgl. BOGOLIOUBOFF [1], KRYLOFF-BOGOLIOUBOFF [2], [4], OXTOBY [3].

Für kontinuierliche Strömungen in Kompakten vgl. KRYLOFF-BOGOLIOUBOFF [2], [4]. FORT [2] hat unter sehr speziellen Bedingungen gezeigt, daß man gewisse diskrete Strömungen in halboffenen Intervallen in kontinuierliche Strömungen einbetten kann. Noch allgemeinere Transformationsgruppen in Kompakten hat FOMIN [4] untersucht.

Wir verfolgen den Zusammenhang zwischen Satz 5.2.5 und der Zerfällung von HALMOS [1] (bzw. AMBROSE-HALMOS-KAKUTANI [1], Satz 4.6.1) etwas genauer.

Satz 5.2.7. *Es gibt eine meßbare Funktion $f(\omega)$ auf Q, mit Werten in $\langle 0, 1 \rangle$, die auf jeder quasiergodischen Menge konstant ist und auf verschiedenen quasiergodischen Mengen verschiedene Werte annimmt: $f(\omega) = f(\eta)$ gilt genau dann, wenn $m_\omega = m_\eta$.*

Beweis. Es gibt eine Folge $f_i \in \mathfrak{C}(\Omega)$ mit $\|f_i\| \leq 1$ $(i = 1, 2, \ldots)$, deren lineare Hülle in $\mathfrak{C}(\Omega)$ dicht liegt (8.5.3). $m_\omega = m_\eta$ gilt genau dann, wenn $(f_i, m_\omega) = (f_i, m_\eta)$ $(i = 1, 2, \ldots)$ gilt. Bildet man also $\omega \in Q$ auf den Punkt $\varphi(\omega) = \{(f_i, m_\omega)\}$ des abzählbaren topologischen Produktes $\langle -1, +1 \rangle^\infty$ ab, so ist $\varphi(\omega) = \varphi(\eta)$ mit $m_\omega = m_\eta$ gleichbedeutend.

Nach 9.3.9 kann man eine eineindeutige samt ihrer Inversen meßbare Abbildung ψ von $\langle -1, +1 \rangle^\infty$ auf eine meßbare Teilmenge von $\langle 0, 1 \rangle$ angeben. Die Abbildung φ ist ebenfalls meßbar, da man sie als Limes einer Folge von stetigen Abbildungen bekommen kann. Die Funktion $f(\omega) = \psi(\varphi(\omega))$ $(\omega \in Q)$ erfüllt dann die Behauptung.

Wir betrachten nur mehr R und konstruieren mittels der soeben gewonnenen Abbildung f von R (ursprünglich sogar Q) in $\langle 0, 1 \rangle$ und einer nach 8.3.10 und 9.3.9 sicher vorhandenen eineindeutigen meßbaren Abbildung g von R in das Intervall $\langle 0, 1 \rangle$ eine eineindeutige Abbildung Φ von R in das 1-Quadrat gemäß

$$\Phi(\omega) = (\xi, \tau) \text{ mit } \xi = f(\omega), \tau = g(\omega) \qquad (\omega \in R).$$

Sei $\Phi(R) = Y$. Mit Y_ξ bezeichnen wir den ξ-Schnitt von Y, d. h. die Menge $\{(\zeta, \tau)|\, \zeta = \xi, (\zeta, \tau) \in Y\}$. $X \subseteq \langle 0, 1 \rangle$ sei die Projektion von Y auf die ξ-Achse: $X = f(R)$. Ist $\xi = f(\omega)$, so ist $Y_\xi = (\xi, g(R_{m_\omega}))$. In Y bilden wir den Borelkörper $\mathfrak{Y} = \{E \cap Y \mid E \text{ Borel-Menge}\}$. In Y_ξ bilden wir, falls $\xi = f(\omega)$, den Borelkörper $\mathfrak{Y}_\xi = \{(\xi, M) \subseteq Y_\xi \mid g^{-1}(M) \in \mathfrak{B}\}$; dabei wird allgemein $(\xi, M) = \{(\xi, \eta)|\, \eta \in M\}$ gesetzt. In X haben wir den Borelkörper $\mathfrak{X} = \{N \subseteq X |\, f^{-1}(N) \in \mathfrak{B}\}$. Auf $\mathfrak{Y}$ definieren wir das Maß $\mu(E) = m(\Phi^{-1}(E))$, auf $\mathfrak{Y}_\xi$ das Maß $\nu_\xi(\xi, M) = m_\omega(g^{-1}(M))$ $(\xi = f(\omega))$. Ist nun $m \in \mathfrak{I}$, so setzen wir auf $\mathfrak{X}$

$$\nu(N) = m(f^{-1}(N))$$

und erhalten nach Satz 5.2.5 (Anmerkung) die Darstellung

$$
\begin{aligned}
\mu(E) = m(\Phi^{-1}(E)) &= \int_R m_\omega(\Phi^{-1}(E))\, m(d\omega) \\
&= \int_R m_\omega(\Phi^{-1}(E) \cap R_{m_\omega})\, m(d\omega) \\
&= \int_R \nu_{f(\omega)}(f(\omega), E \cap Y_{f(\omega)})\, m(d\omega) \\
&= \int_X \nu_\xi(\xi, E \cap Y_\xi)\, \nu(d\xi)\,.
\end{aligned}
$$

Der Maßraum $(R, \mathfrak{B}, m)$ erscheint so als direkte Summe (HALMOS [1], AMBROSE-HALMOS-KAKUTANI [1]; vgl. Kap. 9 § 7) der Maßräume $(Y_\xi, \mathfrak{Y}_\xi, \nu_\xi)$ mittels $(X, \mathfrak{X}, \nu)$. Verpflanzt man x in die eineindeutige meßbare Selbstabbildung z von Y gemäß

$$z = \Phi\, x\, \Phi^{-1}\,,$$

so sind die Y_ξ z-invariant und die ν_ξ z-ergodisch.

Durch Ausscheiden eventueller Punktmassen aus $(X, \mathfrak{X}, \nu)$ und reinperiodischer Teile Y_ξ kommt man auf den Fall, daß Y keine z-ergodischen Teilmengen positiven μ-Maßes und keine z-periodischen Punkte enthält. Nach einer evtl. noch vorzunehmenden eineindeutigen meßbaren Abbildung des 1-Quadrates auf sich kann man dann annehmen, daß z in den Y_ξ ergodisch bezüglich des gewöhnlichen eindimensionalen Lebesgue-Maßes, und daß μ das gewöhnlich zweidimensionale Lebesgue-Maß ist (Satz 4.6.2; MAHARAM [2], OXTOBY [3]).

§ 3. Maßtheoretische Untersuchungen im nichtkompakten Falle

Sei X ein vollständiger separabler metrischer Raum. Eine nichtleere meßbare Teilmenge Ω von X ist jedenfalls auch ein metrischer Raum.

Dabei legen wir in X den von der Topologie erzeugten Borelkörper $\mathfrak{X}$ zugrunde. Er induziert in Ω den Borelkörper $\mathfrak{B}$. Sei x eine umkehrbar stetige eineindeutige Abbildung von Ω auf sich, d. h. ein Automorphismus des (metrisch) topologischen Raumes Ω. Wir versuchen, für Ω, x ein Analogon zur Theorie des § 2 zu gewinnen. Es liegt nahe, dies durch Zurückführung auf jene Theorie zu versuchen, etwa, indem man eine Einbettung in eine kompakte Strömung vornimmt. Dies kann nach OXTOBY [3] folgendermaßen geschehen:

Im separablen Hilbertraum $\mathfrak{H}$ mit der orthonormierten Basis $e_1, e_2, \ldots$ betrachte man den sog. Hilbertwürfel $X_1 = \{h = \sum_i h^i e_i \mid 0 \leqq h^i \leqq 2^{-i},$

$i = 1, 2, \ldots\}$. X_1 ist norm-kompakt in $\mathfrak{H}$. Da X separabel ist, kann man X durch einen Homöomorphismus φ in eine Teilmenge von X_1 überführen (8.3.7). Damit ist Ω in X_1 eingebettet: $\varphi\,\Omega = \Omega_1$. $x_1 = \varphi\,x\varphi^{-1}$ liefert einen Automorphismus x_1 von Ω_1 — nicht von X_1, d. h. x ist noch nicht eingebettet. Wir nehmen deshalb eine weitere Einbettung vor:

Sei $X_2 = \overset{+\infty}{\underset{t=-\infty}{\Pi^{\times}}} X_t (X_t = X_1, t$ ganz$)$, $X_2 = \{\xi = (\xi_t) \mid \xi_t \in X_1, t \in \Gamma\}$. X_2 ist metrisch kompakt (8.3.7) und $(x_2\xi)_t = \xi_{t+1}$ liefert einen Automorphismus x_2 von X_2. Durch $\psi : \omega_1 \to \psi\,\omega_1 = \xi = (\ldots, x_1^{-1}\,\omega_1, x_1^0\,\omega_1, x_1\,\omega_1, \ldots)$ ist eine umkehrbar stetige eineindeutige Einbettung von Ω_1 in X_2 gegeben: $\Psi\Omega_1 = \Omega_2 \subseteqq X_2$. x_1 geht dabei in die Einschränkung von x_2 auf die x_2-invariante Menge Ω_2 über.

Nach diesen Vorbereitungen brauchen wir uns nur mehr mit folgender Situation zu befassen: (X, x) ist eine kompakte Strömung und Ω ist eine meßbare x-invariante (d. h. $x\,\Omega = \Omega$ erfüllende) Teilmenge von X. — Wir denken uns nun die Theorie des § 2 für (X, x) durchgeführt. Um sie für (Ω, x) fruchtbar zu machen, haben wir alle invarianten normierten Maße h in X, die Ω zum Träger haben (d. h. $h(\Omega) = 1$ erfüllen), zu betrachten. Wir fragen zunächst nach der Existenz solcher h; sie ist garantiert, wenn Ω nicht Nullmenge (schlechthin) ist.

Satz 5.3.1 (OXTOBY-ULAM [1]). *Es gibt genau dann keine invarianten normierten Maße in Ω, wenn jede kompakte Menge $K \subseteqq \Omega$ die Bedingung*

$$\lim_{n \to \infty} (\chi_K)_n(\omega) = 0 \qquad (\omega \in \Omega)$$

erfüllt.

Beweis. Wir beweisen die äquivalente Aussage: Es gibt genau dann mindestens ein invariantes normiertes Maß h in Ω, wenn es eine kompakte Menge $K \subseteqq \Omega$ und ein $\omega \in \Omega$ mit $\limsup_n (\chi_K)_n (\omega) > 0$ gibt.

I. Sei $h \geqq 0$ invariant, $h(X) = h(\Omega) = 1$. Nach 9.5.27 gibt es eine abgeschlossene, also kompakte Menge $K \subseteqq \Omega$ mit $h(K) > 0$. Nach Satz 5.2.3 $(E\,1)$ ist dann $\lim_{n \to \infty} (\chi_K)_n(\omega) > 0$ für h-fastalle $\omega \in K$.

II. Es gebe ein kompaktes $K \subseteq \Omega$ und ein $\omega \in \Omega$, sowie natürliche Zahlen $n_i \to \infty$ mit $\lim_n (\chi_K)_{n_i}(\omega) = \alpha > 0$. Indem man notfalls zu einer Teilfolge übergeht, kann man die Existenz von $\lim_i f_{n_i}(\omega) = L(f)$ für alle $f \in \mathfrak{C}(X)$ erzwingen (vgl. Satz 5.2.6, Beweis). L definiert ein invariantes Maß h auf X: $(f, h) = L(f)$ $(f \in \mathfrak{C}(X))$. Für $f \geq \chi_K$ ist $(f, h) \geq \alpha$, woraus $h(K) \geq \alpha > 0$ folgt (vgl. 9.5.27).

Anmerkung. Man beachte, daß die Aussage des Satzes nur von Ω, x und nicht von einer Einbettung abhängig ist (vgl. OxTOBY-ULAM [1]).

Von nun an wollen wir die Existenz normierter invarianter Maße mit Ω als Träger voraussetzen. Dann folgt durch Einschränkung von X auf Ω: Fastalle Punkte $\omega \in \Omega$ sind regulär (d. h. $\in R \cap \Omega = (Q \cap \Omega) \cap$ $\cap (D \cap \Omega) \cap (E \cap \Omega)$). Jedes invariante normierte Maß h mit Ω als Träger besitzt eine Darstellung

$$(1) \qquad\qquad h = \int_{\Omega \cap R} m_\omega h(d\omega) \, .$$

Dabei ist aber zu beachten: $Q \cap \Omega$, $D \cap \Omega$, $E \cap \Omega$ und die rechte Seite von (1) sind unter Zuhilfenahme der Einbettung in X erklärt. Es erhebt sich die Frage nach einer nur von Ω, x abhängigen Kennzeichnung dieser Mengen. Man sieht unmittelbar: Hat man diese Frage für $Q \cap \Omega$ beantwortet, so ist sie für $D \cap \Omega$, $E \cap \Omega$ ebenfalls beantwortet; denn um $D \cap \Omega$ zu beschreiben, braucht man nur Umgebungen in Ω zu betrachten, und um $E \cap \Omega$ zu beschreiben, braucht man nur meßbare Mengen $\subseteq \Omega$ zu betrachten; der Beweis von Satz 5.2.5 lehrt, daß man dann auch (1) innerhalb von Ω erklären und beweisen kann. — Für die Kennzeichnung von $Q \cap \Omega$ gilt der

Satz 5.3.2. *Ein Punkt $\omega \in \Omega$ ist genau dann quasiregulär, wenn folgendes gilt:*

1. Für jede stetige Funktion f auf Ω (!) existiert $\lim_n f_n(\omega)$.

2. Zu jedem $\varepsilon > 0$ gibt es ein kompaktes $K \subseteq \Omega$ mit $\lim_n (\chi_K)_n(\omega) > 1-\varepsilon$.

Für einen Beweis vgl. OxTOBY [3], S. 128f. Für die Theorie der nichtkompakten Strömungen vgl. ferner FOMIN [1]. Für die Theorie der Markoffschen Prozesse im nichtkompakten Falle vgl. YOSIDA [7].

§ 4. Verwandte Fragestellungen

Ist die Grundmenge Ω eine topologische Gruppe, so liefert jedes $\eta \in \Omega$ eine umkehrbar stetige eineindeutige Abbildung x_η von Ω auf sich vermöge $x_\eta \omega = \omega \eta$ („Rechtstranslation"). Es gilt $x_{\eta\sigma} = x_\sigma x_\eta$: die x_η bilden eine zu Ω invers-isomorphe Gruppe $\mathfrak{G}$. Sie permutiert Ω transitiv. Man kann nach $\mathfrak{G}$-invarianten nichttrivialen Maßen fragen. Für lokalkompaktes Ω ist nicht nur deren Existenz sichergestellt, sie stimmen auch bis auf einen konstanten Faktor miteinander überein: Man spricht von der Existenz und Eindeutigkeit des Haarschen Maßes (vgl. etwa LOOMIS [2], WEIL [1]). Dasselbe gilt für Linkstranslationen. Für kompakte (und trivialerweise für abelsche) Gruppen kommt beidemal dasselbe heraus. LOOMIS [1] und SEGAL [1] haben für den Fall, daß Ω ein lokalkompakter topologischer Raum bzw. eine uniforme Struktur und $\mathfrak{G}$ eine Gruppe von Automorphismen von Ω ist, verwandte Resultate gewonnen.

Man kann auch im Banachraum $\mathfrak{H}$ aller beschränkten stetigen Funktionen f auf Ω (mit $\|f\| = \sup_{\omega} |f(\omega)|$ als Norm) die aus den „induzierten" Transformationen $\tilde{x}$ $((\tilde{x}f)(\omega) = f(x\omega))$ bestehende Gruppe $\tilde{\mathfrak{G}}$ und sodann den Unterraum $\mathfrak{H}_0$ der bezüglich $\tilde{\mathfrak{G}}$ fastperiodischen f (vgl. Kap. 1, § 7) betrachten. Nach Satz 1.7.5 zerfällt $\mathfrak{H}_0$ in irreduzibel-invariante Teilräume von endlicher Dimension; in ihnen wirkt $\tilde{\mathfrak{G}}$ als endlichdimensionale Darstellung von $\mathfrak{G}$. Aussagen über diese Darstellungen können als Aussagen über $\mathfrak{G}$ aufgefaßt werden. Auf diese Weise hat MAAK [3] eine Verallgemeinerung des Kronecker-Weylschen Gleichverteilungssatzes (vgl. Kap. 4, § 5, Beispiel 3) gewonnen. Vgl. ferner KONDŌ [1].

HALMOS [3] betrachtet eine kompakte abelsche Gruppe Ω und einen umkehrbar stetigen Automorphismus x derselben. x induziert in der (bekanntlich diskreten) dualen (= Charakter-) Gruppe Ω' von Ω einen Automorphismus x'. m sei das normierte Haarsche Maß auf Ω. Es ist x-invariant. x heißt ergodisch, wenn jede meßbare x-invariante Funktion m-fastkonstant ist. Dann gilt u. a.: x ist genau dann ergodisch, wenn die Folge $x'^t \omega'$ für kein $\omega' \in \Omega'$ periodisch ist.

Kap. 6 Topologische Untersuchungen
im Raum der maßtreuen Transformationen

In diesem Kapitel werden endliche Maßräume $(\Omega, \mathfrak{B}, m)$ betrachtet. Die Gesamtheit aller m-treuen eineindeutigen, samt ihren Inversen $\mathfrak{B}$-meßbaren Abbildungen x von Ω auf sich bildet eine Gruppe $\mathfrak{G}$. Gewisse $x \in \mathfrak{G}$ sind ergodisch bzw. schwachmischend bzw. stark-mischend (Kap. 4, § 2—4).

Es ist angesichts der Tatsache, daß man in vielen Fällen über keine vernünftigen Ergodizitäts- bzw. Mischungskriterien verfügt, von größter Bedeutung, wenigstens eine statistische Aussage über die Häufigkeit der ergodischen usw. x zu bekommen. Eine maßtheoretische Aussage dieser Art ist nicht bekannt. Dagegen gibt es eine topologische: Man kann in $\mathfrak{G}$ eine Topologie einführen, derart, daß es sinnvoll wird, von Mengen 1. Kategorie und Residualmengen (8.3.5) zu sprechen; dann bilden —

unter Voraussetzungen, die wir sogleich präzisieren werden — die schwach-mischenden x eine Residualmenge, die starkmischenden x eine Menge 1. Kategorie, d. h., die ersteren sind topologisch häufig, die letzteren selten (Satz 6.6.3, Satz 6.6.2). Das erste Ergebnis dieser Art scheint von OXTOBY [1] zu stammen.

Hierbei ist jedoch folgendes zu beachten: Wir werden in $\mathfrak{G}$ insgesamt zwei „Topologien" einführen (§ 2 und Def. 6.4.1). Beide beruhen auf der in $\mathfrak{B}$ erklärten „Metrik" $|E, F| = m(E \triangle F) = m(E \cup F - E \cap F)$. Diese „Metrik" gestattet keine Unterscheidung von Mengen, die sich nur um m-Nullmengen unterscheiden; zu einer Metrik im eigentlichen Sinne wird sie also erst, wenn man modulo Nullmengen arbeitet, d. h. von dem Maßraum $(\Omega, \mathfrak{B}, m)$ zu der Maßalgebra $(\mathfrak{B}, m)$ übergeht (9.2.6). Ganz entsprechend gestatten auch die in $\mathfrak{G}$ einzuführenden „Topologien" keine Unterscheidung von m-treuen Abbildungen, die in ihrer Wirkung auf Mengen $E \in \mathfrak{B}$ bis auf Nullmengen übereinstimmen; auch sie werden erst dann zu Topologien im eigentlichen Sinne, wenn man zu der von $\mathfrak{G}$ induzierten Gruppe $\mathfrak{G}$ von Automorphismen der Maßalgebra $(\mathfrak{B}, m)$ übergeht. *Die erwähnten Kategorie-Aussagen sind zunächst Aussagen über* $(\mathfrak{B}, m)$ *und die volle Automorphismengruppe* $\mathfrak{A}$ *von* $\mathfrak{B}$. Da die vorkommenden Begriffe „ergodisch", „schwachmischend", „stark-mischend" in $\mathfrak{A}$ und $\mathfrak{B}$ ausgedrückt werden können, handelt es sich um Aussagen, die gegen isomorphe Abänderung von $(\mathfrak{B}, m)$ (und damit von $\mathfrak{A}$) invariant sind.

Die Kategorie-Aussagen über $\mathfrak{A}$ sind richtig, falls $(\mathfrak{B}, m)$ atomfrei und separabel, sowie $m(\Omega) < \infty$ ist; für allgemeinere Fälle liegen keine Unter-suchungen vor. Man kann $m(\Omega) = 1$ annehmen. Nach 9.3.7 kann man dann $(\mathfrak{B}, m)$ durch isomorphe Abänderung in die Lebesguesche Maß-algebra über $\Omega = \langle 0,1 \rangle$ überführen. Es genügt also, die Theorie für die-sen Spezialfall durchzuführen. Nach einem Satz von HALMOS-V. NEUMANN [1] (s. u.) ist hier $\mathfrak{A} = \mathfrak{G}$. Folglich kann man sämtliche Überlegungen mit m-treuen Punktabbildungen in $\Omega = \langle 0,1 \rangle$, anstatt mit Automorphismen von $(\mathfrak{B}, m)$, durchführen. Wir werden daher im folgenden öfters nicht von $\mathfrak{B}$, $\mathfrak{A}$, $\mathfrak{G}$ reden, sondern die geläufige punkt- und mengentheoretische Sprechweise wählen. Wo von Topologie und Metrik die Rede ist, ist dann „Topologie" und „Metrik" gemeint.

Aus den Kategorie-Aussagen über $\mathfrak{A}$ folgen entsprechende Aussagen über $\mathfrak{G}$ — und diese sind ja eigentlich erwünscht —, falls $\mathfrak{G} = \mathfrak{A}$ gilt. Nach HALMOS-V. NEUMANN [1] ist diese Gleichung u. a. für alle Maß-räume erfüllt, die den folgenden Bedingungen genügen:

1. Ω ist ein vollständiger separabler metrischer Raum, $\mathfrak{B}$ der von der Topologie erzeugte Borelkörper.

2. $m(M) > 0$ für jede nichtleere offene Menge M.

3. $0 < m(\Omega) < \infty$; $m(E) = \inf m(M)$, wobei M alle offenen Mengen $\supseteq E$ durchläuft $(E \in \mathfrak{B})$.

Diese Bedingungen sind z. B. für das Lebesgue-Maß in einem kompakten Stück Ω des R^n erfüllt, wenn Ω mit der abgeschlossenen Hülle der Menge seiner inneren Punkte zusammenfällt. Sie sind auch erfüllt, wenn Ω ein einigermaßen vernünftiges kompaktes Flächenstück im R^n und m ein zum Lebesgueschen Flächenmaß äquivalentes (d. h. dieselben Nullmengen besitzendes) Maß ist. Für das Auftreten dieses Falles in der klassischen Mechanik vgl. CHINTSCHIN [7].

§ 1. Periodische und antiperiodische Transformationen

In beliebigen Maßräumen ist die folgende Definition sinnvoll:

Definition 6.1.1. *Ist $x \in \mathfrak{S}$ und für ein $\omega \in \Omega$ die Folge $x^t \omega$ ($t = 0,1,2,\ldots$) periodisch, so heißt x periodisch an der Stelle ω bzw. ω heißt ein periodischer Punkt von x. Die kleinste Periode der Folge wird die Periode von (x in) ω genannt. Ist $x^n \omega = \omega$ m-fastüberall und n minimal mit dieser Eigenschaft, so heißt x periodisch mit der Periode n. Ist x m-fastnirgends periodisch, so heißt x antiperiodisch.*

Ist — für ein festes $x \in \mathfrak{S}$ — A_n die Menge aller $\omega \in \Omega$ mit der Periode n, sowie $A = \Omega - \sum_n A_n$, so hat man die disjunkte Zerlegung $\Omega = A +$
$+ A_1 + A_2 + \ldots$ von Ω in x-invariante Teile. In A_n hat x die Periode n, in A ist x antiperiodisch. — Sind die Atome von $\mathfrak{B}$ einpunktig und ist $\mathfrak{B}$ abzählbar erzeugt — etwa von $\{E_1, E_2, \ldots\} \subseteq \mathfrak{B}$ —, so gehören die A, A_n zu $\mathfrak{B}$. Es ist nämlich

$$\{\omega \mid x^n \omega = \omega\} = \bigcap_{k=1}^{\infty} [(E_k \cap x^{-n} E_k) \cup ((\Omega - E_k) \cap x^{-n} E (\Omega - E_k))]$$
$$(n = 1, 2, \ldots).$$

Diese Bedingungen sind erfüllt, wenn wir — wie im folgenden stets — voraussetzen, daß $\Omega \subseteq R^1$ und Borel-meßbar, und daß m das auf Ω eingeschränkte Lebesgue-Maß ist.

Satz 6.1.1. *Ist $m(\Omega) = 1$ und hat m-fastüberall x die Periode n, so gibt es eine Menge $A \in \mathfrak{B}$ mit $m(A) = \dfrac{1}{n} m(\Omega)$, derart, daß die Mengen $A, xA, \ldots, x^{n-1} A$ paarweise m-fast elementfremd ausfallen.*

Beweis. Es wäre naheliegend, aus jeder Menge der Gestalt $\{x^t \omega \mid t = 0, 1, \ldots, n-1\}$ einen Punkt auszuwählen und aus diesen Punkten das A zu bilden. Die Schwierigkeit besteht darin, $A \in \mathfrak{B}$ zu erreichen. Sei Σ das System aller Mengen $F \in \mathfrak{B}$ mit $m(F) > 0$, die je mindestens ein $F_0 \in \mathfrak{B}$ mit paarweise m-fast disjunkten $x^t F_0$ ($t = 0, 1, \ldots, n-1$) und $F = \bigcup_{t=0}^{n-1} x^t F_0$ (m-fast) enthalten. Durch Abänderung um m-Nullmengen kommt man nicht aus Σ heraus. Wir zeigen zunächst, daß Σ nichtleer ist. Für $n = 1$ ist nichts zu beweisen. Ist $n \geq 2$, so gibt es ein $B_1 \in \mathfrak{B}$ mit $m(B_1 \triangle x B_1) > 0$; denn jedenfalls gibt es ein Intervall $J = \langle a, b \rangle$ mit $m(J \cap \Omega) > 0$. Sei $J = \sum_j J_{kj}$ eine Folge von sukzessiven Unterteilungen von J in jeweils endlichviele Intervalle $J_{kj} = \langle a_{kj}, b_{kj} \rangle$ mit $\lim_k \max_j (b_{kj} - a_{kj}) = 0$. Wären alle $J_{kj} \cap \Omega$ bis auf m-Nullmengen N_{kj} invariant, so würde für $\omega \in \Omega - \bigcup_{k,j} N_{kj}$ (d. h. für m-fastalle $\omega \in J \cap \Omega$) aus $\omega \in J_{kj}$ stets $x\omega \in J_{kj}$, also $|\omega - x\omega| < \max_j (b_{kj} - a_{kj})$, d. h. $\omega = x\omega$ folgen, im Widerspruch zur Voraussetzung $n \geq 2$. Wir können also etwa $B_1 = \Omega \cap J_{kj}$ (k, j passend) wählen. Dann gilt $m(B_1 - x B_1) > 0$. Für $F_1 = B_1 - x B_1$ ist $F_1 \cap x F_1 = 0$. Für $n = 2$ kann man also $F = F_1 + x F_1$ wählen. Ist $n \geq 3$, so kann man $B_2 \subseteq F_1$ mit $B_2 \in \mathfrak{B}$, $m(B_2 \triangle x^2 B_2) > 0$ finden. Es ist $m(B_2 - x^2 B_2) > 0$ und für $F_2 = B_2 - x^2 B_2$ ist $F_2 \cap x F_2 = F_2 \cap x^2 F_2 = 0$. So fahren wir fort und gewinnen ein $F \in \Sigma$. — Das System Σ ist „induktiv modulo Nullmengen": In jeder aufsteigenden Teilkette Σ_0 von Σ kann man abzählbarviele $F^{(\varrho)}$ finden, deren Vereinigung F zu $\mathfrak{B}$ und offensichtlich auch zu Σ gehört und außerdem alle Mengen der Kette bis auf Nullmengen umfaßt; hierzu braucht man nur $\alpha = \sup_{F \in \Sigma_0} m(F)$ zu bilden und für $F^{(1)} \subseteq F^{(2)} \subseteq \ldots, \lim_\varrho m(F^{(\varrho)}) = \alpha$ zu sorgen. Nach dem Zornschen Lemma (8.1.1) gibt es ein maximales $F \in \Sigma$. Es erfüllt $m(F) = m(\Omega)$, da sonst in der m-fastinvarianten Menge $\Omega - F$ nach dem obigen Verfahren noch ein $G \in \Sigma$ gefunden werden könnte; man hätte dann $F \cup G \in \Sigma$, $m(F \cup G) > m(F)$ im Widerspruch zur Maximalität von $m(F)$. Also kann man $A = F$ setzen.

Corollar. *Jede ergodische Transformation x ist antiperiodisch.*

Beweis. Hätte x in der invarianten Menge B mit $0 < m(B) < \infty$ die Periode n, so könnte man eine disjunkte Zerlegung $B = \sum_{t=0}^{n-1} x^t A$ mit $A \in \mathfrak{B}$ angeben. Wählt man dann eine disjunkte Zerlegung $A = A_1 + A_2$ mit $A_1, A_2 \in \mathfrak{B}$, $m(A_1) \, m(A_2) > 0$ (eine solche gibt es wegen der Atomfreiheit stets), so erhält man sofort eine disjunkte Zerlegung

$$B = B_1 + B_2 \qquad B_i = \bigcup_{t=0}^{n-1} x^t A_i \qquad (i = 1, 2)$$

mit offensichtlich invarianten $B_i \in \mathfrak{B}$. Dies widerspricht der Ergodizität von x.

Satz 6.1.2. *Ist $m(\Omega) = 1$ und x antiperiodisch, so gibt es zu jedem natürlichen n und zu jedem $\varepsilon > 0$ ein $A \in \mathfrak{B}$, derart, daß die Mengen*

$x^t A \; (t = 0, 1, \ldots, n-1)$ m-*fast disjunkt sind und* $m \left(\bigcup\limits_{t=0}^{n-1} x^t A \right) > 1 - \varepsilon$

gilt.

Beweis. Es genügt, den Fall $\varepsilon = \dfrac{1}{p}$ ($p > 0$ ganz) zu betrachten. Wir bestimmen zu $r = np$ genau wie im Beweis zu Satz 6.1.1 eine Menge F mit paarweise m-fast disjunkten $x^t F$ ($t = 0, 1, \ldots, r-1$), die in bezug auf diese Eigenschaft modulo m maximal ist. Durch Abzug einer passenden Nullmenge erreicht man die exakte Fremdheit der $x^t F$ ($t = 0, 1, \ldots, r-1$). Setzt man $F_k = \{\omega \mid \omega \in x^{r-1}F,\ x^k\omega \in F,\ x^j\omega \notin F, j < k\}$ ($k = 1, \ldots, r$), so sind die F_k paarweise disjunkt. Sie schöpfen $x^{r-1} F$ m-fast aus; denn sonst könnte man $x \left(x^{r-1}F - \bigcup\limits_{k=1}^{r} F_k \right)$ zu F schlagen, und F wäre nicht maximal. Wir betrachten die Mengen

$$(1) \quad \left\{ \begin{array}{l} x F_2 \\ x F_3 \quad x^2 F_3 \\ \cdots\cdots\cdots \\ x F_r \quad x^2 F_r \ \ldots\ x^{r-1} F_r\,. \end{array} \right.$$

Diese Mengen sind paarweise fremd; denn Mengen aus verschiedenen Spalten liegen nach geeigneter Abbildung x^{-i} in verschiedenen $x^k F$, und Mengen derselben Spalte sind als Bilder fremder Mengen ebenfalls fremd. Diese Mengen sind auch fremd zu allen $x^k F$ ($k = 0, 1, \ldots, r-1$), denn für $0 < i < j$ gilt $x^i F_j \cap x^k F \subseteq x^i (F_j \cap x^{k-i}F) = 0$ falls $k - i > 0$, und $x^i F_j \cap x^k F = x^k(x^{i-k}F_j \cap F) = 0$ falls $k - i < 0$. Die $x^k F_k$ ($k = 1, \ldots, r$) sind paarweise fremd, $\subseteq F$, und schöpfen F m-fast aus. Es gilt

$$\Omega = \bigcup\limits_{k=0}^{r-1} x^k F \cup \bigcup\limits_{1 \leq i < j \leq r} x^i F_j \qquad (m\text{-fast})\,.$$

Denn die rechte Seite ist m-fast invariant unter x, da jedes $\omega \in x^{r-1}F$ in einem xF_j landet, jedes $x^j F_j$ aber in F enthalten ist; wäre die rechte Seite m-kleiner als die linke, so könnte man aus der (ebenfalls invarianten) Differenz eine Vergrößerung von F gewinnen, denn dort ist ja x auch antiperiodisch. Setzen wir nun

$$A = \bigcup\limits_{k=0}^{p-1} x^{kn} F \cup \bigcup\limits_{j=2}^{r} \ \bigcup\limits_{1 + ln < j - n} x^{1 + ln} F_j\,,$$

so sind die Mengen $x^\nu A$ ($\nu = 0, 1, \ldots, n-1$) disjunkt. $B = \bigcup\limits_{\nu-1}^{n-1} x^\nu A$ enthält alle $x^k F$ ($k = 0, \ldots, r-1$); $\Omega - B$ läßt sich in die Vereinigung gewisser $x^i F_j$ ($i < j$), bei denen aus jeder Zeile von (1) höchstens n Stück vorkommen, einschließen; damit wird

$$m(\Omega - B) < n\, m(F) \leq \frac{n}{r} = \frac{1}{p} = \varepsilon\,.$$

§ 2. Die starke Metrik

Wiederum sei $\Omega \subseteq R^1$, m das Lebesgue-Maß, $m(\Omega) = 1$.

Man kann in $\underline{\mathfrak{G}}$ (bzw. $\mathfrak{G}$) zwei naheliegende invariante Metriken erklären:

a) $|x, y| = \sup\limits_{E \in \mathfrak{B}} |xE, yE| = \sup\limits_{E \in \mathfrak{B}} m(xE \triangle yE) \ (x, y \in \mathfrak{G})$.

b) $\|x, y\| = m(\{\omega \mid x\omega \neq y\omega\})$.

Daß es sich um invariante Metriken handelt, ist unmittelbar zu sehen.

Satz 6.2.1. *Es gilt*

$$\frac{2}{3} \|x, y\| \leq |x, y| \leq \|x, y\| \qquad\qquad (x, y \in \mathfrak{G}) ,$$

beide Metriken definieren also dieselbe Topologie in $\mathfrak{G}$ bzw. $\underline{\mathfrak{G}}$.

Beweis. Wegen der Invarianz der Metriken genügt es, den Fall $y = 1$ zu behandeln. Die Menge $F = \{\omega \mid x\omega \neq \omega\} \in \mathfrak{B}$ (vgl. den Text nach Def. 6.1.1) ist invariant, ebenso jede Menge aus $\Omega - F$. Ist $E \in \mathfrak{B}$, so kann man zerlegen: $E = E_1 \cup E_2$ mit $E_1 \subseteq F$, $E_2 \subseteq \Omega - F$ und man hat

$$|E, xE| \leq |E_1, xE_1| + |E_2, xE_2| = |E_1, xE_1| \leq m(F) = \|x, 1\| ,$$

d. h. $|x, 1| \leq \|x, 1\|$.

Um auch die andere Abschätzung zu beweisen, zerlegen wir Ω in seine periodischen Teile $A_n (n = 1, 2, \ldots)$ und den antiperiodischen Teil A. Nach Satz 6.1.1 und Satz 6.1.2 können wir Mengen $F, F_n (n = 1, 2, \ldots)$ so bestimmen, daß gilt:

1. $xF \cap F = 0$, $m(F) \geq \dfrac{1}{3} m(A)$, $\qquad F \subseteq A$.

2. Die Mengen $x^t F_n (t = 0, 1, \ldots, n - 1)$ sind paarweise disjunkt und es gilt $m(F_n) = \dfrac{1}{n} m(A_n)$, $\qquad F_n \subseteq A_n$.

Wir setzen $E = F$, $E_n = \bigcup\limits_{0 \leq 2k < n-1} x^{2k} F_n$.

Für $n \neq 1$ ist $xE_n \cap E_n = 0$. Für gerades n ist $m(E_n) = \dfrac{1}{2} m(A_n)$, für ungerades $n > 1$ ist $m(E_n) = \dfrac{1}{2}\left(1 - \dfrac{1}{n}\right) m(A_n)$, also $m(E_n) \geq \dfrac{1}{3} m(A_n)$ $(n \neq 1)$. Ist $G = E \cup \bigcup\limits_{n=2}^{\infty} E_n$, so ist $xG \cap G = 0$ und $m(G) \geq \dfrac{1}{3}(1 - m(A_1))$, also

$$|x, 1| \geq m(G \triangle xG) \geq \frac{2}{3}(1 - m(A_1)) = \frac{2}{3} \|x, 1\| .$$

Anmerkung. Verschiebt man $\langle 0, 1)$ mod 1 um $\dfrac{1}{3}$ bzw. $\dfrac{1}{2}$, so sieht man, daß die in Satz 6.2.1 gegebene Abschätzung optimal ist.

Aus der Vollständigkeit des metrischen Raumes $\mathfrak{B}$ schließt man leicht auf die Vollständigkeit des metrischen Raumes $\mathfrak{G}$. $\underline{\mathfrak{G}}$ ist i. a. nicht separabel: Ist x_a die Verschiebung um a mod 1 in $\langle 0, 1)$, so ist $\|x_a, x_b\| = 1$ für $a \not\equiv b$ mod 1.

§ 3. Das starke Dichtliegen
der periodischen Transformationen

Wiederum sei $\Omega \subseteq R^1$ und m das Lebesguemaß, sowie $m(\Omega) = 1$.

Satz 6.3.1. *Ist* $M \subseteq R^1$ *meßbar und* $0 < m(M) < \infty$, *sowie* n *eine natürliche Zahl, so gibt es eine disjunkte Zerlegung* $M = C_0 + \cdots + C_{n-1}$ *in meßbare* C_k *mit* $m(C_0) = \cdots = m(C_{n-1}) = \dfrac{1}{n} m(M)$.

Beweis. Ist $R_\lambda = \{\omega \mid \omega \leq \lambda\}$, so hängt $m(R_\lambda \cap M) = \chi(\lambda)$ monoton und stetig von λ ab. Es ist $\lim\limits_{\lambda \to -\infty} \chi(\lambda) = 0$, $\lim\limits_{\lambda \to \infty} \chi(\lambda) = m(M)$. Man bestimme λ_k derart, daß $\chi(\lambda_k) = \dfrac{k}{n} m(M)$ gilt und setze $C_0 = R_{\lambda_0} \cap M$, $C_k = (R_{\lambda_k} - R_{\lambda_{k-1}}) \cap M$ $(k = 1, \ldots, n-1)$.

Satz 6.3.2. *Ist* $J \subseteq R^1$ *ein endliches Intervall und sind* $A, B \subseteq J$ *meßbar mit* $0 < m(A) = m(B)$, *so gibt es eine umkehrbar eindeutige meßbare* m-*treue Abbildung* x *von* J *auf sich, die* A *bis auf Nullmengen in* B *überführt*: $|xA, B| = 0$. *Insbesondere kann man also* A *bis auf Nullmengen* m-*treu in* B *überführen.*

Beweis. Sei y eine mischende Selbstabbildung von J (vgl. etwa Kap. 4, § 5, Beispiel 2). Sei Σ das System aller meßbaren Mengen $A' \subseteq A$, die man m-treu in meßbare Teilmengen von B überführen kann. Wir zeigen zunächst: Σ enthält stets mindestens eine Menge A' mit $m(A') >$ $> \dfrac{1}{2} m(A)^2$. Man kann nämlich $n > 0$ so bestimmen, daß $m(y^n A \cap B) >$ $> \dfrac{1}{2} m(A)^2$ wird. $A' = A \cap y^{-n} B \subseteq A$ wird dann durch y^n m-treu in $B' = y^n A \cap B \subseteq B$ übergeführt. — Nun sei $\sigma = \sup\limits_{A' \in \Sigma} m(A')$. Wir zeigen, daß $\sigma = m(A)$ ist. Wäre dies nicht der Fall, so wäre $\tau = m(A) - \sigma > 0$. Wir wählen $A' \subseteq A$, $B' \subseteq B$ so, daß A' m-treu in B' übergeführt werden kann, und setzen $\tilde{A} = A - A'$, $\tilde{B} = B - B'$. Hier ist $m(\tilde{A}) = m(\tilde{B}) > 0$ und man kann etwa $m(\tilde{A}) < \tau + \dfrac{1}{2} \tau^2$ erreichen. Nach dem vorweg bewiesenen Ergebnis — angewendet auf $\tilde{A}$ — kann man ein $A'' \subseteq \tilde{A}$ finden, das m-treu in ein $B'' \subseteq \tilde{B}$ übergeführt werden kann und die Relation $m(A'') > \dfrac{1}{2} (m(\tilde{A}))^2$ $\geq \dfrac{1}{2} \tau^2$ erfüllt. Offenbar kann man $A' + A''$ m-treu in $B' + B''$ überführen. Es gilt aber $m(A' + A'') = m(A') + m(A'') > m(A) - \tau -$ $- \dfrac{1}{2} \tau^2 + \dfrac{1}{2} \tau^2 > \sigma$, was einen Widerspruch bedeutet. Also kann A nach Auslassung einer Nullmenge A_0 m-treu in eine Teilmenge von B übergeführt werden. Analog kann man $J - A$ m-treu in eine Teilmenge von $J - B$ übergeführt werden, falls man vorher eine passende Nullmenge A_1 wegläßt. Nun setze man $A_2 = A_0 + A_1$ und bilde mit Hilfe der außerhalb A_2 schon gewonnenen m-treuen Abbildung x in naheliegender

Weise eine weitere Nullmenge N, außerhalb welcher sämtliche ganzzahligen Potenzen von x schon erklärt sind und $x^n (\Omega - N) = \Omega - N$ erfüllen. Setzt man x auf N neuerdings als die identische Abbildung fest, so ist die Behauptung des Satzes erfüllt.

Satz 6.3.3. Sei Ω beschränkt. *In jeder starken ($=$ metrischen) Umgebung einer Transformation $x \in \mathfrak{S}$ gibt es eine periodische Transformation. Ist x antiperiodisch, n eine natürliche Zahl und $\varepsilon > 0$ beliebig gewählt, so gibt es ein $s \in \mathfrak{S}$, das m-fastüberall die Periode n hat, derart, daß*

$$\|x, s\| \leqq \frac{1}{n} + \varepsilon$$

gilt (HALMOS [5], ROHLIN [1]).

Beweis. Wir beweisen zunächst die zweite Aussage. Nach Satz 6.1.2 gibt es eine Menge $A \in \mathfrak{B}$, derart, daß die Mengen $x^t A$ ($t = 0, 1, \ldots, n-1$) paarweise m-fast disjunkt sind und ihre Vereinigung B die Relation $m(B) \geqq 1 - \varepsilon$ erfüllt. Auf B definieren wir

$$s\omega = \begin{cases} x\omega, \text{ falls } \omega \in x^t A \ (t < n-1) \\ x^{-n+1}, \text{ falls } \omega \in x^{n-1} A \ . \end{cases}$$

Nach Satz 6.3.1 kann man $\Omega - B$ in n maßgleiche disjunkte Teile $C_1, \ldots, C_{n-1}$ zerlegen. Nach Satz 6.3.2 kann man s auf $\Omega - B$ so erklären, daß $s C_t = C_{t+1} (t \bmod n)$ gilt. Dabei muß man evtl. von einer Nullmenge absehen; setzt man auf dieser Nullmenge $s = 1$, so ist s eine überall erklärte m-treue meßbare Abbildung von Ω auf sich, von der Periode n an fast allen Stellen. Es gilt $\|x, s\| = m(x^{n-1} A) + m(\Omega - B) \leqq \frac{1}{n} + \varepsilon$.

Die erste Aussage des Satzes ergibt sich nun folgendermaßen: Man zerlegt Ω in den antiperiodischen Teil A und die periodischen Teile A_n ($n = 1, 2, \ldots$) bezüglich x. Zu vorgegebenem $\delta > 0$ bestimmt man N derart, daß $m(\Omega - (A + A_1 + \cdots + A_N)) < \delta$ gilt. Auf $A_1 + \cdots + A_N$ ist x periodisch ($N!$ ist eine Periode); dort setzen wir $s = x$. Auf A nehmen wir die bereits sichergestellte Approximation von x durch ein periodisches s vor. Auf $\Omega - (A_1 + \cdots + A_N)$ setzen wir $s = 1$. Man erreicht dann etwa $\|x, s\| < 3\delta$.

§ 4. Die schwache Topologie

In beliebigen endlichen Maßräumen $(\Omega, \mathfrak{B}, m)$ bzw. der zugehörigen Maßalgebra $(\mathfrak{B}, m)$ ist die folgende Definition sinnvoll.

Definition 6.4.1. *Eine Umgebungsbasis der schwachen Topologie an der Stelle $\underline{x} \in \mathfrak{A}$ ist durch die sämtlichen Mengen der Gestalt*

$$(1) \qquad \mathfrak{U} = \{\underline{s} | \ \underline{s} \in \mathfrak{A}, |\underline{s}\underline{E}_\varrho, \underline{x}\underline{E}_\varrho| < \varepsilon, \varrho = 1, \ldots, r\} \qquad (\underline{E}_1, \ldots, \underline{E}_r \in \mathfrak{B})$$

gegeben.

Man verifiziert leicht, daß $\mathfrak{A}$ mit der schwachen Topologie eine topologische Gruppe bildet. Ist der metrische Raum $\mathfrak{B}$ separabel, so hat die schwache Topologie in $\mathfrak{A}$ an jeder Stelle eine abzählbare Umgebungsbasis. $\mathfrak{A}$ ist damit metrisierbar.

Der folgende Satz stellt ein Cauchy-Kriterium für die schwache Topologie dar:

Satz 6.4.1. *Ist* $\underline{s}_1, \underline{s}_2, \ldots \in \mathfrak{A}$ *und* $\underline{s}_i \underline{s}_k^{-1} \to 1$, $\underline{s}_i^{-1} \underline{s}_k \to 1$ *im Sinne der schwachen Topologie, so gibt es genau ein* $\underline{s} \in \mathfrak{A}$ *mit* $\underline{s}_i \to \underline{s}$ *(schwach).*

Beweis. Da $\mathfrak{B}$ vollständig ist, gibt es zu jedem $\underline{E} \in \mathfrak{B}$ Elemente $\underline{t}\underline{E}$, $\underline{s}\underline{E} \in \mathfrak{B}$ mit $|\underline{s}_i \underline{E}, \underline{s}\underline{E}| \to 0$, $|\underline{s}_i^{-1} \underline{E}, \underline{t}\underline{E}| \to 0$. Die damit erklärten eindeutigen Zuordnungen $\underline{s}, \underline{t}$ erhalten alle finiten Operationen in $\mathfrak{B}$, da diese stetig sind. Sie lassen auch m invariant, da m auf $\mathfrak{B}$ stetig ist. Um zu zeigen, daß etwa $\underline{s}$ auch alle abzählbaren Operationen in $\mathfrak{B}$ invariant läßt, genügt der Nachweis, daß aus $\underline{E}_1 \supseteq E_2 \supseteq \cdots$, $\bigcap\limits_{k} \underline{E}_k = 0$ stets $\bigcap\limits_{k} \underline{s}\underline{E}_k = 0$ folgt. Dies ist jedoch mit $\lim\limits_{k \to \infty} m(\underline{s}\underline{E}_k) = 0$ gleichbedeutend, und mithin wegen der m-Treue von $\underline{s}$ richtig. Da offenbar $\underline{s}\underline{t} = 1$ gilt, ist $\underline{s}^{-1} = \underline{t}$.

Wir zeigen jetzt, daß dies Cauchy-Kriterium mittels einer Metrik beschrieben werden kann, falls $\mathfrak{B}$ separabel ist.

Satz 6.4.2. $\mathfrak{B}$ *sei, als metrischer Raum aufgefaßt, separabel und* $\underline{E}_1, \underline{E}_2, \ldots$ *eine in* $\mathfrak{B}$ *dichte Folge. Dann ist durch*

$$(2) \qquad \|\underline{x}, \underline{y}\| = \sum_{k=1}^{\infty} \frac{1}{2^k} \left(|\underline{x}\underline{E}_k, \underline{y}\underline{E}_k| + |\underline{x}^{-1}\underline{E}_k, \underline{y}^{-1}\underline{E}_k| \right)$$

eine Metrik in $\mathfrak{A}$ *erklärt. Sie induziert die schwache Topologie. Aus* $\|\underline{x}_i, \underline{x}_k\| \to 0$ *folgt die Existenz eines* $\underline{x} \in \mathfrak{A}$ *mit* $\|\underline{x}_i, \underline{x}\| \to 0$.

Beweis. Daß (2) eine Metrik in $\mathfrak{A}$ definiert, ist trivial. Um zu zeigen, daß sie gerade die schwache Topologie, und keine schärfere, induziert, genügt es, zu zeigen, daß aus $\underline{x}_i \to \underline{x}$ (schwach) stets $\underline{x}_i^{-1} \to \underline{x}^{-1}$ (schwach) folgt. Wie die Betrachtung charakteristischer Funktionen und $\mathfrak{B}$-meßbarer Treppenfunktionen lehrt, induzieren die $\underline{x}_i, \underline{x}$ unitäre Transformationen x_i, x in L_m^2 (vgl. 9.11.7). Die Aussage $\underline{x}_i \to \underline{x}$ (schwach) ist mit $x_i h \to x h$ (stark, $h \in L_m^2$) gleichbedeutend (zunächst für charakteristische Funktionen h; durch Linearkombination und Approximation erhält man die allgemeine Aussage). Wegen $\|x_i^{-1} h - x^{-1} h\| = \|x(x^{-1}h) - x_i(x^{-1}h)\|$ folgt die Behauptung. Der Rest des Satzes ist trivial.

Satz 6.4.2 ermöglicht für separables $\mathfrak{B}$ die Anwendung des Kategorie-Theorems (8.3.5) auf die schwache Topologie in $\mathfrak{A}$ (vgl. § 6).

§ 5. Das schwache Dichtliegen der Permutationen

In diesem Paragraphen beziehen sich alle Überlegungen auf den Maßraum $(\Omega, \mathfrak{B}, m)$ mit $\Omega = \langle 0, 1 \rangle$ und $m = $ Lebesgue-Maß. Nach HALMOS-v. NEUMANN [1] ist dann $\mathfrak{A} = \mathfrak{S}$ und alle Ergebnisse der § 1—4 sind anwendbar. Hier können wir leicht eine Klasse besonders einfacher maßtreuer Transformationen angeben. Die Intervalle der Form $\left\langle \dfrac{j}{2^k}, \dfrac{j+1}{2^k} \right)$ $(0 \leqq j < 2^k)$ mögen als (dyadische) Intervalle der Klasse k bezeichnet werden. Es ist nach § 4 klar, daß die mit ihrer Hilfe (für beliebig große k) gebildeten schwachen Umgebungen an jeder Stelle $\underline{x} \in \mathfrak{S}$ eine abzählbare Umgebungsbasis bilden. Solche Umgebungen nennen wir dyadisch. Wir ziehen es im folgenden wieder vor, von Punktabbildungen in Ω anstatt von Automorphismen von $\mathfrak{B}$ zu sprechen.

Definition 6.5.1. *Eine maßtreue Abbildung x von $\langle 0, 1)$ auf sich heißt eine Permutation der Klasse k, wenn sie jedes Intervall der Klasse k durch Translation in ein Intervall der Klasse k überführt. Ist die damit gegebene Permutation dieser Intervalle ein Zyklus, so heißt x zyklisch.*

Permutationen sind spezielle periodische Abbildungen. Jede Permutation der Klasse k kann auch als Permutation der Klasse j ($j \geqq k$ beliebig) aufgefaßt werden.

Satz 6.5.1. *In jeder Umgebung einer Permutation gibt es zyklische Permutationen beliebig hoher Klasse.*

Beweis. Sei x eine Permutation und $\mathfrak{U} = \{s \,|\, x J_\varrho, s J_\varrho| < \varepsilon, \varrho = 1, \ldots, r\}$ eine dyadische Umgebung von x; die $J_1, \ldots, J_r$ sind also dyadische Intervalle, und wir können annehmen, daß sie alle von derselben Klasse k sind und x ebenfalls von der Klasse k ist. Wir wählen nun $j > k$ beliebig und geben ein Verfahren an, nach welchem man aus x eine zyklische Permutation y der Klasse j gewinnen kann, die in $\mathfrak{U}$ liegt, falls j groß genug ist. Hierzu zerlegen wir $\langle 0, 1)$ in die x-Zyklen der Klasse k. $E_1, \ldots, E_s$ sei so ein Zyklus. Dann soll das „erste", d. h. am weitesten links liegende, Teilintervall der Klasse j von E_1 vermöge y in das erste Intervall von E_2 übergehen, dies in das erste von E_3 usw., das erste von E_s in das „zweite" von E_1, dies in das zweite von E_2 usw. Wir landen schließlich beim letzten Intervall von E_s. Falls kein weiterer x-Zyklus existiert, soll es in das erste Intervall von E_1 übergehen. Andernfalls sei $F_1, \ldots, F_t$ ein weiterer x-Zyklus der Klasse k: Das letzte Intervall von E_s gehe dann durch y in das erste Intervall von F_1 über usw. Erst wenn $\langle 0, 1)$ im Verlauf dieses Verfahrens mit einem letzten Intervall J der Klasse j ausgeschöpft wird, soll dieses in das erste Intervall von E_1 zurückkehren. y ist also zyklisch von der Klasse j. Man rechnet leicht nach: $|x E_\sigma, y E_\sigma| = 0$ für $\sigma < s$, $|x E_s, y E_s| = \dfrac{2}{2^j}$, falls es noch weitere x-Zyklen gab, sonst $= 0$. Da die J_ϱ unter den E_σ, F_τ usw. vorkommen, ist es offenkundig, daß man für hinreichend großes j mit y innerhalb von $\mathfrak{U}$ verbleibt.

Satz 6.5.2. *In jeder schwachen Umgebung einer Abbildung $x \in \mathfrak{S}$ gibt es zyklische Permutationen beliebig hoher Klasse.*

Beweis. Nach Satz 6.5.1 haben wir nur mehr Permutationen nachzuweisen. — Es sei $\mathfrak{B}_0$ das System aller endlichen Vereinigungen dyadischer Intervalle, d. h. aller „dyadischen Mengen". $\mathfrak{B}_0$ ist ein Mengenkörper, der $\mathfrak{B}$ erzeugt, $\mathfrak{B}_0$ liegt also dicht in $\mathfrak{B}$. Ist $M \in \mathfrak{B}_0$ und k hinreichend groß, so ist M Vereinigung von Intervallen der Klasse k; wir sagen dann, M sei von der Klasse k (und damit auch von jeder höheren Klasse). Ist a eine dyadisch-rationale Zahl $\left(\text{d. h. von der Gestalt } a = \frac{j}{2^k}\right)$ mit $0 \leq a \leq m(M)$, so gibt es ein $A \in \mathfrak{B}_0$ mit $A \subseteq M$ und $m(A) = a$.

1. Dyadische Approximation beliebiger Teilungen: Ist $\langle 0, 1 \rangle = A_1 + \cdots + A_r$ eine disjunkte Zerlegung von $\langle 0, 1 \rangle$ mit $A_\varrho \in \mathfrak{B}$, ist $\delta > 0$ beliebig gegeben und $a_\varrho > 0$ dyadisch-rational mit $|a_\varrho - m(A_\varrho)| < \delta$, $\sum_{\varrho=1}^{r} a_\varrho = 1$, so gibt es paarweise disjunkte Mengen $B_1, \ldots$ $\ldots, B_r \in \mathfrak{B}_0$ mit $m(B_\varrho) = a_\varrho$ und $|A_\varrho, B_\varrho| < 2\,\delta$ (natürlich ist dann $\langle 0, 1 \rangle = B_1 + \cdots + B_r$). — Um dies zu zeigen, konstruieren wir vorderhand zu beliebigem $\eta > 0$ Mengen $C_1, \ldots, C_r \in \mathfrak{B}_0$ mit $|A_\varrho, C_\varrho| < \eta$. Hat man dabei das η zu vorgegebenem $\gamma > 0$ passend gewählt, so sind die Mengen $D_\varrho = C_\varrho - \bigcup_{\sigma \neq \varrho} C_\sigma \cap C_\varrho$ nichtleer und es gilt $|A_\varrho, D_\varrho| < \gamma$, also $|m(A_\varrho) - m(D_\varrho)| < \gamma$. Die D_ϱ sind paarweise fremd, sie liegen in in $\mathfrak{B}_0$. Ist $m(D_\varrho) > a_\varrho$, so bilden wir $B_\varrho \subseteq D_\varrho$ mit $B_\varrho \in \mathfrak{B}_0$ und $m(B_\varrho) = a_\varrho$. Der Fehler $|B_\varrho, D_\varrho|$ ist dabei jedesmal $< \gamma + \delta$. Nun können wir die D_ϱ mit $m(D_\varrho) \leq a_\varrho$ so zu Mengen $B_\varrho \in \mathfrak{B}_0$ auffüllen, daß $m(B_\varrho) = a_\varrho$ $(\varrho = 1, \ldots, r)$ gilt und $B_\varrho \cap B_\sigma = 0$ $(\varrho \neq \sigma)$ gilt. War $2\,\gamma \leq \delta$, so folgt die Behauptung.

2. Beweis des Satzes. Es genügt, den Fall zu betrachten, daß die Umgebung von x dyadisch von der Gestalt

$$\mathfrak{U} = \{s | \ |sE_i, xE_i| < \varepsilon, i = 1, \ldots, 2^n\}$$

ist, wobei E_i *sämtliche* dyadischen Intervalle einer festen Klasse n durchläuft. Wir betrachten die aus den Mengen $E_i \cap xE_k$ bestehende Zerlegung von $\langle 0, 1 \rangle$. Nach 1. können wir sie bis auf ein vorgegebenes $\delta > 0$ durch eine dyadische Zerlegung B_{ik} approximieren. Genau so können wir die Zerlegung $x^{-1}E_i \cap E_k$ durch eine dyadische Zerlegung C_{ik} approximieren. Sei u eine gemeinsame Klasse für alle E_i, B_{ik}, C_{ik}. Wenn wir die Permutation y von der Klasse u durch $yC_{ik} = B_{ik}$ definieren, so ist $y \in \mathfrak{U}$. In der Tat ist $E_k = \bigcup_i x^{-1}E_i \cap E_k$, also $m(E_k \triangle \bigcup_i C_{ik}) \leq 2^n\delta$. Hieraus folgt $m(yE_k \triangle \bigcup_i B_{ik}) < 2^n\delta$. Nun ist aber $m(\bigcup_i B_{ik} \triangle xE_k) \leq$ $\leq \sum_i m(B_{ik} \triangle (E_i \cap xE_k)) < 2^n\delta$. Also haben wir $m(yE_k \triangle xE_k) < $ $< 2^{n+1}\delta$ $(k = 1, \ldots, 2^n)$. Es muß also nur für $2^{n+1}\delta \leq \varepsilon$ gesorgt werden.

§ 6. Die topologische Häufigkeit der ergodischen, schwachmischenden und starkmischenden Transformationen

Sei $\Omega = \langle 0, 1 \rangle$, m das Lebesgue-Maß. Wir formulieren die Sätze in der Sprache der Maßalgebren, die Beweise in der Sprache der Maßräume; dies ist hier wegen $\underline{\mathfrak{S}} = \mathfrak{A}$ zulässig. Die Sätze sind richtig für beliebige atomfreie separable normierte Maßalgebren (hierzu und für die aus ihnen folgenden Aussagen über $\mathfrak{S}$ vgl. die Kapiteleinleitung).

Satz 6.6.1. *Die Menge der ergodischen Transformationen ist nirgendsdicht* (8.2.7) *in* $\mathfrak{A}$, *im Sinne der starken (metrischen) Topologie.*

Beweis. Wir haben wegen Satz 6.3.3 nur zu zeigen, daß jede hinreichend kleine starke Umgebung einer periodischen Transformation x frei von ergodischen Transformationen ist. x habe die Periode n und es sei $0 < \|x, s\| < \dfrac{1}{n}$. Die Menge $E = \{\omega \mid x\omega \neq s\omega\}$ erfüllt also die Relation $0 < m(E) < \dfrac{1}{n}$. Setzt man $F = \bigcup\limits_{k=0}^{n-1} x^k E$, so ist $0 < m(F) < 1$ und $xF = F$, also auch $x(\Omega - F) = \Omega - F$. Da $x\omega = s\omega$ $(\omega \in \Omega - F)$ gilt, ist auch $s(\Omega - F) = \Omega - F$. s ist also auf keinen Fall ergodisch.

Satz 6.6.2 (Rohlin [1]). *Die Menge aller stark-mischenden Transformationen aus* $\mathfrak{A}$ *ist bezüglich der schwachen Topologie von der 1. Kategorie (d. h. Vereinigung abzählbarvieler nirgendsdichter Mengen).*

Beweis. Sei $E = \left\langle 0, \dfrac{1}{2} \right)$ und $\mathfrak{M}_k = \left\{ x \mid \left| |E, x^k E| - \dfrac{1}{4} \right| \leqq \dfrac{1}{5} \right\}$. $\mathfrak{M}_k$ ist abgeschlossen. Ist x stark-mischend, so liegt es für hinreichend großes k in $\mathfrak{M}_k$; setzt man also $\mathfrak{N}_n = \bigcap\limits_{k \geqq n} \mathfrak{M}_k$, so enthält $\bigcup\limits_{n=1} \mathfrak{N}_n$ alle starkmischenden Abbildungen. Es genügt also, zu zeigen, daß die schwachabgeschlossenen Mengen $\mathfrak{N}_n$ nirgendsdicht sind. Hierfür ist hinreichend, daß für jedes n die schwach-offene Menge $\bigcup\limits_{k \geqq n} (\mathfrak{S} - \mathfrak{M}_k)$ die (nach Satz 6.5.2 schwachdichte) Menge aller periodischen Abbildungen mit einer Periode $\geqq n$ enthält. Das ist aber trivial.

Wir werden nun zeigen, daß die schwach-mischenden $\underline{x} \in \mathfrak{A}$ topologisch häufig sind. Zunächst beweisen wir das

Lemma. *Ist* $x \in \mathfrak{S}$ *antiperiodisch, so ist die Menge* $\mathfrak{T} = \{s^{-1} x s \mid s \in \mathfrak{S}\}$ *schwach-dicht in* $\mathfrak{S}$.

Beweis. Nach Satz 6.5.2 genügt es, Permutationen zu approximieren. Sei also $y \in \mathfrak{S}$ eine Permutation und seien $D_1, \ldots, D_r$ dyadische Mengen. Für beliebiges $\varepsilon > 0$ betrachten wir die beiden Umgebungen

$$\mathfrak{U} = \{u \mid u \in \mathfrak{S}, |u D_\varrho, y D_\varrho| < \varepsilon, \varrho = 1, \ldots, r\}$$

$$\mathfrak{V} = \left\{u \mid u \in \mathfrak{S}, |u D_\varrho, y D_\varrho| < \dfrac{\varepsilon}{2}, \varrho = 1, \ldots, r\right\}.$$

$\mathfrak{V}$ enthält nach Satz 6.5.2 eine zyklische Permutation u, deren Klasse k größer ist als die aller D_ϱ und zugleich die Relation $\frac{1}{2^{k-2}} < \varepsilon$ erfüllt. Aus Satz 6.3.3 folgt die Existenz einer Transformation $z \in \mathfrak{S}$, die m-fastüberall 2^k zur Periode hat und

$$\| x, z \| = m \left(\{ \omega \mid x\omega \neq z\omega \} \right) < \frac{1}{2^{k-1}} < \frac{\varepsilon}{2}$$

erfüllt.

Wir zeigen jetzt, daß es ein $s \in \mathfrak{S}$ mit $u = s^{-1} z s$ gibt. Zu diesem Zweck bestimmen wir eine Numerierung $E_1, \ldots, E_{2^k}$ der dyadischen Intervalle der Klasse k, derart, daß $uE_j = E_{j+1}$ (j mod 2^k) gilt. Ebenso bestimmen wir eine disjunkte Zerlegung $\langle 0, 1 \rangle = F_1 + \cdots + F_{2^k}$ mit $zF_j = F_{j+1}$ (j mod 2^k) gemäß Satz 6.1.1. Nach Satz 6.3.2 kann man $s \in \mathfrak{S}$ so bestimmen, daß $sE_j = F_j$ ($j = 1, \ldots, 2^k$) gilt.

Nunmehr ist $\| u, s^{-1} x s \| < \frac{\varepsilon}{2}$ leicht nachzurechnen, woraus ohne viel Umstände

$$|y D_\varrho, s^{-1} x s D_\varrho| < \varepsilon \qquad (\varrho = 1, \ldots, r),$$

d. h. $s^{-1} x s \in \mathfrak{U}$ folgt.

Satz 6.6.3 (HALMOS [4]). *Die Menge $\mathfrak{M}$ aller schwach-mischenden Transformationen aus $\mathfrak{A}$ ist bezüglich der schwachen Topologie eine Residualmenge (d. h. Durchschnitt abzählbarvieler dichter offener Mengen, also jedenfalls dicht).*

Beweis. $\mathfrak{M}$ ist nichtleer (Kap. 4, § 5, Beispiel 2), besteht aus lauter antiperiodischen Abbildungen (Satz 6.1.1, Cor.) und enthält mit x auch alle $s^{-1} x s$ ($s \in \mathfrak{S}$), liegt also nach dem Lemma dicht in $\mathfrak{S}$. Es ist also nur noch $\mathfrak{M}$ als Durchschnitt einer Folge von offenen Mengen darzustellen. Wir nützen aus, daß die schwache Topologie in $\mathfrak{S}$ nichts anderes ist als die schwache Topologie für die den $x \in \mathfrak{S}$ zugeordneten unitären Operatoren x im Hilbertraum L_m^2. Letzterer ist separabel, man kann eine normdichte Folge $f_k \in L_m^2$ finden. Die Mengen

$$\mathfrak{M}_{ijkn} = \left\{ x \mid |(x^n f_i, f_j) - (f_i, 1) \overline{(f_j, 1)}| < \frac{1}{k} \right\}$$

$$(i, j, k, n = 1, 2, \ldots)$$

sind schwach-offen in $\mathfrak{S}$, also auch die Mengen

$$\mathfrak{M}_{ijk} = \bigcup_{n=1}^\infty \mathfrak{M}_{ijkn} \qquad (i, j, k = 1, 2, \ldots).$$

Wir zeigen, daß $\mathfrak{M} = \bigcap_{i,j,k} \mathfrak{M}_{ijk}$ gilt. Nach Satz 4.4.1 und Lemma 4.4.1 ist $\mathfrak{M} \subseteq \bigcap_{i,j,k} \mathfrak{M}_{ijk}$. Wir bestimmen nun zu einem beliebigen nichtmischenden x ein i, j, k mit $x \notin \mathfrak{M}_{ijk}$. x besitzt, als Transformation in L_m^2 aufgefaßt, einen nichtkonstanten Eigenvektor $h \in L_m^2$ (Satz 4.4.2, Cor.). Wir können für $\|h\| = 1$, $(h, 1) = 0$ sorgen. λ sei der dazugehörige Eigenwert ($|\lambda| = 1$). Wir sorgen für $\|h - f_k\| < \dfrac{1}{10}$ und zeigen, daß $x \notin \mathfrak{M}_{k\,k\,2}$, d. h.

$$|(x^n f_k, f_k) - (f_k, 1)\,\overline{(f_k, 1)}| \geqq \frac{1}{2} \qquad (n = 1, 2, \ldots)$$

gilt. Dies ist aus

$$|(x^n h, h) - (h, 1)\,\overline{(h, 1)}| = 1 \qquad (n = 1, 2, \ldots)$$

ohne weiteres zu entnehmen.

Anmerkung. Aus Satz 6.6.2 und Satz 6.6.3 folgt: Es gibt in $\langle 0, 1\rangle$ schwach-mischende $x \in \mathfrak{S}$, die nicht stark-mischend sind. Explizite Beispiele scheinen nicht bekannt zu sein.

Kap. 7 Nichtstationäre Probleme

§ 1. Zufallsgesteuerte maßtreue Strömungen

Ist $(\Omega, \mathfrak{B}, m)$ ein Maßraum, sowie $x_1, x_2, \ldots$ eine Folge m-treuer $\mathfrak{B}$-meßbarer eindeutiger Abbildungen von Ω auf sich, so ist durch $x(t, v) = x_t \ldots x_{v+1}(t > v \geqq 0)$, $x(t, t) =$ Identität $(t \geqq 0)$ eine i. a. nichtstationäre m-treue Strömung gegeben. Ein die Folge x_t festlegendes Verfahren wird man als „*Steuerung*" (der Strömung) bezeichnen. Im stationären Falle hat man die triviale Steuerung, die $x_1 = x_2 = \cdots$ liefert. Nunmehr betrachten wir Strömungen folgender Bauart: $A \neq 0$ sei eine Menge, s eine eindeutige Abbildung von A in sich. Jedem $\alpha \in A$ sei eindeutig eine m-treue Abbildung x_α von Ω in sich zugeordnet. Dann liefert jedes α vermöge der Festsetzung

$$x_t = x_{s^t \alpha}$$

eine Steuerung. Die zugehörige Strömung sei durch $x_\alpha(t, v)$ bezeichnet.

Ist $(A, \mathfrak{A}, a)$ ein Maßraum, so kann man den Produktraum $(A \times \Omega, \mathfrak{A} \times \mathfrak{B}, a \times m)$ bilden. Ist x_α „meßbar im Produktraum", d. h. ist $M' = \{(\alpha, \omega)| \; x_\alpha \omega \in F\} \in \mathfrak{A} \times \mathfrak{B}$ $(F \in \mathfrak{B})$, und ist s eine eineindeutige a-treue Abbildung von A auf sich, so sagen wir, es sei eine *Zufallssteuerung* gegeben.

Satz 7.1.1 (random ergodic theorem). *Sei $(\Omega, \mathfrak{B}, m)$ ein σ-endlicher Maßraum und $\{(A, \mathfrak{A}, a), s, x_\alpha\}$ eine Zufallssteuerung mit $a(A) < \infty$. Dann gibt es zu jedem $f \in L_m^1$ eine a-Nullmenge $N \in \mathfrak{A}$ derart, daß für $\alpha \in A - N$ m-fastüberall der Limes*

$$(1) \qquad \lim_{n \to \infty} \frac{1}{n} \sum_{t=0}^{n-1} x_\alpha(t, 0) f(\omega) = F_\alpha(\omega)$$

vorhanden und endlich ist. Es gilt $F_\alpha \in L_m^1$.

Beweis. 1. Wir erklären eine stationäre Strömung im Produktraum $(A \times \Omega, \mathfrak{A} \times \mathfrak{B}, a \times m)$:

$$(2) \qquad\qquad u(\alpha, \omega) = (s\alpha, x_\alpha \omega) .$$

2. u ist $(\mathfrak{A} \times \mathfrak{B})$-meßbar. Ist $E \in \mathfrak{A}, F \in \mathfrak{B}$, so ist $u^{-1}(E \times F) = \{(\alpha, \omega) \mid s\alpha \in E\} \cap \{(\alpha, \omega) \mid x_\alpha \omega \in F\} \in \mathfrak{A} \times \mathfrak{B}$. Da diese $E \times F$ $\mathfrak{A} \times \mathfrak{B}$ erzeugen, folgt die Behauptung (9.3.1).

3. u ist $(a \times m)$-treu. $\mathfrak{A} \times \mathfrak{B}$ wird von den Mengen $E \times F$ ($E \in \mathfrak{A}$, $F \in \mathfrak{B}$) erzeugt. Da u^{-1} disjunkte Mengen in disjunkte überführt, genügt es, $(a \times m)(E \times F) = (a \times m)(u^{-1}(E \times F))$ ($E \in \mathfrak{A}, F \in \mathfrak{B}$) zu zeigen (vgl. 9.9.4). Setzt man $M' = u^{-1}(E \times F) = (s^{-1}E \times \Omega) \cap \{(\alpha, \omega) \mid x_\alpha \omega \in F\}$, und ist $\chi(\alpha, \omega)$ die charakteristische Funktion von M', so ist $\chi(\alpha, \omega)$ für jedes α eine $\mathfrak{B}$-meßbare Funktion von ω und man hat

$$\begin{aligned}
(a \times m)(M') &= \int \left[\int \chi(\alpha, \omega)\, m(d\omega)\right] a(d\alpha) \\
&= \int_{S^{-1}E} m(x_\alpha^{-1}F)\, a(d\alpha) = \int_{S^{-1}E} m(F)\, a(d\alpha) \\
&= a(E)\, m(F) = (a \times m)(E \times F) .
\end{aligned}$$

4. Man beachte, daß für u die Voraussetzungen des individuellen Ergodensatzes 3.2.1 erfüllt sind. Zu jedem $(\mathfrak{A} \times \mathfrak{B})$-meßbaren $f \in L^1_{a \times m}$ gibt es also ein $F \in L^1_{a \times m}$ und eine $(a \times m)$-Nullmenge M mit

$$(3) \qquad \lim_{n \to \infty} \frac{1}{n} \sum_{t=0}^{n-1} (u^t f)(\alpha, \omega) = F(\alpha, \omega) \qquad\qquad ((\alpha, \omega) \notin M) .$$

Nach dem Satz von Fubini (9.9.5) gibt es eine a-Nullmenge $N \in \mathfrak{A}$ derart, daß für $\alpha \notin N$ die Menge $M_\alpha = \{\omega \mid (\alpha, \omega) \in M\}$ zu $\mathfrak{B}$ gehört und $m(M_\alpha) = 0$ erfüllt. Wählt man also $\alpha \in A - N$, so ist der Limes (3) außerhalb der m-Nullmenge M_α vorhanden. Die Mengen M, N, M_α hängen natürlich von der (nur bis auf $(a \times m)$-Nullmengen festliegenden) Wahl von $f(\alpha, \omega)$ ab. $F(\alpha, \omega)$ ist jedenfalls $(\mathfrak{A} \times \mathfrak{B})$-meßbar. Wiederum nach Fubini kann man M, N so wählen, daß $F(\alpha, \omega)$ für $\alpha \notin N$ als Funktion von ω m-integrabel ist.

5. Ist $f \in L^1_m$ und setzt man $f(\alpha, \omega) = f(\omega), F_\alpha(\omega) = F(\alpha, \omega)$, so ist der Satz bewiesen.

Satz 7.1.2. *Es seien $(\Omega, \mathfrak{B}, m)$, $(A, \mathfrak{A}, a)$ endliche Maßräume und im übrigen die Voraussetzungen von Satz 7.1.1 erfüllt. Dann gibt es zu jedem $f \in L^p_m$ ($1 \leq p < \infty$) eine a-Nullmenge $N \in \mathfrak{A}$ und zu jedem $\alpha \notin N$ ein $F_\alpha \in L^p_m$ mit*

$$(4) \qquad \lim_{n \to \infty} \left\| \frac{1}{n} \sum_{t=0}^{n-1} x_\alpha(t, 0) f - F_\alpha \right\|_p = 0 .$$

Beweis. Wir verwenden die Konstruktionen aus dem Beweis von Satz 7.1.1 und ermitteln F, F_α wie dort. (4) ergibt sich dann für beschränkte f aus (1) (und dem Satz von LEBESGUE (9.5.11)) und allgemein für beliebige f durch Approximation ($L_m^\infty \cap L_m^p$ liegt normdicht in L_m^p ($1 \leq p \leq \infty$, 9.6.6)).

Ist $(C, \mathfrak{C}, c)$ ein Maßraum und jedem $\gamma \in C$ genau eine m-treue Abbildung x_γ in $(\Omega, \mathfrak{B}, m)$ zugeordnet, derart, daß Meßbarkeit im Produktraum vorliegt, so kann man eine Zufallssteuerung auf folgende Weise gewinnen. Sei $(A, \mathfrak{A}, a)$ das beiderseitig unendliche kartesische Produkt von Exemplaren von $(C, \mathfrak{C}, c)$:

$$A = \{\alpha = (\alpha_t) = (\ldots, \alpha_{-1}, \alpha_0, \alpha_1, \ldots) \mid \alpha_t \in C\}$$

$$\mathfrak{A} = \overset{\infty}{\underset{t=-\infty}{\Pi}}{}^{\times} \mathfrak{C}_t \qquad (\mathfrak{C}_t = \mathfrak{C}), \qquad a = \overset{\infty}{\underset{t=-\infty}{\Pi}}{}^{\times} c_t \qquad (c_t = c).$$

Durch $(s\alpha)_t = \alpha_{t+1}$ ist dann eine a-treue Abbildung s in $(A, \mathfrak{A}, a)$ gegeben. Entsprechendes gilt für das einseitig-unendliche Produkt. Setzt man $x_\alpha = x_{\alpha_0}$, so liegt Meßbarkeit im Produktraum $(A \times \Omega, \mathfrak{A} \times \mathfrak{B})$ vor: Setzt man bei vorgegebenem $E \in \mathfrak{B}$ $\{(\gamma, \omega)\mid \gamma \in C, \omega \in \Omega, x_\gamma \omega \in E\} = E'$, so ist $\{(\alpha, \omega)\mid x_\alpha \omega \in E\} = \{(\alpha, \omega)\mid x_{\alpha_0} \omega \in E\} = \{(\alpha, \omega)\mid (\alpha_0, \omega) \in E'\} \in \mathfrak{A} \times \mathfrak{B}$.

Die historisch ersten random ergodic theorems entsprechen diesem Spezialfall mit meist endlichem C (PITT [1], ULAM-v. NEUMANN [1], ANZAI [1], vgl. ferner KAKUTANI [10]).

KAKUTANI [10] hat den Begriff der Ergodizität einer zufallsgesteuerten Strömung für endliche m, a untersucht. Man kann dann $m(\Omega) = a(A) = 1$ annehmen ($c(C) = 1$ ist bei der obigen Konstruktion hierfür hinreichend). Sei eine Schar $\mathfrak{S} = \{x_\alpha \mid \alpha \in A\}$ m-treuer Abbildungen in $(\Omega, \mathfrak{B}, m)$ gegeben. Eine Menge $E \in \mathfrak{B}$ heißt $\mathfrak{S}$-invariant, wenn $m(E \triangle x_\alpha E) = 0 = m(E \triangle x_\alpha^{-1} E)$ für a-fastalle $\alpha \in A$ gilt. Mit E ist auch $\Omega - E$ invariant. $\mathfrak{S}$ heißt ergodisch, wenn eine Zerlegung $\Omega = E + F$ ($E, F \in \mathfrak{B}$, $m(E)\, m(F) > 0$) mit $\mathfrak{S}$-invarianten E, F nicht möglich ist. — Ist $\mathfrak{S}$ meßbar im Produktraum, so gewinnt man einen $\mathfrak{S}$ *zugeordneten stochastischen Kern*

$$(5) \qquad P(E, \omega) = a\{\alpha\mid x_\alpha \omega \in E\} = \int \chi_E(x_\alpha \omega)\, a(d\alpha)\,.$$

Da $\varphi(\alpha, \omega) = \chi_E(x_\alpha \omega)$ nach der Definition der „Meßbarkeit im Produktraum" ($\mathfrak{A} \times \mathfrak{B}$)-meßbar ist, ist (5) für alle ω erklärt und bei festem $E \in \mathfrak{B}$ $\mathfrak{B}$-meßbar in ω, sowie volladditiv in E bei festem $\omega \in \Omega$. Stets ist $P(\Omega, \omega) = 1$. Man hat nach dem Satz von FUBINI (9.9.5)

$$\int P(E, \omega)\, m(d\omega) = \int \left[\int \chi_E(x_\alpha \omega)\, a(d\alpha)\right] m(d\omega)$$
$$= \int \left[\int \chi_E(x_\alpha \omega)\, m(d\omega)\right] a(d\alpha) = m(E)\,.$$

Der durch den Kern $P(E, \omega)$ im Banachraum $\mathfrak{R}(\mathfrak{B})$ aller endlichen reellen Ladungsverteilungen auf $\mathfrak{B}$ induzierte Operator P läßt also m, und damit auch $L^p \subseteq \mathfrak{R}(\mathfrak{B})$ ($1 \leq p \leq \infty$) invariant. Dort gilt also der wie auch der statistische Ergodensatz (Satz 3.2.1, 1.2.1; individue11.8, Kap. 2, § 1). P läßt die Konstanten, die ja zu L^p_m vgl. auf. P heißt *ergodisch*, wenn P in L^p nur die Konstanten fest- gehöreatz 4.2.2).

läßt godizität von P ist mit folgender Aussage gleichbedeutend: $P(E, \omega) = 1$ für m-fastalle $\omega \in E$, $P(E, \omega) = 0$ für m-fastalle IstE, so ist $m(E)\, m(\Omega - E) = 0$. In der Tat: Der im Beweis von 0.1 durchgeführte Schluß liefert zunächst, daß die P-invarian- L^1_m einen linearen Verband bilden; hat man nun ein nichtkon- $f \in L^p_m \subseteq L^1_m$ mit $Pf = f$, so kann man annehmen, die Menge E $f(\omega) > 0\}$ erfülle $m(E)\, m(\Omega - E) > 0$ und es sei $f(\omega) \neq 0$ m-fast- ll (notfalls ändere man f um eine passende Konstante ab). Auch max $[f, 0]$, $f^- = \max[-f, 0]$ sind P-fix. Also erhält man

$$\|f\|_1 = \int f^+\, dm + \int f^-\, dm = \int_E f^+\, dm + \int_{\Omega - E} f^-\, dm$$

$$= \int P(E, \omega)\, f^+(\omega)\, m(d\omega) + \int P(\Omega - E, \omega)\, f^-(\omega)\, m(d\omega)$$

$$= \int_E P(E, \omega)\, f^+(\omega)\, m(d\omega) + \int_{\Omega - E} P(\Omega - E, \omega)\, f^-(\omega)\, m(d\omega)\,.$$

Hätte man $P(E, \omega) < 1$ auf einer Menge $\subseteq E$ positiven m-Maßes, oder $P(E, \omega) > 0$, d. h. $P(\Omega - E, \omega) < 1$ auf einer Menge $\subseteq \Omega - E$ positiven m-Maßes, so könnte man weiter abschätzen

$$< \int_E f^+\, dm + \int_{\Omega - E} f^-\, dm = \|f\|_1$$

und käme zu einem Widerspruch. Hat man umgekehrt ein $E \in \mathfrak{B}$ mit $m(E)\, m(\Omega - E) > 0$,

$$P(E, \omega) = \begin{cases} 1 & \text{für} \quad m\text{-fastalle } \omega \in E \\ 0 & \text{für} \quad m\text{-fastalle } \omega \in \Omega - E\,, \end{cases}$$

so ist durch

$$f(\omega) = \begin{cases} 1 & \text{für } \omega \in E \\ 0 & \text{für } \omega \in \Omega - E \end{cases}$$

ein P-invariantes nichtkonstantes $f \in L^1_m$ erklärt.

Zu P gehört ein ebenfalls in allen L^p_m vermöge

$$(P'f)(\omega) = \int f(\eta)\, P(d\eta, \omega) \quad (f \in L^p)$$

erklärter dualer Operator P' (9.11.14). Auch er läßt die Konstanten fest. Er heiße *ergodisch*, wenn er nur die Konstanten festläßt.

Satz 7.1.3 (Kakutani [10]). *Sei* $(\Omega, \mathfrak{B}, m)$ *ein auf* $m(\Omega) = 1$ *nor- mierter Maßraum und* $\{(A, \mathfrak{A}, a), s, x_\mathfrak{z}\}$ *eine auf* $a(A) = 1$ *normierte Zufallssteuerung. Dann sind (wir verwenden die oben eingeführten Be- zeichnungen) folgende Aussagen äquivalent.*

1. $\mathfrak{S}$ *ist ergodisch.*
2. P *ist ergodisch.*
3. P' *ist ergodisch.*

Beweis. *Aus 1 folgt 2.* Ist $E \in \mathfrak{B}$,

$$P(E, \omega) = \begin{cases} 1 & \text{für } m\text{-fastalle } \omega \in E \\ 0 & \text{für } m\text{-fastalle } \omega \in \Omega - E, \end{cases}$$

so ist

$$x_\alpha \omega \in E \text{ für } a\text{-fastalle } \alpha \in A, \text{ falls } \omega \in E,$$
$$x_\alpha \omega \in \Omega - E \text{ für } a\text{-fastalle } \alpha \in A, \text{ falls } \omega \in \Omega - E,$$

d. h. E und $\Omega - E$ sind $\mathfrak{S}$-invariant. Aus der Ergodizität von $\mathfrak{S}$ f[olgt]
$m(E)\, m(\Omega - E) = 0$.

Aus 2 folgt 3. Eine analoge Überlegung wie im Beweis von Satz 5.2.[?]
liefert: Die P'-fixen $f \in L_m^1$ bilden einen Vektor-Verband, der die Konstanten enthält. Hieraus folgt: Ist $P'f = f$, $\alpha < \beta$, so ist für

$$f_{\alpha\beta}(\omega) = \begin{cases} 1 & \text{für } f(\omega) \geq \beta \\ \dfrac{f(\omega) - \alpha}{\beta - \alpha} & \text{für } \alpha < f(\omega) < \beta \\ 0 & \text{sonst} \end{cases}$$

ebenfalls $P'f_{\alpha\beta} = f_{\alpha\beta}$. Setzt man $E = \{\omega|\, f(\omega) \geq \beta\}$, $\alpha_n = \beta - \dfrac{1}{n}$, so
ist $f_{\alpha_n, \beta} \to \chi_E$ (stark) und damit $P'\chi_E = \chi_E$. Dies bedeutet $P(E, \omega) = 1$
für m-fastalle $\omega \in E$ und $P(E, \omega) = 0$ für m-fastalle $\omega \in \Omega - E$. Somit
folgt aus der Ergodizität von P die Ergodizität von P'.

Aus 3 folgt 1. Ist $E \in \mathfrak{B}$ $\mathfrak{S}$-invariant, so ist auch $\Omega - E$ $\mathfrak{S}$-invariant
und

$$P(E, \omega) = \begin{cases} 1 & \text{für } m\text{-fastalle } \omega \in E \\ 0 & \text{für } m\text{-fastalle } \omega \in \Omega - E. \end{cases}$$

Setzt man $f(\omega) = \chi_E(\omega)$, so ist offenbar $P'f = f$. Aus der Ergodizität
von P' folgt also $m(E)\, m(\Omega - E) = 0$, d. h. die Ergodizität von $\mathfrak{S}$.

Weitere Resultate sind bisher nur für den Fall, daß $(A, \mathfrak{S}, a)$ ein
unendlicher Produktraum mit $a(A) = 1$ und s die Indexverschiebung x
(shift) in dem selben (vgl. 9.9.3) gewonnen worden (KAKUTANI [10],
RYLL-NARDZEWSKI [3], GLADYSZ [1], [3]).

Wir setzen deshalb im folgenden $(A, \mathfrak{A}, a) = \overset{\infty}{\underset{t=1}{\Pi^\times}} (C, \mathfrak{C}, c)$, also
$A = \{\alpha = (\alpha_1, \alpha_2, \ldots) = (\alpha_t)|\, \alpha_t \in C, t = 1, 2, \ldots\}$, $s(\alpha_1, \alpha_2, \ldots) = (\alpha_2, \alpha_3, \ldots)$,
$x_\alpha = x_{\alpha_1}$. Dann gilt der folgende

Satz 7.1.4. *Die in* (3) *auftretende Grenzfunktion* $F(\alpha, \omega)$ *ist von* α
unabhängig:

$$F(\alpha, \omega) = F(\omega) \qquad ((a \times m)\text{-fastüberall})$$

und es gilt für a-*fastalle* α

$$F(x_\alpha \omega) = F(\omega) \qquad (m\text{-fastüberall})$$

Beweis. 1. Sei $h \in L_a^\infty$ und $\int h \, da = 0$, sowie

$$G(\omega) = \int h(\alpha) \, F(\alpha, \omega) \, a(d\alpha) = \int h(\alpha_1, \alpha_2, \ldots)$$
$$F(\alpha_1, \alpha_2, \ldots; \omega) \, c(d\alpha_1) \, c(d\alpha_2) \ldots$$
$$G_n(\alpha, \omega) = G_n(\alpha_1, \alpha_2, \ldots, \alpha_{n-1}; \omega)$$
$$= \int h(\alpha_n, \alpha_{n+1}, \ldots) \, F(\alpha_1, \alpha_2, \ldots) \, c(d\alpha_n) \, c(d\alpha_{n+1}) \ldots$$

Dann ist

$$G_n(\alpha_1, \ldots, \alpha_{n-1}; \omega) = G(x_{s^{n-2}\alpha} \ldots x_\alpha \omega) = G(x_{\alpha_{n-1}} \ldots x_{\alpha_1} \omega).$$

Bestimmt man zu beliebigem $\varepsilon > 0$ eine Funktion $F'(\alpha, \omega) = F'(\alpha_1, \alpha_2, \ldots, \alpha_{n-1}; \omega) \in L^1_{a \times m}$ mit

$$\|F' - F\|_1 < \frac{\varepsilon}{\|h\|_\infty} \qquad (\text{in } L^1_{a \times m}),$$

so ist

$$\int h(\alpha_n, \alpha_{n+1}, \ldots) \, F'(\alpha_1, \ldots, \alpha_{n-1}, \omega) \, c(d\alpha_n) \, c(d\alpha_{n-1}) = 0$$

und somit

$$G_n(\alpha_1, \ldots, \alpha_{n-1}; \omega)$$
$$= \int h(\alpha_n, \alpha_{n+1}, \ldots) \, (F(\alpha_1, \ldots, \alpha_{n-1}, \ldots, \omega) - F'(\alpha_1, \ldots, \alpha_{n-1}; \omega))$$
$$c(d\alpha_n) \, c(d\alpha_{n+1}) \ldots$$

das heißt

$$\int |G(\omega)| \, m(d\omega) = \int |G(x_{\alpha_{n-1}} \ldots x_{\alpha_1} \omega)| \, a(d\alpha) \, m(d\omega)$$
$$= \int |G_n(\alpha, \omega)| \, a(d\alpha) \, m(d\omega) \leq \varepsilon.$$

Es folgt $G = 0$.

2. Ist $g \in L_a^\infty$, so ist $h = g - \int g \, da \in L_a^\infty$ mit $\int h \, da = 0$ und man erhält

$$\int g(\alpha) \, F(\alpha, \omega) \, a(d\alpha) = \int F(\alpha, \omega) \, a(d\alpha) \int g \, da.$$

Ist $k \in L_m^\infty$, so ergibt sich

$$\int [F(\alpha, \omega) - \int F(\beta, \omega) \, a(d\beta)] \, g(\alpha) \, k(\omega) \, a(d\alpha) \, m(d\omega) = 0,$$

woraus

$$F(\alpha, \omega) = \int F(\beta, \omega) \, a(d\beta) \qquad ((a \times m)\text{-fastüberall})$$

folgt.

Corollar. *Ist u ergodisch, so ist $\mathfrak{G}$ ergodisch.*

Beweis. Man beachte, daß im Beweis von Satz 7.1.4 nur die u-Invarianz von F benützt wurde.

Die Umkehrung dieser Aussage ist ebenfalls richtig. Sie wurde von KAKUTANI [10] bewiesen. GLADYSZ [1], [3] hat dieselben Ergebnisse für den Fall, daß x_α nicht nur von α_1, sondern von $\alpha_1, \ldots, \alpha_t$ (t fest) abhängt, erhalten und überdies Mischungskriterien gewonnen.

§ 2. Nichtstationäre Markoffsche Prozesse

Wir verwenden die Bezeichnungen aus Kap. 2 und betrachten einen beliebigen Markoffschen Prozeß $P(t, s)$ ($t \geq s \geq 0$, diskret oder kontinuierlich) mit endlichem $\Omega = \{1, \ldots, n\}$. Das ist eine Funktion mit Werten im linearen Raum $\mathfrak{T}$ aller linearen Transformationen in $\mathfrak{H} = R^n$. $\mathfrak{T}$ hat die Dimension n^2 und ist ein Banachraum, wenn man in $\mathfrak{H}$ eine beliebige Norm $\|h\|$ zugrunde legt und die Operatornorm $\|P\| = \sup\limits_{\|h\| \leq 1} \|Ph\|$ in $\mathfrak{T}$ einführt. Wir gehen immer von der in Kap. 2, § 2 betrachteten Norm in $\mathfrak{H}$ aus, wählen also die dort benützte halbinvariante Betrachtungsweise. Ist für beliebige $s \leq t$ die Funktion $P(u) = P(t + u, s + u)$ konstant bzw. periodisch mit einer für alle t, s gemeinsamen Periode bzw. fastperiodisch, so heißt der Prozeß *stationär* bzw. *periodisch* bzw. *fastperiodisch*. Wir untersuchen das asymptotische Verhalten von $P(t, 0)$ für $t \to \infty$.

Im stationären Fall liegt exponentiell-asymptotische Periodizität vor (Satz 2.2.1). Der periodische Fall läßt sich auf den stationären zurückführen: Ist d eine gemeinsame Periode für alle $P(u) = P(t + u, s + u)$, so ist $Q(t, s) = P(td, sd)$ $(t \geq s \geq 0$ ganz$)$ ein stationärer diskreter Prozeß. $Q(t, 0)$ ist exponentiell-asymptotisch periodisch. Hieraus folgt dasselbe Ergebnis für $P(t, 0)$.

Genuin nichtstationär ist der fastperiodische Fall. Wir verwenden hier den Begriff fastperiodisch im Sinne von Bohr [1]. Sei Γ entweder die additive Gruppe aller ganzen oder die additive Gruppe aller reellen Zahlen, sowie $\Gamma^+ \{u|\ u \in \Gamma, u \geq 0\}$. Wir betrachten eine Funktion $f(u)$ $(u \in \Gamma^+)$ mit Werten in einem normierten Vektorraum $\mathfrak{R}$. $t \in \Gamma^+$ heißt eine ε-Fastperiode von f, wenn $\|f(u + t) - f(u)\| < \varepsilon$ $(u \in \Gamma^+)$ gilt. f heißt *fastperiodisch* (fp), wenn die ε-Fastperioden für jedes $\varepsilon > 0$ dichtliegen, d. h., wenn es zu jedem $\varepsilon > 0$ ein $L > 0$ gibt, derart, daß zu jedem $u \in \Gamma^+$ mindestens eine ε-Fastperiode t mit $u \leq t \leq u + L$ existiert. Ebenso erklärt man den Begriff ,,fastperiodische Funktion auf Γ‘‘. Man kann zeigen: Jede fp Funktion auf Γ liefert durch Einschränkung auf Γ^+ eine dort fp Funktion, und jede fp Funktion auf Γ^+ kann auf genau eine Weise so erhalten werden falls $\mathfrak{R}$ vollständig ist (vgl. etwa Bohr [1], Jacobs [3]). Die Gesamtheit aller fp Funktionen auf Γ oder Γ^+ ist gegen alle Operationen abgeschlossen, die im Raum $\mathfrak{R}$ normstetig sind, z. B. Linearkombination, Operatorprodukt, stetige lineare Abbildung in einen anderen normierten Vektorraum usw. Der Begriff ,,fastperiodisch‘‘ ist im diskreten Falle ohne Einschränkung, im kontinuierlichen Falle bei Beschränkung auf stetige Funktionen zu dem in Kap. 1, § 7 gebildeten Begriff ,,fastperiodisch‘‘ äquivalent. Ferner zeigt man leicht: Eine stetige Funktion $f(u)$ ist genau dann fp, wenn für jedes $\varepsilon > 0$ ihre ganzzahligen ε-Fastperioden dichtliegen (vgl. etwa Maak [1], Jacobs [7]). Es gilt der

Satz 7.2.1. *Ist* $P(t, s)$ $(t \geq s, t, s \in \Gamma^+)$ *ein* fp *Markoffscher Prozeß, so ist* $P(t, 0)$ *exponentiell-asymptotisch* fp, *d. h. es gibt eine* fp *Schar*

$Q(t)$ *mit*

$$\lim_{t \to \infty} \| P(t, 0) - Q(t) \| = 0 \qquad\qquad (exponentiell) \, .$$

Der etwas langwierige Beweis sei in einigen Schritten angedeutet (vgl. JACOBS [7], [9]).

1. Zunächst können wir den für $t \geq s, t, s \in \Gamma^+$ erklärten fp Markoffschen Prozeß $P(t, s)$ eindeutig zu einem fp Markoffschen Prozeß auf Γ fortsetzen:

$$P(t, s) = P(t, u) \, P(u, s) \qquad (t \geq u \geq s, t, u, s \in \Gamma)$$

ist leicht zu verifizieren.

2. Wie in Kap. 2 bezeichne $\mathfrak{V}$ die (als konvexe kompakte Menge im R^n liegende) Menge alle Wahrscheinlichkeitsverteilungen auf Ω. Bei festem $t \in \Gamma$ ist die Mengenschar $P(t, t - u) \, \mathfrak{V}$ $(u \in \Gamma^+)$ absteigend: $P(t, t - s) \, \mathfrak{V} = P(t, t - u) \, P(t - u, t - s) \, \mathfrak{V} \subseteq P(t, t - u) \, \mathfrak{V}$ $(s > u)$. Sie besteht aus konvexen nichtleeren kompakten Mengen, hat also nichtleeren konvexen kompakten Durchschnitt $\mathfrak{V}_t$. Man verifiziert leicht:

$$(1) \qquad\qquad \mathfrak{V}_t = P(t, s) \, \mathfrak{V}_s \qquad\qquad (t \geq s, t, s \in \Gamma) \, .$$

Ferner: Ist $t_n \to \infty$, $P(t, t - t_n) \to P$, so ist $P \mathfrak{V} = \mathfrak{V}_t$. Wir werden im folgenden immer wieder davon Gebrauch machen, daß die Menge $\mathfrak{S} \subseteq \mathfrak{T}$ aller stochastischen Transformationen im R^n kompakt ist, also Folgen durch Übergang zu Teilfolgen konvergent gemacht werden können.

3. Ist $t_n \to \infty$, t_n eine $\dfrac{1}{n}$-Fastperiode von $f(u) = P(u, u - t_{n-1})$ $P(t, t - t_n) \to P$ (solche Folgen lassen sich stets gewinnen), so ist $P \mathfrak{V} = P \mathfrak{V}_t = \mathfrak{V}_t$.

Denn offenbar ist $P(t, t - t_n) \, P(t - t_n, t - t_{n-1} - t_n) \to P^2$ und es gilt $\mathfrak{V}_t = P^2 \mathfrak{V} = P \mathfrak{V}_t = P \mathfrak{V}$. Es ergibt sich sogleich $P^n \mathfrak{V} = P^n \mathfrak{V}_t = \mathfrak{V}_t$ $(n = 1, 2, \ldots)$, und nun ergibt die Theorie der stationären Prozesse: $\mathfrak{V}_t$ ist ein Simplex mit paarweise trägerfremden Ecken.

4. Alle $\mathfrak{V}_t$ haben dieselbe Anzahl r von Ecken. — Denn hat etwa $\mathfrak{V}_0$ die minimale Anzahl r, und ist $t \geq 0$, so hat $\mathfrak{V}_t$ wegen (1) höchstens r, also genau r Ecken. Ist $t < 0$ und $P(0, - t_n) \to P, t_n \to \infty, - s_n \to - \infty$, $- s_n < t$ eine $\dfrac{1}{n}$-Fastperiode von $f(u) = P(u, u - t_n)$, so ist $P(- s_n, - s_n - t_n) \to P$. Geht man zu passenden Teilfolgen über, so kann man eine Konvergenz $P(t, t - s_n) \to Q$ erzwingen und hat dann $P(t, - s_n - t_n) = P(t, - s_n) \, P(- s_n, - s_n - t_n) \to Q P$, d. h. $\mathfrak{V}_t = Q P \mathfrak{V} = Q \mathfrak{V}_0$: $\mathfrak{V}_t$ hat höchstens r, also genau r Ecken.

5. Sind $e_1(t), \ldots, e_r(t)$ die Ecken von $\mathfrak{V}_t$ in passender Numerierung, so gilt

$$e_\varrho(t) = P(t, s) \, e_\varrho(s) \qquad (t > s, t, s \in \Gamma, \varrho = 1, \ldots, r)$$

Unser Ziel ist es, nachzuweisen, daß $e_\varrho(t)$ eine fp Funktion von t ist.

6. Zur Verfolgung der Kontraktion der $P(t, s)\,\mathfrak{V}$ auf $\mathfrak{V}_t$ und zum Vergleich der Simplices $\mathfrak{V}_t$ untereinander verwendet man zweckmäßig einen asymmetrischen Mengenabstand für nichtleere beschränkte $\mathfrak{A}, \mathfrak{B} \subseteq R^n = \mathfrak{H}$:

$$|\mathfrak{A}, \mathfrak{B}| = \sup_{b \in \mathfrak{B}} \inf_{a \in \mathfrak{A}} \|a - b\|\,.$$

Er gehorcht den Rechenregeln

$$|\mathfrak{A}, \mathfrak{B}| \leqq |\mathfrak{A}, \mathfrak{C}| + |\mathfrak{C}, \mathfrak{B}|$$

$$\begin{aligned} |T\mathfrak{A}, T\mathfrak{B}| &\leqq \|T\| \cdot |\mathfrak{A}, \mathfrak{B}| \\ |S\mathfrak{A}, T\mathfrak{A}| &\leqq \|S - T\| \cdot |\{0\}, \mathfrak{A}| \end{aligned} \qquad \left(\begin{matrix} TR^n \subseteq R^n \\ SR^n \subseteq R^n \end{matrix}\right\} \text{linear}\right)$$

Dieselben Rechenregeln erfüllt der symmetrische Abstand

$$\|\mathfrak{A}, \mathfrak{B}\| = \frac{1}{2}\,(|\mathfrak{A}, \mathfrak{B}| + |\mathfrak{B}, \mathfrak{A}|)\,.$$

Aus Kompaktheitsgründen ergibt sich

$$(2) \qquad\qquad \lim_{n \to \infty} \|\mathfrak{V}_t, P(t, t - n)\,\mathfrak{V}\| = 0\,.$$

Man sagt, ein konvexes Polyeder $\mathfrak{P}$ (d. h. eine konvexe kompakte Menge im R^n mit nur endlichvielen Extremalpunkten (= Ecken)) habe die *Weite* $\alpha \geqq 0$, wenn seine Ecken paarweise mindestens den Abstand α haben. Wir beschränken uns auf $\mathfrak{P} \subseteq \mathfrak{V}$; dann kommen Weiten > 2 nicht vor. Einpunktigen $\mathfrak{P} \subseteq \mathfrak{V}$ schreiben wir jede Weite $\alpha \leqq 2$ zu. „Weite 2" bedeutet jetzt, daß die Ecken paarweise trägerfremd sind; $\mathfrak{P}$ ist dann ein Simplex.

    Lemma. *Zu jedem $\varepsilon > 0$ mit $\varepsilon < 1$ gibt es ein $\delta(\varepsilon) > 0$ mit $\delta(\varepsilon) \leqq \varepsilon$ und folgenden Eigenschaften: Ist $\mathfrak{U} \subseteq \mathfrak{V}$ ein konvexes Polyeder der Weite $2 - \delta(\varepsilon)$, so ist es ein Simplex (d. h. die Ecken sind linear unabhängig). Ist $\mathfrak{W} \subseteq \mathfrak{V}$ ein weiteres Polyeder und gilt $|\mathfrak{W}, \mathfrak{U}| < \delta(\varepsilon)$, so hat $\mathfrak{W}$ mindestens ebensoviele Ecken wie $\mathfrak{U}$; haben $\mathfrak{U}$ und $\mathfrak{W}$ gleichviele Ecken, so ist $\mathfrak{W}$ ein Simplex von der Weite $2 - \varepsilon$ und es gilt*

$$\|\mathfrak{W}, \mathfrak{U}\| < \varepsilon\,.$$

Ist $w_1, \ldots, w_r$ bzw. $u_1, \ldots, u_r$ eine Durchzählung der Ecken von $\mathfrak{W}$ bzw. $\mathfrak{U}$, so gibt es genau eine Permutation π von $1, \ldots, r$ mit

$$\|w_\varrho - u_{\pi(\varrho)}\| < \varepsilon \qquad\qquad (\varrho = 1, \ldots, r)\,.$$

Man kann $\delta(\varepsilon) = \dfrac{\varepsilon}{c}$ (mit einem nur von n abhängigen $c > 0$) setzen.

    Für einen Beweis vgl. Jacobs [7].

    7. Jetzt kann man beweisen, daß die Konvergenz (2) gleichmäßig in t erfolgt. — Man bestimme zu beliebigem $\varepsilon > 0$ ein $n > 0$ mit $\Big|\mathfrak{V}_0,$ $P(0, -n)\,\mathfrak{V}\,\Big| < \dfrac{1}{2}\,\delta\!\left(\dfrac{\varepsilon}{3}\right)$, und sodann $L(\varepsilon)$ derart, daß jedes Intervall $\langle t - L(\varepsilon), t\rangle$ ein Teilintervall $\langle a - n, a\rangle$ mit $\|P(a, a - n) - P(0, -n)\| <$

$< \frac{1}{2}\,\delta\left(\frac{\varepsilon}{3}\right)$ enthält; das geht, weil die $\frac{1}{2}\,\delta\left(\frac{\varepsilon}{3}\right)$-Fastperioden von $P(t, t-n)$ dichtliegen. Man hat dann

$$|\mathfrak{V}_0, \mathfrak{V}_a| \leqq |\mathfrak{V}_0, P(a, a-n)\,\mathfrak{V}| \leqq |\mathfrak{V}_0, P(0,-n)\,\mathfrak{V}| + \frac{1}{2}\,\delta\left(\frac{\varepsilon}{3}\right) < \delta\left(\frac{\varepsilon}{3}\right),$$

also nach dem Lemma $\|\mathfrak{V}_0, \mathfrak{V}_a\| < \frac{\varepsilon}{3}$.

Es folgt

$$|\mathfrak{V}_t, P(t, t-L(\varepsilon))\,\mathfrak{V}| = |P(t, a)\,\mathfrak{V}_a, P(t, a)\,P(a, a-n)$$
$$P(a-n, t-L(\varepsilon))\,\mathfrak{V}|$$

$$\leqq |\mathfrak{V}_a, P(a, a-n)\,\mathfrak{V}| < \frac{\varepsilon}{3} + |\mathfrak{V}_0, P(0,-n)\,\mathfrak{V}| + \frac{\varepsilon}{3} < \varepsilon \quad (t \in \Gamma).$$

8. Jetzt ergibt sich durch Approximation sogleich eine gewisse „Fastperiodizität" der Schar $\mathfrak{V}_t$: Man bestimme $L(\varepsilon) > 0$ mit

$$\|\mathfrak{V}_t, P(t, t-L(\varepsilon))\,\mathfrak{V}\| < \frac{\varepsilon}{3} \qquad\qquad (t \in \Gamma)\,.$$

Ist dann a eine $\frac{\varepsilon}{3}$-Fastperiode von $P(t, t-L(\varepsilon))$, so gilt

$$\|\mathfrak{V}_{t+a}, \mathfrak{V}_t\| \leqq \|\mathfrak{V}_{t+a}, P(t+a, t+a-L(\varepsilon))\,\mathfrak{V}\| +$$
$$+ \|P(t+a, t+a-L(\varepsilon)) - P(t, t-L(\varepsilon))\| +$$
$$+ \|P(t, t-L(\varepsilon)\,\mathfrak{V}, \mathfrak{V}_t\| < \varepsilon\,.$$

Diese a liegen dicht.

9. Aus dieser „groben" Fastperiodizität soll die Fastperiodizität der „Stränge" $e_\varrho(t)$ geschlossen werden. Ersetzt man $\frac{\varepsilon}{3}$ in der voraufgehenden Betrachtung durch $\frac{1}{3}\,\delta(\varepsilon)$, so ergibt sich aus dem Lemma: Ist $t-s > 0$ eine hinreichend „gute" Fastperiode von $P(t+1, t)$, so gibt es genau eine Permutation $\pi(t, s)$ von $1, \ldots, r$ mit

$$(3) \qquad\qquad \|e_\varrho(t) - e_{\pi(t, s)\,(\varrho)}(s)\| < \varepsilon$$

und es gilt (entsprechend zu $P(t, s) = P(t, u)\,P(u, s)$)

$$(4) \qquad\qquad \pi(t, s) = \pi(t, u)\,\pi(u, s)\,,$$

falls $t \geqq u \geqq s$ und falls $t-u, t-s, u-s$ hinreichend gute Fastperioden von $P(t+1, t)$ sind. Verringert man ε, so verkleinert sich die Menge der in Frage kommenden Fastperioden bzw. $\pi(t, s)$, doch gilt von einem gewissen $\varepsilon_0 > 0$ ab immer (4). Aus (3) folgt: Ist $\pi(s+a, s) = 1\,(s \in \Gamma)$, so ist a eine ε-Fastperiode der „Stränge".

Von nun an betrachten wir nur noch ganzzahlige Fastperioden. Dies ist nach der Vorbemerkung auf S. 134 auch im kontinuierlichen Falle zulässig und ausreichend. Wir halten $\varepsilon > 0$ mit $\varepsilon \leqq \varepsilon_0$ fest. Dann ist die

Menge der ganzen $t > 0$, für die $\pi(t + s, s)$ (mit der Kettenregel (4)) vorhanden ist, dicht in Γ^+. Man kann sie durchzählen: $t_1 < t_2 < \ldots$, und es ist $\max\limits_{k} (t_{k+1} - t_k) = A < \infty$. Nach (4) bauen sich alle $\pi(t_k + s, s)$ aus Permutationen $\pi(t_{k+1} + s, t_k + s)$ auf. Die zugehörigen $P(t_{k+1} + s, t_k + s)$ lassen sich durch Verschiebung der Argumente sämtlich in die endliche Menge $P(t + 1, t), \ldots, P(t + A, t)$ verlagern. Diese t-Funktionen haben aber dichtliegende gemeinsame Fastperioden a von beliebig vorschreibbarer Güte. Man erhält für solche a etwa

$$\| P(t_{\mu+1} + s, t_\mu + s) - P(t_{\mu+1} + s + a, t_\mu + s + a) \| < \frac{1}{2} \,,$$

was — falls ε_0 nicht zu groß gewählt war — nur mit

$$\pi(t_{\mu+1} + s, t_\mu + s) = \pi(t_{\mu+1} + s + a, t_\mu + s + a)$$

verträglich ist; dies gilt für alle s und μ. Wegen (4) folgt sogleich

$$\pi(t_l + s, t_k + s) = \pi(t_l + s + a, t_k + s + a) \qquad (l \geqq k, s \in \Gamma) \,.$$

Aus dem Dichtliegen der a ergibt sich, daß hinsichtlich der $\pi(t_l + s, t_k + s)$ gewisse endlichviele s repräsentativ für alle s sind: Es gibt eine endliche Menge $\Sigma \subseteq \Gamma$ und zu jedem $s \in \Gamma$ ein $t \in \Sigma$ und eine Permutation τ mit

$$\pi(s + t_l, s + t_k) = \tau \pi(t + t_l, t + t_k) \tau^{-1} (l \geqq k \in \Gamma^+) \,.$$

Wir können $\Sigma = \{1, 2, \ldots, B\}$ (mit passendem $B > 0$) annehmen. Die Folge der Permutationssysteme

(5) $$[\pi(1 + t_k, 1), \ldots, \pi(B + t_k, B)]$$

ist nur endlichvieler Werte fähig. Sind etwa sämtliche Werte für $t_k \leqq D$ erschöpft, so gibt es zu jedem $t_l > D$ ein $t_k \leqq D$ mit

(6) $$\pi(s + t_l, s + t_k) = 1 \qquad (s \in \Sigma) \,.$$

Wie wir wissen, gilt dann (6) auch für alle $s \in \Gamma$, $t_l - t_k$ ist also eine ε-Fastperiode der Stränge. Offenbar enthält jedes Intervall der Länge $A + D$ eine derartige Fastperiode. Damit ist die Fastperiodizität der Stränge bewiesen.

Wegen der Gleichmäßigkeit der Konvergenz (2) folgt

$$\lim_{t \to \infty} \| \mathfrak{B}_t, P(t, 0) \mathfrak{B} \| = 0 \,.$$

Hieraus ergibt sich, daß die Folge $P(t, 0)$ asymptotisch-fastperiodisch ist. Daß die Geschwindigkeit der asymptotischen Annäherung exponentiell ist, kann man durch geeignetes Verallgemeinern der im stationären Falle benützten Methode zeigen (Jacobs [9]).

Die gesamte Theorie läßt sich auch im Dualraum mit den dualen Transformationen durchführen. Man kann sie ferner unter Bedingungen von derselben Allgemeinheit wie im stationären Falle durchführen:

Gibt es in Γ Zahlen t, s mit $t > s > 0$ und eine vollstetige lineare Transformation V in $\mathfrak{H} = \mathfrak{R}(\mathfrak{B})$ mit

$$P(t, s) = V + R, \quad \|R\| < 1,$$

so ist die Funktion $P(t, 0)$ exponentiell-asymptotisch fastperiodisch.

Eine weitere Klasse nichtstationärer Prozesse ergibt sich, wenn man annimmt, daß die t-Abhängigkeit von $P(t + 1, t)$ nicht von vornherein (durch „Steuerung von außen") festgelegt ist, sondern sich in der Wechselwirkung mehrerer Prozesse reguliert. Dies führt im diskreten Falle auf folgende Begriffsbildungen.

Es seien $P_\nu(t, s)$ $(\nu = 1, \ldots, n)$ n Markoffsche Prozesse von endlicher Dimension (in Räumen $\mathfrak{H}_\nu = R^{d_\nu}$, mit Grundsimplices $\mathfrak{B}_\nu$). Sei $\mathfrak{S}_\nu = \{P \mid P$ linear, $P\mathfrak{B}_\nu \subseteq \mathfrak{B}_\nu\}$ die Menge der stochastischen linearen Transformationen in $\mathfrak{H}_\nu$. Eine Abbildung f von $\mathfrak{S}_1 \times \cdots \times \mathfrak{S}_n$ in sich — d. h. ein System von n Funktionen $f_\nu(P_1, \ldots, P_n) \in \mathfrak{S}_\nu$ (für $P_1 \in \mathfrak{S}_1, \ldots$ $\ldots, P_n \in \mathfrak{S}_n$) — heißt eine *stochastische Regelung*. Das System der Prozesse $P_\nu(t, s)$ heißt ein diskreter Markoffscher n-Personenprozeß mit der Regelung f, falls

$$P_\nu(t + 1, t) = f_\nu(P_1(t, 0), \ldots, P_n(t, 0)) \qquad \left.\begin{matrix} \\ \\ \end{matrix}\right\} \begin{matrix} (t > 0, \\ \nu = 1, \ldots, n) \end{matrix}$$

d. h. $\quad P_\nu(t + 1, 0) = f_\nu(P_1(t, 0), \ldots, P_n(t, 0))\, P_\nu(t, 0)$

gilt. Das Problem ist im Grunde stationär. Setzt man allgemein

$$T(P_1, \ldots, P_n) = (f_1(P_1, \ldots, P_n)\, P_1, \ldots, f_n(P_1, \ldots, P_n)\, P_n) \quad (P_\nu \in \mathfrak{S}_\nu),$$

so wird

$$(P_1(t + 1, 0), \ldots, P_n(t + 1, 0)) = T^t(P_1(1, 0), \ldots, P_n(1, 0)) \quad (t = 1, 2, \ldots)$$

Das Problem des asymptotischen Verhaltens geregelter n-Personenprozesse taucht z. B. im Zusammenhang mit dem Konjunkturproblem in der dynamischen Spieltheorie auf (vgl. NASH [1], JACOBS [8]), ist aber von allgemeinerer Bedeutung. Es gilt der

Satz 7.2.2. *Jeder endlichdimensionale diskrete Markoffsche n-Personenprozeß mit monomialer Regelung ist exponentiell-asymptotisch periodisch. Dabei heißt eine Regelung f monomial, wenn man die f als Monome*

$$f_\nu(P_1, \ldots, P_n) = A_{\nu_0} P_{i_{\nu_1}} A_{\nu_1} \ldots A_{\nu, k_\nu - 1} P_{i_{\nu_k}} A_{\nu_k}$$

(mit passenden festen $A_{\nu k}$) schreiben kann.

Für einen Beweis vgl. JACOBS [8]; es wird vor allem das Lemma aus Nr. 6 des Beweises von Satz 7.2.1 verwendet. Das Problem wird als nichtstationäres behandelt. — Über andere Regelungen ist nichts bekannt, insbesondere hat man für die beim Konjunkturproblem für nichtkooperative n-Personenspiele auftretenden Regelungen nur Aussagen über die Existenz von Gleichgewichtspunkten; dies beruht auf einer Anwendung des Fixpunktsatzes von BROUWER (8.4.7), vgl. NASH [1].

Eine systematische Darstellung der mathematischen Konjunkturtheorien findet sich bei ALLEN [1], FÖHL [1], und vom ökonomisch-empirischen Standpunkt aus bei JÖHR [1].

SARYMSAKOV [2] und SIRAZDINOW [1] haben beliebige diskrete Markoffsche Prozesse untersucht und nach Bedingungen dafür gefragt, daß der Durchmesser von $P(t, 0)$ $\mathfrak{B}$ gegen 0 geht. Hinreichend ist z. B.: Es gibt eine stochastische Matrix $q = (q_{ik})$ und ein $\delta > 0$, derart, daß folgendes gilt:

1. Es gibt ein n, derart, daß für $q^n = (q_{ik}^{(n)})$ die Relationen $q_{ik}^{(n)} > 0$ $(i, k = 1, \ldots, n)$ erfüllt sind.

2. *Ist* $q_{ik} > 0$, *so ist* $p_{ik}(t + 1, t) \geqq \delta$ $(t = 1, 2, \ldots)$ (SARYMSAKOV[2]).

Anhang

Kap. 8. Funktionalanalytische Methoden

§ 1. Filter

1. Eine nichtleere Menge M heißt *halbgeordnet*, wenn für gewisse geordnete Paare (a, b) von Elementen $a, b \in M$ eine Relation $a \prec b$ erklärt ist, die folgenden Bedingungen genügt: 1. $a \prec a$ $(a \in M)$, 2. Aus $a \prec b, b \prec c$ folgt $a \prec c$. 3. Aus $a \prec b, b \prec a$ folgt $a = b$. Ein Element $m \in M$ heißt *maximal*, wenn aus $m \prec a$ stets $m = a$ folgt. Eine Teilmenge $U \subseteq M$ heißt *totalgeordnet*, wenn für $a, b \in U$ stets mindestens eine der Relationen $a \prec b, b \prec a$ richtig ist. Von fundamentaler Bedeutung ist

Zorns Lemma. Gibt es zu jeder totalgeordneten Teilmenge U von M ein $s \in M$ mit $u \prec s$ $(u \in U)$, so enthält M mindestens ein maximales Element.

Diese Aussage ist mit dem Auswahlpostulat gleichbedeutend und kann an dessen Stelle als Axiom eingeführt werden.

2. Eine halbgeordnete Menge M heißt ein *Moore-Smith-System (gerichtete Menge)*, wenn es zu $a, b \in M$ stets ein c mit $a \prec c, b \prec c$ gibt; es gibt dann höchstens ein maximales Element. Sei z. B. $\mathfrak{B}$ ein Borelkörper (9.1.3) in einer nichtleeren Menge Ω. E sei das System aller endlichen $\mathfrak{B}$-meßbaren *Teilungen* von Ω, d. h. aller endlichen $\mathfrak{T} \subseteq \mathfrak{B}$ mit $0 \notin \mathfrak{T}, A \cap B = 0$ $(A, B \in \mathfrak{T}, A \neq B)$ und $\underset{A \in \mathfrak{T}}{U} A = \Omega$. Wir sagen, die Teilung $\mathfrak{T}$ sei *feiner* als die Teilung $\mathfrak{S}$ (in Zeichen $\mathfrak{S} \prec \mathfrak{T}$), wenn jedes $T \in \mathfrak{T}$ in mindestens einem $S \in \mathfrak{S}$ enthalten ist. E ist ein Moore-Smith-System; ist $\mathfrak{B}$ unendlich, so gibt es kein maximales Element.

3. Ein System F von nichtleeren Teilmengen einer Menge $E \neq 0$ heißt eine *Filterbasis* in E, wenn es bezüglich der durch $\prec = \supseteq$ gegebenen Halbordnung ein Moore-Smith-System ist, d. h. wenn es zu $U, V \in F$ ein $W \in F$ mit $W \subseteq U \cap V$ gibt. Gehört überdies jede Menge $M \subseteq E$,

zu welcher es ein $U \in F$ mit $U \subseteq M$ gibt, zu F, so heißt F ein *Filter*. In einem Filter gilt sogar: Mit U, V gehört auch $U \cap V$ zu F. Eine Filterbasis wird auch als *absteigend gefiltertes Mengensystem* bezeichnet. Ein Mengensystem F, in dem es zu U, $V \in F$ auch ein W mit $W \supseteq U \cup V$ gibt, heißt *aufsteigend gefiltert*. Jede Filterbasis F *erzeugt* genau ein Filter $\overline{F}$: das System aller Mengen, die Mengen aus F umfassen. Gewöhnlich erklärt man zunächst Filterbasen, geht aber dann aus technischen Gründen zu den erzeugten Filtern über.

4. Ein Filter F heißt *feiner* als ein Filter F' (eine Verfeinerung von F'), wenn $F \supseteq F'$ ist. Sind F, F' von Filterbasen F_0, F_0' erzeugt, so bedeutet dies: Jede Menge aus F_0' umfaßt eine Menge aus F_0.

5. Ein Filter, das mit jeder seiner Verfeinerungen zusammenfällt, also nicht echt verfeinert werden kann, heißt ein *Ultrafilter*. Ist F ein Filter und hat eine Menge $M \in F$ mit jedem $U \in F$ nichtleeren Durchschnitt, so bildet F zusammen mit allen $M \cap U$ $(U \in F)$ eine Filterbasis, die eine echte Verfeinerung von F erzeugt. Ist F also ein Ultrafilter und $M \cap U \neq 0$ $(U \in F)$, so ist $M \in F$; und umgekehrt.

6. *Jedes Filter F_0 kann zu einem Ultrafilter verfeinert werden.* Dann führt man im System Σ aller Filter $F \supseteq F_0$ in E die Halbordnung $\prec\, =\, \subseteq$ ein, so gibt es zu jedem totalgeordneten System $\Sigma' \subseteq \Sigma$ ein $S \in \Sigma$ mit $S' \subseteq S (S' \in \Sigma')$ nämlich $S = \bigcup_{S' \in \Sigma'} S'$. Nach Zorns Lemma gibt es also ein maximales Filter, d. h. ein Ultrafilter.

7. Ist φ eine eindeutige Abbildung von E in eine Menge E', so liefert jede Filterbasis F_0 in E eine Filterbasis F_0' in E': $F_0' = \{\varphi U \mid U \in F_0\} = \varphi F_0$. Werden die Filter F, F' von F_0, F_0' erzeugt, so schreibt man auch $F' = \varphi F$. *Ist F ein Ultrafilter, so ist auch φF ein Ultrafilter*; denn schneidet M' jedes $\varphi U (U \in F)$, so schneidet $\varphi^{-1} M' = \{a \mid \varphi a \in M'\}$ jedes $U \in F$, gehört also zu F. Da $\varphi(\varphi^{-1} M') \subseteq M'$ ist, gehört M' zu φF.

8. Ist $E = \Gamma^+ = \{1, 2, \ldots\}$, so bilden die Mengen $E_n = \{n, n+1, \ldots\}$ eine Filterbasis; das erzeugte Filter wird auch als das *Fréchet-Filter* bezeichnet. Es besitzt Ultraverfeinerungen, jedoch kann man sie bis heute nicht explizit angeben; die einzigen Ultrafilter, die man explizit kennt, sind folgender Bauart: F besteht aus allen $U \subseteq E$, die einen festen Punkt $a \in E$ enthalten.

9. Ist M ein Moore-Smith-System, so bilden die Mengen der Bauart $U_a = \{b \mid a \prec b\}$ eine Filterbasis in $E = M$. Zum Beispiel ist $M = \Gamma^+$ mit $\prec\, =\, \leq$ ein Moore-Smith-System, aus dem man die Filterbasis $\{E_n \mid n \in \Gamma^+\}$ erhält. Auch aus dem Moore-Smith-System aller endlichen meßbaren Teilungen in einer Menge (s. oben Nr. 2) erhält man eine Filterbasis und damit ein Filter.

10. Die Begriffe „Filterbasis" und „Moore-Smith-System (gerichtete Menge)" sind natürliche Verallgemeinerungen der Folge der natürlichen

Zahlen unter einem Gesichtswinkel, der vielleicht durch das Wort „asymptotisch" umrissen werden kann. „Teilfolgenbildung" ist ein Spezialfall von „Verfeinerung".

Lit.: BOURBAKI [2].

§ 2. Topologische Räume

1. Sei $\Omega = \{\omega, \eta, \ldots\}$ eine nichtleere Menge. Ein System $\mathfrak{T}$ von Teilmengen von Ω heißt eine *Topologie* in Ω (oder: das System der *offenen Mengen* einer (dieser) Topologie), wenn folgendes gilt:

a) $0, \Omega \in \mathfrak{T}$.

b) Ist $\mathfrak{T}_0 \subseteq \mathfrak{T}$, so ist $\bigcup_{U \in \mathfrak{T}_0} U \in \mathfrak{T}$.

c) Ist $U_1, \ldots, U_n \in \mathfrak{T}$, so ist $U_1 \cap \cdots \cap U_n \in \mathfrak{T}$.

Sind $\mathfrak{T}, \mathfrak{T}'$ zwei Topologien in Ω und $\mathfrak{T} \subseteq \mathfrak{T}'$, so heißt $\mathfrak{T}$ schwächer als $\mathfrak{T}'$. Ist $\mathfrak{S}$ ein System von Teilmengen von Ω, so gibt es eine kleinste $\mathfrak{S}$ umfassende Topologie $\mathfrak{T}$, die von $\mathfrak{S}$ *erzeugte* Topologie; $\mathfrak{S}$ heißt dann auch eine *Unter-Basis* von $\mathfrak{T}$; $\mathfrak{T}$ besteht aus allen Vereinigungen von Durchschnitten endlichvieler Mengen aus $\mathfrak{S}$, ferner aus 0 und Ω. Besteht $\mathfrak{T}$ aus allen Vereinigungen von Mengen aus $\mathfrak{S}$, so heißt $\mathfrak{S}$ eine *Basis* von $\mathfrak{T}$.

2. Ist $\mathfrak{T}$ eine Topologie in Ω, so heißt das Paar $(\Omega, \mathfrak{T})$ ein *topologischer Raum*. Als Beispiel sei der R^n mit den klassischen offenen Mengen erwähnt.

3. Ist $M \subseteq \Omega$, so bildet die Vereinigung aller offenen $U \subseteq M$ die größte offene Menge in $\dot{M}$, das *Innere* von M. Ist $\omega \in \Omega$, so bilden die Mengen, die ω im Inneren enthalten, ein Filter F; man nennt sie *Umgebungen* von ω und F das *Umgebungsfilter* von ω. Jede F erzeugende Filterbasis heißt eine *Umgebungsbasis* in ω.

4. Ein Filter F in Ω heißt *konvergent* gegen $\omega \in \Omega$ (in Zeichen: $F \to \omega$ oder $\lim F = \omega$), wenn es feiner ist als das Umgebungsfilter von ω. ω heißt ein *Limespunkt* von F, wenn jede Umgebung von ω mit jedem $M \in F$ nichtleeren Durchschnitt hat.

5. Ein Punkt ω heißt ein *Häufungspunkt* der Menge $M \subseteq \Omega$, wenn es ein gegen ω konvergentes Filter in Ω, das mit einer Filterbasis in M erzeugbar ist, gibt; dies ist genau dann der Fall, wenn eine der folgenden Bedingungen erfüllt ist:

a) Jede Umgebung von ω hat mit M nichtleeren Durchschnitt (hierbei kann man sich auf eine Umgebungsbasis beschränken);

b) Jede offene Menge, die zu M fremd ist, enthält auch ω nicht.

6. Eine Menge $A \subseteq \Omega$ heißt *abgeschlossen*, wenn $\Omega - A$ offen ist; dies ist genau dann der Fall, wenn sie alle ihre Häufungspunkte enthält. Zu jeder Menge $M \subseteq \Omega$ gibt es eine kleinste abgeschlossene Menge $A \supseteq M$; sie heißt die *abgeschlossene Hülle* von M und stimmt mit der Menge aller Häufungspunkte von M überein. Ist $M \subseteq A \subseteq \Omega$ und A die abgeschlossene Hülle von M, so sagt man auch, M liege *dicht* in A.

7. Eine Menge $M \subseteq \Omega$ heißt *dick*, wenn sie eine offene dichte Menge enthält; das Komplement einer dicken Menge heißt *selten* oder *nirgendsdicht*.

8. Ist $\Omega_0 \subseteq \Omega$ und $\mathfrak{T}$ eine Topologie in Ω, so ist $\mathfrak{T}_0 = \{U \cap \Omega_0 \,|\, U \in \mathfrak{T}\}$ eine Topologie in Ω_0: die von $\mathfrak{T}$ *induzierte* (relative) Topologie in Ω_0.

9. Seien $(\Omega, \mathfrak{T})$, $(\Omega', \mathfrak{T}')$ topologische Räume. Eine eindeutige Abbildung φ von Ω in Ω' heißt *stetig* an der Stelle ω, wenn für jede Umgebung U' von $\varphi\omega$ die Menge $\varphi^{-1} U'$ eine Umgebung von ω ist; dies ist — unter Vorgabe von Umgebungsbasen F_0 bzw. F_0' in ω bzw. $\omega' = \varphi\omega$ — genau dann der Fall, wenn es zu jedem $U' \in F_0'$ ein $U \in F_0$ mit $\varphi U \subseteq U'$ gibt. Ist φ in allen Punkten einer Menge $D \subseteq \Omega$ stetig, so heißt φ stetig auf D. Ein auf Ω stetiges φ heißt schlechtweg stetig; dies ist genau dann der Fall, wenn $\varphi^{-1} U' \in \mathfrak{T}$ $(U' \in \mathfrak{T}')$ gilt; oder auch: wenn $\varphi^{-1} A'$ abgeschlossen ist für jedes abgeschlossene $A' \subseteq \Omega'$. Ist $\varphi\Omega = \Omega'$ und φ eineindeutig und sind φ und φ^{-1} stetig, so heißt φ ein *Homöomorphismus (Isomorphismus)* von $(\Omega, \mathfrak{T})$ mit $(\Omega', \mathfrak{T}')$. Ist dabei $\Omega' = \Omega$, $\mathfrak{T}' = \mathfrak{T}$, so heißt φ ein *Automorphismus* des topologischen Raumes $(\Omega, \mathfrak{T})$. Abbildungen in den Körper $R^1 = R$ der reellen Zahlen oder den Körper $K^1 = K$ der komplexen Zahlen werden als reelle bzw. komplexe *Funktionen* bezeichnet. Insbesondere hat man also den Begriff der stetigen Funktion.

10. Ein topologischer Raum $(\Omega, \mathfrak{T})$ heißt *kompakt* (auch bikompakt, filter-kompakt, ein Kompaktum), wenn eine der folgenden gleichwertigen Bedingungen erfüllt ist:

a) Ist $\mathfrak{T}_0 \subseteq \mathfrak{T}$ und $\bigcup_{U \in \mathfrak{T}_0} U = \Omega$, so gibt es endlichviele Mengen $U_1, \ldots,$ $U_n \in \mathfrak{T}_0$ mit $U_1 \cup \cdots \cup U_n = \Omega$ (Heine-Borelsche *Überdeckungseigenschaft*);

b) Jedes Filter in Ω besitzt einen Limespunkt;

c) Jedes Ultrafilter in Ω konvergiert.

Eine Menge $C \subseteq \Omega$ heißt *kompakt*, wenn sie mit der von $\mathfrak{T}$ auf C induzierten Topologie ein kompakter topologischer Raum ist; sie heißt *bedingt-kompakt*, wenn ihre abgeschlossene Hülle kompakt ist; eine Teilmenge einer kompakten Menge ist sicher dann kompakt, wenn sie abgeschlossen ist.

11. Jede Filterbasis aus kompakten Mengen besitzt nichtleeren Durchschnitt.

12. Stetige Abbildungen führen Kompakta in Kompakta über. Insbesondere haben stetige Funktionen auf Kompakten einen beschränkten abgeschlossenen Wertevorrat. Eineindeutige stetige Abbildungen von Kompakten besitzen auf der Bildmenge eine stetige Inverse.

13. Viele der hier mittels Filtern beschriebenen Begriffe können auch mittels Moore-Smith-*Folgen* in Ω ausgedrückt werden. Hierunter versteht man eindeutige Abbildungen φ von Moore-Smith-Systemen M

(die zur Indizierung dienen) in Ω. Statt $\varphi(a)$ $(a \in M)$ schreibt man auch ω_a. Ein Punkt $\omega \in \Omega$ heißt *Limespunkt* der Moore-Smith-Folge (ω_a), wenn es zu jedem $b \in M$ und jeder Umgebung U von ω ein a mit $b \prec a$ und $\omega_a \in U$ gibt. Man kann dann z. B. zeigen: Ω ist genau dann kompakt, wenn jede Moore-Smith-Folge mindestens einen Limespunkt besitzt.

14. Eine Topologie $\mathfrak{T}$ in Ω heißt *Hausdorffsch* (und $(\Omega, \mathfrak{T})$ ein *Hausdorff-Raum*), wenn zwei verschiedene Punkte in Ω stets disjunkte Umgebungen besitzen. In einem Hausdorffraum sind alle Kompakta abgeschlossen; jedes Filter besitzt höchstens einen Grenzwert.

15. $\mathfrak{T}$ oder $(\Omega, \mathfrak{T})$ heißt *normal*, wenn man zwei disjunkte abgeschlossenen Mengen stets in disjunkte offene Mengen einschließen kann. Ein kompakter Hausdorffraum ist stets normal. Ist $(\Omega, \mathfrak{T})$ normal und sind A, B disjunkt und abgeschlossen, so gibt es eine stetige Funktion $f(\omega)$ auf Ω mit $0 \leq f(\omega) \leq 1$ $(\omega \in \Omega)$, $f(\omega) = 0$ $(\omega \in A)$, $f(\omega) = 1$ $(\omega \in B)$ (Urysohns Lemma).

16. Ein topologischer Raum $(\Omega, \mathfrak{T})$ heißt *lokalkompakt*, wenn jeder Punkt $\omega \in \Omega$ eine kompakte abgeschlossene Umgebung besitzt. Ergänzt man Ω durch Hinzufügen eines „unendlichfernen" Punktes ∞ zu Ω_1, und erteilt man ∞ die durch ∞ ergänzten Komplemente von Teilmengen kompakter Mengen als Umgebungen, so entsteht ein neuer topologischer Raum $(\Omega_1, \mathfrak{T}_1)$. Er ist kompakt und heißt die *Kompaktifikation* von $(\Omega, \mathfrak{T})$ *durch einen Punkt*.

17. Ein System Σ von Funktionen auf Ω heißt *separierend*, wenn es zu zwei verschiedenen Punkten $\omega, \eta \in \Omega$ stets ein $f \in \Sigma$ mit $f(\omega) \neq f(\eta)$ gibt. Ist $(\Omega, \mathfrak{T})$ kompakt und Σ ein linearer, gegen Multiplikation abgeschlossener, separierender Raum von reellen stetigen Funktionen auf Ω, so ist die Gesamtheit aller Funktionen, die man aus Σ gleichmäßig approximieren kann, entweder die Menge aller stetigen Funktionen auf Ω, oder die Menge aller stetigen Funktionen auf Ω, die in einem festen Punkte $\omega_0 \in \Omega$ verschwinden (Satz von STONE-WEIERSTRASS).

18. Seien $(\Omega_\iota, \mathfrak{T}_\iota)$ $(\iota \in I = \text{Indexmenge})$ topologische Räume. Wir erzeugen im *kartesischen Produkt* $\Omega = \prod^\times_{\iota \in I} \Omega_\iota = \{\omega = (\ldots, \omega_\iota, \ldots)$ $|\omega_\iota \in \Omega_\iota\}$ eine Topologie $\mathfrak{T}$ durch das System aller Mengen der Gestalt $\{\omega \mid \omega_\iota \in U_\iota\}$ $(U_\iota \in \mathfrak{T}_\iota, U_\iota \neq \Omega_\iota$ nur für höchstens endlichviele $\iota \in I)$. $\mathfrak{T}$ heißt dann die (schwache) *Produkt-Topologie*, $(\Omega, \mathfrak{T})$ das *topologische Produkt* der $(\Omega_\iota, \mathfrak{T}_\iota)$, in Zeichen: $(\Omega, \mathfrak{T}) = \prod^\times_{\iota \in I} (\Omega_\iota, \mathfrak{T}_\iota)$. $\mathfrak{T}$ ist die schwächste Topologie, bei der alle Abbildungen $\varphi_\iota : \omega \to \omega_\iota$ (von Ω auf $\Omega_\iota, \iota \in I$) stetig werden. *Das topologische Produkt von kompakten Räumen ist kompakt (Satz von* TYCHONOFF). Das topologische Produkt von Hausdorff-Räumen ist ein Hausdorff-Raum.

Lit.: BOURBAKI [2], LOOMIS [2] ch. I, § 2—4, ALEXANDROFF-HOPF [1], Kap. I.

§ 3. Metrische Räume

1. Sei Ω eine nichtleere Menge. Eine für ω, $\eta \in \Omega$ erklärte Funktion $|\omega, \eta| \geqq 0$ heißt eine *Pseudo-Metrik* auf Ω, wenn sie folgende Eigenschaften hat:

a) $|\omega, \omega| = 0$ $(\omega \in \Omega)$;

b) $|\omega, \eta| = |\eta, \omega|$ $(\omega, \eta \in \Omega)$;

c) $|\omega, \eta| \leqq |\omega, \xi| + |\xi, \eta|$ $(\omega, \xi, \eta \in \Omega)$.

Gilt überdies

d) Aus $|\omega, \eta| = 0$ folgt $\omega = \eta$, so spricht man von einer *Metrik* oder einem *Abstand* in Ω und nennt Ω, zusammen mit der Metrik, einen *metrischen* Raum.

2. Zu jeder Pseudo-Metrik gehört eine Topologie, nämlich das System $\mathfrak{T}$ aller Mengen U mit folgender Eigenschaft: Zu jedem $\omega \in U$ gibt es ein $\delta > 0$ mit $\{\eta \mid |\eta, \omega| < \delta\} \subseteq U$. Für jedes $\omega \in \Omega$ ist eine Umgebungsbasis durch die *ε-Umgebungen* $U_\varepsilon = \{\eta \mid |\eta, \omega| < \varepsilon\}$ $(\varepsilon > 0)$ gegeben. Zwei Pseudo-Metriken $|.,.|_1$ und $|.,.|_2$ heißen *äquivalent*, wenn sie dieselbe Topologie liefern; dies ist genau dann der Fall, wenn es zu beliebigem $\omega \in \Omega$ und $\varepsilon > 0$ ein $\delta > 0$ mit $|\omega, \eta|_2 < \varepsilon$ $(|\omega, \eta|_1 < \delta)$ und $|\omega, \eta|_1 < \varepsilon$ $(|\omega, \eta|_2 < \delta)$ gibt. Eine Metrik liegt genau dann vor, wenn die Topologie hausdorffsch (und sogar normal) ist. $|\omega, \eta|$ ist eine *stetige* Abbildung des topologischen Produkts $\Omega \times \Omega$ in R^1.

3. Eine Menge C in einem vollständigen metrischen Raum Ω ist genau dann *bedingt-kompakt*, wenn eine der folgenden äquivalenten Bedingungen erfüllt ist:

a) Jede Folge in C besitzt eine in Ω konvergente Teilfolge;

b) Zu jedem $\varepsilon > 0$ gibt es endlichviele Punkte $\omega_1, \ldots, \omega_n \in C$ mit $\bigcup_k \{\eta \mid |\eta, \omega_k| < \varepsilon\} \supseteq C$.

4. Eine Abbildung φ eines metrischen Raums Ω in einen metrischen Raum Ω' heißt *isometrisch* (eine Isometrie), wenn $|\varphi\omega, \varphi\eta| = |\omega, \eta|$ $(\omega, \eta \in \Omega)$ gilt. Sie ist dann notwendig eineindeutig.

Eine Folge $\omega_k (k = 1, 2, \ldots)$ in einem metrischen Raum heißt eine *Fundamentalfolge (Cauchy-Folge)*, wenn $\lim_{i,k \to \infty} |\omega_i, \omega_k| = 0$ gilt. Allgemeiner bezeichnet man ein Filter in Ω, das Mengen von beliebig kleinem Durchmesser enthält, als *Cauchy-Filter*. Ein metrischer Raum heißt *vollständig*, wenn jede Fundamentalfolge konvergiert. Es konvergiert dann auch jedes Cauchy-Filter. Man kann jeden metrischen Raum Ω *vervollständigen*, d. h. in einen vollständigen metrischen Raum Ω' durch eine isometrische Abbildung φ so abbilden, daß $\varphi\Omega$ in Ω' dichtliegt; Ω' ist dann bis auf Isometrien eindeutig bestimmt. Vollständigkeit ist i. a. keine gegen Übergang zu äquivalenten Metriken invariante Eigenschaft.

5. In einem vollständigen metrischen Raum Ω gilt stets das *Kategorie-Theorem*: Der Durchschnitt einer Folge dicker (8.2.7) Mengen ist überalldicht, d. h. Ω kann nicht als Vereinigung abzählbarvieler seltener Mengen dargestellt werden. Oder: Ist $\Omega = \bigcup\limits_{k=1}^{\infty} A_k$ mit abgeschlossenen A_k, so enthält mindestens ein A_k einen inneren Punkt. Vereinigungen abzählbarvieler seltener Mengen heißen auch Mengen 1. *Kategorie*. Durchschnitte von abzählbarvielen dicken Mengen (d. h. Komplemente von Mengen 1. Kategorie) heißen auch *Residual-Mengen*. Nach dem Kategorie-Theorem ist keine Menge sowohl von 1. Kategorie als auch Residualmenge.

6. Ein topologischer Raum heißt *separabel*, wenn in ihm eine höchstens-abzählbare Menge dichtliegt. Besitzt die Topologie eine abzählbare Basis, so ist der Raum separabel (insbesondere ist jeder metrisch-kompakte Raum separabel (vgl. Nr. 3b)). Für metrische Räume gilt auch die Umkehrung.

7. Eine Topologie mit abzählbarer Basis kann genau dann durch eine Metrik beschrieben werden, wenn sie normal ist *(Urysohnscher Metrisierungssatz)*. Der topologische Raum ist dann zu einer Teilmenge des *Hilbert-Würfels* homöomorph. Der Hilbertwürfel kann als die Menge aller reellen Zahlenfolgen $a = (a_k)$ mit $0 \leqq a_k \leqq \dfrac{1}{k}$ $(k = 1, 2, \ldots)$ und der Metrik $|a, b| = (\sum\limits_{k} (a_k - b_k)^2)^{\frac{1}{2}}$ beschrieben werden; er ist ein kompakter metrischer Raum. Insbesondere ist das topologische Produkt von abzählbarvielen Exemplaren eines normalen Raumes mit abzählbarer Basis stets metrisierbar; sind insbesondere die Faktoren metrisch kompakt, so ist nach 8.2.18 (Satz von TYCHONOFF) auch das Produkt metrisch kompakt.

8. Ist Ω ein metrischer Raum und $M \subseteqq \Omega$ nichtleer, so bezeichnet man $|M| = \sup\limits_{\eta,\, \omega \in M} |\eta, \omega|$ auch als den *Durchmesser* von M. Ein System $\mathfrak{T} = \{A, \ldots\}$ von nichtleeren Teilmengen von Ω heißt eine Überdeckung von $M \subseteqq \Omega$, wenn $M \subseteqq \bigcup\limits_{A \in \mathfrak{T}} A$ ist. $\sup\limits_{A \in \mathfrak{T}} |A|$ wird auch als die Feinheit der Überdeckung bezeichnet. Besteht $\mathfrak{T}$ aus Mengen der Bauart $A = \{\omega|\ |\omega, \eta| < \varepsilon\}$ oder $A = \{\omega|\ |\omega, \eta| \leqq \varepsilon\}$ („Kugeln"), so wird $\mathfrak{T}$ auch als *Kugelüberdeckung* bezeichnet.

9. Sei $\mathfrak{T}$ eine Überdeckung von Ω. Ein System $f_A (A \in \mathfrak{T})$ nichtnegativer stetiger Funktionen auf Ω heißt eine *zu $\mathfrak{T}$ gehörige Teilung der 1*, wenn $f_A(\omega) = 0$ $(\omega \notin A)$, $\sum\limits_{A \in \mathfrak{T}} f_A(\omega) = 1$ $(\omega \in \Omega)$ gilt. Zu jeder offenen endlichen Überdeckung eines metrisch kompakten Raumes gibt es eine Teilung der 1 (sogar zu „lokalendlichen" offenen Überdeckungen in normalen Räumen gibt es Teilungen der 1).

10. Ist Ω metrisch-kompakt, f eine stetige Funktion auf $\Omega, \varepsilon > 0$, und $\delta > 0$ so bestimmt, daß aus $|\omega, \eta| \leqq \delta$ stets $|f(\omega) - f(\eta)| < \varepsilon$ folgt sowie $\mathfrak{T}$ eine offene endliche Überdeckung der Feinheit δ von $\Omega, f_A \, (A \in \mathfrak{T})$ eine Teilung der 1 zu $\mathfrak{T}$, sowie in jedem A ein ω_A gewählt, so gilt

$$\left| f(\omega) - \sum_{A \in \mathfrak{T}} f(\omega_A) \, f_A(\omega) \right| < \varepsilon \qquad\qquad (\omega \in \Omega) \, .$$

Man erschließt hieraus sofort die Existenz einer Folge $f_k \, (k = 1, 2, \ldots)$ von stetigen Funktionen mit $0 \leqq f_k \leqq 1$, die Ω separieren: Ist $\omega \neq \eta$, so ist $f_k(\omega) \neq f_k(\eta)$ für passendes k. Diese Folge f_k bedeutet daher soviel wie eine eineindeutige stetige Abbildung φ von Ω in das ebenfalls metrisch kompakte abzählbare topologische Produkt $\Omega' = \prod_{k=1}^{\infty}{}^{\times} \langle 0, 1 \rangle$ (8.3.7). $\varphi \Omega \subseteqq \Omega'$ ist kompakt, und da φ eineindeutig ist, besitzt es eine stetige Inverse auf $\varphi \Omega$ (8.2.12): Jeder kompakte metrische Raum kann als kompakte Teilmenge von $\Omega' = \prod_{k=1}^{\infty}{}^{\times} \langle 0, 1 \rangle$ aufgefaßt werden (vgl. ferner 9.3.9).

Lit.: BOURBAKI [2].

§ 4. Topologische Vektorräume

1. Wir betrachten reelle und komplexe *lineare Räume (= Vektorräume)* $\mathfrak{H}$ sowie lineare Abbildungen eines linearen Raums in einem anderen; Abbildungen eines Raumes in sich nennen wir auch *Transformationen* oder *Operatoren* in diesem Raum. Der Skalarbereich eines Vektorraums kann als (eindimensionaler) Vektorraum aufgefaßt werden. Eine lineare Abbildung L eines Vektorraumes in seinen Skalarbereich wird auch als *Linearform* bezeichnet.

2. Ist $\mathfrak{H}$ gleichzeitig ein *Hausdorff-Raum* derart, daß die (finiten) linearen Operationen in $\mathfrak{H}$ stetig sind, so wird $\mathfrak{H}$, zusammen mit der Topologie, als *topologischer Vektorraum* bezeichnet. Eine Umgebungsbasis an der Stelle 0 geht durch die *Translation* $h: g \to g + h \, (g \in \mathfrak{H})$ in eine Umgebungsbasis an der Stelle $h \in \mathfrak{H}$ über.

3. Eine Menge $\mathfrak{K} \subseteqq \mathfrak{H}$ heißt *konvex*, wenn sie mit $h_1, \ldots, h_n$ auch alle Punkte $\sum_{\nu=1}^{n} \alpha_\nu h_\nu$ mit $\alpha_\nu \geqq 0, \, \Sigma \, \alpha_\nu = 1$ enthält. Eine Menge $\mathfrak{L} \subseteqq \mathfrak{H}$ heißt eine *lineare Mannigfaltigkeit*, wenn sie mit $h_1, \ldots, h_n$ auch alle Punkte $\sum_{\nu=1}^{n} \alpha_\nu h_\nu$ mit $\sum_{\nu} \alpha_\nu = 1$ enthält.

Beide Begriffe sind invariant gegen Translation und Bildung abgeschlossener Hüllen. In naheliegender Weise erklärt man die *konvexe*

Hülle und die *konvexe abgeschlossene Hülle* einer Menge $\mathfrak{M} \subseteq \mathfrak{H}$ und die von $\mathfrak{M}$ *erzeugte* lineare Mannigfaltigkeit. Die von $\mathfrak{M} \cup \{0\}$ erzeugte lineare Mannigfaltigkeit ist ein linearer Unterraum von $\mathfrak{H}$ und heißt auch die *lineare Hülle* von $\mathfrak{M}$.

4. Ein topologischer Vektorraum heißt *lokalkonvex*, wenn die Stelle $0 \in \mathfrak{H}$ (und damit jede Stelle $h \in \mathfrak{H}$) eine Umgebungsbasis aus lauter konvexen Mengen besitzt.

5. Ist Σ ein System von Linearformen, welches *separiert* (d. h. zu jedem $h \neq 0$ ein L mit $L(h) \neq 0$ enthält), so hat die *von Σ in $\mathfrak{H}$ induzierte Topologie* an der Stelle $0 \in \mathfrak{H}$ die aus den Mengen der Gestalt $\{h|\ |L_\varrho(h)| < \ < \varepsilon,\ \varrho = 1, \ldots, r\}$ $(L_1, \ldots, L_r \in \Sigma, \varepsilon > 0)$ bestehende Umgebungsbasis. $\mathfrak{H}$ wird dadurch ein lokal-konvexer topologischer Vektorraum. Diese Topologie ist die schwächste Topologie, bei der noch alle $L \in \Sigma$ stetig sind.

6. Sei $\mathfrak{K}$ eine konvexe Menge. Ein Punkt $h \in \mathfrak{K}$ heißt *Extremalpunkt* von $\mathfrak{K}$, wenn aus $h = \alpha f + \beta g, f, g \in \mathfrak{K}, \alpha, \beta > 0, \alpha + \beta = 1$ stets $f = g$ folgt. *Eine konvexe kompakte Menge $\mathfrak{K}$ in einem lokalkonvexen topologischen Vektorraum $\mathfrak{H}$ ist stets mit der konvexen abgeschlossenen Hülle der Menge ihrer Extremalpunkte identisch (Satz von* KREIN-MILMAN). Dieser Satz wird mittels Zorns Lemma (§ 1, Nr. 1) bewiesen. Seine Aussage ist sehr anschaulich für *Polyeder*, d. h. konvexe Hüllen endlicher Mengen $\mathfrak{M}$; diese sind stets kompakt, und alle Extremalpunkte liegen in $\mathfrak{M}$; sind dabei für jedes $h \in \mathfrak{M}$ die endlichvielen Vektoren $g - h\,(g \in \mathfrak{M}, g \neq h)$ linear unabhängig (d. h., liegt kein $h \in \mathfrak{M}$ in der von den übrigen $g \in \mathfrak{M}$ erzeugten linearen Mannigfaltigkeit), so nennt man $\mathfrak{K}$ ein *Simplex*; in einem Simplex sind alle Punkte aus $\mathfrak{M}$ Extremalpunkte (= Ecken).

7. Jede stetige Abbildung x einer konvexen kompakten Menge $\mathfrak{K}$ in einem lokalkonvexen topologischen Vektorraum in sich besitzt mindestens einen Fixpunkt $h \in \mathfrak{K}$; $xh = h$ *(Fixpunktsatz von* BROUWER-SCHAUDER-TYCHONOFF; vgl. TYCHONOFF [1]; für den endlich-dimensionalen Spezialfall vgl. ALEXANDROFF-HOPF [1], S. 376ff.).

8. Eine Menge $\mathfrak{M} \subseteq \mathfrak{H}$ heißt beschränkt, wenn es zu jeder Umgebung $\mathfrak{U}$ von $0 \in \mathfrak{H}$ ein Skalar $\lambda \neq 0$ mit $\lambda \mathfrak{M} \subseteq \mathfrak{U}$ gibt. Bedingtkompakte Mengen sind stets beschränkt.

Viele der in den folgenden Paragraphen besprochenen Aussagen sind für beliebige topologische Vektorräume formulierbar bzw. sogar richtig.

Lit.: BOURBAKI [3], [4].

§ 5. Banachräume

1. Sei $\mathfrak{H}$ ein linearer Raum. Eine auf $\mathfrak{H}$ erklärte Funktion $\|h\| \geqq 0$ heißt eine (Pseudo-, Semi-) *Halb-Norm*, wenn folgendes gilt

a) $\|\alpha h\| = |\alpha| \cdot \|h\|$ (α skalar, $h \in \mathfrak{H}$).

b) $\|g + h\| \leqq \|g\| + \|h\|$ ($g, h \in \mathfrak{H}$).

$|h| = \|g - h\|$ ist dann eine translationsinvariante Pseudo-
...rt. Gilt überdies
$\|h\| = 0$ folgt $h = 0$, so heißt $\|\cdot\|$ eine *Norm*; die Pseudo-
me... dann eine Metrik, die aus $\mathfrak{H}$ einen lokalkonvexen topologi-
...ktorraum macht. Man nennt $\mathfrak{H}$ dann einen normierten linearen
...nd die Topologie die *Normtopologie*. Dieselbe Topologie kann
...verschiedene Normen, die dann *äquivalent* heißen, induziert wer-
...er Übergang von einer Norm zu einer äquivalenten heißt *Umnor-*
...*ng* (von $\mathfrak{H}$). Ein Beispiel einer translationsinvarianten Metrik,
...nicht zu einer Pseudonorm gehört, ist durch den Raum $\mathfrak{M}_m$ (9.7.5)
...eben. Übrigens ist jede Pseudonorm in $\mathfrak{H}$ eindeutig durch ihre *Eich-*
oder *Einheitskugel* $\mathfrak{E} = \{h\mid \|h\| \leq 1\}$ gekennzeichnet; diese ist konvex,
abgeschlossen und invariant gegen Multiplikation mit Skalaren vom
Betrage ≤ 1; zu jedem $g \in \mathfrak{H}$ gibt es ein skalares $\alpha \neq 0$ mit $\alpha g \in \mathfrak{E}$.
Zu jeder Menge $\mathfrak{E}$ mit diesen Eigenschaften gehört eine Pseudonorm,
deren Eichkugel sie ist.

2. Ein normierter linearer Raum heißt ein *Banachraum*, wenn er als
metrischer Raum vollständig ist. Diese Eigenschaft ist invariant gegen
Umnormierung. In einem Banachraum ist die Einheitskugel genau dann
kompakt, wenn er von endlicher Dimension ist.

3. $R^n = \{\xi = (\xi_1, \ldots \xi_n) \mid \xi_k$ reell, $k = 1, \ldots, n\}$ ist mit der Norm
$\|\xi\| = \Sigma |\xi_k|$ ein Banachraum; alle anderen Normen in R^n sind zu dieser
Norm äquivalent; dasselbe gilt für $K^n = \{\xi = (\xi_1, \ldots, \xi_n) \mid \xi_k$ komplex,
$k = 1, \ldots, n\}$. Ist Ω kompakt, so bildet die Menge $\mathfrak{C}(\Omega)$ aller stetigen
(reellen oder auch komplexen) Funktionen auf Ω einen Banachraum
von i. a. unendlicher Dimension, wenn man die Norm

$$\|f\| = \sup_{\omega \in \Omega} |f(\omega)|$$

einführt (Norm-Konvergenz bedeutet gleichmäßige Konvergenz). Ist Ω
metrisierbar, so gewinnt man mittels einer Folge von Teilungen der 1,
die zu endlichen Überdeckungen mit gegen 0 gehenden Feinheiten ge-
hören, leicht eine Folge f_i mit $\|f_i\| \leq 1$, deren lineare Hülle in $\mathfrak{C}(\Omega)$
dichtliegt (8.3.10); insbesondere erhält man eine in $\mathfrak{C}(\Omega)$ dichte abzählbare
Menge: $\mathfrak{C}(\Omega)$ ist dann also separabel. Für weitere Beispiele unendlich-
dimensionaler Banachräume vgl. Kap. 9, § 5 und 6.

4. Da normbeschränkte Mengen in Banachräumen nach obigem
i. a. nicht bedingt kompakt in der Normtopologie sind, Kompaktheits-
eigenschaften beschränkter Mengen aber eine wichtige Rolle spielen,
verschafft man sich eine weitere Topologie, unter welcher in vielen Banachräumen die Einheitskugel kompakt ist. Die Gesamtheit $\mathfrak{H}'$ aller stetigen Linearformen h' auf dem normierten Vektorraum $\mathfrak{H}$ ist in natür-
licher Weise ein linearer Raum. Er wird als der *Dualraum* von $\mathfrak{H}$ be-

zeichnet. Wir bezeichnen den Wert $h'(h)$ der Linearform $h \in \mathfrak{H}$ an der Stelle $h \in \mathfrak{H}$ fortan mit (h, h'); dieser Ausdruck ist dann eine Bilinearform. Diese Skalarprodukt-Schreibweise für die stetigen Linearformen auf $\mathfrak{H}$ soll die Analogie gewisser Verhältnisse in Banachräumen zu Verhältnissen im Hilbertraum (§ 8) betonen. Setzt man $\|h'\| = \sup\limits_{\|h\| \leq 1} |(h, h')|$, so gilt die *Schwarzsche Ungleichung* $|(h, h')| \leq \|h\| \cdot \|h'\|$, die die simultane Stetigkeit von (h, h') in beiden Argumenten zur Folge hat, wenn man in $\mathfrak{H}'$ die von der Norm $\|h'\|$ induzierte Topologie nimmt. $\mathfrak{H}'$ ist ein Banachraum. Mittels des Kategorietheorems zeigt man: Eine Menge $\mathfrak{M}$ in einem Banachraum $\mathfrak{H}$ ist genau dann normbeschränkt, wenn für jede stetige Linearform $h' \in \mathfrak{H}'$ die Zahlenmenge $\{(h, h')|\ h \in \mathfrak{M}\}$ beschränkt ist.

5. Offenbar kann $\mathfrak{H}$ als ein System von stetigen Linearformen auf $\mathfrak{H}'$ aufgefaßt werden. $\mathfrak{H}$ separiert $\mathfrak{H}'$. Daß auch $\mathfrak{H}'$ den Raum $\mathfrak{H}$ separiert, ergibt sich aus dem *Satz von* HAHN-BANACH: Ist $\mathfrak{H}_0$ ein linearer Unterraum von $\mathfrak{H}$ und h'_0 eine auf $\mathfrak{H}_0$ erklärte Linearform mit $\sup\limits_{\|h\| \leq 1,\, h \in \mathfrak{H}_0} |(h, h'_0)| = \langle h_0 \rangle$, so gibt es eine h_0 fortsetzende Linearform h' auf $\mathfrak{H}$ mit $\|h'\| = \langle h'_0 \rangle$. Dieser Satz wird mittels Zorns Lemma (8.1.1) bewiesen. — Ist nun $h \neq 0$, so setze man $\mathfrak{H}_0 = \{\alpha h|\ \alpha \text{ skalar}\}$ und $(\alpha h, h'_0) = \alpha$ (α skalar). Nach HAHN-BANACH gibt es eine stetige Fortsetzung h' von h'_0 auf $\mathfrak{H}$. Es ist $(h, h') = (h, h'_0) = 1$. Es ergibt sich: $\|h\| = \sup\limits_{\|h'\| \leq 1} |(h, h')|$ $(h \in \mathfrak{H})$.

6. Die von $\mathfrak{H}'$ in $\mathfrak{H}$ induzierte Topologie (8.4.5) ist die schwächste Topologie, bei der noch alle $h' \in \mathfrak{H}'$ stetig sind; sie wird die *schwache Topologie* genannt. Die von $\mathfrak{H}$ in $\mathfrak{H}'$ induzierte Topologie bezeichnen wir als *s-Topologie* (*w*-Topologie*). Zur Unterscheidung bezeichnet man die Normtopologie auch als *starke Topologie* und fügt die Silbe „stark" den zugehörigen Begriffen bei. Man sieht leicht: Jede normbeschränkte Menge in $\mathfrak{H}'$ ist bedingt *s*-kompakt; die Einheitskugel in $\mathfrak{H}'$ ist *s*-kompakt.

7. Natürlich kann man den Dualraum $\mathfrak{H}'' = (\mathfrak{H}')'$ von $\mathfrak{H}'$ bilden und die von $\mathfrak{H}''$ in $\mathfrak{H}'$ induzierte schwache Topologie betrachten. Da man $\mathfrak{H}$ offenbar als abgeschlossenen Teilraum von $\mathfrak{H}''$ auffassen kann, ist die *s*-Topologie in $\mathfrak{H}'$ schwächer als die schwache Topologie. Ist $\mathfrak{H}'' = \mathfrak{H}$, so fallen beide Topologien in $\mathfrak{H}'$ zusammen; damit fällt auch in $\mathfrak{H}$ die schwache Topologie mit der *s*-Topologie ($\mathfrak{H}$ ist Dualraum von $\mathfrak{H}'$) zusammen; insbesondere ist dann die Einheitskugel in $\mathfrak{H}$ schwach-kompakt, d. h., jede normbeschränkte Menge in $\mathfrak{H}$ ist bedingt schwach-kompakt. Hiervon gilt die Umkehrung: Ist die Einheitskugel $\mathfrak{E}$ in einem Banachraum $\mathfrak{H}$ schwach-kompakt, so ist $\mathfrak{H}'' = \mathfrak{H}$ (man sagt dann, $\mathfrak{H}$ sei *reflexiv*).

8. Diesen Satz beweist man bequem mit Hilfe des folgenden *Minimaxtheorems*: Sei $\mathfrak{R}$ ein topologischer Vektorraum und $\mathfrak{S}$ ein linearer Raum; sei $\mathfrak{K}$ eine konvexe kompakte Menge in $\mathfrak{R}$ und $\mathfrak{C}$ eine konvexe

Menge in $\mathfrak{S}$; für $r \in \mathfrak{R}$, $s \in \mathfrak{C}$ sei eine reellwertige Funktion $K(r, s)$ mit folgenden Eigenschaften erklärt:

a) Für jedes feste $s \in \mathfrak{C}$ ist $K(r, s)$ stetig für $r \in \mathfrak{R}$;

b)
$$K\left(\sum_{k=1}^{n} \alpha_k r_k, s\right) \geqq \sum_{k=1}^{n} \alpha_k K(r_k, s)$$
$$K\left(r, \sum_{k=1}^{n} \alpha_k s_k\right) \leqq \sum_{k=1}^{n} \alpha_k K(r, s_k)$$
$$\left(\alpha_k \geqq 0, \sum_k \alpha_k = 1 \quad r, r_k \in \mathfrak{R}, s, s_k \in \mathfrak{C}\right);$$

dann ist
$$\sup_{r \in \mathfrak{R}} \inf_{s \in \mathfrak{C}} K(r, s) = \inf_{s \in \mathfrak{C}} \sup_{r \in \mathfrak{R}} K(r, s)$$

(Nikaidô [1]).

9. Ist nun $\mathfrak{C}$ schwach-kompakt, so setze man zunächst: $\mathfrak{R} = \mathfrak{H}$, $\mathfrak{R} = \mathfrak{C}$, $\mathfrak{S} = \mathfrak{H}'$, $\mathfrak{C} = \mathfrak{C}' = \{h' \mid \|h'\| \leqq 1\}$. Ist sodann eine stetige Linearform h'' auf $\mathfrak{H}'$ gegeben und etwa $\|h''\| = 1$, so setze man

$$K_0(h, h') = (h''(h') - (h, h')) = - K(h, h'),$$

da inf und sup bei Vorzeichenwechsel zu vertauschen sind, gilt $\inf_{h \in \mathfrak{C}} \sup_{h' \in \mathfrak{C}'}$
$$(h''(h') - (h, h')) = \inf_{h \in \mathfrak{C}} \|h'' - h\| = \sup_{h' \in \mathfrak{C}'} \inf_{h \in \mathfrak{C}} (h''(h') - (h, h')) = 0. \quad \text{Aus}$$
der Vollständigkeit von $\mathfrak{H}$ folgt die Existenz eines $h \in \mathfrak{H}$ mit $h''(h')$ $= (h, h')$ $(h' \in \mathfrak{H}')$; somit ist $\mathfrak{H}'' = \mathfrak{H}$, $\mathfrak{H}$ also reflexiv.

10. Eine Norm $\|h\|$ auf heißt *stark-konvex*, wenn aus $\|f\|$, $\|g\| \leqq 1$, $f \neq g$ stets $\left\|\dfrac{f+g}{2}\right\| < 1$ folgt; sie heißt *gleichmäßig konvex*, wenn es zu $\delta > 0$ ein $\varepsilon > 0$ gibt, derart, daß für $\|f\|$, $\|g\| \leqq 1$, $\|f - g\| > \varepsilon$ stets $\left\|\dfrac{f+g}{2}\right\| < 1 - \delta$ gilt. Gleichmäßige Konvexität hat zur Folge: Ist $0 \neq \mathfrak{R} \subseteq \mathfrak{H}$ konvex und $\alpha = \inf_{h \in \mathfrak{R}} \|h\|$, $h_k \in \mathfrak{R}$, $\|h_k\| \to \alpha$, so ist die Folge h_k normkonvergent; ist $\mathfrak{R}$ überdies abgeschlossen, so gibt es genau einen Punkt $h \in \mathfrak{R}$ mit $\|h\| = \alpha$; jede Filterbasis in $\mathfrak{H}$, die aus lauter konvexen stark abgeschlossenen Mengen besteht, von denen mindestens eine beschränkt ist, hat nichtleeren Durchschnitt. Jeder separable Banachraum läßt sich stark-konvex normieren. Über die Dualitätseigenschaften der Begriffe „gleichmäßig-konvex" und „stark-konvex" vgl. Day [5], Nakano [3]. Jeder gleichmäßig-konvex normierbare Banachraum ist reflexiv (Pettis [1]). Die Räume $L_m^p (1 < p < \infty)$ sind gleichmäßig-konvex. Ist $\mathfrak{H}$ ein gleichmäßig-konvex normierter Banachraum und $\mathfrak{S} \subseteq \mathfrak{H}$ schwach abgeschlossen, gilt ferner $\|h\| = \text{const} \ (h \in \mathfrak{S})$, so ist $\mathfrak{S}$ norm-kompakt.

11. Ist $\mathfrak{H}$ ein Banachraum und $\mathfrak{C} \subseteq \mathfrak{H}$ konvex und abgeschlossen in der Normtopologie, so kann man fragen, ob $\mathfrak{C}$ auch in der schwachen Topologie abgeschlossen ist. Das ist der Fall *(Satz von* Mazur*)*; für die

Anwendungen ist dies von großer Bedeutung. Offenbar genügt es, zu beliebigem $h \notin \mathfrak{C}$ ein $h' \in \mathfrak{H}'$ mit $\inf\limits_{g \in \mathfrak{C}} \operatorname{Re} (g - h, h') > 0$ zu finden. Hierzu wendet man das Minimaxtheorem auf $\mathfrak{R} = \mathfrak{H}'$, $\mathfrak{K} = \mathfrak{C}'$, $\mathfrak{S} = \mathfrak{H}$, $\mathfrak{C}$ und $K(h', h) = \operatorname{Re} (g - h, h')$ an; da

$$\inf_{g \in \mathfrak{R}} \sup_{h' \in \mathfrak{C}'} \operatorname{Re} (g - h, h') = \inf_{g \in \mathfrak{R}} \|g - h\| > 0 \qquad (g \in \mathfrak{R})$$

ist, folgt die Behauptung. — Für die s-Topologie in $\mathfrak{H}'$ gilt kein entsprechender Satz. — Insbesondere ist jeder stark abgeschlossene lineare Teilraum $\mathfrak{H}_0$ von $\mathfrak{H}$ schwach abgeschlossen; nach dem Ergebnis von vorhin ist $\mathfrak{H}_0$ reflexiv, wenn $\mathfrak{H}$ reflexiv ist.

12. Ist $\mathfrak{M} \subseteq \mathfrak{H}$ nichtleer, so bezeichnet man die Menge $\mathfrak{M}^{\perp} = \{h'|$ $(h, h') = 0, h \in \mathfrak{M}\} \subseteq \mathfrak{H}'$ als das *orthogonale Komplement* von $\mathfrak{M}$ (in $\mathfrak{H}'$). Entsprechend erklärt man das orthogonale Komplement $\mathfrak{M}'^{\perp}$ einer Menge $\mathfrak{M}' \subseteq \mathfrak{H}'$ in $\mathfrak{H}$. $\mathfrak{M}^{\perp}$ ist stets ein linearer s-abgeschlossener Teilraum von $\mathfrak{H}'$, $\mathfrak{M}'^{\perp}$ ein linearer abgeschlossener Teilraum von $\mathfrak{H}$. Ist $\mathfrak{M}$ von vornherein ein abgeschlossener linearer Teilraum von $\mathfrak{H}$, so ist nach Nr. 11 $(\mathfrak{M}^{\perp})^{\perp} = \mathfrak{M}$; ist $\mathfrak{H}$ reflexiv, so gilt entsprechendes für Teilräume von $\mathfrak{H}'$.

13. Jede schwach-konvergente Folge in einem Banachraum ist normbeschränkt; also ist jede bedingt schwach-folgenkompakte Menge in $\mathfrak{H}$ normbeschränkt; für schwach-konvergente Filter ist dies nicht allgemein richtig.

14. Eine norm-beschränkte Menge $\mathfrak{M} \subseteq \mathfrak{H}$ ist genau dann schwachkompakt, wenn sie schwach-folgenkompakt ist *(Satz von* EBERLEIN*)* (DAY [6], S. 51). Die konvexe abgeschlossene Hülle einer bedingt schwach-kompakten Menge ist schwach-kompakt (DAY [6], S. 55).

15. Sind $\mathfrak{H}_1, \ldots, \mathfrak{H}_n$ Banachräume, so ist das kartesische Produkt

$$\mathfrak{H} = \overset{n}{\underset{k=1}{\varPi^{\times}}} \mathfrak{H}_k = \{(h, \ldots, h_n) = h| \ h_k \in \mathfrak{H}_k (k = 1, \ldots, n)\} \quad \text{mit der Norm}$$

$$\|h\| = \left(\sum_{k=1}^{n} \|h_k\|^2 \right)^{\frac{1}{2}}$$

wieder ein Banachraum; diese Norm ist gleichmäßig-konvex, wenn die Normen in den $\mathfrak{H}_k$ gleichmäßig-konvex sind. $\mathfrak{H}$ ist genau dann reflexiv, wenn sämtliche $\mathfrak{H}_k$ reflexiv sind.

Lit.: BOURBAKI [4], DAY [6].

§ 6. Lineare Transformationen. Halbgruppen

1. Seien $\mathfrak{H}_0$, $\mathfrak{H}$ normierte lineare Räume. Eine lineare Abbildung x von $\mathfrak{H}_0$ in $\mathfrak{H}$ ist genau dann (norm-)stetig, wenn ihre Norm

$$\|x\| = \sup_{\|h_0\| \leq 1} \|x h_0\| = \sup_{\|h_0\| \leq 1, \|h'\| \leq 1} |(x h_0, h')|$$

endlich ist. Man zeigt übrigens mittels des Kategorie-Theorems und des Satzes von HAHN-BANACH, daß schon die Endlichkeit von $\sup\limits_{\|h_0\| \leq 1} |(x h_0, h')|$ $(h' \in \mathfrak{H}')$ mit der Stetigkeit von x gleichbedeutend ist, falls $\mathfrak{H}_0$ ein Banachraum ist.

2. Lineare Isometrien von $\mathfrak{H}_0$ *auf* $\mathfrak{H}$ werden auch als *Isomorphismen* der normierten Räume $\mathfrak{H}_0$, $\mathfrak{H}$ bezeichnet.

3. Die linearen stetigen Abbildungen x, y, ... von $\mathfrak{H}_0$ in $\mathfrak{H}$ bilden in natürlicher Weise einen linearen Raum $\mathfrak{L}(\mathfrak{H}_0, \mathfrak{H})$. Er ist *normiert*: $\|\alpha x\| = |\alpha|\,\|x\|$, $\|x + y\| \leq \|x\| + \|y\|$, aus $\|x\| = 0$ folgt $x = 0$. Ist $\mathfrak{H}$ ein Banachraum, so ist $\mathfrak{L}(\mathfrak{H}_0, \mathfrak{H})$ auch ein Banachraum; ist $\mathfrak{H}_0 = \mathfrak{H}$, so ist $\mathfrak{L}(\mathfrak{H}, \mathfrak{H})$ auch gegen Multiplikation abgeschlossen und es gilt $\|xy\| \leq$ $\leq \|x\| \cdot \|y\|$. Außer dieser *Norm-Topologie* (uniform operator topology) verwendet man in $\mathfrak{L}(\mathfrak{H}_0, \mathfrak{H})$ noch zwei weitere. x_k konvergiert in der *starken Topologie* gegen x, wenn $x_k h \to x h$ (stark) für jedes $h \in \mathfrak{H}$ gilt. Entsprechend ist die *schwache Topologie* erklärt. Für unitäre Transformationen in Hilberträumen fällt die starke Konvergenz mit der schwachen zusammen (§ 8).

4. Zu jeder stetigen linearen Abbildung x von $\mathfrak{H}_0$ in $\mathfrak{H}$ gibt es genau eine stetige lineare Abbildung x' des Dualraums $\mathfrak{H}'$ in den Dualraum $\mathfrak{H}_0'$, derart, daß

$$(x h, h') = (h, x' h') \qquad\qquad (h \in \mathfrak{H}_0, h' \in \mathfrak{H}')$$

gilt. x' wird die zu x *duale Abbildung* genannt. Die Abbildung $x \to x'$ ist invers-homomorph (s. u. Nr. 7): $(x y)' = y' x'$; die Identität 1 geht dabei in die Identität über; Gruppen gehen in Gruppen über. Es gilt $\|x'\| = \|x\|$. Mittels x' sieht man sofort: *Jede lineare normstetige Abbildung ist auch schwachstetig.* Eine beliebige normstetige Transformation x' von $\mathfrak{H}'$ in $\mathfrak{H}_0'$ ist i. a. nicht s-stetig; ist x' jedoch als duale Transformation einer Abbildung x von $\mathfrak{H}_0$ in $\mathfrak{H}$ darstellbar, so ist x' s-stetig.

5. Eine lineare Abbildung x des Banachraumes $\mathfrak{H}_0$ in den Banachraum $\mathfrak{H}$ heißt (stark-) *vollstetig* bzw. *schwach-vollstetig*, wenn $x\,\mathfrak{E}_0$ ($\mathfrak{E}_0$ = die Einheitskugel in $\mathfrak{H}_0$) bedingt kompakt bzw. bedingt schwachkompakt ist. Es ist bekannt, daß x genau dann vollstetig bzw. schwachvollstetig ist, wenn die duale Abbildung es ist (*Sätze von* SCHAUDER *und* GANTMAHER). DUNFORD-PETTIS [1], [2] und BARTLE-DUNFORD-SCHWARTZ [1] haben Bedingungen angegeben, unter welchen das Produkt zweier schwach-vollstetiger Abbildungen vollstetig ist (vgl. § 7, 9.11.16). Ein Produkt von norm-stetigen Transformationen, unter denen mindestens eine (schwach-)vollstetig ist, ist (schwach-)vollstetig.

6. Eine Menge $\mathfrak{G}$, in der eine assoziative Verknüpfung (die meist multiplikativ geschrieben wird) erklärt ist, heißt eine *Halbgruppe*. Ist $\xi\eta = \eta\xi(\xi, \eta \in \mathfrak{G})$, so heißt $\mathfrak{G}$ *abelsch* oder *kommutativ*. Ist $e \in \mathfrak{G}$,

$e\,\xi = \xi = \xi\,e\,(\xi \in \mathfrak{G})$, so heißt e eine *Eins*; zu jeder Halbgruppe kann man eine Eins künstlich adjungieren, falls sie noch keine enthält. Gruppen sind spezielle Halbgruppen mit eins. Ist $\mathfrak{G}$ eine Gruppe und $\mathfrak{G}_0 \subseteq \mathfrak{G}$ eine Halbgruppe, derart, daß $\mathfrak{G}$ die einzige $\mathfrak{G}_0$ umfassende Untergruppe von $\mathfrak{G}$ ist, so sagt man, die Gruppe $\mathfrak{G}$ sei von der Halbgruppe $\mathfrak{G}_0$ *erzeugt*. Beispielsweise bilden die stetigen Transformationen in einem Banachraum sowohl bei der Multiplikation (Hintereinander-Ausführung) wie bei der Addition eine (im zweiten Falle sogar abelsche) Halbgruppe, die isometrische Abbildungen von $\mathfrak{H}$ *auf* sich bilden eine multiplikative Gruppe usw.

7. Eine eindeutige Abbildung φ einer Halbgruppe $\mathfrak{G}$ in eine Halbgruppe $\mathfrak{G}'$ heißt *homomorph*, wenn $\varphi(\xi\,\eta) = \varphi(\xi)\,\varphi(\eta)\ (\xi,\,\eta \in \mathfrak{G})$, und *invers-homomorph*, wenn $\varphi(\xi\,\eta) = \varphi(\eta)\,\varphi(\xi)\ (\xi,\,\eta \in \mathfrak{G})$ gilt. Ist z. B. $\mathfrak{G} = \{x,\,y,\,\ldots\}$ eine Halbgruppe von stetigen linearen Transformationen im Banachraum $\mathfrak{H}$ und $\mathfrak{H}_0$ ein $\mathfrak{G}$-*invarianter*, d. h. $x\,\mathfrak{H}_0 \subseteq \mathfrak{H}_0\,(x \in \mathfrak{G})$ erfüllender linearer Teilraum von $\mathfrak{H}$, so ist die Einschränkung von $\mathfrak{G}$ auf $\mathfrak{H}_0$ eine homomorphe Abbildung von $\mathfrak{G}$ auf die so entstehende Halbgruppe $\mathfrak{G}_0$ in $\mathfrak{H}_0$. Ordnet man jedem $x \in \mathfrak{G}$ die duale Transformation x' zu, so hat man eine invers-homomorphe Abbildung, die wegen ihrer Eineindeutigkeit auch invers-isomorph genannt wird.

8. Homomorphe Bilder der additiven Halbgruppe $R^+ = \{t|\ t$ reell, $t \geqq 0\}$ heißen auch *einparametrige Halbgruppen*. Die Verallgemeinerung auf n Parameter liegt auf der Hand. Homomorphe Bilder der additiven Halbgruppe $\Gamma^+ - \{0\} = \{1,\,2,\,\ldots\}$ heißen auch *zyklisch*, das Bild von 1 die *Erzeugende*. Gelegentlich fordert man hierbei auch das Vorhandensein einer Eins (Bild von $0 \in \Gamma^+$ bzw. $0 \in R^+$). Die entsprechende Terminologie für Gruppen ist geläufig.

9. Eine homomorphe Abbildung φ einer Halbgruppe $\mathfrak{G}$ auf eine Halbgruppe $\mathfrak{G}'$ von linearen Transformationen in einem linearen Raum $\mathfrak{H}$ wird auch als *Darstellung von $\mathfrak{G}$ in $\mathfrak{H}$* bezeichnet. Man spricht sinngemäß von Banach- und Hilbertraumdarstellungen, nichtdehnenden und unitären (§ 8) Darstellungen, endlich- oder unendlichdimensionalen Darstellungen usf. Ist $\mathfrak{H}_0 \subseteq \mathfrak{H}$ $\mathfrak{G}'$-invariant, so erhält man eine *Unterdarstellung* der ursprünglichen Darstellung von $\mathfrak{G}$ in $\mathfrak{H}_0$. Enthält $\mathfrak{H}_0$ keine weiteren nichttrivialen $\mathfrak{G}'$-invarianten Teilräume, so heißt die Unterdarstellung in $\mathfrak{H}_0$ *irreduzibel* und $\mathfrak{H}_0$ *irreduzibel-invariant*. Ist $\mathfrak{H}$ hierbei ein topologischer Vektorraum, so fordert man von $\mathfrak{H}_0$ außer der Invarianz auch die Abgeschlossenheit. — Ist $\mathfrak{G}$ eine Gruppe, so braucht $\mathfrak{G}'$ an sich keine Gruppe von linearen Transformationen in $\mathfrak{H}$ zu sein: Das Bild e' der Eins e von $\mathfrak{G}$ ist i. a. nur ein *Idempotent*: $e'\,e' = e'$. In $\mathfrak{H}_0 = e'\,\mathfrak{H}$ wirkt e' jedoch als Identität; bei Einschränkung auf $\mathfrak{H}_0$ geht $\mathfrak{G}'$ in eine Gruppe über.

10. Ist λ ein Skalar und x eine lineare Transformation in $\mathfrak{H}$, so ist $\mathfrak{H}_\lambda = \{h \mid xh = \lambda h\}$ ein x-invarianter linearer Raum. Für $\lambda \neq \mu$ ist $\mathfrak{H}_\lambda \cap \mathfrak{H}_\mu = \{0\}$. Die von $0 \in \mathfrak{H}$ verschiedenen $h \in \mathfrak{H}_\lambda$ heißen *Eigenvektoren* (von x) zum *Eigenwert* λ (von x); $\mathfrak{H}_\lambda$ wird der zu λ gehörige *Eigenraum* von x genannt; ist $\mathfrak{H}$ topologischer Vektorraum, so ist $\mathfrak{H}_\lambda$ stets abgeschlossen. Ist $\mathfrak{H}_\lambda \neq \{0\}$, so sagt man, x *hat* den Eigenwert λ, oder der Eigenwert λ ist *vorhanden*, z. B. sind Fixpunkte $h \neq 0$ Eigenvektoren zum Eigenwert 1. Die Dimension von $\mathfrak{H}_\lambda$ heißt auch die *Vielfachheit* (Multiplizität) von λ; ist sie $= 1$, so heißt λ ein *einfacher* Eigenwert.

Lit.: BOURBAKI [3], [4], RIESZ-NAGY [2].

§ 7. Banachverbände

1. Sei $\mathfrak{H}$ eine halbgeordnete Menge und $\mathfrak{M}$ eine Teilmenge von $\mathfrak{H}$. $\mathfrak{M}$ heißt *nach oben (unten) beschränkt* durch die obere (bzw. untere) *Schranke* a, wenn $m < a$ (bzw. $a < m$) $(m \in \mathfrak{M})$ gilt; eine nach oben und unten beschränkte Menge heißt *beschränkt*. Eine obere Schranke a von $\mathfrak{M}$ heißt ein *Maximum* von $\mathfrak{M}$, in Zeichen $a = \bigcup_{m \in \mathfrak{M}} m$, wenn für jede obere Schranke b von $\mathfrak{M}$ $a < b$ gilt; entsprechend ist der Begriff „Minimum von $\mathfrak{M}$" erklärt. Maximum und Minimum sind, falls vorhanden, stets eindeutig bestimmt.

2. $\mathfrak{M}$ heißt ein *Verband*, wenn jede endliche Menge Maximum und Minimum besitzt. $\mathfrak{M}$ heißt ein *bedingt vollständiger* Verband, wenn jede nach oben beschränkte Menge ein Maximum und jede nach unten beschränkte Menge ein Minimum besitzt.

3. Ist $\mathfrak{M}$ zugleich ein reeller linearer Raum und ist die Relation $<$ gegen Translation und Multiplikation mit nichtnegativen Zahlen invariant, so heißt $\mathfrak{M}$ ein *Vektorverband*. Man bezeichnet $\mathfrak{M}^+ = \{a \mid 0 < a\}$ als den *positiven Teil* von $\mathfrak{M}$. $\mathfrak{M}^+$ ist abgeschlossen gegen Addition und Multiplikation mit nichtnegativen Zahlen. Man kann jedes Element $h \in \mathfrak{M}$ als Differenz von Elementen aus $\mathfrak{M}^+$ darstellen, und zwar gilt für $h^+ = h \cup 0$, $h^- = (-h) \cup 0 : h^+, h^- \in \mathfrak{M}^+$, $h = h^+ - h^-$; diese Zerlegung ist die einzige unter allen Zerlegungen $h = f - g$ mit $f, g \in \mathfrak{M}^+$, welche $f \cap g = 0$ erfüllt.

4. Ein Vektorverband heißt ein *Banach-Verband*, wenn er zugleich ein Banachraum ist und $\|g\| \leq \|h\|$ $(g, h \in \mathfrak{M}^+, g < h)$ gilt. Alle finiten Verbandsoperationen sind dann stetig. Der Dualraum eines Banachverbandes ist wieder ein Banachverband. Ein Banachverband heißt ein *L-Raum*, wenn $\|g + h\| = \|g\| + \|h\|$ $(g, h \in \mathfrak{M}^+)$ gilt. Jeder *L*-Raum ist bedingt vollständig. Das Produkt zweier schwach-vollstetiger Transformationen in einem *L*-Raum ist stark-vollstetig (BARTLE-DUNFORD-SCHWARTZ [1]). $\mathfrak{C}(\Omega)$ ist ein Banachverband, aber, wenn seine Dimension ≥ 2 ist, kein *L*-Raum. Jeder separable *L*-Raum kann linear,

isometrisch und ordnungstreu auf einen Teilraum von L_m^1 (9.5.4) abgebildet werden, wobei m das Lebesgue-Maß im Einheitsintervall bedeutet (*Satz von* KAKUTANI [2]); hieraus folgt mittels 9.5.18, daß jede abzählbare ordnungsbeschränkte Menge in einem L-Raum bedingt schwach-kompakt ist (vgl. die folgende Nr. 5). Beispiel eines nichtseparablen L-Raumes ist $\mathfrak{R}(\mathfrak{B})$ (9.4.1), falls $\mathfrak{B}$ ein Borelkörper mit überabzählbarvielen Atomen (9.1.2) ist.

5. Der Satz von KAKUTANI bietet die Möglichkeit, mit separablen L-Räumen wie mit Teil-L-Räumen von Räumen L_m^1 umzugehen; F. RIESZ [2] hat eine andere Möglichkeit eröffnet, bei welcher keine Separabilität benötigt wird. Ist $g \neq 0$ ein Element eines L-Raums $\mathfrak{H}$, so kann man einen linearen Teilraum $\mathfrak{H}_0$ von $\mathfrak{H}$ finden, mit folgenden Eigenschaften:

a) $g \in \mathfrak{H}_0$.
b) Mit h gehören auch h^+, h^- $|h|$ zu $\mathfrak{H}_0$.
c) Ist $h \in \mathfrak{H}_0$ und $|f| < |h|$, so ist auch $f \in \mathfrak{H}_0$.
d) In $\mathfrak{H}_0$ kann ein Skalarprodukt (f, h) erklärt werden, derart, daß folgendes gilt

α) $\mathfrak{H}_0$ ist ein Hilbertraum. Die Hilbertnorm sei mit $|||h|||$ bezeichnet;
β) $\|h\| \leqq |||h|||$ $(h \in \mathfrak{H}_0)$;
γ) Aus $|f| < |h|$ folgt $|||f||| \leqq |||h|||$.

Nach $d\,\gamma$) ist jede ordnungsbeschränkte Menge $\mathfrak{H}_0$ normbeschränkt im Hilbertraum $\mathfrak{H}_0$, also bedingt schwach-kompakt im Hilbertraum $\mathfrak{H}_0$ (8.8.2). Aus d$\,\beta$) folgt, daß jede stetige Linearform auf $\mathfrak{H}$ auch auf dem Hilbertraum $\mathfrak{H}_0$ stetig ist; also ist jede bedingt schwach-kompakte Menge im Hilbertraum $\mathfrak{H}_0$ auch als Teilmenge des Banachraumes $\mathfrak{H}$ bedingt schwach-kompakt. Als Hauptergebnis halten wir fest: *Jede ordnungsbeschränkte Menge in einem L-Raum ist bedingt schwach-kompakt.*

Lit.: G. BIRKHOFF [4].

§ 8. Hilberträume

1. Sei $\mathfrak{H}$ ein reeller oder komplexer linearer Raum. $\bar{z}$ bezeichne die zu z konjugiert-komplexe Zahl $(z \in K)$. Eine für $g, h \in \mathfrak{H}$ erklärte Funktion (g, h) heißt ein *Skalarprodukt* in $\mathfrak{H}$, wenn folgendes gilt:

a) $(g, g) \geqq 0$, aus $(g, g) = 0$ folgt $g = 0$;
b) $(g_1 + g_2, h) = (g_1, h) + (g_2, h)$, $(g, h_1 + h_2) = (g, h_1) + (g, h_2)$;
c) $(\alpha g, h) = \alpha (g, h)$ $(\alpha \in R$ bzw. $K)$;
d) $(g, h) = \overline{(h, g)}$.

Durch $\|h\| = (h, h)^{\frac{1}{2}}$ ist dann eine *Norm* in $\mathfrak{H}$ gegeben. Sie ist stets *gleichmäßig konvex:* $\left\|\dfrac{f+g}{2}\right\|^2 = \dfrac{\|f\|^2 + \|g\|^2}{2} - \dfrac{\|f-g\|^2}{4}$. Ist $\mathfrak{H}$ dabei ein

Banachraum, d. h. vollständig, so sagt man, $\mathfrak{H}$ sei ein (reeller bzw. komplexer) *Hilbertraum*.

2. $\mathfrak{H}$ ist also reflexiv, insbesondere ist jede normbeschränkte Menge bedingt schwach-kompakt (8.5.7); es gilt aber weit mehr: $\mathfrak{H}$ kann mit seinem eigenen Dualraum $\mathfrak{H}'$ identifiziert werden, d. h. zu jedem $g' \in \mathfrak{H}'$ gibt es genau ein $g \in \mathfrak{H}$ mit $g'(h) = (h, g)$ $(h \in \mathfrak{H})$; umgekehrt liefert natürlich jedes $g \in \mathfrak{H}$ ein $g' \in \mathfrak{H}'$. Die Zuordnung $g' \leftrightarrow g$ ist isometrisch.

3. Eine Menge $\mathfrak{N} \subseteq \mathfrak{H}$ heißt *orthonormiert*, wenn $(g, h) = 0$ $(g, h \in \mathfrak{N}, g \neq h)$ und $(g, g) = 1$ $(g \in \mathfrak{N})$ gilt. $\mathfrak{N}$ heißt dann eine *orthonormierte (kurz ON-)Basis* der abgeschlossenen linearen Hülle $\mathfrak{H}_{\mathfrak{N}}$ von $\mathfrak{N}$. Ist $\varphi(h)$ $(h \in \mathfrak{N})$ eine skalare Funktion auf $\mathfrak{N}$, die nur von abzählbarvielen Stellen $\neq 0$ ist, und ist $\sum_{h \in \mathfrak{N}} |\varphi(h)|^2 < \infty$, so konvergiert die Reihe $\sum_{h \in \mathfrak{N}} \varphi(h)\,h$ unbedingt in der Normtopologie gegen ein $g \in \mathfrak{H}_{\mathfrak{N}}$ und es ist $\|g\|^2 = \sum_{h \in \mathfrak{N}} |\varphi(h)|^2$. Jeder abgeschlossene lineare Teilraum von $\mathfrak{H}$ besitzt eine *ON*-Basis.

4. Ist $\mathfrak{M} \subseteq \mathfrak{H}$, so ist die Menge $\mathfrak{M}^\perp = \{h|\ (h, m) = 0\ (m \in \mathfrak{M})\}$ ein abgeschlossener linearer Teilraum von $\mathfrak{H}$: das *orthogonale Komplement von $\mathfrak{M}$ in $\mathfrak{H}$*. Ist $\mathfrak{M}$ selbst ein abgeschlossener linearer Teilraum, so besitzt jeder Vektor $h \in \mathfrak{H}$ genau eine Zerlegung $h = f + g$ mit $f \in \mathfrak{M}$, $g \in \mathfrak{M}^\perp$; f und g hängen linear von h ab und werden als die *Projektionen* von h auf $\mathfrak{M}$ bzw. $\mathfrak{M}^\perp$ bezeichnet. Es ist $\|h\|^2 = \|f\|^2 + \|g\|^2$. Für diesen Sachverhalt schreibt man kurz $\mathfrak{H} = \mathfrak{M} \oplus \mathfrak{M}^\perp$.

5. Eine lineare Transformation x von $\mathfrak{H}$ *auf* sich heißt *unitär*, wenn $(xg, xh) = (g, h)$ $(g, h \in \mathfrak{H})$ gilt; dies ist genau dann der Fall, wenn $\|xh\| = \|h\|$ $(h \in \mathfrak{H})$ gilt. Eine andere äquivalente Bedingung ist: $x'^{-1} = x$, d. h. $(xg, h) = (g, x^{-1}h)$ $(g, h \in \mathfrak{H})$. Die unitären Transformationen bilden eine Gruppe. Auf diese Gruppe eingeschränkt, fällt die schwache Topologie für Transformationen in $\mathfrak{H}$ mit der starken zusammen (8.6.3); dies liegt an der gleichmäßigen Konvexität der Norm in $\mathfrak{H}$; übrigens ist $x_k g \to g$ (stark) für unitäre x_k mit $(x_h g, g) \to (g, g)$ gleichbedeutend. Ist x unitär und $\mathfrak{H}_0$ ein $x\,\mathfrak{H}_0 = \mathfrak{H}_0$ erfüllender abgeschlossener linearer Teilraum von $\mathfrak{H}$, so ist auch $\mathfrak{H}_0^\perp$ x-invariant.

6. Das kartesische Produkt $\mathfrak{H} = \prod_{k=1}^{n}{}^x \mathfrak{H}_k = \{h = (h_1, \ldots, h_n)|\ h_k \in \mathfrak{H}_k,\ k = 1, \ldots, n\}$ von Hilberträumen $\mathfrak{H}_1, \ldots \mathfrak{H}_n$ wird wieder ein Hilbertraum, wenn man das Skalarprodukt $(g, h) = \sum_{k=1}^{n} (g_k, h_k)$ einführt. Ist in jedem $\mathfrak{H}_k$ eine lineare Transformation x_k gegeben, so ist durch $xh = (x_1 h_1, \ldots, x_n h_n)$ eine lineare Transformation x in $\mathfrak{H}$ erklärt; sie besitzt genau dann eine Inverse, wenn alle x_k eine besitzen; sie ist genau dann unitär, wenn alle x_k unitär sind. Die $\mathfrak{H}_k$ können als paarweise orthogonale

Teilräume von $\mathfrak{H}$ aufgefaßt werden; jedes $h \in \mathfrak{H}$ besitzt dann genau eine Darstellung $h = \sum\limits_{k=1}^{n} h^k$ mit $h^k \in \mathfrak{H}_k$; man beschreibt diese Situation so: Die $\mathfrak{H}_k$ bilden eine *orthogonale Zerlegung* von $\mathfrak{H}$ oder $\mathfrak{H}$ ist die *direkte Summe* der $\mathfrak{H}_k$; ist dann $\mathfrak{N}_k$ eine *ON*-Basis in $\mathfrak{H}_k$, so ist $\bigcup\limits_{k=1}^{n} \mathfrak{N}_k$ eine *ON*-Basis in $\mathfrak{H}$.

7. Sind $\mathfrak{H}_1$, $\mathfrak{H}_2$ Hilberträume, so bildet die Gesamtheit $\mathfrak{F}$ aller formalen Ausdrücke $\sum\limits_{k=1}^{n} \alpha_k h_1^k \otimes h_2^k$ ($h_i^k \in \mathfrak{H}_i$; α_k skalar, $k = 1, \ldots, n$ beliebig) einen linearen Raum, wenn man mit $\otimes$ bilinear rechnet (d. h. die Rechenregeln $(g_1 + h_1) \otimes h_2 = g_1 \otimes h_2 + h_1 \otimes h_2$, $h_1 \otimes (\alpha h_2) = \alpha (h_1 \otimes h_2) = (\alpha h_1) \otimes h_2$, $h_1 \otimes (g_2 + h_2) = h_1 \otimes g_2 + h_1 \otimes h_2$ beachtet). Durch

$$\left(\sum_{j=1}^{m} \alpha_j g_1^j \otimes g_2^j, \sum_{k=1}^{n} \beta_k h_1^k \otimes h_2^k \right) = \sum_{j,k=1}^{m,n} \alpha_j \bar{\beta}_k \, (g_1^j, h_1^k) \, (g_2^j, h_2^k)$$

ist in $\mathfrak{F}$ ein Skalarprodukt erklärt. Ist die Dimension mindestens eines der Räume $\mathfrak{H}_1$, $\mathfrak{H}_2$ unendlich, so ist $\mathfrak{F}$ nicht vollständig. Durch Vervollständigung und stetige Fortsetzung des Skalarproduktes erhält man jedoch einen Hilbertraum, der mit $\mathfrak{H}_1 \otimes \mathfrak{H}_2$ bezeichnet und das *symmetrische Tensorprodukt* von $\mathfrak{H}_1$ und $\mathfrak{H}_2$ genannt wird) für ein Beispiel vgl. 9.9.6).

8. Gelegentlich bildet man auch ein *asymmetrisches Tensorprodukt*. Das geht genauso wie oben, nur ist die Rechenregel $h_1 \otimes (\alpha h_2) = \bar{\alpha} (h_1 \otimes h_2) = (\bar{\alpha} h_1) \otimes h_2$ zu beachten und das Skalarprodukt durch $(g_1 \otimes g_2, h_1 \otimes h_2) = (g_1, h_1) \overline{(g_2, h_2)}$ zu erklären. Für $\mathfrak{H}_1 = \mathfrak{H}_2$ gewinnt man so z. B. $(g \otimes g, h \otimes h) = |(g, h)|^2$. Im symmetrischen wie im asymmetrischen Falle gilt: Ist $\mathfrak{N}_k$ eine *ON*-Basis in $\mathfrak{H}_k (k = 1, 2)$, so ist $\mathfrak{N} = \{h_1 \otimes h_2 | h_k \in \mathfrak{N}_k\}$ eine *ON*-Basis in $\mathfrak{H}_1 \otimes \mathfrak{H}_2$.

9. Hat man in $\mathfrak{H}_k$ eine lineare Transformation $x_k (k = 1, 2)$, so erhält man (im symmetrischen wie im asymmetrischen Falle) eine lineare Transformation x in $\mathfrak{H}_1 \otimes \mathfrak{H}_2$ durch die Festsetzung

$$x \left(\sum_k \alpha_k h_1^k \otimes h_2^k \right) = \sum_k \alpha_k (x_1 h_1^k) \otimes (x_2 h_2^k) .$$

Sind die x_k unitär, so ist auch x unitär. Sind die x_k nichtdehnend ($\|x_k\| \leq 1$), so ist auch x nichtdehnend.

Lit.: BOURBAKI [4], RIESZ-NAGY [2].

Anhang

Kap. 9 Maß und Integral. Spezielle Vektorräume.

Im folgenden wird ein Abriß der Maß- und Integrationstheorie in der für Kap. 1—7 benötigten Form gegeben. Da eine ausgedehnte Lehrbuchliteratur besteht, sind die Beweise meist nur skizziert oder durch Zitate ersetzt. Auch sind die Sätze und Aussagen mehr nach ihrer Formulierbarkeit als nach ihrer Beweisbarkeit angeordnet.

§ 1. Mengenkörper und Borelkörper

1. Wir betrachten Teilmengen einer festen nichtleeren Menge $\Omega = \{\omega, \ldots\}$. Ist $E \subseteq \Omega$, so bezeichnen wir die durch

$$\chi_E(\omega) = \begin{cases} 1 \text{ für } \omega \in E \\ 0 \text{ sonst} \end{cases}$$

auf Ω erklärte Funktion χ_E als die *charakteristische Funktion* von E. Es ist bekannt, wie sich die üblichen Mengenoperationen mittels charakteristischer Funktionen ausdrücken lassen, z. B.:

$$\chi_{\cup E_\iota} = \sup_\iota \chi_{E_\iota}, \quad \chi_{\cap E_\iota} = \prod_\iota \chi_{E_\iota} = \inf_\iota \chi_{E_\iota},$$

$$\chi_{\Omega - E} = 1 - \chi_E$$

($E_\iota \subseteq \Omega$, $\iota \in I =$ bel. Indexmenge). Disjunkte Vereinigungen schreiben wir öfters mit dem Zeichen Σ statt $\cup$, es gilt also $\chi_{\Sigma E_\iota} = \sum_\iota \chi_{E_\iota}$. Gelegentlich bilden wir die symmetrische Differenz $E \triangle F = (E \cup F) - (E \cap F)$. Es ist $\chi_{E \triangle F} = |\chi_E - \chi_F|$.

2. Ist $\mathfrak{S}$ ein nichtleeres System von Teilmengen von Ω, so bezeichnet man die Mengen der Gestalt $A = \bigcap_{E \in \mathfrak{S}} M_E$ ($M_E = E$ oder $\Omega - E$) als die *Atome* von $\mathfrak{S}$. Sie bilden eine disjunkte Zerlegung von Ω; zwei Punkte ω, η liegen genau dann im selben Atom, wenn aus $E \in \mathfrak{S}$, $\omega \in E$ stets $\eta \in E$ und aus $\omega \notin E$ stets $\eta \notin E$ folgt.

3. Ein nichtleeres System $\mathfrak{B}$ von Teilmengen von Ω heißt ein (Mengen-)*Körper*, wenn folgendes gilt:

a) $\Omega \in \mathfrak{B}$.

b) Mit E gehört auch $\Omega - E$ zu $\mathfrak{B}$.

c) Mit $E_1 \ldots, E_n$ gehört auch $\bigcup_{\nu=1}^{n} E_\nu$ zu $\mathfrak{B}$.

$\mathfrak{B}$ ist dann auch gegen finite Durchschnitts- und Differenzbildungen abgeschlossen. Gilt überdies

d) Mit $E_1, E_2, \ldots$ gehört auch $\sum\limits_{\nu=1}^{\infty} E_\nu$ zu,

so ist $\mathfrak{B}$ auch gegen abzählbare Durchschnitts- und Differenzbildungen abgeschlossen, $\mathfrak{B}$ wird dann als *Borelkörper (Ereignisfeld)* bezeichnet.

4. Zu jedem System $\mathfrak{S} \neq 0$ von Teilmengen von Ω gehört ein kleinster $\mathfrak{S}$ umfassender Mengenkörper $\mathfrak{R}$ und ein kleinster umfassender Borelkörper $\mathfrak{B}$. Man sagt, $\mathfrak{R}$ bzw. $\mathfrak{B}$ sei von $\mathfrak{S}$ erzeugt. Ist $\mathfrak{S}$ endlich, so ist $\mathfrak{R} = \mathfrak{B}$; $\mathfrak{B}$ besteht aus allen Vereinigungen von Atomen von $\mathfrak{S}$ und ist endlich. Ist $\mathfrak{S}$ unendlich, so ist $\mathfrak{R}$ die Vereinigung aller von endlichen Untersystemen von $\mathfrak{S}$ erzeugten Körper; $\mathfrak{B}$ ist von $\mathfrak{R}$ erzeugt, aber i. a. $\neq \mathfrak{R}$. Ist $\mathfrak{S}$ abzählbar, so ist auch $\mathfrak{R}$ abzählbar, $\mathfrak{B}$ jedoch i. a. nicht; man sagt dann, $\mathfrak{B}$ sei *abzählbar erzeugt*. Die Atome von $\mathfrak{S}$ sind zugleich die Atome von $\mathfrak{R}$ und $\mathfrak{B}$; ist $\mathfrak{S}$ abzählbar, so gehören sie zu $\mathfrak{B}$, dagegen i. a. nicht zu $\mathfrak{R}$. Zwar ist jede Menge von $\mathfrak{B}$ (bzw. $\mathfrak{R}$) Vereinigung von Atomen, nicht aber ist jede Vereinigung von Atomen eine Menge aus $\mathfrak{B}$ (oder $\mathfrak{R}$). Ist in Ω eine Topologie (8.2.1) gegeben, so heißen die Mengen des von ihr erzeugten Borelkörpers $\mathfrak{B}$ schlechtweg *meßbare* oder *Borelmengen*. Ist die Topologie von abzählbarer Basis (8.2.1), so ist $\mathfrak{B}$ abzählbar erzeugt. Dies gilt z. B. im R^n.

Lit. HALMOS [11].

§ 2. Inhalt und Maß

1. Eine auf einem Mengenbereich $\mathfrak{B} = \{F, \ldots\}$ erklärte reelle Funktion $m(F)$ ($\pm \infty$ wird in diesem Zusammenhang als Funktionswert zugelassen, doch ist darauf zu achten, daß beim additiven Rechnen $\infty - \infty$ nicht vorkommt) heißt

a) additiv, wenn aus $E_1, \ldots, E_n \in \mathfrak{B}$, $E_i \cap E_k = 0 \ (i \neq k)$, $\bigcup\limits_{i=1}^{n} E_i = E \in \mathfrak{B}$ stets

$$m(E) = \sum_{k=1}^{n} m(E_k)$$

folgt.

b) σ-additiv, wenn das a) Entsprechende für abzählbare Folgen E_k gilt.

c) endlich, wenn $m(E)$ stets endlich ist.

d) σ-endlich, wenn es eine höchstens abzählbare Folge $E_k \in \mathfrak{B}$ mit $\bigcup\limits_{k} E_k = \Omega$, $m(E_k) < \infty$ gibt.

Nimmt m endliche Werte an, so folgt aus $0 \in \mathfrak{B}$ und der Additivität stets $m(0) = 0$. Wir wollen stets $m(0) = 0$ voraussetzen. Ist $\mathfrak{B}$ gegen finite Durchschnitts- und Vereinigungsbildung, sowie gegen Differenzbildung abgeschlossen, und ist m endlich und additiv, so ist jede der folgenden Bedingungen zur σ-Additivität gleichwertig:

e) Aus $E_1 \subseteqq E_2 \subseteqq \ldots, E, E_k \in \mathfrak{B}$, $E = \bigcup_k E_k$ folgt $m(E_k) \to m(E)$.

f) Aus $E_1 \supseteqq E_2 \supseteqq \ldots, E, E_k \in \mathfrak{B}$, $E = \bigcap_k E_k$ folgt $m(E_k) \to m(E)$.

g) Das f) Entsprechende mit $E = 0$.

e) ist auch für unendliche m für die σ-Additivität hinreichend.

Eine additive nichtnegative Funktion m mit $m(0) = 0$, die auf einem Mengenkörper $\mathfrak{B}$ erklärt ist, wird auch *Inhalt* genannt. Ist $\mathfrak{B}$ sogar ein Borelkörper und m ein σ-additiver Inhalt, so wird m als ein *Maß* bezeichnet. Das Tripel $(\Omega, \mathfrak{B}, m)$ heißt dann ein *Maßraum*. Eigenschaften von m werden wir auch als Eigenschaften des Maßraumes ansehen. Eine σ-additive reelle Funktion auf einem Borelkörper, die höchstens einen der Werte $\pm \infty$ annimmt, heißt auch *Ladungsverteilung* (LV, signed measure). In naheliegender Weise sind komplexe endliche Ladungsverteilungen zu erklären. Maße mit $m(\Omega) = 1$ nennt man auch *normierte Maße* oder *Wahrscheinlichkeitsverteilungen*. Ist $E \in \mathfrak{B}$, $m(E) = 0$, so heißt E eine *m-Nullmenge*.

2. Ist $(\Omega, \mathfrak{B}, m)$ eine Wahrscheinlichkeitsverteilung und sind $\mathfrak{A}_\iota$ ($\iota \in I =$ bel. Indexmenge) Mengensysteme $\subseteqq \mathfrak{B}$, derart, daß für paarweise verschiedene Indices $\iota_1, \ldots, \iota_n \in I$ und irgendwelche $E_\nu \in \mathfrak{A}_\nu$ ($\nu = 1, \ldots, n$) stets

$$m\left(\bigcap_\nu E_\nu\right) = \prod_\nu m(E_\nu)$$

gilt, so heißen die $\mathfrak{A}_\iota$ unabhängig. Sind die $\mathfrak{A}_\iota$ jeweils gegen finite Durchschnittsbildung abgeschlossen, so sind auch die von ihnen erzeugten Borelkörper $\mathfrak{B}_\iota$ unabhängig (vgl. etwa LOÈVE [2]).

3. Triviale Maße erhält man in der Gestalt

$$\delta_\omega(E) = \begin{cases} 1 \text{ für } \omega \in E \\ 0 \text{ sonst} \end{cases}$$

δ_ω heißt „Punktmasse 1 in ω" oder „Diracmaß". Nichttriviale Maße erhält man z. B. durch Fortsetzung elementar konstruierter σ-additiver σ-endlicher Inhalte (z. B. des Jordan-Inhalts im R^n) vom Mengenkörper $\mathfrak{K}$ auf den erzeugten Borelkörper $\mathfrak{B}$. Daß dies stets auf genau eine Weise möglich ist, werden wir im Rahmen der Integrationstheorie sehen (9.5.20).

4. Stetigkeitseigenschaften von Maßen. Durch $|E, F| = m(E \triangle F)$ ist in $\mathfrak{K}$ eine *Pseudo-Metrik* erklärt (aus $E \neq F$ folgt nicht notwendig $|E, F| \neq 0$ $|E, F| = \infty$ kann vorkommen). Die finiten Mengenoperationen sind stetig bezüglich dieser Pseudometrik. Es gilt übrigens $|E, F| = \|\chi_E - \chi_F\|_p$, wobei $\|\cdot\|_p$ die L_m^p-Norm ($1 \leqq p < \infty$; vgl. 9.6.1) bedeutet. Hat man den σ-additiven endlichen Inhalt m vom Mengenkörper $\mathfrak{K}$ in ein Maß m auf dem von $\mathfrak{B}$ erzeugten Borelkörper fortgesetzt, so hat man auch in $\mathfrak{B}$ die Pseudo-Metrik, und $\mathfrak{K}$ wird ein Teilraum von $\mathfrak{B}$. Man kann

leicht beweisen, daß die abgeschlossene Hülle von $\Re$ (in $\mathfrak{B}$) ein Borelkörper ist; sie muß also mit $\mathfrak{B}$ übereinstimmen: $\Re$ *liegt dicht in* $\mathfrak{B}$. Ist m σ-endlich, so gibt es zu jedem $E \in \mathfrak{B}$ mit $m(E) < \infty$ und jedem $\varepsilon > 0$ ein $F \in \Re$ mit $|E, F| < \varepsilon$. Es gilt $|m(E) - m(F)| \leq |E, F|$ für $m(E) + m(F) < \infty$; ist $m(E) = \infty$ und $|E, F| < \infty$, so folgt $m(F) = \infty$; also ist m eine *stetige* Funktion.

5. Die Menge $\mathfrak{B}'$ aller $E' \subseteq \Omega$, zu denen es jeweils Mengen $E, N \in \mathfrak{B}$ mit $E' \bigtriangleup E \subseteq N$, $m(N) = 0$ gibt, ist mit dem von $\mathfrak{B}$ und allen Teilmengen von m-Nullmengen erzeugten Borelkörper identisch. Durch $m(E') = m(E)$ erhält man die einzige mögliche Fortsetzung von m zu einem Maß auf $\mathfrak{B}'$. Der Maßraum $(\Omega, \mathfrak{B}', m)$ heißt die *Vervollständigung* von $(\Omega, \mathfrak{B}, m)$. Es gibt dann zu $E' \in \mathfrak{B}'$ stets Mengen $E, F \in \mathfrak{B}$ mit $E \subseteq E' \subseteq F$ und $m(F - E) = 0$. Ist $\mathfrak{B}' = \mathfrak{B}$, so heißt der Maßraum $(\Omega, \mathfrak{B}, m)$ *vollständig*. Die Vervollständigung eines Maßraumes ist stets vollständig.

6. Aus der Pseudo-Metrik wird eine *Metrik*, wenn man Mengen E, E' mit $|E, E'| = 0$ identifiziert (d. h. „modulo m-Nullmengen rechnet"). Aus $\mathfrak{B}$ entsteht so der *metrische Raum* $\underline{\mathfrak{B}} = \{\underline{E}, \ldots\}$. Man weist leicht nach, daß $\underline{\mathfrak{B}}$ *vollständig* ist (jede Fundamentalfolge hat einen Limes). Offenbar kann man m als Funktion auf $\underline{\mathfrak{B}}$ auffassen. Den Mengenoperationen $\cup, \cap, -, \bigcup\limits_{\nu=1}^{\infty}, \bigcap\limits_{\nu=1}^{\infty}$ entsprechen Operationen in $\underline{\mathfrak{B}}$, die denselben Rechenregeln genügen und mit denselben Symbolen bezeichnet werden sollen. Es gilt z. B. $m\left(\sum\limits_{\nu=1}^{\infty} \underline{E}_\nu\right) = \sum\limits_{\nu=1}^{\infty} m(\underline{E}_\nu)$ $(\underline{E}_\nu \in \underline{\mathfrak{B}}, \underline{E}_\mu \cap \underline{E}_\nu = \underline{0}$ $(\mu \neq \nu))$. Das Paar $(\underline{\mathfrak{B}}, m)$ wird als die *zu* $(\Omega, \mathfrak{B}, m)$ *gehörige Maßalgebra* bezeichnet.

Natürlich kann man den Begriff der Maßalgebra abstrakt, unabhängig von einem zugrunde liegenden Maßraum, fassen. Die Vervollständigung eines Maßraumes liefert dieselbe Maßalgebra wie der Maßraum selbst.

7. Wir nennen zwei Maßräume $(\Omega, \mathfrak{B}, m)$, $(\Omega, \mathfrak{B}', m')$ in Ω *äquivalent*, wenn sie dieselbe Vervollständigung besitzen; die zugehörigen Maßalgebren sind dann dieselben: Zu jedem $E \in \mathfrak{B}$ gibt es ein $E' \in \mathfrak{B}'$ mit $|E, E'| = 0$, wobei die Pseudo-Metrik in der gemeinsamen Vervollständigung gebildet wird; und umgekehrt. Genauso gilt: Zu jedem $E \in \mathfrak{B}$ gibt es Mengen $E_1', E_2' \in \mathfrak{B}'$ mit $E_1' \subseteq E \subseteq E_2'$ und $m'(E_2' - E_1') = 0$.

Ist $\mathfrak{B}$ *abzählbar-erzeugt*, so ist der metrische Raum $\underline{\mathfrak{B}}$ *separabel*: Für einen passenden abzählbaren Mengenkörper $\Re$ liegt $\underline{\Re}$ in $\underline{\mathfrak{B}}$ dicht (vgl. Nr. 4). Ist $\underline{\mathfrak{B}}$ separabel, so gibt es einen Maßraum $(\Omega, \mathfrak{B}', m)$ mit abzählbarerzeugtem $\mathfrak{B}' \subseteq \mathfrak{B}$ derart, daß jede Äquivalenzklasse aus $\mathfrak{B}$ eine Menge aus $\mathfrak{B}'$ enthält: Ist $\mathfrak{S} = \{E_1, E_2, \ldots\} \subseteq \mathfrak{B}$ derart, daß $\underline{\mathfrak{S}}$ in $\underline{\mathfrak{B}}$ dichtliegt, so kann man den von $\mathfrak{S}$ erzeugten Borelkörper $\mathfrak{B}'$ nehmen. Ist $\underline{\mathfrak{B}}$ separabel, so nennt man auch den ganzen Maßraum $(\Omega, \mathfrak{B}, m)$

separabel. Ist $(\Omega, \mathfrak{B}, m)$ zu einem Maßraum $(\Omega, \mathfrak{B}', m')$ mit abzählbar erzeugtem $\mathfrak{B}'$ äquivalent, so heißt $(\Omega, \mathfrak{B}, m)$ *eigentlich-separabel*; ist $(\Omega, \mathfrak{B}, m)$ dann vollständig, so folgt $\mathfrak{B}' \subseteq \mathfrak{B}$.

Lit.: HALMOS [11].

§ 3. Meßbare Abbildungen, Isomorphie

1. Ist x eine eindeutige Abbildung einer nichtleeren Menge Ω in eine nichtleere Menge Ω', so erhält man zu jedem Mengensystem $\mathfrak{S}$ in Ω ein Mengensystem $x\mathfrak{S} = \{E' \mid E' \subseteq \Omega', x^{-1} E' \in \mathfrak{S}\}$, und zu jedem Mengensystem $\mathfrak{S}'$ in Ω' ein Mengensystem $x^{-1} \mathfrak{S}' = \{x^{-1} E' \mid E' \in \mathfrak{S}'\}$ in Ω. Hierbei ist, wie üblich, $x^{-1} E' = \{\omega \mid \omega \in \Omega, x\omega \in E'\}$ $(E' \subseteq \Omega')$; die Zuordnung $E' \to x^{-1} E'$ ist mit der Bildung von Vereinigungen, Durchschnitten, Komplementen und Differenzen vertauschbar, es ist $x^{-1} 0 = 0$, $x^{-1} \Omega' = \Omega$, disjunkte Mengen haben disjunkte Urbilder; ist $x\Omega = \Omega'$, so ist die Zuordnung $E' \to x^{-1} E'$ sogar eineindeutig. Hieraus ergibt sich leicht: Sind $\mathfrak{S}$, $\mathfrak{S}'$ Körper (Borelkörper), so sind $x\mathfrak{S}$, $x^{-1} \mathfrak{S}'$ auch Körper (Borelkörper); ist $\mathfrak{K}'$ der von $\mathfrak{S}'$ erzeugte Körper (Borelkörper), so ist $x^{-1} \mathfrak{K}'$ der von $x^{-1} \mathfrak{S}'$ erzeugte Körper (Borelkörper); ist $\mathfrak{K}$ der von $\mathfrak{S}$ erzeugte Körper (Borelkörper), so umfaßt $x\mathfrak{K}$ den von $x\mathfrak{S}$ erzeugten Körper (Borelkörper). Bei eineindeutigen Abbildungen x von Ω *auf* Ω' gelten entsprechende Aussagen auch für x^{-1}.

2. Meist ist in Ω und Ω' je ein Borelkörper $\mathfrak{B}$ bzw. $\mathfrak{B}'$ gegeben. Ist dann $x^{-1} \mathfrak{B}' \subseteq \mathfrak{B}$ oder, was dasselbe bedeutet, $x\mathfrak{B} \supseteq \mathfrak{B}'$, so heißt die Abbildung x $(\mathfrak{B}\text{-}\mathfrak{B}'\text{-})me\beta bar$. Die in Nr. 1 zusammengetragenen Aussagen erleichtern den Nachweis der Meßbarkeit einer Abbildung in vielen Fällen, z. B. sind stetige Abbildungen stets meßbar hinsichtlich der von den Topologien erzeugten Borelkörper. Wie schon triviale Beispiele zeigen, folgt aus der Meßbarkeit von x keineswegs, daß $xE \in \mathfrak{B}'$ für jedes $E \in \mathfrak{B}$ gilt (vgl. in diesem Zusammenhang HALMOS-V. NEUMANN [1]).

3. Meßbare Abbildungen in R^1 bzw. K^1 werden auch (endliche) meßbare Funktionen genannt. Diese bilden einen linearen Raum $\mathfrak{M}(\mathfrak{B})$. Die Limites gleichmäßig- bzw. überall-konvergenter Folgen aus $\mathfrak{M}(\mathfrak{B})$ liegen wieder in $\mathfrak{M}(\mathfrak{B})$. $\mathfrak{M}(\mathfrak{B})$ ist im reellen Falle ein Verband (8.7.2).

4. Wir setzen im folgenden stets die Meßbarkeit der Abbildung x von Ω in Ω' voraus. Ist x eineindeutig und $x\Omega = \Omega'$, so ist x^{-1} eine eineindeutige Punktabbildung. Ist x^{-1} $\mathfrak{B}'\text{-}\mathfrak{B}$-meßbar, so nennen wir x einen *Punkt-Isomorphismus* zwischen $(\Omega, \mathfrak{B})$ und $(\Omega', \mathfrak{B}')$. Eine mit den in $\mathfrak{B}$ und $\mathfrak{B}'$ üblichen Mengenoperationen vertauschbare eineindeutige Abbildung von $\mathfrak{B}$ auf $\mathfrak{B}'$ wird als *Mengen-Isomorphismus* bezeichnet. Jeder Punkt-Isomorphismus induziert offenbar einen Mengen-Isomorphismus. Allgemeiner induziert jede meßbare Abbildung x von Ω auf Ω'

einen Mengen-Isomorphismus zwischen $x^{-1}\mathfrak{B}'$ und $\mathfrak{B}'$. Zu allen Iso-
morphie-Begriffen bildet man sinngemäß die Begriffe „Automorphismus"
= „Isomorphismus auf sich" und „Endomorphismus" = „Isomorphismus in sich". Gewöhnlich spricht man von Punkt-Isomorphie auch dann,
wenn sich eine Punkt-Isomorphie im obigen Sinne nach *Elimination von
Nullmengen* aus Ω bzw. Ω' herstellen läßt.

5. Ist $(\Omega, \mathfrak{B}, m)$ ein Maßraum, so ist durch

$$(xm)\,(E') = m\,(x^{-1}E') \qquad\qquad (E' \in \mathfrak{B}')$$

ein Maß von xm auf $\mathfrak{B}'$ erklärt. Ist y^* eine andere meßbare Abbildung
und $M = \{\omega\mid\ x\omega \neq y\omega\} \in \mathfrak{B}$ mit $m\,(M) = 0$, so ist $xm = ym$.

6. Ist ein Mengen-Isomorphismus x zwischen $\mathfrak{B}$ und $\mathfrak{B}'$ gegeben, so
kann man mit seiner Hilfe Maße von $\mathfrak{B}$ nach $\mathfrak{B}'$ und umgekehrt übertragen. Man spricht dann von einem *Isomorphismus* der Maßräume
$(\Omega, \mathfrak{B}, m)$, $(\Omega', \mathfrak{B}', xm)$. Er induziert eine eineindeutige isometrische
Abbildung x des metrischen Raumes $\underline{\mathfrak{B}}$ auf den mittels $xm = m'$ gebil-
deten metrischen Raum $\underline{\mathfrak{B}}'$, wobei $m\,(\underline{E}) = m'\,(x\underline{E})\ (\underline{E} \in \underline{\mathfrak{B}})$ gilt; diese
Abbildung ist mit den in $\mathfrak{B}$ und $\mathfrak{B}'$ erklärten Operationen vertauschbar.
Eine solche Abbildung wird deshalb als ein *Isomorphismus der Maß-
algebren* $(\mathfrak{B}, m)$ und $(\mathfrak{B}', m')$ (kurz: *Algebren-Isomorphismus*) bezeichnet;
jeder Mengen-Isomorphismus x zwischen $\mathfrak{B}$ und $\mathfrak{B}'$ induziert also einen
Isomorphismus x der Maßalgebren $(\underline{\mathfrak{B}}, m)$ und $(\underline{\mathfrak{B}}', m')$.

7. Wir haben also im Zusammenhang mit Maßräumen drei verschiedene Isomorphiebegriffe. Natürlich ist die Frage von Interesse, ob
man einen vorgelegten Maßraum $(\Omega, \mathfrak{B}, m)$ durch isomorphe Abänderung
(in einer der drei Bedeutungen) in einen speziellen Maßraum überführen
kann; dabei sind an sich Punkt-Isomorphismen am meisten, Algebren-
Isomorphismen am wenigsten erwünscht, weil letztere weniger Eigenschaften invariant lassen als erstere. Eine Maß-Algebra $(\mathfrak{B}, m)$ heißt
atomfrei, wenn es zu jedem $\underline{E} \in \underline{\mathfrak{B}}$ mit $m\,(\underline{E}) > 0$ ein $\underline{F} \in \underline{\mathfrak{B}}$ mit $\underline{F} \subseteq \underline{E}$
und $0 < m\,(\underline{F}) < m\,(\underline{E})$ gibt; ein Maßraum heißt atomfrei, wenn die zu-
gehörige Maßalgebra atomfrei ist. Bekannt ist folgendes Ergebnis: Ist
$(\mathfrak{B}, m)$ eine *endliche* atomfreie Maßalgebra, mit *separablem* metrischen
Raum $\underline{\mathfrak{B}}$, so gibt es einen Algebren-Isomorphismus zwischen $(\mathfrak{B}, m)$ und
der zum Lebesgue-Maß im Intervall $\langle 0, m\,(\underline{\Omega})\rangle$ gehörigen Maßalgebra.

8. In der Ergodentheorie ist gewöhnlich ein Maßraum $(\Omega, \mathfrak{B}, m)$ und
meßbare Abbildungen x von Ω in sich mit $xm = m$ gegeben. x heißt dann
m-treu bzw. m heißt *x-invariant*. Ist $\mathfrak{R}$ ein $\mathfrak{B}$ erzeugender Mengenkörper
und $x^{-1}E \in \mathfrak{B}\,(E \in \mathfrak{R})$, und ist $m\,(x^{-1}E) = m\,(E)\ (E \in \mathfrak{R})$, so ist x m-treu.
Ist x eine m-treue eineindeutige Abbildung von Ω auf sich, und ist x^{-1}
meßbar, so ist auch x^{-1} m-treu. Der Begriff der m-Treue ist sinngemäß
auf Endomorphismen von Maßalgebren zu übertragen. Ist x $\mathfrak{B}$-meßbar
und m-treu, und ist $(\Omega, \mathfrak{B}', m')$ die Vervollständigung von $(\Omega, \mathfrak{B}, m)$

(9.2.5), so ist x auch $\mathfrak{B}'$-meßbar und m'-treu. Je nachdem, ob die zu untersuchenden Eigenschaften der x unter Bezug auf Punkte in Ω, oder nur auf den Borelkörper $\mathfrak{B}$, oder gar auf die Maßalgebra $(\underline{\mathfrak{B}}, m)$ formuliert werden können, kann man die x meist ohne Schaden in verschiedener Weise abändern. Im ersten Falle kann man die auf x auf einer m-Nullmenge ändern; im letzteren Falle kommt es nur darauf an, daß die $x^{-1}\underline{E}$ sich nicht ändern, hierzu ist notwendig, daß die Borelkörper $x^{-1}\mathfrak{B}$ in äquivalente übergehen u. dgl. mehr. Von besonderem Interesse ist hier die Frage, bei welchen Maßräumen $(\Omega, \mathfrak{B}, m)$ jeder Automorphismus x der zugehörigen Maßalgebra $(\underline{\mathfrak{B}}, m)$ durch einen Punkt-Automorphismus x in Ω induziert wird; zu dieser Frage vgl. HALMOS-v. NEUMANN [1].

9. Sei $\mathfrak{B}'$ der von der Topologie in dem abzählbaren topologischen Produkt $\Omega' = \overset{\infty}{\underset{k=1}{\Pi}}{}^{\times}\langle 0, 1\rangle$ erzeugte Borelkörper. Ist $\Omega'' \subseteqq \langle 0, 1\rangle$, so bilden die $E \cap \Omega'' = E''$ (E Borelmenge) einen Borelkörper $\mathfrak{B}''$ in Ω''. Man kann Ω'' als Borelmenge derart wählen, daß ein Punktisomorphismus φ zwischen $(\Omega', \mathfrak{B}')$ und $(\Omega'', \mathfrak{B}'')$ existiert: Sei (i_ν, k_ν) $(\nu = 1, 2, \ldots)$ eine Durchzählung der Menge $\{(i, k)|\, i, k \text{ ganz}, \geqq 0\}$; wir benützen im folgenden Dezimalbruchdarstellungen von Zahlen aus $\langle 0, 1\rangle$; da jeder Punkt von Ω' eine Folge $(x_0, x_1, x_2, \ldots)$ von Zahlen aus $\langle 0, 1\rangle$ ist, und jede dieser Zahlen genau eine Dezimalbruchentwicklung $x_i = x_{i0}$, $x_{i1}x_{i2}\ldots$ mit $x_{i0} = 0$ oder $x_{i0} = 1$ (dann $x_{ik} = 0$ $(k > 0)$) besitzt, in der unendlichviele Ziffern $\neq 9$ vorkommen, erhält man durch $(x_0, x_1, x_2, \ldots)$ $\rightarrow 0 . x_{i_1 k_1} x_{i_2 k_2} \ldots$ eine eineindeutige Abbildung φ von Ω' in $\langle 0, 1\rangle$; sie leistet, wie leicht zu sehen, das Gewünschte, falls man $\Omega'' = \varphi\, \Omega'$ setzt.

Lit.: HALMOS [11].

§ 4. Der Banachverband der endlichen Ladungsverteilungen

Ein Teil der nachstehenden Ausführungen über endliche Ladungsverteilungen bleibt auch bei Zulassung der Maßwerte $\pm \infty$ richtig. Doch ergibt sich nur für den endlichen Fall eine runde Theorie.

1. Sei ein Borelkörper $\mathfrak{B}$ in der Grundmenge $\Omega \neq 0$ fest vorgegeben. Mit $\mathfrak{R}(\mathfrak{B})$ bezeichnen wir die Gesamtheit aller endlichen reellen Ladungsverteilungen auf $\mathfrak{B}$ (entsprechend erklärt man den Raum $\mathfrak{K}(\mathfrak{B})$ der komplexen Ladungsverteilungen; ein Teil der folgenden Ausführungen läßt sich auf $\mathfrak{K}(\mathfrak{B})$ übertragen). $\mathfrak{R}(\mathfrak{B})$ ist ein reeller linearer Raum; ist $\mathfrak{B}$ endlich, so ist die Anzahl der Atome von $\mathfrak{B}$ die Dimension von $\mathfrak{R}(\mathfrak{B})$; andernfalls ist die Dimension von $\mathfrak{R}(\mathfrak{B})$ unendlich.

2. Ist $g, h \in \mathfrak{R}(\mathfrak{B})$ und $g(E) \leqq h(E)$ $(E \in \mathfrak{B})$, so schreiben wir $g \leqq h$. Damit ist in $\mathfrak{R}(\mathfrak{B})$ eine Halbordnung erklärt. Es zeigt sich nun, daß dadurch in $\mathfrak{R}(\mathfrak{B})$ eine *Verbandstruktur* (8.7.2) erklärt ist.

Ein endliches System $\mathfrak{T}$ von Mengen $E_1, \ldots, E_n \in \mathfrak{B}$ heißt eine *Teilung* (von Ω), wenn

$$E_\mu \cap E_\nu = 0 \ (\mu \neq \nu) \ , \ \Omega = \sum_{\nu=1}^{n} E_\nu$$

gilt. Wir setzen

$$(g \cap h)\,(E) = \inf_{\mathfrak{T}} \ \sum_{A \in \mathfrak{T}} \min \ [g\,(A \cap E), h\,(A \cap E)]$$

$$(g \cup h)\,(E) = \sup_{\mathfrak{T}} \ \sum_{A \in \mathfrak{T}} \max \ [g\,(A \cap E), h\,(A \cap E)] \ .$$

Man zeigt unschwer, daß $g \cap h$, $g \cup h \in \mathfrak{R}\,(\mathfrak{B})$ ist, daß $g \cap h \leq g, \leq h$, $g \cup h \geq g, \geq h$ gilt, und daß aus $u \leq g$, $h \leq v$ stets $u \leq g \cap h$, $g \cup h \leq v$ folgt. M. a. W. $g \cap h$ und $g \cup h$ sind als das *Infimum* bzw. *Supremum* von g und h im *Verbande* $\mathfrak{R}\,(\mathfrak{B})$ anzusprechen. Man zeigt leicht, daß jede Menge $\mathfrak{M} \subseteq \mathfrak{R}\,(\mathfrak{B})$ mit $g \leq h\,(g \in \mathfrak{M})$ für passendes $h \in \mathfrak{R}\,(\mathfrak{B})$ ein Supremum und entsprechend jede nach unten beschränkte Menge ein Infimum besitzt, d. h. $\mathfrak{R}\,(\mathfrak{B})$ ist ein bedingt-vollständiger Verband (8.7.2).

3. Setzen wir $h^+ = h \cup 0$, $h^- = (-h) \cup 0$, $|h| = h^+ + h^-$, so gilt: Durch $\|h\| = |h|\,(\Omega) \left(= \sup_{\mathfrak{T}} \sum_{A \in \mathfrak{T}} |h\,(A)| \right)$ ist in $\mathfrak{R}\,(\mathfrak{B})$ eine Norm erklärt; Normkonvergenz ist mit gleichmäßiger Konvergenz auf $\mathfrak{B}$ gleichbedeutend. Hieraus folgt leicht die Vollständigkeit von $\mathfrak{R}\,(\mathfrak{B})$: $\mathfrak{R}\,(\mathfrak{B})$ ist ein *Banachraum*.

4. $\mathfrak{R}\,(\mathfrak{B})$ ist sogar ein *Banachverband* (8.7.4): $\cup$ und $\cap$ sind normstetig, aus $0 \leq g \leq h$ folgt $\|g\| \leq \|h\|$. Da $\|h\| = h\,(\Omega)$ $(h \geq 0)$ und die Norm somit additiv für $h \geq 0$ ist, ist $\mathfrak{R}\,(\mathfrak{B})$ auch ein *L-Raum* (8.7.4).

5. Stets gilt $h = h^+ - h^-$, $\|h\| = \|h^+\| + \|h^-\|$, $h^+ \cap h^- = 0$. Ist $h = f - g$, $f, g \geq 0$, so ist $f \geq h^+$, $g \geq h^-$; gilt $\|h\| = \|f\| + \|g\|$, so ist $f = h^+$, $g = h^-$.

6. Eine Menge $T \in \mathfrak{B}$ heißt *ein Träger* von $h \in \mathfrak{R}\,(\mathfrak{B})$, wenn $h\,(E) = 0$ $(E \in \mathfrak{B}, E \cap T = 0)$ gilt, d. h., wenn h außerhalb von T keine Ladung besitzt. (Diese Definition kann offenbar für beliebige Mengenfunktionen auf $\mathfrak{B}$ gegeben werden.) Besitzen g, h elementfremde Träger, so heißen sie *trägerfremd*. Für $g, h \geq 0$ ist dies mit $g \cap h = 0$ oder auch mit $\|g - h\| = \|g\| + \|h\|$ gleichbedeutend; paarweise trägerfremde Ladungsverteilungen sind stets linear unabhängig. h^+ und h^- sind stets trägerfremd: Die Gesamtheit aller $h \in \mathfrak{R}\,(\mathfrak{B})$, die eine feste Menge $E \in \mathfrak{B}$ zum Träger haben, ist ein abgeschlossener linearer Teilraum von $\mathfrak{R}\,(\mathfrak{B})$ und auch ein Teil-*L*-Raum.

7. Ist h eine Ladungsverteilung und m ein Maß auf $\mathfrak{B}$, so sagt man, h sei *totalstetig* bezüglich m (in Zeichen: $h \ll m$), wenn aus $m\,(E) = 0$ stets $h\,(E) = 0$ folgt. Diese Relation ist reflexiv und transitiv. Zu jedem σ-endlichen m gibt es ein endliches m_0 mit $m \ll m_0 \ll m$. Sind h, m end-

lich, d. h. aus $\Re(\mathfrak{B})$, so ist die Relation $h \ll m$ gleichbedeutend mit folgender Aussage: Zu jedem $\varepsilon > 0$ gibt es ein $\delta > 0$ mit $h(E) < \varepsilon$ $(m(E) < \delta)$.

8. Ist $m \in \Re(\mathfrak{B})$, $m \geqq 0$, so ist $L_m^1 = \{h| \; h \in \Re(\mathfrak{B}), \; h \ll m\}$ ein linearer abgeschlossener Teilraum und sogar ein Teil-L-Raum (8.7.4) von $\Re(\mathfrak{B})$. Die Übereinstimmung seiner Bezeichnung mit dem in 9.5.4 erklärten Funktionenraum L_m^1, der ebenfalls ein L-Raum ist, ist nicht zufällig: Zu jedem $h \in L_m^1 \subseteqq \Re(\mathfrak{B})$ gibt es genau ein $h \in L_m^1$ (aus § 5) mit

$$h(E) = \int\limits_E h \, dm \qquad\qquad (E \in \mathfrak{B}) \, .$$

Die Funktion h wird als die *m-Dichte* der LV h bezeichnet. Diese Zuordnung ist linear und mit allen Verbandsoperationen vertauschbar *(Satz von* RADON-NIKODYM). Insbesondere gilt $\|h\| = \int |h| \, dm$.

9. Sei $N_m = \{h| \; h \in \Re(\mathfrak{B}), |h| \cap m = 0\}$ die Gesamtheit aller zu m trägerfremden Ladungsverteilungen. N_m ist ein abgeschlossener linearer Teilraum von $\Re(\mathfrak{B})$, und ebenfalls ein Teil-L-Raum von $\Re(\mathfrak{B})$. Jedes $h \in \Re(\mathfrak{B})$ besitzt genau eine Zerlegung $h = l + n$ mit $l \in L_m^1, n \in N_m$; l, n hängen linear und normstetig von h ab; für $h \geqq 0$ ist $l, n \geqq 0$ *(Zerlegungssatz von* LEBESGUE).

10. Eine Menge $\mathfrak{M} \subseteqq \Re(\mathfrak{B})$ ist genau dann bedingt schwach-kompakt, wenn aus $E_1, E_2, \ldots \in \mathfrak{B}, E_1 \geqq E_2 \geqq \cdots, \bigcap\limits_k E_k = 0 \; \lim\limits_k h(E_k) = 0$

(gleichmäßig für $h \in \mathfrak{M}$) folgt. Dies ist genau dann der Fall, wenn ein Maß $m \in \Re(\mathfrak{B})$ mit $\mathfrak{M} \subseteqq L_m^1$ existiert, und die m-Dichten der $h \in \mathfrak{M}$ gleichmäßig m-integrabel (9.5.18) sind, d. h., wenn aus $m(E_k) \to 0$ stets $\lim h(E_k) = 0$ (gleichmäßig für alle $h \in \mathfrak{M}$) gilt (BARTLE-DUNFORD-SCHWARTZ [1]). Mengen mit oberer und unterer Schranke im Verband $\Re(\mathfrak{B})$ sind stets bedingt schwach-kompakt (vgl. 8.7.5).

11. Über den Dualraum von $\Re(\mathfrak{B})$ ist i. a. nur wenig bekannt. Zu jeder stetigen Linearform L auf $\Re(\mathfrak{B})$ und beliebigen $f, g \in \Re(\mathfrak{B})$ gibt es eine beschränkte $\mathfrak{B}$-meßbare Funktion $l(\omega)$ mit

$$L(h) = \int l \, dh \qquad\qquad (f \leqq h \leqq g) \, .$$

Dies ist der Tatsache, daß $\{h| f \leqq h \leqq g\} \subseteqq L_{|f|+|g|}^1$ gilt und $L_{|f|+|g|}^1$ den Dualraum $L_{|f|+|g|}^\infty$ besitzt (9.6.7) zu entnehmen.

12. Ist Ω metrisch kompakt und $\mathfrak{B}$ von der Topologie erzeugt, so kann $\Re(\mathfrak{B})$ als Dualraum von $\mathfrak{C}(\Omega)$ (8.5.3) aufgefaßt werden *(Satz von* RIESZ *(9.5.25))*. Da Ω separabel ist, so ist $\mathfrak{C}(\Omega)$ separabel, $\Re(\mathfrak{B})$ i. a. jedoch nicht.

Lit.: HALMOS [11], RIESZ-NAGY [2].

§ 5. Integration

1. Zur Herstellung einer (reellen) Integrationstheorie benötigt man
a) eine nichtleere Grundmenge Ω,

b) einen reellen linearen Raum $\mathfrak{E}$ (Elementarfunktionenbereich) von reellen Funktionen auf Ω, der mit f auch $|f|$ (und damit auch f^+, f^-), sowie min $[1, f]$, enthält, also insbesondere ein Verband ist,

c) eine positive Linearform $m(f)$ auf $\mathfrak{E}$ (aus $f \geqq 0$ soll stets $m(f) \geqq 0$ folgen), die folgende Bedingung erfüllt

(A): Ist $f, f_1, f_2 \ldots \in \mathfrak{E}$ und $|f| \leqq \sum\limits_{k=1}^{\infty} |f_k|$, so ist $m(|f|) \leqq \sum\limits_{k=1}^{\infty} m(|f_k|)$.

Wir skizzieren zunächst im Anschluß an AUMANN [1] und LOOMIS [2] den abstrakten Aufbau der Integrationstheorie für reelle Funktionen und gehen danach auf die wichtigsten Spezialfälle ein. Viele Aussagen der reellen Integrationstheorie können auf komplexe Funktionen mittels Zerlegung in Real- und Imaginärteil (o. ä.) übertragen werden. Von derartigen Verallgemeinerungen machen wir zwanglos Gebrauch.

2. Für jede reelle Funktion g ($\pm \infty$ sind als Funktionswerte zugelassen) auf Ω bildet man

$$(1) \qquad \|g\| = \inf \left\{ \sum_{k=1}^{\infty} m(|f_k|) \right\}$$

über alle Folgen $f_k \in \mathfrak{E}$ mit $|g| \leqq \sum\limits_{k=1}^{\infty} |f_k|$. Existiert keine derartige Folge f_k, so setzt man $\|g\| = \infty$. $\|g\|$ ist also nicht-negativ, evtl. auch unendlich. Man weist leicht nach, daß $\| \cdot \|$ u. a. die Eigenschaften einer *Pseudo-Norm* (8.5.1) besitzt.

3. $\|g\| = 0$, $g \neq 0$ kann vorkommen. Die Funktionen g mit $\|g\| = 0$ heißen *Nullfunktionen*; Mengen, deren charakteristische Funktionen Nullfunktionen sind, heißen *m-Nullmengen*. g ist genau dann Nullfunktion, wenn $\{\omega| g(\omega) \neq 0\}$ Nullmenge ist. Teilmengen von Nullmengen sind Nullmengen. Man führt nun in bekannter Weise das Rechnen mod. Nullfunktionen bzw. mod. Nullmengen und damit die Redeweise „*m*-fastüberall" usw. ein, mit dem Erfolg, daß $\| \cdot \|$ nunmehr eine *Norm* (8.5.1) wird, falls man sich auf Funktionen g mit $\|g\| < \infty$ beschränkt.

4. Unter diesen Funktionen bilden diejenigen, welche sich als Norm-Limites aus $\mathfrak{E}$ darstellen lassen, einen linearen Raum L_m^1. Man bezeichnet sie als die *m*-integrablen Funktionen. m läßt sich wegen $|m(f)| \leqq m(|f|) = \|f\|$ ($f \in \mathfrak{E}$) auf genau eine Weise in eine norm-stetige positive Linearform m auf L_m^1 fortsetzen. Man setzt $\int g(\omega)\, m(d\omega) = \int g\, dm = m(g)$ ($g \in L^1$) und beweist nunmehr relativ leicht die folgenden Aussagen:

5. L_m^1 ist ein linearer Raum; jede nach unten (oben) ordnungs-beschränkte Menge aus L^1 besitzt ein Infimum (Supremum) in L_m^1, d. h., L_m^1 ist ein *bedingt vollständiger Verband*. Insbesondere gehört mit g auch $g^+, g^-, |g|$ zu L_m^1.

6. $\|g\| = \int |g|\, dm$ ($g \in L_m^1$).

7. $\int g\, dm$ hängt linear von g ab. Aus $g \geqq 0$ folgt $\int g\, dm \geqq 0$. Es ist

$|\int g\,dm| \leqq \int |g|\,dm$. Ist $1 \in L_m^1$, $m(1) = 1$, $f \in L_m^1$ und $g(\lambda)$ $(\lambda \in R^1)$ eine konvexe Funktion mit $g(f) \in L_m^1$, so ist $\int g(f)\,dm \geqq g(\int f\,dm)$ *(Jensensche Umgleichung)*.

8. L_m^1 ist *vollständig*, also ein *Banachraum* (übrigens sogar ein *L-Raum* (8.7.4)) *(Satz von* FISCHER-RIESZ*)*.

9. Ist $f_1 \leqq f_2 \leqq \cdots$ in L_m^1 und $f(\omega) = \lim f_k(\omega)$, so liegt f genau dann in L_m^1, wenn die Folge $\int f_k\,dm$ beschränkt bleibt. In diesem Falle gilt $\int (\lim f_k)\,dm = \lim \int f_k\,dm$ *(Satz von der monotonen Konvergenz)*.

10. Ist $f, f_1, f_2, \ldots \in L_m^1$ und $f_k \leqq f$ $(k = 1, 2, \ldots)$, so gilt:

a) $g = \sup\limits_k f_k$ gehört zu L_m^1, es ist $\int g\,dm \geqq \sup\limits_k \int f_k\,dm$.

b) Ist $\limsup\limits_k \int f_k\,dm = \alpha > -\infty$, so ist $h = \limsup\limits_k f_k \in L_m^1$ und $\int h\,dm \geqq \alpha$ *(Fatousches Lemma)*.

11. Ist $f, f_1, f_2, \ldots \in L_m^1$ und $|f_k| \leqq f (k = 1, 2, \ldots)$ sowie $f_k \to g$ (m-fastüberall), so ist $g \in L_m^1$ und $\int f_k\,dm \to \int g\,dm$, $\|f_k - g\| \to 0$ (LEBESGUEs *Satz von der majorisierten Konvergenz)*.

12. Es gibt einen kleinsten Borelkörper $\mathfrak{B}$, bezüglich dessen sämtliche $f \in \mathfrak{E}$ meßbar sind; $\mathfrak{B}$ wird von den Mengen der Gestalt $\{\omega|\,f(\omega) \leqq E'\}$ $(f \in \mathfrak{E}, E'$ Borelmenge in R^1) erzeugt. Ebenso gibt es einen kleinsten Borelkörper $\mathfrak{B}'$, bezüglich dessen alle $f \in L_m^1$ (d. h. irgendwelche Repräsentanten der Äquivalenzklassen, aus denen L_m^1 besteht) meßbar sind; $\mathfrak{B}'$ wird von allen Mengen $E \subseteq \Omega$ mit $\chi_E \in L_m^1$ erzeugt. Ausgehend von der Festsetzung

$$m(E) = \int \chi_E\,dm \qquad (E \in \mathfrak{B}', \chi_E \in L_m^1)$$

läßt sich auf $\mathfrak{B}'$ (und damit auch auf $\mathfrak{B}$) ein Maß m erklären. Der Maßraum $(\Omega, \mathfrak{B}', m)$ ist die *Vervollständigung* von $(\Omega, \mathfrak{B}, m)$. Ist f $\mathfrak{B}'$-meßbar, $g \in L_m^1$, $|f| \leqq g$, so ist $f \in L_m^1$.

13. Zu jeder $\mathfrak{B}'$-meßbaren Funktion f gibt es $\mathfrak{B}$-meßbare Funktionen g, h mit $g \leqq f \leqq h$, $h - g \in L_m^1$, $\int (h - g)\,dm = 0$.

14. Eine auf Ω erklärte Funktion f soll als Treppenfunktion bezeichnet werden, wenn sie nur endlichviele Werte $w_1, \ldots, w_n$ annimmt. Eine $\mathfrak{B}'$-meßbare Treppenfunktion liegt genau dann in L_m^1, wenn

$$m(\{\omega|\,f(\omega) \neq 0\}) < \infty$$

gilt. In diesem Falle ist

$$\int f\,dm = \sum_{\nu=1}^{n} w_\nu m(\{\omega|\,f(\omega) = w_\nu\})\,.$$

Die Gesamtheit $\mathfrak{E}'$ aller $\mathfrak{B}'$-meßbaren Treppenfunktionen $\in L_m^1$ liegt in L_m^1 dicht. Dasselbe gilt für die $\mathfrak{B}$-meßbaren Treppenfunktionen aus L_m^1.

15. $\mathfrak{E}'$ ist ein linearer Raum. Zusammen mit $m(f) = \int f\,dm$ $(f \in \mathfrak{E}')$ erfüllt $\mathfrak{E}'$ die Forderungen a, b, c, (A) aus Nr. 1. Wiederholt man den beschriebenen Aufbau der Integrationstheorie auf dieser neuen Grundlage, so kommt man zu demselben Raum L_m^1 und demselben Integral.

Dasselbe gilt, wenn man von den $\mathfrak{B}$-meßbaren Treppenfunktionen aus L_m^1 ausgeht (vgl. auch Nr. 19—23).

16. Die beschränkten $\mathfrak{B}$-meßbaren (oder $\mathfrak{B}'$-meßbaren) Funktionen aus L_m^1 bilden einen in L_m^1 dichtliegenden linearen Raum $\mathfrak{L}$. Für $f \in \mathfrak{L}$ kann man $\int f\,dm$ bequem als *Teilungs-Integral* berechnen. Unter einer $\mathfrak{B}$-meßbaren Teilung verstehen wir ein endliches Teilsystem von $\mathfrak{B}$, das aus nichtleeren paarweise disjunkten Mengen mit der Vereinigung Ω besteht. Zu jedem $\varepsilon > 0$ gibt es eine Teilung $\mathfrak{T} = \{A_1, \ldots, A_n\}$ mit folgender Eigenschaft: Wählt man in jedem A_ν mit $m(A_\nu) < \infty$ ein ω_ν, so ist

$$\left| \int f\,dm - \sum_{m(A) < \infty} f(\omega_\nu)\, m(A_\nu) \right| < \varepsilon .$$

(Die Teilung kann i. a. nicht unabhängig von der Wahl von f innerhalb seiner Äquivalenzklasse bestimmt werden; man muß zuerst ein wirklich beschränktes Exemplar für f wählen, und dazu die Teilung bestimmen.) In der Sprache der *Filter* kann man dies auch so ausdrücken: Nach 8.1.2 ist im Raum T der Teilungen auf natürliche Weise ein Filter F gegeben. Wählt man zu jeder Teilung $\mathfrak{T} = \{A, \ldots\}$ ein System von „Zwischenpunkten" $\omega_A = \omega_{A,\mathfrak{T}} \in A$ $(A \in \mathfrak{T}, m(A) < \infty)$, so erhält man durch

$$\mathfrak{T} \to \sum_{A \in \mathfrak{T},\, m(A) < \infty} f(\omega_A)\, m(A)$$

eine eindeutige Abbildung von T in R^1, bei welcher F in ein gegen $\int f\,dm$ konvergierendes Filter übergeht (8.1.7, 8.2.4).

17. Für $E \in \mathfrak{B}'$, $f \in L_m^1$ setzt man

$$f(E) = \int_E f\,dm = \int \chi_E f\,dm$$

$f(E)$ ist dann eine endliche Ladungsverteilung auf $\mathfrak{B}'$. Die solchergestalt erhaltene Abbildung von L_m^1 in $\mathfrak{R}(\mathfrak{B}')$ (bzw. $\mathfrak{C}(\mathfrak{B}')$) ist eineindeutig, isometrisch und erhält alle Verbandsoperationen; es ist $f \ll m$, und alle bezüglich m totalstetigen Ladungsverteilungen treten als Bilder auf; L_m^1 kann als Teilraum von $\mathfrak{R}(\mathfrak{B}')$ aufgefaßt werden; die Funktion f heißt die *m-Dichte* der Ladungsverteilung f *(Satz von* RADON-NIKODYM; vgl. auch 9.4.8). Entsprechendes gilt für $\mathfrak{B}$.

18. Eine Menge $\mathfrak{M} \subseteq L_m^1$ heißt *gleichmäßig-integrabel*, wenn für $M(f, \lambda) = \{\omega|\ |f(\omega)| \geq \lambda\}$ die Beziehung $\lim\limits_{\lambda \to \infty} \int\limits_{M(f,\lambda)} |f|\,dm = 0$ (gleichmäßig für $f \in \mathfrak{M}$) gilt. Dies ist für $1 \in L_m^1$ (d. h. $m(\Omega) < \infty$) genau dann der Fall, wenn $\mathfrak{M}$ bedingt schwach-kompakt im Banachraum L_m^1 (oder, nach Nr. 17: wenn $\mathfrak{M}$ als Teilmenge von $\mathfrak{R}(\mathfrak{B})$ aufgefaßt, bedingt schwach-kompakt) ist (BARTLE-DUNFORD-SCHWARTZ [1]). Ist $1 \notin L_m^1$, so ist folgende Bedingung hinreichend für die bedingte Schwach-Kompaktheit: Es gibt ein $g \geq 0$ in L_m^1 mit

$$\lim_{\lambda \to \infty} \int (|f| - (|f| \cap \lambda g))\,dm = 0$$

gleichmäßig für alle $f \in \mathfrak{M}$.

Wir betrachten nun zwei Spezialfälle.

I. 19. Gegeben sei ein Mengenkörper $\Re$ in Ω und ein σ-additiver Inhalt m auf $\Re$. Sei $\mathfrak{E}$ das System aller Funktionen f auf Ω, die jeweils nur endlichviele Werte $w_1, \ldots, w_n$ annehmen und $\{w|\,f(\omega) = w_\nu\} \in \Re$, $(\nu = 1, \ldots, n)$, $m\,(\{\omega|\,f(\omega) \neq 0\}) < \infty$ erfüllen. Setzen wir $m\,(f) = \sum_{\nu=1}^{n} w_\nu m\,(\{\omega|\,f(\omega) = w_\nu\})$, so sind die Forderungen a, b, c, (A) erfüllt. Man gewinnt die zu m gehörige Integrationstheorie.

20. Nach Nr. 12 erhält man einen Maßraum $(\Omega, \mathfrak{B}', m)$ mit $\Re \subseteq \mathfrak{B}'$, derart, daß das Maß m auf $\Re$ mit dem ursprünglich gegebenen Inhalt übereinstimmt. Insbesondere ist damit eine Fortsetzung dieses Inhaltes zu einem Maß m auf dem von $\Re$ erzeugten Borelkörper $\mathfrak{B}$ gegeben. Daß es nur eine derartige Fortsetzung gibt, folgt aus Nr. 15: Hätte man $(\Omega, \mathfrak{B}, m)$ statt $(\Omega, \Re, m)$ an den Anfang der Theorie gestellt, so wäre dasselbe $(\Omega, \mathfrak{B}', m)$ entstanden. $(\Omega, \mathfrak{B}', m)$ ist die Vervollständigung von $(\Omega, \mathfrak{B}, m)$ (vgl. ferner 9.2.5).

21. Ist $\Re'$ abzählbar-erzeugt, so ist L_m^1 separabel; ist L_m^1 separabel, so kann man, abgesehen von einer Abmagerung der Äquivalenzklassen die ganze Theorie ausgehend von einem abzählbar-erzeugten Borelkörper $\mathfrak{B}$, gewinnen (vgl. 9.2.7).

22. Aus Nr. 17 gewinnt man folgende Aussage: Ist $h \in \Re\,(\mathfrak{B})$, $h \ll m$ (auf $\mathfrak{B}$), so gibt es eine und bis auf Abänderung auf m-Nullmengen nur eine $\mathfrak{B}$-meßbare m-Dichte $h\,(\omega)$ für $h \colon h\,(E) = \int\limits_E h\,(\omega)\, m\,(d\,\omega)\ (E \in \mathfrak{B})$

(Satz von RADON-NIKODYM *für beliebige Maßräume*; vgl. 9.4.8).

23. Ist $h \in \Re\,(\mathfrak{B})$, so setzt man für $f \in L_{|h|}^1$

$$\int f d h = \int f d h^+ - \int f d h^-$$

$\int f d h = (f, h)$ wird damit bilinear.

II. 24. Gegeben sei ein kompakter topologischer Raum Ω. Der Raum $\mathfrak{C}\,(\Omega)$ aller reellen stetigen Funktionen f auf Ω wird ein Banach-Verband (8.7.4), wenn wir die Norm $\|f\| = \sup |f(\omega)|$ einführen. Der Dualraum von $\mathfrak{C}\,(\Omega)$ ist wieder ein Banach-Verband; insbesondere kann jede stetige Linearform auf $\mathfrak{C}\,(\Omega)$ als Differenz zweier stetiger positiver Linearformen dargestellt werden.

25. Sei $m\,(f)$ eine positive stetige Linearform auf $\mathfrak{E} = \mathfrak{C}\,(\Omega)$. Dann sind die Forderungen a, b, c, (A) erfüllt, und man gewinnt eine Integrationstheorie und einen Raum L_m^1. Man erhält einen vollständigen endlichen Maßraum $(\Omega, \mathfrak{B}', m)$ und einen Maßraum $(\Omega, \mathfrak{B}, m)$, wobei $\mathfrak{B}$ der kleinste Borelkörper mit $\mathfrak{E} \subseteq \mathfrak{M}\,(\mathfrak{B})$ ist. $m\,(\Omega) < \infty$. Führt man die Theorie wie in I (Nr. 19—23) von $(\Omega, \mathfrak{B}, m)$ ausgehend durch, so kommt man auf denselben Raum L_m^1. Ist Ω metrisch kompakt, so ist das Maß m eindeutig durch die Linearform m bestimmt; $\mathfrak{B}$ ist dann der von der Topologie erzeugte Borelkörper. Geht man noch vermöge Nr. 23, 24 zu

beliebigen stetigen Linearformen über, so ergibt sich der *Satz von* RIESZ: Sei Ω metrisch kompakt. Die stetigen Linearformen m auf $\mathfrak{C}(\Omega)$ entsprechen umkehrbar eindeutig, isometrisch und anordnungstreu den Ladungsverteilungen m auf $\mathfrak{B}$ vermöge

$$m(f) = \int f\,dm \qquad\qquad (f \in \mathfrak{C}(\Omega))\,.$$

$\mathfrak{R}(\mathfrak{B})$ ist also der Dualraum von $\mathfrak{C}(\Omega)$; deshalb schreibt man auch $\int f\,dm = (f, m)$.

26. Ist Ω metrisierbar, so ist Ω auch separabel; da $\mathfrak{C}(\Omega)$ in L_m^1 norm-dicht liegt, und die L_m^1-Normtopologie innerhalb von $\mathfrak{C}(\Omega)$ schwächer als die $\mathfrak{C}(\Omega)$-Normtopologie ist (Nr. 6, 7 und 16), ergibt sich die Separabilität von L_m^1.

27. Man weist für metrisch kompaktes Ω leicht nach, daß die Gesamtheit aller Mengen $E \in \mathfrak{B}$, zu denen es für jedes $\varepsilon > 0$ ein kompaktes A und ein offenes B mit $A \subseteq E \subseteq B$, $m(B-A) < \varepsilon$ gibt, ein Borelkörper ist, der die Topologie umfaßt; er ist also mit $\mathfrak{B}$ identisch. Hieraus folgt: Für jede abgeschlossene Menge A ist

$$m(A) = \inf_{f \in \mathfrak{C}(\Omega),\, f \geq \chi_A} m(f)\,.$$

28. Geht man von einem lokalkompakten topologischen Raum Ω und dem Verband $\mathfrak{E}$ aller stetigen Funktionen auf Ω, die jeweils außerhalb kompakter Mengen verschwinden, aus, so erhält man zu jeder positiven Linearform m auf $\mathfrak{E}$ einen i. a. unendlichen Maßraum $(\Omega, \mathfrak{B}, m)$, wobei $\mathfrak{B}$ der kleinste Borelkörper mit $\mathfrak{E} \subseteq \mathfrak{M}(\mathfrak{B})$ ist (man führe etwa die Theorie von Nr. 24, 25 in jedem Kompaktum $A \subseteq \Omega$ mit $A \in \mathfrak{B}$ durch und füge diese „Teiltheorien" dann passend zusammen).

Lit.: AUMANN [1], BOURBAKI [1], HALMOS [11].

§ 6. Die Räume L_m^p

1. Sei $(\Omega, \mathfrak{B}, m)$ ein Maßraum. Wir verwenden die Integrationstheorie von 9.5.19—23. Für beliebiges reelles p mit $1 \leq p < \infty$ sei $L_m^p = \{f \mid f\ \mathfrak{B}$-meßbar, $|f|^p \in L_m^p\}$. Rechnet man mod. Nullfunktionen, so ist durch

$$\|f\|_p = \left(\int |f|^p\,dm\right)^{\frac{1}{p}}$$

eine Norm in L_m^p gegeben. L_m^p ist vollständig (Satz von FISCHER-RIESZ), also ein *Banachraum*.

2. Man sieht leicht, daß L_m^p auch ein *Banachverband* ist: Mit f, g gehören auch $f \cup g$, $f \cap g$, $|f|$, f^+, f^- zu L_m^p, und diese Bildungen sind normstetig. L_m^p ist bedingt vollständig ($1 \leq p < \infty$, 8.7.2).

3. Aus $f_k \to f$ (m-fastüberall), $|f_k| \leq g \in L_m^p$ folgt für $\mathfrak{B}$-meßbare f_k, f, daß $f_k, f \in L_m^p$ $\|f_k - f\|_p \to 0$ gibt (LEBESGUEs Satz von der majorisierten Konvergenz).

4. Die $\mathfrak{B}$-meßbaren Treppenfunktionen liegen dicht in L_m^p, ebenso die beschränkten Funktionen aus L_m^p; L_m^p ist genau dann separabel, wenn $(\Omega, \mathfrak{B}, m)$ zu einem Maßraum $(\Omega, \mathfrak{B}', m')$ mit abzählbar-erzeugtem $\mathfrak{B}'$ äquivalent ist. Dies ist z. B. erfüllt, wenn Ω metrisch kompakt ist und $(\Omega, \mathfrak{B}, m)$ gemäß 9.5.24—25 aus einer stetigen positiven Linearform auf $\mathfrak{C}(\Omega)$ gewonnen wurde; in diesem Falle liegt $\mathfrak{C}(\Omega)$ in allen L_m^p dicht; aus $\mathfrak{C}(\Omega)$-Normkonvergenz folgt L_m^p-Normkonvergenz $(1 \leqq p < \infty)$.

5. Man kann übrigens für jedes p mit $1 \leqq p < \infty$ eine zu 9.5.1—5 analoge Theorie herstellen, indem man die Definition 9.5. (1) der Pseudo-Norm passend modifiziert. Diese Theorie liefert dasselbe Ergebnis wie 9.6.1—4.

6. Ergänzend definieren wir L_m^∞ als den Raum aller beschränkten $\mathfrak{B}$-meßbaren Funktionen. Setzt man als Norm von $f \in L_m^\infty$ das Infimum aller α mit $m(\{\omega| \, |f(\omega)| > \alpha\}) = 0$ fest, so wird L_m^∞ ein Banachraum: Normkonvergenz bedeutet gleichmäßige Konvergenz außerhalb einer Nullmenge. Ist $1 \leqq p \leqq \infty$ und $1 \leqq q < \infty$, so liegt $L_m^p \cap L_m^q$ in L_m^q norm-dicht.

7. Für $1 < p < \infty$ ist die Norm $\| \cdot \|_p$ gleichmäßig-konvex (CLARKSON [1], BOURBAKI [1], S. 224), L_m^p also *reflexiv* (8.5.7). Der Dualraum von L_m^p ist $L_m^q \left(\text{mit } \dfrac{1}{p} + \dfrac{1}{q} = 1\right)$: Zu jeder stetigen Linearform h' auf L_m^p gibt es genau ein $h \in L_m^q$ mit

$$h'(g) = \int hg \, dm \qquad\qquad (g \in L_m^p)$$

Diese Aussage ist auch für $p = 1$ (also $q = \infty$) richtig. Über den Dualraum von L_m^∞ ist wenig bekannt; daß er nicht L_m^1 sein kann, folgt schon daraus, daß L_m^∞ sich nicht ändert, wenn man m durch ein beliebiges Maß m' mit $m' \ll m \ll m'$ ersetzt; man kann $(L_m^\infty)'$ als den Raum der endlichen endlich-additiven Mengenfunktionen auf $\mathfrak{B}$ auffassen.

8. Ist f $\mathfrak{B}$-meßbar, so ist die Menge aller $p \geqq 1$ mit $f \in L_m^p$ entweder leer oder ein (evtl. unendliches) Intervall I_f. Im Innern von I_f ist $\log \|f\|_p$ eine stetige konvexe Funktion von $\dfrac{1}{p}$. Ist $m(\Omega) = 1$, so ist $\|f\|_p$ eine monoton wachsende Funktion von p (BOURBAKI [1], S. 215).

Hieraus folgt: Stets ist $L_m^r \supseteqq L_m^p \cap L_m^q (p < r < q)$. Ist $m(\Omega) < \infty$, so ist $L_m^p \supseteqq L_m^q (p \leqq q)$; die Relation $\bigcap\limits_{1 \leqq p < \infty} L_m^p = L_m^\infty$ ist i. a. falsch.

9. Ist $m(\Omega) < \infty$, so ist $L_m^p \subseteqq L_m^1$ und $\|h\|_p \geqq \text{const} \|h\|_1 (1 \leqq p \leqq \infty, h \in L_m^p)$, d. h. die Normtopologie wird für wachsendes p immer stärker.

10. Der Raum L_m^2 ist ein Hilbertraum mit dem Skalarprodukt $(f, g) = \int f\bar{g} \, dm$.

11. Wählt man $\Omega = \{1, 2, \ldots\}$, nimmt man für $\mathfrak{B}$ das System aller Teilmengen von Ω und erteilt man jedem $\omega \in \Omega$ das Maß 1, so erhält man die bekannten Folgenräume l^p; ihre Dualitätseigenschaften sind

leicht zu untersuchen. Beispielsweise ist leicht einzusehen, daß l^1 nicht reflexiv sein kann, indem man auf l^∞ eine stetige Linearform nachweist, die durch kein Element von l^1 induziert werden kann; jede stetige Linearform, die auf dem Unterraum aller periodischen Folgen mit dem gewöhnlichen Mittelwert übereinstimmt — der Satz von HAHN-BANACH (8.5.5) sichert die Existenz solcher Linearformen —, leistet das Verlangte. Ist nun $(\Omega, \mathfrak{B}, m)$ ein beliebiger Maßraum und $\mathfrak{B}$ nicht-endlich, so kann man mittels einer passenden Zerlegung von Ω leicht einen Teilraum von L_m^1 finden, der im wesentlichen ebenso wie l^1 gebaut und jedenfalls nicht reflexiv ist. Nach 8.5.11 ist dann auch L_m^1 nicht reflexiv.

Über Normen linearer Transformationen in dem $L_m^p (1 \leqq p \leqq \infty)$ vgl. § 11.

Lit.: HALMOS [11], RIESZ-NAGY [2].

§ 7. Maßtheoretische Konvergenzbegriffe für Funktionen

1. Sei $(\Omega, \mathfrak{B}, m)$ ein Maßraum und $\mathfrak{M}(= \mathfrak{M}(\mathfrak{B}))$ der Raum der $\mathfrak{B}$-meßbaren (endlichen reellen oder komplexen) Funktionen auf Ω (9.3.3); $\mathfrak{M}$ ist ein Vektorverband und bleibt es, wenn man wie üblich Funktionen, die sich nur auf m-Nullmengen unterscheiden, identifiziert; der durch diese Identifizierungen entstandene Raum, den wir mit $\mathfrak{M}_m$ bezeichnen wollen, ändert sich nicht, wenn man zur Vervollständigung $(\Omega, \mathfrak{B}', m)$ von $(\Omega, \mathfrak{B}, m)$ übergeht: Zu jeder $\mathfrak{B}'$-meßbaren Funktion g gibt es $\mathfrak{B}$-meßbare Funktionen f, h mit $f(\omega) \leqq g(\omega) \leqq h(\omega)$ $(\omega \in \Omega)$ und $m(\{\omega \mid f(\omega) \neq h(\omega)\}) = 0$ (Entsprechendes gilt für die Räume $L_m^p \subseteq \mathfrak{M}_m (1 \leqq p \leqq \infty$; vgl. 9.5.13). Fastüberall-Konvergenz und gleichmäßige Konvergenz führt nicht aus $\mathfrak{M}_m$ heraus.

2. Die nun einzuführenden Konvergenzbegriffe für Folgen aus $\mathfrak{M}$ sind invariant gegen die Abänderung der beteiligten Funktionen auf Nullmengen, sind also Begriffe „in $\mathfrak{M}_m$".

Sei $f, f_1, f_2, \ldots \in \mathfrak{M}_m$. Man sagt

a) die Folge f_k konvergiert $(m\text{-})$*stochastisch* gegen f, wenn

$$\lim_{k \to \infty} m(\{\omega \mid |f_k(\omega) - f(\omega)| \geqq \varepsilon\}) = 0 \qquad (\varepsilon > 0),$$

b) die Folge f_k konvergiert *im L_m^p-Mittel* (in der L_m^p-Norm, $(L_m^p\text{-})$*stark*) gegen f, wenn $f, f_k \in L_m^p$ und

$$\lim_{k \to \infty} \|f_k - f\|_p = 0,$$

c) die Folge f_k konvergiert *m-fastüberall* gegen f, wenn

$$m(\{\omega \mid f_k(\omega) \text{ konvergiert nicht gegen } f(\omega)\}) = 0$$

(die hier betrachtete Menge gehört stets zu $\mathfrak{B}$)

gilt. Die Konvergenzbegriffe a), b) können auch bequem mittels Umgebungen beschrieben werden.

3. Die Abhängigkeitsverhältnisse zwischen den drei Konvergenzbegriffen lassen sich für $m(\Omega) < \infty$ folgendermaßen beschreiben:

ab) Ist $f_k \to f$ (stochastisch) und sind die $|f_k|^p$ gleichmäßig integrabel, so ist $f \in L_m^p$ und $f_k \to f (L_m^p$-stark) (vgl. auch 9.5.18).

bc) Ist $f_k \to f$ (m-stochastisch), so gibt es eine Teilfolge mit $f_{k_i} \to f$ (m-fastüberall).

ba) Ist $f_k \to f$ L_m^p-stark mit beliebigem $p \geqq 1$, so ist $f_k \to f$ (m-stochastisch).

ca) $f_k \to f$ (m-stochastisch) gilt genau dann, wenn jede Teilfolge von (f_k) eine m-fastüberall konvergente Teilfolge besitzt.

Für $m(\Omega) = \infty$ bleibt ab) richtig, falls die f_k eine bedingt schwachkompakte Menge (vgl. 9.5.18) bilden; ac) und ba) sind allgemein richtig; ca) wird falsch.

4. Die Begriffe der m-stochastischen und der L_m^p-starken Konvergenz lassen sich ohne weiteres auf Filter in $\mathfrak{M}$ oder $\mathfrak{M}_m$ übertragen. Bei der Fastüberall-Konvergenz können Schwierigkeiten entstehen: Wenn eine überabzählbare Moore-Smith-Folge $f_\varkappa$ (8.2.18) m-fastüberall konvergiert, kann man diese Eigenschaft i. a. dadurch zerstören, daß man die beteiligten Funktionen auf m-Nullmengen abändert; hier ist also die m-Fastüberall-Konvergenz kein „Begriff in $\mathfrak{M}_m$". Dagegen kann man eine natürliche Verallgemeinerung dieses Begriffes in $\mathfrak{M}_m$ angeben, der für Folgen mit dem Begriff der Fastüberall-Konvergenz zusammenfällt:

Hier ist es zweckmäßig, die Funktionswerte $\pm \infty$ zuzulassen. Wir behalten die Bezeichnung $\mathfrak{M}_m$ trotzdem bei. $\mathfrak{M}_m$ ist jetzt kein linearer Raum mehr, dafür hat jetzt jede Menge $\mathfrak{F} \subseteq \mathfrak{M}_m$ ein Supremum $\bigcup \mathfrak{F}$ und ein Infimum $\bigcap \mathfrak{F}$. Also ist die nachstehende Definition des lim sup bzw. lim inf in $\mathfrak{M}_m$ stets sinnvoll:

$$\liminf_\varkappa f_\varkappa = \bigcup_\varkappa \bigcap_{\lambda > \varkappa} f_\lambda, \; \limsup_\varkappa f_\varkappa = \bigcap_\varkappa \bigcup_{\lambda > \varkappa} f_\lambda \, ;$$

man sagt, $f_\varkappa$ sei *ordnungskonvergent* gegen f, wenn $f = \limsup f_\varkappa = \liminf f_\varkappa$ gilt. Für weitere Zusammenhänge vgl. etwa KRICKEBERG [1]. Eine hinreichende Bedingung für m-Fastüberall-Konvergenz wird in 9.11.15 angegeben.

5. Die m-stochastische Konvergenz kann durch eine Metrik in $\mathfrak{M}_m$ beschrieben werden:

Durch

$$\|f, g\| = \inf_{\varepsilon > 0} \left[\operatorname{arctg} \left(\varepsilon + m(\{\omega | \, |f(\omega) - g(\omega)| > \varepsilon\}) \right) \right]$$

erhält man eine die stochastische Konvergenz beschreibende Metrik; $\mathfrak{M}_m$ ist metrisch *vollständig*. $\mathfrak{M}_m$ umfaßt sämtliche Räume $L_m^p (1 \leqq p \leqq \leqq \infty)$. Aus der Normkonvergenz in L_m^p folgt stets metrische Konvergenz in $\mathfrak{M}_m$. Ist $m(\Omega) < \infty$, so kann man auch die Metrik

$$\|f, g\| = \int \frac{|f - g|}{1 + |f - g|}\, dm$$

verwenden. Beide Metriken haben die Eigenschaft:

$$\|0, f\| \leqq \|0, g\| \qquad\qquad (0 \leqq f \leqq g)\,.$$

Lit.: HALMOS [11], DOOB [9], RICHTER [1].

§ 8. Bedingte Erwartungen und Verteilungen

1. Sei $(\Omega, \mathfrak{B}, m)$ ein endlicher Maßraum. Wir nehmen der Einfachheit halber $m(\Omega) = 1$ an. Sei $\mathfrak{B}_0$ ein Borelkörper $\subseteq \mathfrak{B}$. Ist $f \in L_m^1$, so ist durch

$$f(E) = \int_E f\,dm$$

offenbar eine Ladungsverteilung $f \ll m$ auf $\mathfrak{B}$ gegeben. Schränkt man f und m auf $\mathfrak{B}_0$ ein, so gilt immer noch $f \ll m$. Nach dem *Satz von* RADON-NIKODYM für beliebige Maßräume (9.5.22) gibt es eine $\mathfrak{B}_0$-meßbare Funktion f_0 mit

$$f(M) = \int_M f_0\,dm \qquad\qquad (M \in \mathfrak{B}_0)\,.$$

f_0 ist durch f, $\mathfrak{B}_0$ und diese Eigenschaft m-fasteindeutig bestimmt und wird als die *bedingte Erwartung* von f bezüglich $\mathfrak{B}_0$ bezeichnet, in Zeichen: $f_0 = E(f| \mathfrak{B}_0) = E_0 f$.

2. Die Abbildung E_0 ist linear; aus $f \geqq 0$ folgt $E_0 f \geqq 0$; es ist $\|E_0\|_1 = \sup_{\|f\|_1 \leqq 1} \|E_0 f\|_1 = 1$. Ebenso folgt $\|E_0\|_\infty = 1$ und damit nach 2.11.13 $\|E_0\|_p \leqq 1$ $(1 \leqq p \leqq \infty)$; in Wahrheit ist $\|E_0\|_p = 1$. Ist $\mathfrak{B}_1 \subseteq \mathfrak{B}_0$, so kann man ebenso $E_1 = E(\,\cdot\,|\mathfrak{B}_1)$ bilden. Es gilt $E_1 = E_1 E_0$. Schließlich erfüllt E_0 die *Jensensche Umgleichung* (vgl. 9.5.7): Ist $g(\lambda)$ $(\lambda \in R^1)$ konvex und $g(f) \in L_m^1$, so gilt

$$E_0 g(f) \geqq g(E_0 f)\,.$$

3. Eine für $E \in \mathfrak{B}$, $\omega \in \Omega$ erklärte Funktion $\delta(E, \omega)$ heißt eine *bedingte Verteilung* (in $\mathfrak{B}$ bezüglich $\mathfrak{B}_0$), wenn sie folgende Forderungen erfüllt:

a) $\delta(E, \cdot\,)$ ist für jedes feste $E \in \mathfrak{B}$ eine $\mathfrak{B}_0$-meßbare Funktion.

b) $\delta(\,.\,, \omega)$ ist für jedes feste $\omega \in \Omega$ ein normiertes Maß auf $\mathfrak{B}$.

c) Es gilt

$$\int_A \delta(E, \omega)\, m(d\omega) = m(A \cap E) \qquad (A \in \mathfrak{B}_0, E \in \mathfrak{B})\,.$$

4. Ist $\mathfrak{B}_0 = \mathfrak{B}$, so kann man $\delta(E, \omega) = \chi_E(\omega) = \delta_\omega(E)$ setzen. Ist m das Lebesgue-Maß auf dem natürlichen Borelkörper $\mathfrak{B}$ im Einheits-

quadrat Ω, und $\mathfrak{B}_0 = \{E \in \mathfrak{B} \,|\, \xi\text{-Schnitt } E_\xi = \langle 0, 1 \rangle \text{ oder } = 0\}$, so kann man setzen:

$$\delta(E, \omega) = \int_0^1 \chi_E(\xi, \eta)\, d\eta \qquad\qquad (\omega = (\xi, \eta))$$

5. Sind $\delta(E, \omega)$, $\delta'(E, \omega)$ zwei bedingte Verteilungen in $\mathfrak{B}$ bezüglich $\mathfrak{B}_0$, so gibt es zu jedem $E \in \mathfrak{B}$ eine m-Nullmenge $N_E \in \mathfrak{B}_0$ mit

$$\delta(E, \omega) = \delta'(E, \omega) \qquad\qquad (\omega \notin N_E)\,.$$

6. Wir sagen, $(\Omega, \mathfrak{B}, m)$ genüge der Bedingung (B), wenn es bezüglich jedes $\mathfrak{B}_0 \subseteq \mathfrak{B}$ eine bedingte Verteilung gibt. (B) ist invariant gegen: Punkt-Isomorphismen von $(\Omega, \mathfrak{B}, m)$, Verkleinerung von $\mathfrak{B}$, Verkleinerung von Ω um eine m-Nullmenge. (B) ist nach BLACKWELL, Proc. II. Berkeley Symp. II, S. 2, für „perfekte" Räume (z. B. lokalkompakte Räume mit abzählbarer Basis), falls $\mathfrak{B}$ von der Topologie erzeugt (und dann noch evtl. bezüglich m vervollständigt) ist, erfüllt. Die eine Zeitlang verbreitete Meinung, die Bedingung (B) gelte stets, wenn $\mathfrak{B}$ abzählbar erzeugt ist, ist durch Beispiele widerlegt (vgl. DOOB [9], S. 624).

Lit.: DOOB [9], RICHTER [1].

§ 9. Maße in Produkträumen

1. Sei $I = \{\iota, \ldots\}$ eine beliebige nichtleere Menge und jedem $\iota \in I$ eine nichtleere Menge Ω_ι und ein Borelkörper $\mathfrak{B}_\iota$ in Ω_ι zugeordnet. Sei $\Omega = \prod_{\iota \in I}^\times \Omega_\iota = \{\omega = (\ldots, \omega_\iota, \ldots) \,|\, \omega_\iota \in \Omega_\iota\}$. Durch $\varphi_\iota \omega = \omega_\iota$ ist für jedes $\iota \in I$ eine eindeutige Abbildung φ_ι von Ω auf Ω_ι erklärt. Wir bilden die Borelkörper $\mathfrak{B}(\iota) = \varphi_\iota^{-1} \mathfrak{B}_\iota$ und bezeichnen allgemein für jede Teilmenge K von I den von $\bigcup_{\iota \in K} \mathfrak{B}(\iota)$ erzeugten Borelkörper mit $\mathfrak{B}(K)$; statt $\mathfrak{B}(I)$ schreiben wir auch kurz $\mathfrak{B}$ oder $\prod_{\iota \in I}^\times \mathfrak{B}_\iota$, obwohl es sich hier nicht um eine eigentliche kartesische Produktbildung handelt. $\mathfrak{B}$ wird als der *Produkt-Borelkörper* aus den $\mathfrak{B}_\iota$ bezeichnet. Diese Produktbildung ist, wenn man gewisse triviale Punkt-Isomorphismen vernachlässigt, assoziativ.

2. Ist $E \in \mathfrak{B}$, $\iota \in I$ und $\omega_\iota \in \Omega_\iota$, so bezeichnen wir die Menge

$$E_{\omega_\iota} = \{\omega' \in \prod_{\varkappa \neq \iota}^\times \Omega_\varkappa = \Omega' \,|\, \omega_\iota \times \omega' \in E\}$$

als den ω_ι-*Schnitt* von E. Es gehört stets zu $\prod_{\varkappa \neq \iota}^\times \mathfrak{B}_\varkappa = \mathfrak{B}'$. Ist $f(\omega)$ eine $\mathfrak{B}$-meßbare Funktion, so bezeichnen wir die durch $f_{\omega_\iota}(\omega') = f(\omega_\iota, \omega')$ auf $\Omega' = \{\omega', \ldots\} = \prod^\times \Omega_\varkappa$ erklärte Funktion als den ω_ι-Schnitt von f; er ist stets $\mathfrak{B}'$-meßbar.

3. Sind alle $(\Omega_\iota, \mathfrak{B}_\iota)$ miteinander identisch, so liefert jede umkehrbar eindeutige Abbildung s von I auf sich eine eineindeutige meßbare Abbildung x (mit meßbarer Inversen) von Ω auf sich vermöge

$$(x\omega)_\iota = \omega_{s\iota} \qquad\qquad (\omega \in \Omega, \iota \in I) \,.$$

Besonders geläufig ist dies für $I = \Gamma = \{\ldots, -1, 0, 1, \ldots\}$ mit $s\iota = \iota + 1$ und für $I = R^1$ mit $s\iota = \iota + s$ (s reell, fest) *(shift, Schiebung,* vgl. Kap. 4, § 5).

Wir beschreiben nun ein allgemeines Verfahren zur Gewinnung von Maßen in $\mathfrak{B}$.

I. 4. I sei endlich, etwa $I = \{1, \ldots, n\}$. Die Mengen der Bauart $\bigcap\limits_{k=1}^{n} E_k$ mit $E_k \in \mathfrak{B}(k)$ und disjunkte Vereinigungen von solchen bilden einen $\bigcup\limits_{k=1}^{n} \mathfrak{B}(k)$ umfassenden Mengenkörper $\mathfrak{K}$. Ist auf jedem $\mathfrak{B}_k$ ein σ-endliches Maß m_k gegeben, so erhält man vermöge der Isomorphie zwischen $\mathfrak{B}_k$ und $\mathfrak{B}(k)$ (9.3.4) sogleich auf jedem $\mathfrak{B}(k)$ ein Maß, das wieder mit m_k bezeichnet werden soll. Vermöge der Festsetzung

$$m\left(\bigcap_{k=1}^{n} E_k\right) = \prod_{k=1}^{n} m_k(E_k) \qquad (E_k \in \mathfrak{B}(k), k = 1, \ldots, n)$$

erhält man nun auf $\mathfrak{K}$ einen Inhalt m, dessen σ-Additivität leicht nachzuweisen ist. Nach 9.5.20 kann man ihn eindeutig in ein Maß m auf $\mathfrak{B}$ fortsetzen. Man bezeichnet m als das *Produktmaß* aus den m_k und schreibt $m = \prod\limits_{k=1}^{n}{}^{\times} m_k$ oder auch $(\Omega, \mathfrak{B}, m) = \prod\limits_{k=1}^{n}{}^{\times} (\Omega_k, \mathfrak{B}_k, m_k)$.

5. Ist $k \in I$ und $m' = \prod\limits_{j=k}^{\times} m_j$, so gilt

$$(1) \qquad\qquad m(E) = \int\limits_{\Omega_k} m'(E_{\omega_k})\, m_k(d\omega_k) \qquad\qquad (E \in \mathfrak{B})$$

(Satz von FUBINI*)*. Diese Formel kann man natürlich iterieren und geradezu als Definition von m verwenden. Ist $f \in L_m^1$ und $\mathfrak{B}$-meßbar, so sind die Schnitte $f_{\omega_k}(\omega')$ stets $\mathfrak{B}'$-meßbar und für m_k-fastalle ω_k auch m'-integrabel. Es gilt

$$(2) \qquad\qquad \int f\, dm = \int\limits_{\Omega_k} \left[\int\limits_{\Omega'} f_{\omega_k}(\omega')\, m'(d\omega')\right] m_k(d\omega_k)$$

(Satz von FUBINI*)*. Ist $f = \chi_E$, so geht (2) in (1) über.

6. Wir bemerken noch: $L_{m_1 \times m_2}^2 = L_{m_1}^2 \otimes L_{m_2}^2$, wobei $\otimes$ das symmetrische Tensorprodukt bedeutet. Dies ist leicht einzusehen, wenn man die Theorie des § 5, Nr. 1—6 auf Räume L^2 umstellt (d. h. mit einer qua-

dratischen Norm arbeitet) und aus allen finiten Linearkombinationen von Funktionen der Bauart

$$f(\omega_1, \omega_2) = \chi_{E_1}(\omega_1)\,\chi_{E_2}(\omega_2) \qquad (E_1 \in \mathfrak{B}_1,\; E_2 \in \mathfrak{B}_2)$$

einen „Elementarfunktionenbereich" $\mathfrak{E}$ auf $\Omega_1 \times \Omega_2$ zusammensetzt.

II. 7. I sei nun beliebig. Ist m ein Maß auf $\mathfrak{B}$, so erhält man für jede endliche Teilmenge $K \neq 0$ von I durch Einschränkung einen Maßraum $(\Omega, \mathfrak{B}(K), m_K)$. Es gilt

$$(3) \qquad\qquad m_K(E) = m_{K'}(E) \qquad\qquad (E \in \mathfrak{B}(K \cap K')).$$

Nun sei umgekehrt zu jedem endlichen $K \subseteqq I\,(K \neq 0)$ ein normiertes Maß m_K auf $\mathfrak{B}(K)$ gegeben (z. B. mittels des in Nr. 1 beschriebenen Verfahrens), und es gelte (3). Es kann höchstens ein Maß m auf $\mathfrak{B}$ geben, aus dem alle m_K durch Einschränkung hervorgehen; denn $\underset{K \text{ endlich}}{\mathsf{U}}\,\mathfrak{B}(K)$ ist ein $\mathfrak{B}$ erzeugender Mengenkörper (vgl. 9.1.4). Die Existenz eines solchen m ist nur unter gewissen Zusatzbedingungen gesichert. Hinreichend ist z. B. jede der folgenden Bedingungen:

a) Jedes $(\Omega_\iota, \mathfrak{B}_\iota)$ ist entweder der R^1 mit dem von der Topologie erzeugten Borelkörper oder eine höchstens abzählbare Menge mit einem beliebigen Borelkörper (o. B. d. A.: dem Borelkörper aller Teilmengen von Ω_ι) *(Satz von* KOLMOGOROFF).

b) Ist $K = \{\iota_1, \ldots, \iota_n\} \subseteqq I$ und $E_k \in \mathfrak{B}(\iota_k)\;(k = 1, \ldots, n)$, so gilt

$$m_K\left(\bigcap_{k=1}^{n} E_k\right) = \prod_{k=1}^{n} m_{\iota_k}(E_k).$$

Teilt man I in endlichviele Gruppen, so erhält man im Falle b) eine Darstellung von $(\Omega, \mathfrak{B}, m)$ als endliches Produkt. Die unter Nr. 1 aufgeführten Ergebnisse können dann sinngemäß umgewandelt werden. Die Diskussion der mit dem Satz von FUBINI gestellten Probleme führt bereits in den nächsten Paragraphen hinein.

8. Man kann altbekannte Maßräume punkt-isomorph als unendliches Produkt darstellen. Ist z. B. $\Omega' = \langle 0, 1 \rangle$, $\mathfrak{B}'$ der von der Topologie erzeugte Borelkörper, m' das Lebesgue-Maß, und andererseits $\Omega_k = \{0, 1\}$, $\mathfrak{B}_k = \{0, \{0\}, \{1\}, \Omega_k\}$, $m_k(\{0\}) = m_k(\{1\}) = \dfrac{1}{2}\,(k = 1, 2\ldots)$, so erhält man einen Punktisomorphismus von $(\Omega, \mathfrak{B}, m) = \overset{\infty}{\underset{k=1}{\prod}}{}^{\times}\,(\Omega_k, \mathfrak{B}_k, m_k)$ mit $(\Omega', \mathfrak{B}', m')$, wenn man jedem $\omega = (\omega_1, \omega_2, \ldots) \in \Omega$ diejenige reelle Zahl $z = \varphi\omega$ zuordnet, deren Dualbruchentwicklung $z = 0\,,\,\omega_1\,\omega_2 \ldots$ lautet, und wenn man aus Ω die m-Nullmenge aller Folgen, die schließlich nur aus Einsen bestehen, eliminiert. — Ebenso kann man einen Punkt-Isomorphismus zwischen $(\Omega', \mathfrak{B}', m')$ und $\overset{\infty}{\underset{k=-\infty}{\prod}}\,\times\,(\Omega_k, \mathfrak{B}_k, m_k)$ oder auch

zwischen dem Lebesgueschen Maßraum in einem Einheitswürfel beliebiger endlicher Dimension und $\prod\limits_{k=-\infty}^{\infty} (\Omega_k, \mathfrak{B}_k, m_k)$ konstruieren.

Lit.: HALMOS [11], LOÈVE [2].

§ 10. Direkte Summen von Maßen

1. Bildet man aus zwei normierten Maßräumen $(X, \mathfrak{X}, p)$ $(\Omega_0, \mathfrak{B}_0, m_0)$ das Produkt $(\Omega, \mathfrak{B}, m)$, so kann man nach 9.9.5 (1) (FUBINI) das m-Maß einer Menge $E \in \mathfrak{B}$ berechnen, indem man die Schnitte $E_\xi = \{\omega_0| (\xi, \omega_0) \in E\}$ $(\xi \in X)$ bildet:

$$(1) \qquad m(E) = \int\limits_X m_0(E_\xi)\, p(d\xi) \,.$$

Diese Formel kann man natürlich von vornherein als Definition von m nehmen. Tut man dies, so ist andererseits nicht einzusehen, warum man die E_ξ immer mit demselben Maß m_0 und nicht vielmehr mit einem auch von ξ abhängigen Maß m_ξ messen soll. Dies führt auf nachstehende Begriffsbildungen (HALMOS [1], wir wollen der Einfachheit halber nur mit normierten Maßräumen arbeiten).

2. Sei $(X, \mathfrak{X}, p)$ ein normierter Maßraum und jedem $\xi \in X$ ein normierter Maßraum $(\Omega_\xi, \mathfrak{B}_\xi, m_\xi)$ zugeordnet. Sei $\Omega = \{(\xi, \omega_0) = \omega| \omega_0 \in \Omega_\xi, \xi \in X\}$. Jede Menge $A \subseteq \Omega$, für welche $A_\xi = \{\omega_0| (\xi, \omega_0) \in A\}$ stets entweder $= 0$ oder $= \Omega_\xi$ ist, kann mit der Menge $A' = \{\xi| A_\xi = \Omega_\xi\}$ identifiziert werden. Wir bezeichnen den Borelkörper $\{A| A' \in \mathfrak{X}\}$ wiederum mit $\mathfrak{X}$. Das System $\mathfrak{B}_0 = \{A| m_\xi(A_\xi)$ ist eine $\mathfrak{X}$-meßbare Funktion$\}$ ist i. a. kein Borelkörper. Für jede Menge $A \in \mathfrak{B}_0$ kann man in Analogie zu (1)

$$(2) \qquad m(A) = \int\limits_X m_\xi(A_\xi)\, p(d\xi)$$

festsetzen. m bildet auf jedem Borelkörper $\mathfrak{B}$ mit $\mathfrak{X} \subseteq \mathfrak{B} \subseteq \mathfrak{B}_0$ ein normiertes Maß, wie man mittels des Satzes von LEBESGUE (9.5.11) leicht sieht. Der normierte Maßraum $(\Omega, \mathfrak{B}, m)$ heißt dann *eine direkte Summe* der $(\Omega_\xi, \mathfrak{B}_\xi, m_\xi)$ mittels $(X, \mathfrak{X}, p)$.

3. Für die *Existenz* eines $\mathfrak{B}$ mit $\mathfrak{X} \subset \mathfrak{B} \subseteq \mathfrak{B}_0$ besitzt man keine Kriterien. In den Anwendungen ist ein endlicher Maßraum $(\Omega', \mathfrak{B}', m')$ immer von vornherein gegeben. Die Aufgabe besteht darin $(\Omega', \mathfrak{B}', m')$ als direkte Summe mit passenden Eigenschaften *darzustellen*. Die „passenden Eigenschaften" werden dadurch formuliert, daß man ein $\mathfrak{X}' \subseteq \mathfrak{B}'$ vorschreibt (vgl. Kap. 4, § 6). Der Ausdruck „darstellen" soll die Angabe einer nach Elimination einer Nullmenge $\in \mathfrak{X}'$ eineindeutigen meßbaren und maßtreuen Abbildung φ von Ω' auf die Grundmenge Ω einer direkten Summe (also im wesentlichen soviel wie die Angabe eines

Punkt-Isomorphismus) bedeuten, wobei $\mathfrak{X}'$ in $\mathfrak{X}$ übergeht. Mit den solchergestalt erläuterten Redewendungen gilt nach

4. HALMOS [1]: Sei $(\Omega', \mathfrak{B}', m')$ ein normierter Maßraum und $\mathfrak{X}'$ ein Teil-Borelkörper von $\mathfrak{B}'$. $\mathfrak{X}'$ sei abzählbar erzeugt; es gelte (B) (9.8.6). Dann kann man $(\Omega', \mathfrak{B}', m')$ als direkte Summe mit passenden Eigenschaften darstellen. Zum Beweis betrachten wir die Menge X der Atome ξ von $\mathfrak{X}'$, die wir auch mit Ω_ξ bezeichnen wollen. Sie gehören zu $\mathfrak{X}'$ (9.1.4). Sei $\Omega = \{(\xi, \omega_0)| \xi \in X, \omega_0 \in \Omega_\xi\}$. Dann ist durch

$$\varphi \omega' = (\xi, \omega') \qquad\qquad (\omega' \in \Omega_\xi)$$

eine eineindeutige Abbildung φ von Ω' auf Ω gegeben. Sie führt $\mathfrak{X}'$ in einen Borelkörper $\mathfrak{X}$ über (9.3.1), dessen Elemente man auch als Teilmengen von X betrachten kann. Durch $p(A) = m'(\varphi^{-1} A)$ $(A \in \mathfrak{X})$ ist ein normierter Maßraum $(X, \mathfrak{X}, p)$ gegeben. φ führt $\mathfrak{B}'$ in einen Borelkörper $\mathfrak{B} \supseteq \mathfrak{X}$ über (9.3.1). Durch $m(E) = m'(\varphi^{-1} E)$ $(E \in \mathfrak{B})$ ist ein Maßraum $(\Omega, \mathfrak{B}, m)$ gegeben. Erklärt man $\mathfrak{B}_\xi = \{E' \cap \Omega_\xi| E' \in \mathfrak{B}'\}$, so ergibt sich $E_\xi \in \mathfrak{B}_\xi (E \in \mathfrak{B})$. Unser Ziel besteht in der Einführung von Maßen m_ξ auf den $\mathfrak{B}_\xi$, derart, daß $m_\xi(E_\xi)$ für jedes $E \in \mathfrak{B}$ $\mathfrak{X}$-meßbar von ξ abhängt und

$$(3) \qquad\qquad m'(E') = \int\limits_X m_\xi((\varphi E')_\xi)\, p(d\xi)$$

gilt. Dies Ziel kann i. a. nur unter Aufgabe von Nullmengen in Ω' und Ω erreicht werden. Wir wählen zunächst eine Version $\delta(E', \omega')$ der bedingten Verteilung von m' bezüglich $\mathfrak{X}'$, es ist also $\delta(E', \omega')$

a) bei festem $E' \in \mathfrak{B}'$ $\mathfrak{X}'$-meßbar in ω' ,

b) für alle ω' ein normiertes Maß auf $\mathfrak{B}'$.

Wegen (B) (9.8.6) ist dies möglich. Wir zeigen: Es gibt eine m'-Nullmenge $N'_2 \in \mathfrak{X}'$ mit

$$(4) \qquad\qquad \delta(E', \omega') = \chi_{E'}(\omega') \qquad (\omega' \notin N'_2, E' \in \mathfrak{X}') \,.$$

In der Tat gibt es zu jedem $E' \in \mathfrak{X}'$ eine Nullmenge $N'(E') \in \mathfrak{X}'$ mit $\delta(E', \omega') = \chi_{E'}(\omega')$ $(\omega' \notin N'(E'))$, wie man an der Definition der bedingten Verteilung und dem zugehörigen Eindeutigkeitssatz (9.8.5) sofort abliest. Ist $\mathfrak{R}' = \{E'_\nu| \nu = 1, 2, \ldots\}$ ein $\mathfrak{X}'$ erzeugender abzählbarer Mengenkörper (ein solcher existiert nach Voraussetzung), so hat $\bigcup\limits_{\nu=1}^{\infty} N'(E'_\nu) = N'_2$ die gewünschte Eigenschaft. In der Tat gilt (4) für $\omega' \notin N'_2$ und $E' \in \mathfrak{R}'$; beide Seiten von (4) sind bei festem ω' volladditive Maße auf $\mathfrak{X}'$; da sie auf $\mathfrak{R}'$ übereinstimmen, stimmen sie auch auf $\mathfrak{X}'$ überein (9.2.4), d. h. (4) gilt allgemein. Damit wissen wir: Für $\omega' \notin N'_2$ hat das Maß $\delta(., \omega')$ den Träger Ω_ξ, d. h. $\delta(E', \omega') = \delta(E' \cap \Omega_\xi, \omega')$ $(\omega' \in \Omega_\xi)$. Durch $m_\xi(F) = \delta(F, \omega')$ $(F \in \mathfrak{B}_\xi, \omega' \in \Omega_\xi)$ ist also ein normiertes Maß auf $\mathfrak{B}_\xi$ gegeben $(\xi \notin N'_2)$. Ist $E' \in \mathfrak{B}'$ gewählt, so gilt

$\delta(E', \omega') = \delta(E' \cap \Omega_\xi, \omega') = m_\xi((\varphi E')_\xi)$ $(\omega' \in \Omega_\xi)$. Offenbar ist dies eine $\mathfrak{X}$-meßbare Funktion von ξ. Eliminiert man nun die m'-Nullmenge N_2' aus Ω' und die m-Nullmenge $\varphi N_2'$ aus Ω, so folgt die Behauptung mit Hilfe der Definition der bedingten Verteilung.

5. Der Satz von HALMOS [1] reicht für manche Anwendungen, gerade in der Ergodentheorie, nicht aus. AMBROSE-HALMOS-KAKUTANI [1] haben deshalb Erweiterungen der Theorie auf folgende Fälle untersucht: a) $(\Omega', \mathfrak{B}', m')$ ist die Vervollständigung eines normierten Maßraums $(\Omega', \mathfrak{B}_0', m')$ mit der Eigenschaft (B) (dieser Fall ist nicht so dringlich, weil (B) nach 9.8.6 bei vielen Maßräumen gegen Vervollständigung invariant ist), b) $\mathfrak{X}'$ ist nicht abzählbar-erzeugt, sondern nur separabel (dieser Fall ist dringlich, weil Unter-Borelkörper von abzählbar-erzeugten Borelkörpern nicht notwendig wieder abzählbar-erzeugt sind). — Fall a) erledigt man mittels des Begriffs der *modifizierten direkten Summe* einer Schar $(\Omega_\xi, \mathfrak{B}_\xi, m_\xi)$ von *vollständigen* normierten Maßräumen bezüglich eines *vollständigen* normierten Maßraums $(X, \mathfrak{X}, p)$. Man gewinnt ihn, indem man in Nr. 2 $\mathfrak{B}_0$ durch $\mathfrak{B}_1 = \{E \mid E_\xi \in \mathfrak{B}_\xi$ für p-fastalle ξ, $m_\xi(E_\xi)$ $\mathfrak{X}$-meßbar$\}$ ersetzt und nur Borelkörper $\mathfrak{B}$ mit $\mathfrak{X} \subseteq \mathfrak{B} \subseteq \mathfrak{B}_1$ und *vollständigem* $(\Omega, \mathfrak{B}, m)$ zuläßt. Ist nun $\mathfrak{X}' \subseteq \mathfrak{B}_0'$ abzählbar-erzeugt, so wende man Nr. 4 auf $\mathfrak{B}_0'$ und $\mathfrak{X}'$ an; man gewinnt $(X, \mathfrak{X}_0, p)$ und Räume $(\Omega_\xi, \mathfrak{B}_{0\xi}, m_\xi)$; ist $E' \in \mathfrak{B}'$, so wähle man E_0', $E_1' \in \mathfrak{B}_0'$ mit $E_0' \subseteq E' \subseteq E_1'$ und $m'(E_1' - E_0') = 0$; es folgt $(\varphi E_0')_\xi \subseteq (\varphi E')_\xi \subseteq (\varphi E_1')_\xi$ $(\xi \in X)$ und $m_\xi((\varphi E_1')_\xi - (\varphi E_0')_\xi) = 0$ für p-fastalle ξ. Vervollständigt man also $(X, \mathfrak{X}_0, p)$ zu $(X, \mathfrak{X}, p)$ und $(\Omega_\xi, \mathfrak{B}_{0\xi}, m_\xi)$ zu $(\Omega_\xi, \mathfrak{B}_\xi, m_\xi,)$, so erhält man die gewünschte Darstellung von $(\Omega', \mathfrak{B}', m')$ als modifizierte direkte Summe.

6. Dem mit Fall b) gegebenen Problem kann man in manchen Fällen gerecht werden, indem man $\mathfrak{X}'$ durch einen abzählbar-erzeugten Borelkörper $\mathfrak{X}_0'$ mit $\underline{\mathfrak{X}}_0' = \mathfrak{X}'$ ersetzt und mit einer direkten Zerlegung bezüglich $\mathfrak{X}_0'$ arbeitet. — Der Beweis des im Falle a) formulierten Zerlegungssatzes funktioniert nicht mehr ohne weiteres, wenn nur $\mathfrak{X}' \subseteq \mathfrak{B}'$ und nicht mehr $\mathfrak{X}' \subseteq \mathfrak{B}_0'$ vorausgesetzt wird; man ist nicht sicher, ob der von $\mathfrak{X}' \cup \mathfrak{B}_0'$ erzeugte Borelkörper (B) erfüllt.

§ 11. Meßbare Abbildungen und lineare Transformationen

1. Ist $\mathfrak{B}$ $(\mathfrak{B}')$ ein Borelkörper in Ω (Ω') und x eine eindeutige $\mathfrak{B}$-$\mathfrak{B}'$-meßbare Abbildung von Ω in Ω', so erhält man eine eindeutige lineare Abbildung x' des Raums $\mathfrak{M}' = \mathfrak{M}(\mathfrak{B}')$ der $\mathfrak{B}'$-meßbaren Funktionen auf Ω' in den Raum $\mathfrak{M} = \mathfrak{M}(\mathfrak{B})$ der $\mathfrak{B}$-meßbaren Funktionen auf Ω vermöge

$$(x'f')(\omega) = f'(x\omega) \qquad (\omega \in \Omega \; f' \in \mathfrak{M}') \,.$$

Aus $f' \geqq 0$ folgt stets $x'f' \geqq 0$.

2. x induziert aber auch eine Abbildung x des Raumes aller Mengenfunktionen m auf $\mathfrak{B}$ in den Raum aller Mengenfunktionen auf $\mathfrak{B}'$ vermöge der Festsetzung

$$(xm)\,(E') = m\,(x^{-1}\,E') \qquad\qquad (E' \in \mathfrak{B}')\,.$$

Hierbei gehen Maße in Maße über. $\mathfrak{R}\,(\mathfrak{B})$ wird linear in $\mathfrak{R}\,(\mathfrak{B}')$ abgebildet, mit $\|x\| = 1$ (d. h. $\|xh\| \leqq \|h\|$ $(h \in \mathfrak{R}\,(\mathfrak{B}))$; dasselbe gilt für $\mathfrak{R}\,(\mathfrak{B})$ und $\mathfrak{R}\,(\mathfrak{B}')$; hierbei folgt aus $g \ll h$ stets $xg \ll xh$. Ist also speziell m ein Maß aus $\mathfrak{R}\,(\mathfrak{B})$, so wird der Teilraum L_m^1 von $\mathfrak{R}\,(\mathfrak{B})$ in den Teilraum L_{xm}^1 von $\mathfrak{R}\,(\mathfrak{B}')$ abgebildet; einfache Beispiele zeigen, daß diese Abbildung i. a. nicht eineindeutig, also erst recht nicht isometrisch ist. Wir werden jedoch gleich sehen, daß ein wohlbestimmter Teilraum von L_m^1 isometrisch in L_{xm}^1 übergeht.

3. Die Abbildung x' kann in gewisser Weise als die zu x duale Abbildung (8.6.4) aufgefaßt werden: Ist $f' \in L_{xm}^1$, so ist $f = x'f \in L_m^1$ und es gilt

$$\int f\,dm = \int f'\,dm'\,.$$

Dies ist für charakteristische Funktionen trivial und ergibt sich allgemein leicht durch Approximation. Daraus ergibt sich dieselbe Aussage für die Räume L_{xm}^p $(1 \leqq p \leqq \infty)$. Diese Abbildungen x' sind isometrisch für alle p mit $1 \leqq p \leqq \infty$. Der Raum $x'L_{xm}^1 \subseteq L_m^1$ geht vermöge x isometrisch in L_{xm}^1 über.

4. Ist $\Omega = \Omega'$, $\mathfrak{B} = \mathfrak{B}'$, so wird der Raum L_m^1 durch x nichtdehnend in den Raum L_{xm}^1 abgebildet und der Raum L_{xm}^p durch x' isometrisch in L_m^p abgebildet $(1 \leqq p \leqq \infty)$. Ist $xm = m$, so heißt x m-*treu* (9.3.8). Ist $xm \ll m \ll xm$ und $x'f'\,(\omega) = f'\,(\omega)$ m-fastüberall, so heißt f x-*invariant*; eine Menge, deren charakteristische Funktion invariant ist, heißt ebenfalls invariant; besitzt x eine meßbare Inverse x^{-1}, so folgt aus der m-Treue von x die von x^{-1} und umgekehrt; gilt überdies $x^{-1}\,m \ll m \ll$ $\ll x^{-1}\,m$, so folgt aus der x-Invarianz von m die x^{-1}-Invarianz und umgekehrt.

5. Ist x m-treu, so erhält man eine lineare isometrische Abbildung x' von L_m^p in sich $(1 \ll p \ll \infty)$. Daß es sich auch hier i. a. nicht um Abbildungen „auf" handelt und x somit i. a. nicht eineindeutig, geschweige denn isometrisch ist, zeigt das

Beispiel. Sei $\Omega_k = \{0, 1\}$, $\mathfrak{B}_k = \{0, \{0\}, \{1\}, \Omega_k\}$, $m_k(\{0\}) = m_k(\{1\})$
$= \dfrac{1}{2}$ $(k = 1, 2, \ldots)$, $(\Omega, \mathfrak{B}, m) = \overset{\infty}{\underset{k=1}{\varPi^{\times}}}\,(\Omega_k, \mathfrak{B}_k, m_k)$ und $(x\omega)_k = \omega_{k+1}$.
Man sieht leicht, daß x m-treu ist. Es gilt aber $x\omega = x\eta$, wenn nur $\omega_k = \eta_k$ $(k = 2, 3, \ldots)$ gilt. Hieraus folgt, daß $x'L_m^1$ aus $\mathfrak{B}(2, \infty)$-meßbaren Funktionen besteht, also kleiner als L_m^1 ist (vgl. ferner HOPF [17]).

6. Erst, wenn man weiß, daß x eine meßbare Inverse x^{-1} besitzt (d. h. $x^{-1}x\omega = \omega$ m-fastüberall gilt; x^{-1} ist dann, wie man leicht sieht, auch m-treu), daß also x ein *Punkt-Automorphismus* des Maßraumes $(\Omega, \mathfrak{B}, m)$ ist, kann man auch schließen, daß die L_m^p durch x' isometrisch *auf sich* abgebildet werden; in L_m^2 wirkt x dann unitär (8.8.5). Man sieht dann leicht, daß die lineare Abbildung x von L_m^1 auf sich durch die Punktabbildung x^{-1} in Ω induziert wird. Sie ist also zu x' invers.

7. Übrigens genügt es, um eine isometrische Abbildung x' von L_m^p in sich zu gewinnen, dieselbe auf einem in L_m^p dichten linearen Teilraum T zu erklären und nachzuweisen, daß sie T isometrisch abbildet; durch stetige Fortsetzung ist dann x' auf L_m^p erklärt; liegt $x'T$ dicht in L_m^p, so ist $x'L_m^p = L_m^p$. Wählt man T als den Raum aller Treppenfunktionen, so ist leicht einzusehen, daß schon ein Automorphismus x der Maßalgebra $(\mathfrak{B}, m)$ genügt, um eine Isometrie x von L_m^p auf sich $(1 \leqq p < \infty)$ zu induzieren.

8. Die bisher im Zusammenhang mit Punktabbildungen entwickelten Überlegungen sind stark verallgemeinerungsfähig. Statt jedem Punkt in Ω einen Punkt in Ω' zuzuordnen, kann man auch jedem Punkt $\omega \in \Omega$ ein normiertes Maß $P(E', \omega)$ auf $\mathfrak{B}' = \{E', \ldots\}$ zuordnen und als Meßbarkeitseigenschaft verlangen, daß $P(E', \omega)$ für jedes feste $E' \in \mathfrak{B}'$ eine $\mathfrak{B}$-meßbare Funktion darstellt. Ist dies der Fall, so soll $P(E', \omega)$ als *stochastischer Kern* (zwischen $(\Omega, \mathfrak{B})$ und $(\Omega', \mathfrak{B}')$) bezeichnet werden (vgl. auch § 8).

9. Man sieht leicht, daß durch

$$Ph(E') = \int P(E', \omega)\, h(d\omega) \qquad\qquad (h \in \mathfrak{R}(\mathfrak{B})) \,.$$

eine lineare Abbildung P von $\mathfrak{R}(\mathfrak{B})$ in $\mathfrak{R}(\mathfrak{B}')$ gegeben ist; es ist $(Ph)(\Omega') = h(\Omega)$ $(h \in \mathfrak{R}(\mathfrak{B}))$; hieraus folgt $\|P\| = 1$ (also insbesondere $\|Ph\| \leqq \|h\|$ $(h \in \mathfrak{R}(\mathfrak{B}))$), aus $g \ll h$ folgt $Pg \ll Ph$; insbesondere geht L_m^1 in L_{Pm}^1 über, falls m ein Maß aus $\mathfrak{R}(\mathfrak{B})$ ist. Die durch eine meßbare Punktabbildung x von Ω in Ω' bewirkte Zuordnung kann durch den speziellen Kern $P(E', \omega) = \delta_{x\omega}(E')$ $(\delta_{\omega'} =$ die in ω' aufgepflanzte Masse 1) beschrieben werden.

10. Man erhält eine lineare Abbildung P' des Bereichs $\mathfrak{M}'$ aller *beschränkten* $\mathfrak{B}'$-meßbaren Funktionen in den Bereich aller beschränkten $\mathfrak{B}$-meßbaren Funktionen durch

$$(P'f')(\omega) = \int f'(\omega')\, P(d\omega', \omega) \qquad\qquad (f' \in \mathfrak{M}')$$

aus $f' \geqq 0$ folgt stets $P'f' \geqq 0$. Man sieht leicht ein, daß für Treppenfunktionen $f' \in \mathfrak{M}'$

$$\int P'f'\, dm = \int f'\, dm'$$

gilt; hierbei ist $m' = Pm$. Damit erhält man eine nichtdehnende Abbildung P' von $L_{m'}^p$ in $L_m^p (1 \leqq p \leqq \infty)$.

11. Man verifiziert leicht: Sind $\mathfrak{B}$, $\mathfrak{B}'$, $\mathfrak{B}''$ Borelkörper in Ω, Ω', Ω'' und ist die Abbildung P von $\mathfrak{R}(\mathfrak{B})$ in $\mathfrak{R}(\mathfrak{B}')$ durch einen stochastischen Kern $P(E', \omega)$, die Abbildung Q von $\mathfrak{R}(\mathfrak{B}')$ in $\mathfrak{R}(\mathfrak{B}'')$ durch einen Kern $Q(E'', \omega')$ gegeben, so ist die Abbildung $R = QP$ von $\mathfrak{R}(\mathfrak{B})$ in $\mathfrak{R}(\mathfrak{B}'')$ durch den stochastischen Kern $R(E'', \omega) = \int Q(E'', \omega')\, P(d\omega', \omega)$ gegeben.

12. Ist $1 < p < \infty$, x eine stetige lineare Abbildung von L_m^p in sich und T ein in L_m^p dichter, S ein in $L_m^q \left(1 = \frac{1}{p} + \frac{1}{q}\right)$ dichter linearer Unterraum, so kann man $\|x\|_p$ in der Gestalt

$$\|x\|_p = \sup_{g \in T,\, h \in S,\, \|g\|_p \leq 1,\, \|h\|_q \leq 1} |(xg, h)|$$

berechnen. Ist Σ ein aufsteigend gefiltertes , d. h. zu je zwei Körpern $\mathfrak{R}, \mathfrak{R}' \in \Sigma$ auch einen Körper $\mathfrak{R}'' \supseteq \mathfrak{R} \cup \mathfrak{R}$ enthaltendes System (8.1.3) von endlichen Mengenkörpern $\mathfrak{R} \subseteq \mathfrak{B}$, deren Vereinigung $\mathfrak{B}$ erzeugt, und ist $T_\mathfrak{R} = S_\mathfrak{R}$ der lineare Raum aller $\mathfrak{R}$-meßbaren Treppenfunktionen, $T = S = \bigcup_{\mathfrak{R} \in \Sigma} T_\mathfrak{R}$, so liegt $T \cap L_m^1$ in L_m^p dicht ($1 \leq p < \infty$). Es gilt sogar

$$(1) \qquad \|x\|_p = \sup_{\mathfrak{R} \in \Sigma}\ \sup_{g,\, h \in T_\mathfrak{R},\, \|g\|_p \leq 1,\, \|h\|_q \leq 1} |(xg, h)| \,.$$

Nach einem bekannten *Satz von* M. RIESZ weiß man, daß die Menge aller Zahlen $\frac{1}{p}$, für die der Ausdruck $\log \sup_{g,\, h \in T_\mathfrak{R},\, \|g\|_p \leq 1,\, \|h\|_q \leq 1} |(\times g, h)$ endlich ist, ein Intervall ist, in welchem n als Funktion von $\frac{1}{p}$ konvex ist (vgl. THORIN [1]). Hieraus deduziert man sogleich eine entsprechende Eigenschaft für den Ausdruck $\varphi(p) = \log \|x\|_{\frac{1}{p}}$.

13. Insbesondere ergibt sich: Ist x auf $T \cap L_m^1$ erklärt und linear, und *erklärt* man $\|x\|_p$ durch (1), so folgt aus $\|x\|_1 \leq 1$, $\|x\|_\infty \leq 1$ stets $\|x\|_p \leq 1$ ($1 \leq p \leq \infty$); x ist damit in allen L_m^p ($1 \leq p \leq \infty$) als nichtdehnende lineare Transformation erklärbar.

14. Ist $1 < p < \infty$, $\frac{1}{p} + \frac{1}{q} = 1$, so ist L_m^q der Dualraum von L_m^p (9.6.7). Betrachtet man x in L_m^p, so erhält man in L_m^q die duale Transformation x' mit $\|x'\|_q \leq 1$. Die so erhaltenen x' stimmen auf $T \cap L_m^1$ alle überein und können somit als *eine* Transformation x' (die *duale Transformation* von x) aufgefaßt werden. Es gilt $\|x'\|_q \leq 1$ ($1 \leq q \leq \infty$).

15. Wir beweisen nun eine Aussage über *Fastüberallkonvergenz*: Sei $(\Omega, \mathfrak{B}, m)$ ein Maßraum, $1 \leq p < \infty$ und $x_1, x_2, \ldots$ eine Folge stetiger linearer Abbildungen von L_m^p in den metrischen linearen Raum $\mathfrak{M}(\mathfrak{B})$ (der $\mathfrak{B}$-meßbaren Funktionen; ∞ ist als Funktionswert nicht zugelassen; sämtliche linearen Räume werden als reell vorausgesetzt; die Metrik in

$\mathfrak{M}(\mathfrak{B})$ ist durch $\|f, g\| = \inf\limits_{\lambda > 0} \operatorname{arc tg} (\lambda + m\{\omega|\,|f(\omega) - g(\omega)| > \lambda\})$ gegeben (9.7.5)); für jedes $f \in L_m^p$ gelte m-fastüberall $-\infty < \inf\limits_{k} (x_k f)(\omega)$ $\leq \sup\limits_{k} (x_k f)(\omega) < \infty$; es gebe eine in L_m^p normdichte Menge $\mathfrak{L}$, derart, daß $\lim\limits_{k \to \infty} (x_k f)(\omega)$ für jedes $f \in \mathfrak{L}$ m-fastüberall vorhanden und endlich ist; dann ist dieser Limes für alle $f \in L_m^p$ m-fastüberall vorhanden und endlich (*Satz von* BANACH-MAZUR-ORLICZ; vgl. DUNFORD-MILLER[1]).

Zum Beweise bilden wir eine Abbildung y von L_m^p in $\mathfrak{M}(\mathfrak{B})$ vermöge

$$(yf)(\omega) = \limsup_{k} (x_k f)(\omega) - \liminf_{k} (x_k f)(\omega).$$

Es ist $yf = 0\,(f \in \mathfrak{L})$; da $\mathfrak{L}$ in L_m^p dichtliegt, genügt es, die Stetigkeit der (i. a. nichtlinearen) Abbildung y zu beweisen. Zu diesem Zweck bilden wir die Abbildungen z_n, z vermöge

$$\begin{aligned}
(z_n f)(\omega) &= \sup_{1 \leq k \leq n} |x_k f(\omega)| \\
(z f)(\omega) &= \sup_{1 \leq k \leq \infty} |x_k f(\omega)|
\end{aligned} \right\} \qquad (f \in L_m^p)$$

Die z_n sind stetige Abbildungen von L_m^p in $\mathfrak{M}(\mathfrak{B})$. Wir zeigen, daß auch z an der Stelle $0 \in L_m^p$ stetig ist. Zu beliebig vorgegebenem $\varepsilon > 0$ bestimmen wir die Mengen

$$\begin{aligned}
\mathfrak{A}_\nu &= \left\{ f \,\middle|\, \left|0, \tfrac{1}{\nu} z_n f\right| \leq \tfrac{\varepsilon}{2},\, n = 1, 2, \ldots \right\} \\
&= \bigcap_{n=1}^{\infty} \left\{ f \,\middle|\, \left|0, \tfrac{1}{\nu} z_n f\right| \leq \tfrac{\varepsilon}{2} \right\}.
\end{aligned}$$

Wegen der Stetigkeit der z_n ist hier $\mathfrak{A}_\nu$ als Durchschnitt abgeschlossener Mengen dargestellt, also selbst abgeschlossen. Da $\left|0, \tfrac{1}{\nu} z_n f\right|$ für jedes feste n monoton fallend von ν abhängt (dies ist eine Eigenschaft der Metrik in $\mathfrak{M}(\mathfrak{B})$ (9.7.5)), bilden die $\mathfrak{A}_\nu$ eine aufsteigende Mengenfolge. Da $0 \leq \tfrac{1}{\nu} z_n f \leq \tfrac{1}{\nu} z f\,(n, \nu = 1, 2, \ldots)$ gilt, zf m-fastüberall endlich ist und mithin $\lim\limits_{n \to \infty} \left|0, \tfrac{1}{n} z f\right| = 0$ gilt (die Metrik beschreibt nach 9.7.5 die stochastische Konvergenz), ergibt sich $0 \leq \left|0, \tfrac{1}{\nu} z_n f\right| \leq \left|0, \tfrac{1}{\nu} z f\right|$ und mithin $\lim\limits_{\nu \to \infty} \left|0, \tfrac{1}{\nu} z_n f\right| = 0$ gleichmäßig für $n = 1, 2, \ldots\,(f \in L_m^p)$. Mithin ist $\bigcup\limits_{\nu=1}^{\infty} \mathfrak{A}_\nu = L_m^p$. Nach dem Kategorie-Theorem (8.3.5) gibt es ein $g \in L_m^1$, ein $\varrho > 0$ und ein ν_0 mit

$$\mathfrak{R} = \{f + g|\,\|f\|_p < \varrho\} \subseteq \mathfrak{A}_\nu \qquad (\nu \geq \nu_0),$$

d. h. $\left|0, \tfrac{1}{\nu} z_n (f + g)\right| \leq \tfrac{\varepsilon}{2}\,(n = 1, 2, \ldots, \nu \geq \nu_0)$.

Aus der leicht zu verifizierenden Umgleichung

$$z_n(a-b) \leqq z_n a + z_n b \qquad\qquad (a, b \in L_m^p)$$

ergibt sich für $\|f\| < \varrho$

$$\left|0, \frac{1}{\nu} z_n f\right| = \left|0, \frac{1}{\nu} z_n (f+g-g)\right\|$$

$$\leqq \left|0, \frac{1}{\nu} z_n (f+g) + \frac{1}{\nu} z_n g\right|$$

$$\leqq \left|0, \frac{1}{\nu} z_n (f+g)\right| + \left|0, \frac{1}{\nu} z_n g\right|$$

$$\leqq \varepsilon \ (n = 1, 2, \ldots; \nu \geqq \nu_0) \ .$$

Für $\delta = \dfrac{\varrho}{\nu_0}$ folgt wegen $\dfrac{1}{\nu} z_n f = z_n \left(\dfrac{1}{\nu} f\right)$ aus $\|h\| < \delta$ die Relation $|0, z_n h| \leqq \varepsilon \ (n = 1, 2, \ldots)$, da $z_n h$ monoton gegen $z h$ konvergiert, folgt $|0, z h| \leqq \varepsilon (\|h\| < \delta)$, d. h. die Stetigkeit von z an der Stelle 0. Aus der leicht zu verifizierenden Umgleichung

$$|y f| \leqq 2\, z f \qquad\qquad (f \in L_m^p)$$

ergibt sich die Stetigkeit von y an der Stelle $0 \in L_m^p$. Aus der Umgleichung

$$|y f, y g| \leqq |0, y (f-g)|$$

ergibt sich die Stetigkeit von y auf L_m^p. q.e.d.

16. Ferner beweisen wir eine Aussage über die Vollstetigkeit gewisser linearer Transformationen: Sei $m \in \Re(\mathfrak{B})$ ein *Maß*, $A > 0$ und Σ die Klasse aller linearen Transformationen x in $\Re(\mathfrak{B})$ mit $-A m \leqq \leqq x h \leqq A m (\|h\| \leqq 1)$; *dann ist das Produkt zweier Transformationen aus Σ stets vollstetig.* (Dies ist ein Spezialfall eines Ergebnisses von Bartle-Dunford-Schwartz [1], vgl. 8.7.4). Sei $\mathfrak{E} = \{h \mid \|h\| \leqq 1\}$, $\mathfrak{R} = \{g \mid -A m \leqq g \leqq A m\}$. $\mathfrak{R}$ ist konvex und schwachkompakt, ferner normbeschränkt; hieraus folgt, daß alle $x \in \Sigma$ normstetig, also auch schwach-stetig sind. Ist $x, y \in \Sigma$, so ist $x y \mathfrak{E} \subseteq x \mathfrak{R} \subseteq \mathfrak{R}$. Es genügt also, zu zeigen, daß $x \mathfrak{R}$ bedingt norm-kompakt ist. Als schwach-stetiges Bild einer konvexen schwach-kompakten Menge ist $x \mathfrak{R}$ selbst konvex und schwach-kompakt. Nach dem Satz von Eberlein (8.5.14) ist $\mathfrak{R}$ schwach-*folgen*-kompakt; mithin genügt es, folgende Aussage zu beweisen: Ist $g, g_1 \ldots \in \mathfrak{R}$, $g_k \to g$ (schwach), so ist, evtl. nach Übergang zu einer Teilfolge, $x g_k \to x g$ (stark). — Ist die lineare Hülle $\mathfrak{M}'$ der $x g_k = h_k$, $x g = h$ von endlicher Dimension, so ist man fertig. Andernfalls kann man durch Übergang zu einer Teilfolge erreichen, daß die g, g_k rational-unabhängig sind, also eine rationale Basis der Menge $\mathfrak{L}$ aller rationalen Linearkombinationen aus den g, g_k und daß auch die h, h_k eine rationale Basis der Menge $\mathfrak{M}$ aller rationalen Linearkombinationen der h, h_k bilden. Da $\mathfrak{R} \subseteq L_m^1$ ist, können wir nach dem Satz von Radon-Nikodym

(9.5.22) von den Ladungsverteilungen g, g_k, h, h_k zu ihren m-Dichten übergehen, die wir mit denselben Symbolen bezeichnen wollen; nach demselben Prinzip erhalten wir $\mathfrak{M}$, $\mathfrak{L} \subseteq L_m^1$, x in L_m^1, $x\mathfrak{L} = \mathfrak{M}$. Legen wir nun die $\mathfrak{B}$-meßbaren Dichten h, h_k, die ja an sich noch auf m-Nullmengen abgeändert werden dürfen, irgendwie mit *endlichen* Funktionswerten fest, so sind alle Dichten $\in \mathfrak{M}$ in natürlicher Weise derart festgelegt, daß für jedes $\omega \in \Omega$ durch $L_\omega(f) = (xf)\,(\omega)$ eine rational-lineare Abbildung von $\mathfrak{L}$ in die Menge $\mathfrak{R}$ der reellen Zahlen gegeben ist. $\mathfrak{E} \cap \mathfrak{L}$ ist abzählbar. Zu jedem $f \in \mathfrak{L}$ gibt es eine m-Nullmenge $N_f \in \mathfrak{B}$ mit $-A\,\|f\| \leq (xf)\,(\omega) \leq \leq A\,\|f\|\ (\omega \notin N_f)$. $N = \bigcup_{f\in\mathfrak{L}} N_f$ ist eine m-Nullmenge. Es gilt $-A \leq L_\omega(f) \leq A\,(\omega \notin N, f \in \mathfrak{E} \cap \mathfrak{L})$ m. a. W. L_ω ist für $\omega \notin N$ normstetig auf $\mathfrak{L}$. Die starkabgeschlossene Hülle $\overline{\mathfrak{L}}$ von $\mathfrak{L}$ ist ein (reell-)linearer Teilraum von L_m^1 und L_ω kann für jedes $\omega \notin N$ auf genau eine Weise in eine stetige reelle Linearform L_ω auf $\overline{\mathfrak{L}}$ fortgesetzt werden. Es gilt

$$L_\omega(g) = h(\omega),\ L_\omega(g_k) = h_k(\omega) \qquad\qquad (\omega \notin N)\,.$$

Aus $g_k \to g$ (schwach) folgt also $h_k(\omega) \to h(\omega)\ (\omega \notin N)$. Da überdies $-A \leq h_k(\omega) \leq A$, m-fastüberall gilt, folgt aus 9.5.11 *(Satz von* LEBESGUE*)* die gewünschte Normkonvergenz.

Literatur

ALAOGLU, L., and G. BIRKHOFF: [1] General ergodic theorems. Proc. Nat. Acad. Sci. USA **25**, 628—630 (1939).
—, — [2] General ergodic theorems. Ann. Math. **41**, 293—309 (1940).
ALEXANDROFF, P., u. H. HOPF: [1] Topologie. Berlin 1935.
ALLEN, R. G. D.: [1] Mathematical economics. London 1957.
ALTMAN, M.: [1] Mean ergodic theorem in locally convex linear topological spaces. Studia Math. **13**, 190—193 (1953).
— [2] A fixed point theorem in Hilbert space. Bull. Acad. Polon. Sci. Cl. III. **5**, 19—22, III (1957).
— [3] A fixed point theorem in Banach space. Bull. Acad. Polon. Sci. Cl. III. **5**, 89—92, IX (1957).
AMBROSE, W.: [1] Change of velocities in a continuous ergodic flow. Duke Math. J. **8**, 425—440 (1941).
— [2] Representation of ergodic flows. Ann. Math. **42**, 723—739 (1941).
AMBROSE, W., P. R. HALMOS and S. KAKUTANI: [1] The decomposition of measures II. Duke Math. J. **9**, 43—47 (1942).
AMBROSE, W., and S. KAKUTANI: [1] Structure and continuity of measurable flows. Duke Math. J. **9**, 25—42 (1942).
ANZAI, H.: [1] Random ergodic theorem with finite possible states. Osaka Math. J. **2**, 43—49 (1950).
— [2] Mixing up property of Brownian motion. Osaka Math. J. **2**, 51—58 (1950).
— [3] Ergodic skew product transformations on the torus. Osaka Math. J. **3**, 83—99 (1951).
AOKI, K.: [1] On the billard ball problem of space forms. Tensor **9**, 1—6 (1949) (japan.)

BARBAŠIN, E.: [1] Sur la conduite des points sous les transformations homéomorphes de l'espace. C. R. (Doklady) Acad. Sci. URSS (N. S.) 51, 3—5 (1946).
— [2] Sur la classification des multiplicités intégrales d'un système d'équations en différentielles totales. C. R. (Doklady) Acad. Sci. URSS (N. S.) 55, 279—282 (1947).
— [3] On the theory of general dynamical systems. Uchenye Zapiski Moskov. Gosudarst. Univ. 135, Matematika, Tom II, 110—133 (1948) (russ.)
— [4] On homomorphisms of dynamical systems. Doklady Akad. Nauk SSSR (N. S.) 61, 429—432 (1948).
— [5] On homomorphisms of dynamical systems. Mat. Sbornik N. S. 27 (69), 455—470 (1950) (russ.)
— [6] On homomorphisms of dynamical systems II. Mat. Sbornik N. S. 29 (71), 501—518 (1951) (russ.)
BARTLE, R. G., N. DUNFORD and J. SCHWARTZ: Weak compactness and vector measures. Canad. J. Math. 7, 289—305 (1955).
BAUM, J. D.: [1] P-recurrence in topological dynamics. Proc. Amer. Math. Soc. 7, 1146—1154 (1956).
BEBUTOFF, M.: [1] Sur les systèmes dynamiques stables au sens de Liapounoff, C. R. (Doklady) Acad. Sci. URSS 18, 155—158 (1938).
— [2] Sur la représentation des trajectoires d'un système dynamique sur un système des droites parallèles, Bull. Math. Univ. Moscou Ser. internat. 2, Fasc. 3, 1—22 (1939).
— [3] Markoff chains with a compact state space, C. R. (Doklady) Acad. Sci. URSS (N. S.) 30, 482—483 (1941).
— [4] Markoff chains with a compact state space. Rec. Math. (Mat. Sbornik) N. S. 10 (52), 213—238 (1942) (engl.).
BEBUTOFF, M., et W. STEPANOFF: [1] Sur le changement du temps dans les systèmes dynamiques possédant une mesure invariante. C. R. (Doklady) Acad. Sci. URSS (N. S.) 24, 217—219 (1939).
— [2] Sur la mesure invariante dans les systèmes dynamiques qui ne diffèrent que par le temps. Rec. Math. (Mat. Sbornik) N. S. 7 (49), 143—166 (1940).
BERNARD, R. R.: [1] Probability in dynamical transformation groups. Duke Math. J. 18, 307—319 (1951).
BEURLING, A.: [1] Sur quelques formes positives avec une application à la théorie ergodique. Acta Math. 78, 319—334 (1946).
BIRKHOFF, G.: [1] Dependent probabilities and spaces (L). Proc. Nat. Acad. Sci. USA 24, 154—159 (1938).
— [2] The mean ergodic theorem. Duke Math. J. 5, 19—20 (1939).
— [3] An ergodic theorem for general semi-groups. Proc. Nat. Acad. Sci. USA 25, 625—627 (1939).
— [4] Lattice theory. Amer. Math. Soc. Coll. Publ. 25, 2. Aufl. New York 1948.
BIRKHOFF, G. D.: [1] Dynamical Systems. New York 1927.
— [2] Proof of the ergodic theorem. Proc. Nat. Acad. Sci. USA 17, 656—660 (1931).
— [3] Probability and physical systems. Bull. Amer. Math. Soc. 38, 361—379 (1932).
— [4] Some unsolved problems of theoretical dynamics. Science 94, 598—600 (1941).
— [5] What is the ergodic theorem? Amer. Math. Monthly 49, 222—226 (1942).
— [6] The problem of the billiard ball and its significance in modern dynamics. Rev. cienc. (Lima) 44, 244—246 (1942). (span.)
— [7] On the dynamic stability. Rev. cienc. (Lima) 44, 248—249 (1942) (span.).
— [8] The ergodic theorems and their importance in statistical mechanics. Rev. cienc. (Lima) 44, 251 (1942) (span.).

BIRKHOFF, G. D.: [9] The problem of n bodies. Rev. cienc. (Lima) **44**, 252—253 (1942) (span.).

—, and B. O. KOOPMAN: [1] Recent contributions to the ergodic theory. Proc. Nat. Acad. Sci. USA **18**, 279—282 (1932).

—, and P. A. SMITH: [1] Structure analysis of surface transformations. J. Math. pures et appl. 9. sér. **7**, 345—379 (1928).

BLACKWELL, D.: [1] Idempotent Markoff chains. Ann. Math. **43**, 560—567 (1942).

BLANC-LAPIERRE, A.: [1] Sur quelques propriétés ergodiques de certaines fonctions aléatoires. C. R. Acad. Sci. (Paris) **218**, 985—986 (1944).

—, et R. BRARD: [1] La loi forte des grands nombres pour les fonctions aléatoires stationnaires continues. C. R. Acad. Sci. (Paris) **220**, 134—136 (1945).

BLUMENTHAL, R. M.: [1] An extended Markov property. Trans. Amer. Math. Soc. **85**, 52—72 (1957).

BOCHNER, S.: [1] Integration and differentiation in partially ordered spaces. Proc. Nat. Acad. Sci. USA **26**, 29—31 (1940).

BOGOLIOUBOFF, N.: [1] Quelques theorèmes sur la stabilité des mouvements. Enseignement Math. **34**, 337—346 (1936).

BOHR, H.: [1] Fastperiodische Funktionen. Berlin 1932.

BOURBAKI, N.: [1] Intégration. chap. I—IV. Paris 1952.

— [2] Topologie générale (fascicule des résultats). Paris 1953.

— [3] Espaces vectoriels topologiques. chap. I, II. Paris 1953.

— [4] Espaces vectoriels topologiques. chap. III—V. Paris 1955.

BRUNK, H. D.: [1] On the application of the individual ergodic theorem to discrete stochastic processes. Trans. Amer. Math. Soc. **78**, 482—491 (1955).

BUDAK, B. M.: [1] Dispersive dynamical systems. Vestnik Moskov. Univ. 1947, no. **9**, 135—137 (1947) (russ.). (Auszug aus einer Thesis.)

— [2] The concept of motion in a generalized dynamical system. Moskov. Gos. Univ. Usch. Zap. **155**, Mat. 5, 174—194 (1952) (russ.).

CALDERON, A. P.: [1] A general ergodic theorem. Ann. Math. **58**, 182—191 (1953).

CARATHÉODORY, C.: [1] Über den Wiederkehrsatz von POINCARÉ. Sitzber. Preuß. Akad. Wiss. **1919**, S. 580—584.

— [2] Bemerkungen zum Riesz-Fischerschen Satz und zur Ergodentheorie. Abhandl. Math. Sem. Hamburg **14**, 351—389 (1941).

— [3] Bemerkungen zum Ergodensatz von G. BIRKHOFF, Sitzber. bayer. Akad. Wiss. Math.-naturw. Abt. 1944. **1947**, 189—208.

CARLEMAN, T.: [1] Application de la théorie des équations intégrales linéaires aux équations différentielles non linéaires. Acta Math. **59**, 63—87 (1932).

— [2] Application de la théorie des équations intégrales linéaires aux équations différentielles de la dynamique. Arkiv Mat., Astr. Fys. **22**, 13—17 (1932).

CHACON, R. V., and D. S. ORNSTEIN: [1] A general ergodic theorem. Ill. Math. J. **4**, 153—160 (1960).

CHERRY, T. M.: [1] Analytic quasi-periodic curves of discontinuous type on a torus. Proc. London Math. Soc. **44**, 175—215 (1938).

CHINTSCHIN, A.: [1] Über einen Satz der Wahrscheinlichkeitsrechnung. Fund. Math. **6**, 9—20 (1924).

— [2] Zu BIRKHOFFs Lösung des Ergodenproblems. Math. Ann. **107**, 485—488 (1932).

— [3] The method of spectral reduction in classical mechanics. Proc. Nat. Acad. Sci. USA **19**, 567—573 (1933).

— [4] Eine Verschärfung des Poincaréschen Wiederkehrsatzes. Compos. Math. **1**, 177—179 (1934).

— [5] Fourierkoeffizienten längs einer Bahn im Phasenraum. Rec. Math. Moscou **41**, 14—15 (1934).

CHINTSCHIN, A.: [6] Sur le problème ergodique de la mécanique quantique. Bull. Acad. Sci. URSS. Ser. Math. (Izvest. Akad. Nauk SSSR) 7, 167—184 (1943).
— [7] Mathematical Foundations of statistical mechanics. New York 1949.
CIUCU, GH.: [1] Chaînes à liaison complètes du type (B). Com. Acad. R. P. Române 1, 455—460 (1951) (rumän., russ. u. frz. Ausz.).
— [2] Chaînes à liaison complètes à densité. Com. Acad. R. P. Române 4, 345—349 (1954) (rumän., russ. u. frz. Ausz.).
CIVIN, P.: [1] Some ergodic theorems involving two operators. Pac. J. Math. 5, 869—976 (1955).
— [2] Correction to some ergodic theorems involving two operators. Pacific J. Math. 6, 795 (1956).
CLARKSON, J. A.: Uniformly convex spaces. Trans. Amer. Math. Soc. 40, 393—414 (1936).
COHEN, L. W.: [1] On the mean ergodic theorem. Ann. Math. 41, 505—509 (1940).
COPELAND, A. H.: [1] A mixture theorem for non-conservative mechanical Systems. Bull. Amer. Math. Soc. 42, 895—900 (1936).
COTLAR, M.: [1] On the foundations of ergodic theory, Symposium scbre algunos problemas matemáticos que se estan estudiando en Latino Américan, Diciembre 1951. Montevideo 1952 (span.).
— [2] A unified theory of Hilbert transforms and ergodic theorems. Rev. Mat. Cuyana 1, 105—167 (1955).
—, and R. A. RICABARRA: [1] On a theorem of E. HOPF. Rev. U. Mat. Argentina 14, 49—63 (1949) (span.).
— [2] On transformations of sets and KOOPMANs operators. Rev. U. Mat. Argentina 14, 232—254 (1950) (span.).
DARLING, D. A., and M. KAC: [1] On occupation times for Markoff processes. Trans. Amer. Math. Soc. 84, 444—458 (1957).
DAY, M. M.: [1] Reflexive Banach spaces not isomorphic to uniformly convex spaces. Bull. Amer. Math. Scc. 47, 313—317 (1941).
— [2] Ergodic theorems for Abelian semi-groups. Trans. Amer. Math. Soc. 51. 399—412 (1942).
— [3] Means for the bounded functions and ergodicity of the bounded representations of semi-groups. Trans. Amer. Math. Soc. 69, 276—291 (1950).
— [4] Strict convexity and smoothness. Trans. Amer. Math. Soc. 78, 516—528 (1955).
— [5] Every L-space is isomorphic to a strictly convex space. Proc. Amer. Math. Soc. 8, 415—417 (1957).
— [6] Normed Linear Spaces. Berlin 1958.
DEDEBANT, G.: [1] On a new definition of random function and its ergodic theorem. Segundo Symposium sobre algunos problemas matemáticos que se están estudiando en Latino América. 281—297. Julio 1954 (span.).
DELEEUW, K., and I. GLICKSBERG: [1] Applications of almost periodic compactifications. Acta Math. (im Druck).
DENJOY, A.: [1] Les trajectoires à la surface du tore. C. R. Acad. Sci. (Paris) 223, 5—8 (1946).
DERMAN, C.: [1] Some contributions to the theory of denumerable Markov chains. Trans. Amer. Math. Soc. 79, 541—555 (1955).
DIEUDONNÉ, J.: [1] Sur le théorème de Lebesgue-Nikodym (III). Ann. Univ. Grenoble 23, 25—53 (1948).
DILIBERTO, S. P.: [1] Special properties of measure preserving transformations. Bull. Amer. Math. Soc. 55, 554—562 (1949).
DIXMIER, J.: [1] Les moyennes invariantes dans les semi-groupes et leurs applications. Acta Sci. Math. Szeged 12, Pars A, 213—227 (1950).

DOEBLIN, W.: [1] Sur les propriétés asymptotiques de mouvements régis par certains types de chaînes simples. Bull. Math. Soc. Roum. Sci. **39**, 1. 57—115, 2. 3—61 (1937).

— [2] Sur l'équation matricielle $A^{(t+s)} = A^{(t)} A^{(s)}$ et ses applications aux probabilités en chaîne. Bull. Sci. Math. (2) **62**, 21—32 (1938); **64**, 35—37 (1940).

— [3] Éléments d'une théorie générale des chaînes simples constantes de Markoff. Ann. Ec. Norm. (3) **57**, 61—111 (1940).

—, et R. FORTET: [1] Sur des chaînes à liaisons complètes. Bull. Soc. Math. France **65**, 132—148 (1937).

— [2] Sur deux notes de MM. KRYLOFF et BOGOLIOUBOFF. C. R. Acad. Sci. (Paris) **204**, 1699—1701 (1937).

DOOB, J. L.: [1] Stochastic processes and statistics. Proc. Nat. Acad. Sci. USA **20**, 376—379 (1934).

— [2] Stochastic processes depending on a continuous parameter. Trans. Amer. Math. Soc. **42**, 107—140 (1937).

— [3] One-parameter families of transformations. Duke Math. J. **4**, 752—774 (1938).

— [4] Stochastic processes with an integral-valued parameter. Trans. Amer. Math. Soc. **44**, 87—150 (1938).

— [5] The law of large numbers for continuous stochastic processes. Duke Math. J. **6**, 290—306 (1940).

— [6] Topics in the theory of Markoff chains. Trans. Amer. Math. Soc. **52**, 37—64 (1942).

— [7] The Brownian movement and stochastic equations. Ann. Math. **43**, 351—369 (1942).

— [8] Asymptotic properties of Markoff transition probabilities. Trans. Amer. Math. Soc. **63**, 393—421 (1948).

— [9] Stochastic processes. New York 1953.

—, and R. A. LEIBLER: [1] On the spectral analysis of a certain transformation. Amer. J. Math. **65**, 263—272 (1943).

DOSS, R.: [1] Un theorème ergodique. Bull. Sci. Math. **72**, 76—79 (1948).

— [2] On mean motion. Amer. J. Math. **79**, 389—396 (1957).

DOWKER, Y. N.: [1] Invariant measure and the ergodic theorems. Duke Math. J. **14**, 1051—1061 (1947).

— [2] A note on the ergodic theorems. Bull. Amer. Math. Soc. **55**, 379—383 (1949),

— [3] A new proof of the general ergodic theorem. Acta Sci. Math. Szeged **12**, Pars B, 162—166 (1950).

— [4] Finite and σ-finite invariant measures. Ann. Math. **54**, 595—608 (1951).

— [5] The mean and transitive points of homoeomorphisms. Ann. Math. **58**, 123—133 (1953).

— [6] On minimal sets in dynamical systems. Quart. J. Math. Oxford Ser. (2) **7**, 5—16 (1956).

DUNFORD, N.: [1] A mean ergodic theorem. Duke Math. J. **5**, 635—646 (1939).

— [2] Spectral theory. Bull. Amer. Math. Soc. **49**, 637—651 (1943).

— [3] Spectral theory. I. Convergence to projections. Trans. Amer. Math. Soc. **54**, 185—217 (1943).

— [4] Direct decompositions of Banach spaces. Bol. Soc. Mat. Mexicana **3**, 1—12 (1946).

— [5] An individual ergodic theorem for non-commutative transformations. Acta Sci. Math. Szeged **14**, 1—4 (1951).

—, and D. MILLER: [1] On the ergodic theorem. Trans. Amer. Math. Soc. **60**, 538—549 (1946).

Dunford, N. and B. J. Pettis: [1] Linear operations among summable functions. Proc. Nat. Acad. Sci. USA **25**, 544—550 (1939).

— [2] Linear operations on summable functions. Trans. Amer. Math. Soc. **47**. 323—392 (1940).

—, and J. T. Schwartz: [1] Convergence almost everywhere of operator averages. J. Rat. Mech. Anal. **5**, 129—178 (1956).

Eberlein, W. F.: [1] Weak compactness in Banach spaces I. Proc. Nat. Acad. Sci. USA **33**, 51—53 (1947).

— [2] Abstract ergodic theorems. Proc. Nat. Acad. Sci. USA **34**, 43—47 (1948).

— [3] Abstract ergodic theorems and weak almost periodic functions. Trans. Amer. Math. Soc. **67**, 217—240 (1949).

Ekstein, H.: [1] Ergodic theorem for interacting systems. Phys. Rev. (2) **107**, 333—336 (1957).

Erdös, P.: [1] On the law of the iterated logarithm. Ann. Math. (2) **43**, 419—436 (1942).

Fan, Ky: [1] Les fonctions asymptotiquement presque-périodiques d'une variable entière et leur application à l'étude de l'itération des transformations continues. Math. Z. **48**, 685—711 (1943).

— [2] Two mean theorems in Hilbert space. Proc. Nat. Acad. Sci. USA **31**, 417—421 (1945).

— [3] Généralisations du théorème de M. Khintchine sur la validité de la loi des grands nombres pour les suites stationnaires de variables aléatoires. C. R. Acad. Sci. (Paris) **220**, 102—104 (1945).

— [4] Remarques sur un theorème de M. Khintchine. Bull. Sci. Math. (2) **69**, 81—92 (1945).

— [5] On positive definite sequences. Ann. Math. **47**, 593—607 (1946).

Farquhar, I. E., and P. T. Landsberg: [1] On the quantum-statistical ergodic and H-theorems. Proc. Roy. Soc. London. Ser. A. **239**, 134—144 (1957).

Feller, W.: [1] The general form of the so-called law of the iterated logarithm. Trans. Amer. Math. Soc. **54**, 373—402 (1943).

— [2] Probability theory and its applications. New York 1950.

Föhl, C.: [1] Volkswirtschaftliche Regelkreise höherer Ordnung in Modelldarstellung, in: Geyer-Oppelt, Volkswirtschaftliche Regelungsvorgänge. München 1957.

Fomin, S.: [1] Finite invariant measures in the flows. Rec. Math. (Mat. Sbornik) N. S. **12** (54), 99—108 (1942) (russ.).

— [2] On the theory of dynamical systems with continuous spectrum. Doklady Akad, Nauk SSSR (N. S.) **67**, 435—437 (1949) (russ.).

-- [3] On dynamical systems in a space of functions. Ukrain. Mat. Zhur. **2**, no. 2, 25—47 (1950) (russ.).

— [4] On measures invariant under certain groups of transformations. Izvest, Akad. Nauk SSSR. Ser. Mat. **14**, 261—274 (1950) (russ.).

— [5] On dynamical systems with a purely point spectrum. Doklady Akad. Nauk SSSR. (N. S.) **77**, 29—32 (1951) (russ.).

Fort, M. K., jr.: [1] A note on equicontinuity. Bull. Amer. Math. Soc. **55**, 1098—1100 (1949).

— [2] The embedding of homeomorphisms in flows. Proc. Amer. Math. Soc. **6**, 960—967 (1955).

Fox, R. H., and R. B. Kershner: [1] Concerning the transitive properties of geodesics on a rational polyhedron. Duke Math. J. **2**, 147—150 (1936).

Fréchet, M.: [1] Sur le théorème ergodique de Birkhoff. C. R. Acad. Sci. (Paris) **213**, 607—609 (1941).

FRÉCHET, M.: [2] Les fonctions asymptotiquement presque-périodiques. Rev. Sci. (Rev. Rose Illus.) **79**, 341—354 (1941).
— [3] Une application des fonctions asymptotiquement presque-périodiques à l'étude des familles de transformations ponctuelles et au problème ergodique. Rev. Sci. (Rev. Rose Illus.) **79**, 407—417 (1941).
— [4] Sur le problème ergodique. Rev. Sci. (Rev. Rose Illus.) **81**, 155—157 (1943).
— [5] Les transformations asymptotiquement presque-périodiques discontinues et le lemme ergodique. I. Proc. Roy. Soc. Edinburgh A. **63**, 61—68 (1950).
— [6] Recherches théoriques modernes sur le calcul des probabilités; 2nd livre. Paris 1952.

FRIEDLANDER, F. G.: [1] On the iteration of a continuous mapping of a compact space into itself. Proc. Cambridge Phil. Soc. **46**, 46—56 (1950).

FUCHS, A.: [1] Some limit theorems for nonhomogeneous Markoff processes. Trans. Amer. Math. Soc. **86**, 511—531 (1957).
—, et J.-P. VIGIER: [1] Tendance vers un état d'équilibre stable de phénomènes soumis à une évolution markovienne. C. R. Acad. Sci. (Paris) **242**, 1120—1122 (1956).

FUKAMIYA, M.: [1] On dominated ergodic theorems in $L^p (p > 1)$. Tôhoku Math. J **46**, 150—153 (1939).

GARCIA, M., and G. A. HEDLUND: [1] The structure of minimal sets. Bull. Amer. Math. Soc. **54**, 954—964 (1948).

GELFAND, I. M., and S. V. FOMIN: [1] Unitary representations of Lie groups and geodesic flows on surfaces of constant negative curvature. Doklady Akad. Nauk SSSR (N. S.) **76**, 771—774 (1951) (russ.).
— [2] Geodesic flows on manifolds of constant negative curvature. Uspekh. Matem. Nauk (N. S.) **7**, no. 1 (47), 118—137 (1952) (russ.).

GLADYSZ, S.: [1] A random ergodic theorem. Bull. Acad. Polon. Sci. Cl. III. **2**, 411—413 (1954).
— [2] Ein ergodischer Satz. Studia Math. **15**, 148—157 (1956).
— [3] Über den stochastischen Ergodensatz. Studia Math. **15** , 158—173 (1956).

GODEMENT, R.: [1] Sur les fonctions de type positif. C. R. Acad. Sci. (Paris) **221**, 69—71 (1945).
— [2] Sur les propriétés ergodiques des fonctions de type positif. C. R. Acad. Sci. (Paris) **221**, 134—136 (1945).
— [3] Les fonctions de type positif. Trans. Amer. Math. Soc. **63**, 1—84 (1948).

GOETZ, A., S. HARTMAN and H. STEINHAUS: [1] Invariant measures in spaces with a transitive group of transformations. Prace Mat. **2**, 139—145 (1956) (poln.).

GORMAN, CH. D.: [1] A note on recurrent flows. Proc. Amer. Math. Soc. **7**, 142—143 (1956).

GOTTSCHALK, W. H.: [1] Almost periodic points with respect to transformation semi-groups. Ann. Math. **47**, 762—766 (1946).
— [2] A note on pointwise nonwandering transformations. Bull. Amer. Math. Soc. **52**, 488—489 (1946).
— [3] Almost periodicity, equi-continuity and total boundedness. Bull. Amer. Math. Soc. **52**, 633—636 (1946).
— [4] Recursive properties of transformation groups. II. Bull. Amer. Math. Soc. **54**, 381—383 (1948).
— [5] Transitivity and equicontinuity. Bull. Amer. Math. Soc. **54**, 982—984 (1948).
— [6] Characterizations of almost periodic transformation groups. Proc. Amer. Math. Soc. **7**, 709—712 (1956).

GOTTSCHALK, W. H. and G. HEDLUND: [1] Recursive properties of transformation groups. Bull. Amer. Math. Soc. 52, 637—641 (1946).
—, — [2] The dynamics of transformation groups. Trans. Amer. Math. Soc. 65, 348—359 (1949).
—, — [3] Topological dynamics. Providence 1955.
GRABARJ, M.: [1] The representation of dynamical systems as systems of solutions of differential equations. Doklady Akad. Nauk SSSR (N. S.) 61, 433—436 (1948).
— [2] On strong ergodicity of dynamical systems. Doklady Akad. Nauk SSSR. (N. S.) 95, 9—12 (1954) (russ.).
— [3] On time transformations in dynamical systems. Doklady Akad. Nauk SSSR (N. S.) 109, 250—252 (1956) (russ.).
— [4] On a sufficient test for an isomorphism of dynamical systems. Doklady Akad. Nauk SSSR (N. S.) 109, 431—433 (1956) (russ.).
GUREVIC, A., and V. ROHLIN: [1] On the approximation of non-periodic flows by periodic ones. Doklady Akad. Nauk SSSR (N. S.) 64, 619—620 (1949) (russ.).
—, — [2] Approximation theorems for measurable flows. Izvest Akad. Nauk SSSR. Ser. Mat. 14, 537—548 (1950) (russ.).
HAAG, J.: [1] Sur la stabilité des points invariants d'une transformation. Bull. Sci. Math. 73, 123—134 (1949).
HALMOS, P. R.: [1] The decomposition of measures. Duke Math. J. 8, 386—392 (1941).
— [2] Square roots of measure preserving transformations. Amer. J. Math. 64, 153—166 (1942).
— [3] On automorphisms of compact groups. Bull. Amer. Math. Soc. 49, 619—624 (1943).
— [4] In general a measure preserving transformation is mixing. Ann. Math. 45, 786—782 (1944).
— [5] Approximation theories for measure preserving transformations. Trans. Amer. Math. Soc. 55, 1—18 (1944).
— [6] An ergodic theorem. Proc. Nat. Acad. Sci. USA 32, 156—161 (1946).
— [7] Invariant measures. Ann. Math. 48, 735—754 (1947).
— [8] A non-homogeneous ergodic theorem. Trans. Amer. Math. Soc. 66, 284—288 (1949).
— [9] Measurable transformations. Bull. Amer. Math. Soc. 55, 1015—1034 (1949).
— [10] Lectures on ergodic theory. Tokio 1953.
— [11] Measure theory. New York 1958.
— [12] On a theorem of Dieudonné. Proc. Nat. Acad. Sci. USA 35, 38—42 (1949).
HALMOS, P. R., and J. VON NEUMANN: [1] Operator methods in classical mechanics. II. Ann. Math. 43, 332—350 (1942).
HARADA, S.: [1] Remarks on the topological group of measure preserving transformations. Proc. Jap. Acad. 27, 523—526 (1951).
HARRIS, T. E.: [1] The existence of stationary measures for certain Markov processes. Proc. Third Berkeley Symposium on Math. Stat. and Prob. vol. II, 113—124 (1956).
HARTMAN, PH.: [1] On the ergodic theorems. Amer. J. Math. 69, 193—199 (1947).
—, and A. WINTNER: [1] Asymptotic distributions and the ergodic theorem. Amer. J. Math. 61 , 977—984 (1939).
—, — [2] Statistical independence and statistical equilibrium. Amer. J. Math. 62, 646—654 (1940).
—, — [3] Integrability in the large and dynamical stability. Amer. J. Math. 65, 273—278 (1943).

HARTMAN, S.: [1] Quelques propriétés ergodiques des fractions continues. Studia Math. **12**, 271—278 (1951).

—, E. MARCZEWSKI et C. RYLL-NARDZEWSKI: Théorèmes ergodiques et leurs applications. Colloquium Math. **2**, 109—123 (1951).

HATTORI, I.: [1] On ergodic theorem in reflexive spaces. Mem. Fac. Sci. Kyusyu Univ. A. **6**, 17—19 (1951).

HEDLUND, G.: [1] Metric transitivity of the geodesics on closed surfaces of constant negative curvature. Ann. Math. **35**, 787—808 (1935).

— [2] Two-dimensional manifolds and transitivity. Ann. Math. **37**, 534—542 (1936).

— [3] A metrically transitive group defined by the modular group. Amer. J. Math. **57**, 668—678 (1937).

— [4] The dynamics of geodesic flows. Bull. Amer. Math. Soc. **45**, 241—260 (1939).

— [5] A new proof for a metrically transitive system. Amer. Math. J. **62**, 233—242 (1940).

— [6] Sturmian minimal sets. Amer. J. Math. **66**, 605—620 (1944).

HILLE, E.: [1] Remarks on ergodic theorems. Trans. Amer. Math. Soc. **57**, 246—269 (1945).

HILLE-PHILLIPS: [1] Functional Analysis and Semi-Groups. Providence 1957.

HILMY, H.: [1] Sur la structure d'ensemble des mouvements stables au sens de Poisson. Ann. Math. **37**, 43—45 (1936).

— [2] Sur les ensembles quasi-minimaux dans les systèmes dynamiques. Ann. Math. **37**, 899—907 (1936).

— [3] Sur les ensembles de mouvements métriquement indécomposables. C. R. Acad. Sci. URSS **15**, 421—423 (1937).

— [4] Sur le théorème ergodique. C. R. Acad. Sci. URSS (N. S.) **24**, 213—216 (1939).

— [5] Sur la recurrence ergodique dans les systèmes dynamiques. Rec. Math. (Mat. Sbornik) N. S. **7** (49), 101—109 (1940) (frz.).

HOPF, E.: [1] Zwei Sätze über den wahrscheinlichen Verlauf der Bewegungen dynamischer Systeme. Math. Ann. **103**, 710—719 (1930).

— [2] On the time average theorem in dynamics. Proc. Nat. Acad. Sci. USA **18**, 93—100 (1932).

— [3] Complete transitivity and the ergodic principle. Proc. Nat. Acad. Sci. USA **18**, 204—209 (1932).

— [4] Proof of Gibbs' hypothesis on the tendency towards statistical equilibrium. Proc. Nat. Acad. Sci. USA **18**, 333—340 (1932).

— [5] Über lineare Gruppen unitärer Operatoren im Zusammenhang mit den Bewegungen dynamischer Systeme. Sitzber. Preuß. Akad. Wiss. **1932**, 182—190.

— [6] Theory of measure and invariant integrals. Trans. Amer. Math. Soc. **34**, 373—393 (1932).

— [7] On causality, statistics and probability. J. Math. and Phys. **13**, 51—102 (1934).

— [8] Fuchsian Groups and ergodic theory. Trans. Amer. Math. Soc. **39**, 299—314 (1936).

— [9] Ergodentheorie. Berlin 1937.

— [10] Statistik der geodätischen Linien in Mannigfaltigkeiten negativer Krümmung. Ber. Verhandl. sächs. Akad. Wiss. Leipzig **91**, 261—304 (1939).

— [11] Statistik der Lösungen geodätischer Probleme vom unstabilen Typus. II. Math. Ann. **117**, 590—608 (1940).

— [12] Über eine Ungleichung der Ergodentheorie. Sitzber. Bayer. Akad. Wiss. Math.-nat. Abt. 1944. **1947**, 171—176.

Hopf, E.: [13] Kennzeichnung der durch Punkttransformationen erzeugten linearen Funktionaloperatoren. Sitzber. Bayer. Akad. Wiss. Math.-nat. Abt. 1944. **1947**, 233—236.

— [14] Ergodic theory. Uspekhi Mat. Nauk (N. S.) **4**, no. 1 (29), 113—182 (1949) (russ.).

— [15] Statistics of geodesic lines on manifolds of negative curvature. Uspekhi Mat. Nauk (N. S.) **4**, no. 2 (30), 129—170 (1949) (russ.).

— [16] Statistical hydromechanics and functional calculus. J. Rat. Mech. Anal. **1**, 87—123 (1952).

— [17] The general temporally discrete Markoff process. J. Rat. Mech. Anal. **3**, 13—45 (1954).

Hurewicz, W.: [1] Ergodic theorem without invariant measure. Ann. Math. **45**, 192—206 (1944).

Ionescu Tulcea, C. T.: [1] Un théorème ergodique. Com. Acad. R. P. Române **1**, 23—27 (1951) (rumän. m. russ. u. frz. Auszug).

—, et G. Marinescu: [1] Théorie ergodique pour des classes d'opérations non complètement continues. Ann. Math. **52**, 140—147 (1950).

Iseki, K.: [1] Vector-space valued functions on semi-groups. I. Proc. Japan Acad. **31**, 16—19 (1955).

Itô, K.: [1] On the ergodicity of a certain stationary process. Proc. Imp. Acad. Tokyo **20**, 54—55 (1944).

— [2] A kinematic theory of turbulence. Proc. Imp. Acad. Tokyo **20**, 120—122 (1944).

— [3] Brownian motions in a Lie group. Proc. Japan. Acad. **26**, no. 8, 4—10 (1950).

Izumi, S.: [1] A non-homogenous ergodic theorem. Proc. Imp. Acad. Tokyo **15**, 189—192 (1939).

— [2] An abstract integral. IV. Proc. Imp. Acad. Tokyo **17**, 1—4 (1941).

— [3] A remark on ergodic theorems. Proc. Imp. Acad. Tokyo **19**, 102—104 (1943).

Jacobs, K.: [1] Ein Ergodensatz für beschränkte Gruppen im Hilbertschen Raum. Math. Ann. **128**, 340—349 (1954).

— [2] Periodizitätseigenschaften beschränkter Gruppen im Hilbertschen Raum. Math. Z. **61**, 408—428 (1955).

— [3] Ergodentheorie und fastperiodische Funktionen auf Halbgruppen. Math. Z. **64**, 298—338 (1956).

— [4] Fastperiodizitätseigenschaften allgemeiner Halbgruppen in Banachräumen. Math. Z. **67**, 83—92 (1957).

— [5] Zur Theorie der Markoffschen Prozesse. Math. Ann. **133**, 375—399 (1957).

— [6] Markoffsche Prozesse mit monomialer Selbststeuerung. Arch. Math. **8**, 298—308 (1957).

— [7] Fastperiodische diskrete Markoffsche Prozesse von endlicher Dimension. Abhandl. Math. Sem. Hamburg **21**, 194—246 (1957).

— [8] Konjunkturschwankungen Markoffscher n-Personenprozesse mit monomialer Regelung. Math. Z. **69**, 247—270 (1958).

— [9] Fastperiodische Markoffsche Prozesse. Math. Ann. **134**, 408—427 (1958).

Jaglom, A. M.: [1] The ergodic principle for Markov processes with stationary distributions (russ.). Doklady Akad. Nauk SSSR (N. S.) **56**, 347—349 (1947).

Jessen, B.: [1] Abstract Maal- og Integralteori (Abstract theory of measure and integration) Matematisk Forening i København, 1947 (dän.).

Jöhr, A.: [1] Die Konjunkturschwankungen. Zürich-Tübingen 1952.

Kac, M.: [1] On the notion of recurrence in discrete stochastic processes. Bull. Amer. Math. Soc. **53**, 1002—1010 (1947).

KAKUTANI, S.: [1] Iteration of linear operations in complex Banach spaces. Proc. Imp. Acad. Tokyo **14**, 295—300 (1938).
— [2] Mean ergodic theorem in abstract L-Spaces. Proc. Imp. Acad. Tokyo **15**, 121—123 (1939).
— [3] Weak Topology and regularity of Banach Spaces. Proc. Imp. Acad. Tokyo **15**, 169—173 (1939).
— [4] Some results in the operator-theoretical treatment of the Markoff process. Proc. Imp. Acad. Tokyo **15**, 260—264 (1939).
— [5] Ergodic theorems and the Markoff process with a stable distribution. Proc. Imp. Acad. Tokyo **16**, 49—54 (1940).
— [6] Concrete representation of abstract L-spaces and the mean ergodic theorem. Ann. Math. **42**, 523—537 (1941).
— [7] Representation of measurable flows in Euclidean 3-space. Proc. Nat. Acad. Sci. USA **28**, 16—21 (1942).
— [8] Induced measure preserving transformations. Proc. Imp. Acad. Sci. Tokyo **19**, 635—641 (1943).
— [9] Determination of the spectrum of the flow of Brownian motion. Proc. Nat. Acad. Sci. USA **36**, 319—323 (1950).
— [10] Random ergodic theorems and Markoff processes with a stable distribution. Proc. Second Berkeley Symp. Math. Statistics and Prob. 1950, 247—261. Berkeley-Los Angeles 1951.
— [11] Ergodic theory. Proc. Int. Congr. Math. Cambridge (Mass.) 1950. Vol. **2**, 128—142 (1952).
KALLIANPUR, G.: [1] On an ergodic property of a certain class of Markov processes. Proc. Amer. Math. Soc. **6**, 159—169 (1955).
—, and H. ROBBINS: [1] Ergodic property of the Brownian motion process. Proc. Nat. Acad. Sci. USA **39**, 525—533 (1953).
KAMPEN, E. R. VAN, and A. WINTNER: [1] On the asymptotic distribution of geodesics on surfaces of revolution. Časopis Pest. Mat. Fys. **72**, 1—6 (1947) (engl.).
KARLIN, S., and J. McGREGOR: [1] Many server queueing processes with poisson input and exponential service times. Pacific J. Math. **8**, 87—118 (1958).
KAWADA, Y.: [1] Über einen schwachen Ergodensatz. Proc. Imp. Acad. Tokyo **18**, 343—349 (1942).
— [2] Über die maßtreuen Abbildungen vom Mischungstypus im weiteren Sinne. Proc. Imp. Acad. Tokyo **19**, 520—524 (1943).
— [3] Über die maßtreuen Abbildungen in Produkträumen. Proc. Imp. Acad. Sci. Tokyo **19**, 525—527 (1943).
— [4] Über die Existenz der invarianten Integrale. Jap. J. Math. **19**, 81—95 (1944).
— [5] Two remarks on H. WEYL's theorems. Kodai Math. Sem. Rep. 3, 3—6 (1949).
—, and K. ITO: [1] On the probability distribution on a compact group. I. Proc. Phys.-Math. Soc. Japan (3), **22**, 977—998 (1940).
KEINER, H.: [1] Verallgemeinerte fastperiodische Funktionen auf Halbgruppen. Arch. Math. **8**, 129—134 (1957).
KENDALL, D. G., and G. E. H. REUTER: [1] Some ergodic theorems for one-parameter semi-groups of operators. Phil. Trans. Roy. Soc. London. Ser. A. **249**, 151—177 (1956).
—, — [2] The calculation of the ergodic projection for Markov chains and processes with a countable infinity of states. Acta Math. **97**, 103—144 (1957).
KERSHNER, R.: [1] Ergodic curves and the ergodic function. Amer. J. Math. **62**, 325—345 (1940).

KINNEY, J. R.: [1] Continuity properties of sample functions of Markov processes. Trans. Amer. Math. Soc. **74**, 280—302 (1953).

KLEIN, M. J.: [1] The ergodic theorem in quantum statistical mechanics. Phys. Rev. **87**, 111—115 (1952).

KLEMENTJEW, Z. I.: [1] Compactness of a family of completely additive functions. Tomskij Gos. Univ. Usch. Zap. Mat. Meh. **25**, 9—12 (1955) (russ.).

KODAIRA, K.: [1] Über die Gruppe der meßbaren Abbildungen. Proc. Imp. Acad. Tokyo **17**, 18—23 (1941).

— [2] Über die Beziehung zwischen den Massen und den Topologien in einer Gruppe. Proc. Phys.-math. Soc. Japan (3) **23**, 67—119 (1941).

KOEBE, P.: [1] Riemannsche Mannigfaltigkeiten und Nichteuklidische Raumformen. Sitzber. Preuß. Akad. Wiss., I. Mitt. **1927**, S. 164—196; II. Mitt. **1928**, S. 345—384; III. Mitt. **1928**, S. 385—442; IV. Mitt. **1929**, S. 414—457; V. Mitt. **1930**, S. 304—364.

KOKSMA, J. F.: [1] An arithmetical property of some summable functions. Indag. Math. **12**, 354—367 (1950).

KOLMOGOROFF, A.: [1] Das Gesetz des iterierten Logarithmus. Math. Ann. **101**, 126—135 (1929).

— [2] Über die analytischen Methoden in der Wahrscheinlichkeitsrechnung. Math. Ann. **104**, 415—458 (1931).

— [3] Ein vereinfachter Beweis des Birkhoff-Khintchineschen Ergodensatzes. Rec. math. Moscou **2**, 367—368 (1937).

— [4] Stationary sequences in Hilberts space. Boll. Moskov. Gos. Univ. Mat. **2**, 40 pp. (1941) (russ.).

KONDŌ, M.: [1] La structure d'un flot topologique. I. Proc. Japan Acad. **25**, no. 7, 1—10 (1949).

— [2] Les formes normaux des flots topologiques. I. Math. Japonicae **2**, 1—8 (1950).

KOOPMAN, B. O.: [1] Hamiltonian Systems and linear transformations in Hilbert space. Proc. Nat. Acad. Sci. USA **17**, 315—318 (1931).

—, and J. v. NEUMANN: [1] Dynamical systems of continuous spectra. Proc. Nat. Acad. Sci. USA **18**, 255—263 (1932).

KRASNOSEL'SKI, M., and S. KREIN: [1] On the center of a general dynamical system. Doklady Akad. Nauk SSSR (N. S.) **58**, 9—11 (1947) (russ.).

KRICKEBERG, K.: [1] Convergence of Martingales with a Directed Index Set. Trans. Amer. Math. Soc. **83**, 313—337 (1956).

KROTKOV, V., and I. HALPERIN: [1] The ergodic theorem for Banach spaces with convex compactness. Trans. Roy. Soc. Canada. Sect. III. **47**, 17—20 (1953).

KRYLOFF, N.: [1] Relaxation processes in statistical systems. Nature (Lond.) **153**, 709—710 (1944).

—, et N. BOGOLIOUBOFF: [1] Sur les propriétés ergodiques de l'équation de Smolouchowsky. Bull. Soc. Math. France **64**, 49—56 (1936).

—, — [2] Les mesures invariantes transitives de la mécanique non linéaire. Rec. math. Moscou **1**, 707—710 (1936).

—, — [3] Les propriétés ergodiques des suites des probabilités en chaîne. C. R. Acad. Sci. (Paris) **204**, 1454—1456 (1937).

—, — [4] La théorie générale de la mesure dans son application à l'étude des systèmes dynamiques de la mécanique non linéaire. Ann. Math. **38**, 65—113 (1937).

—, — [5] Sur les probabilités en chaîne. C. R. Acad. Sci. (Paris) **204**, 1386—1388 (1937).

KUIPERS, L., and B. MEULENBELD: [1] Uniform distribution (mod. 1) in sequences of intervals. Indag. Math. **12**, 382—392 (1950).

KURATOWSKI, C.: [1] Topologie. Warszawa-Wroclaw 1948.

KURTH, R.: [1] Zum Ergodenproblem. Z. angew. Math. Phys. 3, 232—235 (1952).

LINÉS ESCARDÓ, E.: [1] Aplicaciones de la teoria de redes regulares al estudio de las funciones cuasiperiodicas. Consejo superior de investigaciones cientificas. Madrid 1943.

LOÈVE, M.: [1] Lois ponderées et le problème limite central. C. R. Acad. Sci. (Paris) 231, 26—28 (1950).

— [2] Probability theory. New York 1955.

LOOMIS, L. H.: [1] Haar measure in uniform structures. Duke Math. J. 16, 193—208 (1949).

— [2] An introduction to abstract harmonic analysis. New York 1953.

LORCH, E. R.: [1] Means of iterated transformations in reflexive vector spaces. Bull. Amer. Math. Soc. 45, 945—947 (1939).

LUSTERNIK, L.: [1] Topology of functional spaces and calculus of variations in the large. Trav. Inst. Math. Stekloff 19 (1947) (russ.).

MAAK, W.: [1] Fastperiodische Funktionen. Berlin 1950.

— [2] Fastperiodische invariante Vektormoduln in einem metrischen Vektorraum, Math. Ann. 122, 157—166 (1950).

— [3] Der Kronecker-Weylsche Gleichverteilungssatz für beliebige Matrizengruppen. Abhandl. Math. Sem. Hamburg 17, 91—94 (1951).

— [4] Integralmittelwerte von Funktionen auf Gruppen und Halbgruppen. J. reine angew. Math. 190, 34—48 (1952).

— [5] Fastperiodische Funktionen auf Halbgruppen. Acta Math. 87, 33—57 (1952).

— [6] Periodizitätseigenschaften unitärer Gruppen. Math. Scand. 2, 334—344 (1954).

MAEDA, F.: [1] Transitivities of conservative mechanism. J. Sci. Hiroshima Univ. A 6, 1—18 (1936).

MAHARAM, DOROTHY: [1] On homogeneous measure algebras. Proc. Nat. Acad. Sci. USA 28, 108—111 (1942).

— [2] Decompositions of measure algebras and spaces. Trans. Amer. Math. Soc. 69, 142—160 (1950).

MAKER, PH. T.: [1] The ergodic theorem for a sequence of functions. Duke Math. J. 6, 27—30 (1940).

MARCZEWSKI, ED.: [1] Theorème ergodique; généralisations et applications. C. R. du 1er Congr. des Math. Hongr. 1950, 125—130. Budapest 1952.

MARKOV, A.: [1] Quelques théorèmes sur les ensembles abéliens. C. R. Acad. Sci. URSS 1, 311—313 (1936).

— [2] Sur l'existence d'un invariant intégral. C. R. Acad. Sci. URSS 17, 459—462 (1937).

MARKUS, L.: [1] On completeness of invariant measures defined by differential equations. J. Math. Pures et Appl. 31, 341—353 (1952).

— [2] Invariant measures defined by differential equations. Proc. Amer. Math. Soc. 4, 89—91 (1953).

MARTIN, M. H.: [1] Metrically transitive point transformations. Bull. Amer. Math. Soc. 40, 606—612 (1934).

— [2] The ergodic function of Birkhoff. Duke Math. J. 3, 248—278 (1937).

MATSUSHITA, S.: [1] Fonctions presque-périodiques du type spécial. I—VI. Proc. Jap. Acad. 31, 70—75, 156—160, 214—219, 278—283, 334—339, 436—440 (1955).

MAUTNER, F. I.: [1] Geodesic flows and unitary representations. Proc. Nat. Acad. Sci. USA 40, 33—36 (1954).

— [2] Geodesic flows on symmetric Riemannian spaces. Ann. Math. 65, 416—431 (1957).

MAYER, A. G.: [1] Sur un problème de BIRKHOFF. C. R. (Doklady) Acad. Sci. URSS (N. S.) **55**, 473—475 (1947).
— [2] Sur les trajectoires dans l'espace à trois dimensions. C. R. (Doklady) Acad. Sci. URSS (N. S.) **55**, 579—581 (1947).
— [3] On the ordinal number of central trajectories. Doklady Akad. Nauk SSSR (N. S.) **59**, 1393—1396 (1948).
MILMAN, D.: [1] On some criteria for the regularity of spaces of the type (B). C. R. Acad. Sci. SSSR **20**, 243—246 (1938).
— [2] Dynamical systems defined by functionals and invariant measures on them. Doklady Akad. Nauk SSSR (N. S.) **59**, 1397 —1398 (1948).
— [3] Multimetric spaces. Analysis of the invariant subsets of a multinormed bicompact space under a semigroup of nonincreasing operators. Doklady Akad. Nauk SSSR (N. S.) **67**, 27—30 (1949) (russ.).
— [4] Extremal Points and centers of convex bicompacta. Uspekhi Matem. Nauk (N. S.) **4**, no. 5 (33), 179—181 (1949) (russ.).
MINKEVIC, M. I.: [1] The theory of integral funnels in generalized dynamical systems without a hypothesis of uniqueness. Doklady Akad. Nauk SSSR (N. S.) **59**, 1049—1052 (1948).
— [2] Theory of integral funnels in dynamical systems without uniqueness. Uchenye Zapiski Moskov. Gos. Univ. Mat. **135**, Tom II, 134—151 (1948) (russ.).
— [3] Closed integral funnels in generalized dynamical systems without a hypothesis of uniqueness. Doklady Akad. Nauk SSSR (N.S.) **60**, 341 —343 (1948) (russ.).
MIYADERA, I.: [1] On the generation of a strongly ergodic semi-group of operators. Tôhoku Math. J. (2) **6**, 38—52 (1954).
— [2] On the generation of strongly ergodic semi-groups of operators. II. Tôhoku Math. J. (2) **6**, 231—242 (1954).
— [3] On the generation of a strongly ergodic semi-group of operators. Proc. Japan Acad. **30**, 335—340 (1954).
MOISSEJEW, N.: [1] Sur l'hypothèse de GYLDEN-MOULTON de l'origine de ,,Gegenschein''. V. Sur une certaine loi de la distribution stationnaire des particules interplanétaires. Astron. J. Soviet Union **15**, 217—222 (frz. 222—225) (1938) (russ.).
MORSE, M.: [1] Recurrent geodesics on a surface of negative curvature. Trans. Amer. Math. Soc. **22**, 84—100 (1921).
—, and G. HEDLUND: [1] Symbolic dynamics. Amer. J. Math. **60**, 815—866 (1938).
—, — [2] Symbolic dynamics II. Sturmian trajectories. Amer. J. Math. **62**, 1—42 (1940).
— — [3] Unending chess, symbolic dynamics and a problem in semigroups. Duke Math. J. **11**, 1—7 (1944).
MOURIER, EDITH: [1] Lois des grands nombres et théorie ergodique. C. R. Acad. Sci. (Paris) **232**, 923—925 (1951).
MOUSTAFA, M. D.: [1] Input-Output Markov Processes. Indag. Math. **19**, 112—118 (1957).
MYSCHKIS, A.: [1] A theorem from the theory of dynamical systems. Moskov. Gos. Univ. Usch. Zap. 145. Mat. **3**, 129—130 (1949) (russ.).
NAKAMURA, M.: [1] Note on Banach spaces. II. An ergodic theorem for Abelian semi-groups. Proc. Imp. Acad. Tokyo **18**, 131 (1942).
NAKANO, H.: [1] Ergodic theorems in semi-ordered linear spaces. Ann. Math. **49**, 538—556 (1948).
— [2] The individual ergodic theorem in vector lattices. Sugaku (Mathematics) **1**, 257—263 (1949) (japan.).
— [3] Modulared linear spaces. J. Fac. Sci. Univ. Tokyo **6**, 85—131 (1951).

NASH, J.: [1] Non-cooperative games. Ann. Math. **54**, 286—295 (1951).

NELSON, E.: [1] The adjoint Markoff process. Duke Math. J. **25**, 671—690 (1958).

NEUMANN, J. v.: [1] Proof of the quasiergodic hypothesis. Proc. Nat. Acad. Sci. USA **18**, 70—82 (1932).

— [2] Physical applications of the ergodic hypothesis. Proc. Nat. Acad. Sci. USA **18**, 263—266 (1932).

— [3] Zur Operatorenmethode in der klassischen Mechanik. Ann. Math. **33**, 587—642 (1932).

NIEMYTZKI, V.: [1] Über vollständig unstabile dynamische Systeme. Ann. Mat. pura app. **14**, 275—286 (1936).

— [2] Sur les systèmes de courbes remplissant un espace métrique. Rec. Math. N. S. (Math. Sbornik) **6** (48) 283—292 (1939) (frz.).

— [3] Systèmes dynamiques sur une multiplicité intégrale limité. C. R. (Doklady) Acad. Sci. URSS (N. S.) **47**, 535—538 (1945).

— [4] Les systèmes dynamiques généraux. C. R. (Doklady) Acad. Sci. URSS (N. S.) **53**, 491—494 (1946).

— [5] On the theory of orbits of general dynamical systems. Mat. Sbornik N. S. **23** (65), 161—186 (1948) (russ.).

—, and V. V. STEPANOFF: [1] Qualitative Theory of Differential Equations. OGIZ. 448 S. Moskow-Leningrad 1947 (russ.).

NIKAIDÔ, H.: [1] On a minimax theorem and its applications to functional analysis. J. Math. Soc. Jap. **5**, 86—94 (1953).

ONICESCU, O., and GH. MIHOC: [1] Propriétés asymptotiques des chaînes de Markoff étudiées à l'aide de la fonction caractéristique. Mathematica. Cluj **16**, 13—43 (1940).

OXTOBY, J. C.: [1] Note on transitive transformations. Proc. Nat. Acad. Sci. USA **23**, 443—446 (1937).

— [2] On the ergodic theorem of Hurewicz. Ann. Math. **49**, 872—884 (1948).

— [3] Ergodic sets. Bull. Amer. Math. Soc. **58**, 116—136 (1952).

— [4] Ergodic sets. Uspekhi Matem. Nauk (N. S.) **8**, no. 3 (55), **75**—97 (1953) (russ.).

— [5] Stepanoff flows on the torus. Proc. Amer. Math. Soc. **4**, 982—987 (1953).

—, and S. M. ULAM: [1] On the existence of a measure invariant under a transformation. Ann. Math. **40**, 560—566 (1939).

—, — [2] Measure-preserving homeomorphisms and metrical transivity. Ann. Math. **42**, 874—920 (1941).

PARASYUK, O. S.: [1] Ergodicity of geodesic flows on certain three-dimensional manifolds of variable negative curvature. Dopovidi Akad. Nauk Ukr. R. S. R. **1953**, 387—388 (ukrain.).

— [2] Flows of horocycles on surfaces of constant negative curvature. Uspekhi Matem. Nauk (N. S.) **8**, no. 3 (55), 125—126 (1953) (russ.).

PECK, J. E. L.: [1] An ergodic theorem for a noncommutative semigroup of linear operators. Proc. Amer. Math. Soc. **2**, 414—421 (1951).

PETTIS, B. J.: [1] A proof that every uniformly convex space is reflexive. Duke Math. J. **5**, 249—253 (1939).

PHILLIPS, R. S.: [1] A note on ergodic theory. Proc. Amer. Math. Soc. **2**, 662—669 (1951).

PITT, H. R.: [1] Some generalizations of the ergodic theorem. Proc. Cambridge Phil. Soc. **38**, 325—343 (1942).

PORITSKY, H.: [1] The billard ball problem on a table with a convex boundary — an illustrative dynamical problem. Ann. Math. **51**, 446—470 (1950).

PUTNAM, C. R.: [1] Stability and almost periodicity in dynamical systems. Proc. Amer. Math. Soc. **5**, 352—356 (1954).

RAUCH, H. E.: [1] Généralisation d'une proposition de HARDY etLITTLEWOOD et des théorèmes ergodiques qui s'y rattachent. C. R. Acad. Sci. (Paris) **227**, 887—889 (1948).

RECHARD, O. W.: [1] Invariant measures for many-one transformations. Duke Math. J. **23**, 477—488 (1956).

REEB, G.: [1] Sur la théorie générale des systèmes dynamiques. Ann. Inst. Fourier (Grenoble) **6**, 89—115 (1955—1956).

RICHTER, H.: [1] Wahrscheinlichkeitstheorie. Berlin-Göttingen-Heidelberg 1956.

RIESZ, F.: [1] Some mean ergodic theorems. J. London Math. Soc. **13**, 274—278 (1938).

— [2] Sur la théorie ergodique des espaces abstraits. Acta Szeged **10**, 1—20 (1941).

— [3] Another proof of the mean ergodic theorem. Acta Szeged **10**, 75—76 (1941).

— [4] Rectification au travail «Sur la théorie ergodique des espaces abstraits». Acta Szeged **10**, 141 (1941).

— [5] Sur quelques problèmes de la théorie ergodique. Mat. Fiz. Lapok **49**, 34—62 (1942).

— [6] Sur la théorie ergodique. Comm. math. Helv. **17**, 221—239 (1945).

— [7] On a recent generalization of G. D. Birkhoff's ergodic theorem. Acta Univ. Szeged. Sect. Math. **11**, 193—200 (1948).

—, u. B. v. SZ.-NAGY: [1] Über Kontraktionen des Hilbertschen Raumes. Acta Sci. Math. Szeged **10**, 202—205 (1943).

—, — [2] Vorlesungen über Funktionalanalysis. Berlin 1956.

ROBBINS, H. E.: [1] On a class of recurrent sequences. Bull. Amer. Math. Soc. **43**, 413—417 (1937).

ROHLIN, V.: [1] A "general" measure-preserving transformations is not mixing. Doklady Akad. Nauk SSSR (N. S.) **60**, 349—351 (1948) (russ.).

— [2] On endomorphisms of compact commutative groups. Izvest. Akad. Nauk SSSR, Ser. Mat. **13**, 329—340 (1949) (russ.).

— [3] On the decomposition of a dynamical system into transitive components. Mat. Sbornik N. S. **25** (67), 235—249 (1949) (russ.).

— [4] On dynamical systems whose irreducible components have a pure point spectrum. Doklady Akad. Nauk SSSR (N. S.) **64**, 167—169 (1949) (russ.).

ROSENFELD, L.: [1] Sur le comportement d'un ensemble canonique lors une transformation adiabatique. Ned. Akad. Wetensch., Proc. **45**, 970—972 (1942).

RYLL-NARDZEWSKI, C.: [1] On the ergodic theorems. I. Generalized ergodic theorems. Studia Math. **12**, 65—73 (1951).

— [2] On the ergodic theorems. II. Ergodic theory of continued fractions. Studia Math. **12**, 74—79 (1951).

— [3] On the ergodic theorems. III. The random ergodic theorem. Studia Math. **14**, 298—301 (1954—1955).

SAITO, T.: [1] Examples of ergodic dynamical systems. Kodai Math. Sem. Rep. **1951**, 21—25.

— [2] On the measure-preserving flow on the torus. J. Math. Soc. Japan **3**, 279—284 (1951).

— [3] Correction: On the measure-preserving flow on the torus. J. Math. Soc. Japan **4**, 338 (1952).

SALENIUS, T.: [1] Über geodätische Linien in gewissen dreidimensionalen Mannigfaltigkeiten. Ann. Acad. Sci. Fenn. Ser. A. I. Math.-Phys. no. **47**, 52pp. (1948).

— [2] Das Maß der kürzesten Linien in Kugelschalenräumen. Ann. Acad. Sci. Fenn. Ser. A. I. Math.-Phys. no. **126**, 11pp. (1952).

SARYMSAKOV, T. A.: Sur les chaînes de Markoff à une infinite dénombrable d'états possibles. C. R. (Doklady) Acad. Sci. URSS (N. S.) **47**, 617—619 (1945).
— [2] On the ergodic principle for nonstationary Markov chains. Doklady Akad. Nauk SSSR (N. S.) **90**, 25—28 (1953) (russ.).
SCORZA DRAGONI, G.: [1] Sul teorema ergodico. Rend. Circ. Mat. Palermo **58**, 311—325 (1934).
— [2] Transitività metrica e teoremi di media. Rend. Circ. Mat. Palermo **59**, 235—255 (1935).
SEGAL, I. E.: [1] Invariant measures on locally compact spaces. J. Indian Math. Soc. **13**, 105—130 (1949).
— [2] Ergodic subgroups of the orthogonal group on a real Hilbert space. Ann. Math. (2) **66**, 297—303 (1957).
SEIDEL, W.: [1] Note on a metrically transitive system. Proc. Nat. Acad. Sci. USA **19**, 453—456 (1933).
— [2] On a metric property of Fuchsian groups. Proc. Nat. Acad. Sci. USA **21**, 475—478 (1935).
SEIFERT, H.: [1] Periodische Bewegungen mechanischer Systeme. Math. Z. **51**, 197—216 (1948).
SIEGEL, C. L.: [1] Note on differential equations on the torus. Ann. Math. **46**, 423—428 (1945).
— [2] Vorlesungen über Himmelsmechanik. Berlin-Göttingen-Heidelberg 1956.
SIRAZDINOV, S. H.: [1] The ergodic principle for nonstationary Markov chains. Doklady Akad. Nauk SSSR (N. S.) **71**, 829—830 (1950) (russ.).
STANDISH, CH.: [1] A class of measure preserving transformations. Pacific J. Math. **6**, 553—564 (1956).
STEPANOFF, W.: [1] Sur une extension du théorème ergodique. Compos. Math. **3**, 239—253 (1936).
SUCHESTON, L.: [1] A note on conservative transformations and the recurrence theorem. Amer. J. Math. **79**, 444—447 (1957).
SZ.-NAGY, B.: [1] Sur les contractions de l'espace de Hilbert. Acta Sci. Math. Szeged **15**, 87—92 (1953).
— [2] Transformations de l'espace de Hilbert, fonctions de type positif sur un groupe. Acta Sci. Math. Szeged **15**, 104—114 (1954).
— [3] Fortsetzungen linearer Transformationen des Hilbertschen Raumes mit Austritt aus dem Raum. Schriften Forschungsinst. Math. **1**, 289—302 (1957).
TERLETZKI, J. P.: [1] Concerning the justification of replacement of time averages by phase averages in statistical mechanisc. C. R. (Doklady) Acad. Sci. URSS (N. S.) **47**, 543—545 (1945).
THORIN, G.: [1] Convexity theorems. Comm. Math. Sem. Univ. Lund **9**, 1—58 (1948).
TSUJI, M.: [1] On Hopfs ergodic theorem. Proc. Imp. Acad. Tokyo **20**, 640—647 (1944).
— [2] Some metrical theorems on Fuchsian groups. Proc. Imp. Acad. Tokyo **21**, 104—109 (1945).
— [3] On Hopfs ergodic theorem. Jap. J. Math. **19**, 259—284 (1945).
— [4] Myrbergs approximation theorem on Fuchsian groups. J. Math. Soc. Japan **4**, 310—312 (1952).
TSURUMI, S.: [1] On the ergodic theorem. Tôhoku Math. J. (2) **6**, 53—68 (1954).
— [2] On general ergodic theorems. Tôhoku Math. J. **6**, 264—273 (1954).
— [3] On ergodic theorems. Proc. Japan. Acad. **30**, 331—334 (1954).
— [4] Note on an ergodic theorem. Proc. Japan. Acad. **30**, 419—423 (1954).
TULLER, A.: [1] The measure of transitive geodesics on certain three-dimensional manifolds. Duke Math. J. **4**, 78—94 (1938).

TYCHONOFF, A.: [1] Ein Fixpunktsatz. Math. Ann. **111**, 767—776 (1935).

ULAM, S. M., and J. v. NEUMANN: [1] Random ergodic theorems. Bull. Amer. Math. Soc. **51**, 660 (1945).

URA, T.: [1] Sur les courbes définies à la surface du tore par des équations admettant un invariant intégral. Ann. Sci. Ecole Norm. Sup. (3) **69**, 259—275 (1952).

URBANIK, K.: [1] Stochastic processes whose sample functions are distributions. Teor. Verojatnost. i. Primenen. **1**, 146—149 (1956) (russ.).

UTZ, W. R.: [1] Note on Martin's ergodic function. Amer. Math. Monthly **57**, 574—676 (1950).

— [2] Almost periodic geodesics on manifolds of hyperbolic type. Duke Math. J. **18**, 147—164 (1951).

VARSAVSKY, O. A.: [1] The ergodic theorem in quantum mechanics. Rev. U. Mat. Argentina **14**, 350—365 (1950) (span.).

VINOGRAD, R.: [1] On the limiting behavior of unbounded integral curves. Doklady Akad. Nauk SSSR (N. S.) **66**, 5—8 (1949) (russ.).

VISSER, C.: [1] On Poincarés recurrence theorem. Bull. Amer. Math. Soc. **42**, 397—400 (1936).

WATANABE, S.: [1] A study of ergodicity and redundancy based on intersymbol correlation of finite range. Trans. I. R. E. PGIT-4, 85—92 (1954).

WEIL, A.: [1] L'Intégration dans les groupes topologiques et ses applications. Paris 1940.

WEYL, H.: [1] Über die Gleichverteilung von Zahlen mod 1. Math. Ann. **77**, 313—352 (1916).

— [2] Almost periodic invariant vector sets in a metric vector space. Amer. J. Math. **71**, 178—205 (1949).

WIENER, N.: [1] Generalized harmonic analysis. Acta Math. **55**, 117—258 (1930).

— [2] The homogeneous chaos. Amer. J. Math. **60**, 907—936 (1938).

— [3] The ergodic theorem. Duke Math. J. **5**, 1—18 (1939).

— [4] The theory of statistical extrapolation. Bol. Soc. Mat. Mexicana **2**, 37—42 (1945) (span.).

—, and A. WINTNER: [1] Harmonic analysis and ergodic theory. Amer. J. Math. **63**, 415—426 (1941).

—, — [2] On the ergodic dynamics of almost periodic systems. Amer. J. Math. **63**, 794—824 (1941).

—, — [3] The discrete chaos. Amer. J. Math. **65**, 279—298 (1943).

WILLIAMS, CH. W.: [1] Recurrence and incompressibility. Proc. Amer. Math. Soc. **2**, 798—806 (1951).

WINTNER, A.: [1] Remarks on the ergodic theorem of Birkhoff. Proc. Nat. Acad. Sci. USA **18**, 248—251 (1932).

— [2] On an ergodic analysis of the remainder term of mean motions. Proc. Nat. Acad. Sci. USA **26**, 126—129 (1940).

— [3] On the problem of analyticity in dynamics. Proc. Nat. Acad. Sci. USA **27**, 311—314 (1941).

WOLFOWITZ, J.: Remarks on the notion of recurrence. Bull. Amer. Math. Soc. **55**, 394—395 (1949).

YOOD, B.: [1] On fixed points for semi-groups of linear operators. Proc. Amer. Math. Soc. **2**, 225—233 (1951).

YOSIDA, K.: [1] Abstract integral equations and the homogeneous stochastic process. Proc. Imp. Acad. Tokyo **14**, 286—291 (1938).

— [2] Mean ergodic theorem in Banach spaces. Proc. Imp. Acad. Tokyo **14**, 292—294 (1938).

Yosida, K.: [3] Asymptotic almost periodicities and ergodic theorems. Proc. Imp. Acad. Tokyo **15**, 255—259 (1939).
— [4] The Markoff Process with a stable distribution. Proc. Imp. Acad. Tokyo **16**, 43—48 (1940).
— [5] An abstract treatment of the individual ergodic theorem. Proc. Imp. Acad. Tokyo **16**, 280—284 (1940).
— [6] Ergodic theorems of Birkhoff-Khintchine's type. Jap. J. Math. **17**, 31—36 (1940).
— [7] Simple Markoff process with a locally compact phase space. Math. Japonicae **1**, 99—103 (1948).
— [8] Stochastic processes built from flows. Proc. Japan. Acad. **26**, no. 8, 1—3 (1950).
— [9] An ergodic theorem associated with harmonic integrals. Proc. Japan. Acad. **27**, 540—543 (1951).
—, and S. Kakutani: [1] Application of mean ergodic theorem to the problems of Markoff's process. Proc. Imp. Acad. Tokyo **14**, 333—339 (1938).
—, — [2] Markoff process with an enumerably infinite number of possible states. Jap. J. Math. **16**, 47—55 (1939).
—, — [3] Birkhoff's ergodic theorem and the maximal ergodic theorem. Proc. Imp. Acad. Tokyo **15**, 165—168 (1939).
—, — [4] Operator-theoretical treatment of Markoff's process and mean ergodic theorem. Ann. Math. **42**, 188—228 (1941).
Zygmund, A.: [1] An individual ergodic theorem for non-commutative transformations. Acta Sci. Math. Szeged **14**, 103—110 (1951).

Namen- und Sachverzeichnis

(Einige Verweisungen sind Sinn-Verweisungen, d. h. das Stichwort kommt auf der
betr. Seite nur implizit, nicht wörtlich vor.)

Erg. d. Mathem., N. F., H. 29, Jacobs

14